John C. Eccles
Das Rätsel Mensch

W0052346

SERIE PIPER
Band 976

Zu diesem Buch

In diesen Vorlesungen, den berühmten »Gifford-Lectures«, die Sir John Eccles 1978 in Edinburgh gehalten hat, wendet sich der Neurophysiologe Problemen zu wie dem der Entstehung des Universums im »Urknall«, dem des Ursprungs des Lebens und der Frage, wie die biologische Evolution mit Notwendigkeit zum Homo sapiens und schließlich zur Entstehung jedes einzelnen bewußten Individuums führen mußte. Die letzten Teile gelten dem menschlichen Gehirn und dem Gehirn-Geist-Problem. Es wird gezeigt, daß die neuesten Konzepte der Struktur und Funktion des Gehirns Hypothesen über Interaktionen zwischen Gehirn und Geist in den Bereichen Wahrnehmung, Gedächtnis, willkürliches Handeln und Bewußtseinsänderung nahelegen.

Sir John C. Eccles, geboren 1903 in Melbourne, Medizinstudium in Melbourne. Nach Promotion Lehrtätigkeit in Oxford, dann Institutsdirektor in Sydney. Professuren in Otago (Neuseeland), Canberra (Australien und Buffalo (USA). 1957–1961 Präsident der australischen Akademie der Wissenschaften. 1963 Nobelpreis für Medizin.

Veröffentlichungen im Piper Verlag: Das Gehirn des Menschen, 1975; (zus. mit Karl R. Popper) Das Ich und sein Gehirn, 1982; (zus. mit Daniel N. Robinson) Das Wunder des Menschseins – Gehirn und Geist 1985; Gehirn und Seele (SP 628), 1987

John C. Eccles

Das Rätsel Mensch

Die Evolution des Menschen und die Funktion des Gehirns

Mit 89 teils farbigen Abbildungen

Aus dem Englischen von Karin Ferreira

Piper
München Zürich

Die Originalausgabe erschien 1979 unter dem Titel
»The Human Mystery. The Gifford Lectures 1977–78,
University of Edinburgh« im Springer Verlag Berlin Heidelberg.
Die deutsche Erstausgabe erschien 1982 unter dem Titel
»Das Rätsel Mensch« im Ernst Reinhardt Verlag, München Basel.

Von John C. Eccles liegt in der Serie Piper außerdem vor:
Gehirn und Seele (628)

ISBN 3-492-10976-4
Dezember 1989
R. Piper GmbH & Co. KG, München
Lizenzausgabe mit Genehmigung des Springer Verlags,
Berlin Heidelberg
© Springer Verlag, Berlin Heidelberg 1979
Umschlag: Federico Luci,
unter Verwendung der Figur des Heraklit aus
Raffaels Gemälde »Die Schule von Athen« (Vatikan)
Satz: Kösel Kempten
Druck und Bindung: Clausen & Bosse, Leck
Printed in Germany

Für Helena,

die so viel beigetragen hat

Vorwort

Entsprechend den Bestimmungen der von Lord Gifford eingesetzten Stiftung werden die Gifford Lectures seit 1887 jedes Jahr an der Universität Edinburgh und ebenso an drei anderen schottischen Universitäten veranstaltet. Sie wurden nach dem Willen von Lord Gifford eingerichtet, »...um das Studium der Natürlichen Theologie im weitesten Sinne – mit anderen Worten, das Wissen von Gott – zu fördern und zu verbreiten«. Der Lehrauftrag umfaßt jeweils zehn Vorlesungen, und ich hielt diese vom 20. Februar bis zum 13. März 1978.

Ich wählte das Thema »Das Rätsel Mensch«, weil ich meine, daß es lebenswichtig ist hervorzuheben, mit welch großen Geheimnissen wir uns konfrontiert sehen, wenn wir als Wissenschaftler die natürliche Welt einschließlich unserer selbst zu verstehen suchen. Bedauerlicherweise neigten und neigen viele Wissenschaftler zu der Behauptung, die Wissenschaft sei so mächtig und alles durchdringend, daß sie in nicht allzu ferner Zukunft eine prinzipielle Erklärung aller Erscheinungen in der Welt der Natur einschließlich des Menschen, ja sogar des menschlichen Bewußtseins in all seinen Manifestationen liefern wird. Wenn das erreicht ist, wird der wissenschaftliche Materialismus sich als ein unanfechtbares Dogma behaupten können, das alle Erfahrungen erklärt.

In unserem kürzlich erschienenen Buch (Popper und Eccles, 1977) hat Popper diesen Anspruch als »promissorischen Materialismus« bezeichnet, der phantastisch und unerfüllbar ist. Wegen der großen Hochachtung vor der Wissenschaft besitzt er für intelligente Laien jedoch eine starke Überzeugungskraft, da er gedankenlos von der großen Masse der Wissenschaftler verfochten wird, die sich niemals kritisch mit den Gefahren dieses falschen und arroganten Anspruchs auseinandergesetzt haben. Die Gefahr tritt bereits in dem allem vernünftigen Denken zuwiderlaufenden Blühen der Wissenschaftsfeindlichkeit deutlich zutage.

Die Geschichte, die ich in diesen Vorlesungen erzählen will, baut auf der orthodoxen Wissenschaft – sogar bis hin zu den neuesten Entdeckungen und Theorien – auf und soll in aufeinanderfolgenden Forschungsbereichen große und geheimnisvolle Probleme aufzeigen, die jenseits der Grenzen heutiger Wissenschaft liegen und möglicherweise immer zum Teil wenigstens außerhalb der Reichweite der Wissenschaft verbleiben werden. Solche Probleme treten zum Beispiel auf, wenn wir den Ursprung des Universums im Urknall, den Ursprung des Lebens oder die Art und Weise betrachten, wie die biologische Evolution bei all ihrer Unberechenbarkeit gewaltsam eingeschränkt wurde, um schließlich zum *Homo sapiens* und letzten Endes zur Entstehung jedes einzelnen bewußten Selbst zu führen. Diese Fragen sind von besonderer

Bedeutung für die Natürliche Theologie – das Thema, um das es bei den Gifford Lectures geht. Innerhalb dieses nahezu unendlich weiten Forschungsfeldes werden die vorliegenden Vorlesungen jedoch dazu dienen, auf dem Weg zum Ursprung eines jeden von uns als eines bewußt erlebenden Wesens viele außerordentliche Zufälligkeiten aufzudecken. Das Thema der Zufallsbedingtheiten, die zu uns geführt haben, wird immer zur Sprache kommen. So, als hätten wir als körperlose Beobachter die aufeinanderfolgenden Abläufe der Zufallsbedingtheiten, die schließlich zu unserem Erscheinen führten, verfolgen können. Ich glaube, diese erregende Betrachtungsweise wird neue Denkperspektiven eröffnen und unserem Leben einen neuen Sinn geben – Dinge, die in diesem Zeitalter der Desillusion so verzweifelt nötig sind.

Der Standpunkt, den ich einnehme, ist offen und ungeniert anthropozentrisch. Ich entschuldige mich nicht dafür, denn ich meine, er entspricht der Tatsache, daß wir Menschen im Mittelpunkt aller Beobachtungen und aller Theorien stehen. Wenn Edward Wilson z. B. eine Ameisenkolonie beschreibt, so ist es die Beschreibung eines menschlichen Forschers mit seiner menschlichen Weisheit und seinem menschlichen Verständnis, und nicht die eines der Kolonie zugehörigen Ameisen-Soziobiologen. Dies gilt sogar für den nächsten Verwandten des Menschen, den Schimpansen. Die engagierte und einfühlsame Beobachterin Jane Goodall schreibt nicht wie ein Schimpanse, der sich selbst und seine Gefährten und sie als einen Eindringling in seine Kolonie darstellt.

Ich habe meinen Blick durchweg auf die wissenschaftliche Darstellung des Weges beschränkt, der vom Urknall bis zu uns geführt hat. Ich habe mich dieser Methode bedient, um den dramatischen Charakter meiner Geschichte zu bekräftigen. Es ist eine gute Übung für das Vorstellungsvermögen, die gewaltigen Verzögerungen und Schicksalswendungen zu verstehen zu suchen, die nach dem Entstehen des Lebens vor etwa 3,4 Mrd. Jahren (das »Eobakterium«) den Weg der Evolution bestimmten, der letzten Endes bis zu uns geführt hat. Mehr als 2,5 Mrd. Jahre vergingen, bevor die ersten vielzelligen Organismen erschienen! Als der erste Fisch, *Agnatha,* auftrat, hätte unmöglich vorausgesagt werden können, daß einmal eine Entwicklungslinie zu den Säugetieren führen sollte. Und von den ersten Säugetieren – primitiven Insektenfressern – ausgehend, wäre es ebenso unmöglich gewesen vorherzusagen, daß schließlich eine Linie der Primatenevolution zu den Hominiden und somit zum *Homo sapiens* mit der transzendenten Gabe des Selbst-Bewußtseins verlaufen würde.

Da die Gifford Lectures interdisziplinär sind, habe ich mich soweit wie möglich bemüht, den wissenschaftlichen Stoff in einfacher Form mit einem Minimum an technischen Einzelheiten zu präsentieren und doch zugleich die neuesten Mutmaßungen über die für das Thema der Vorlesungen interessantesten Punkte zu bringen. In diesem Bestreben sind viele erläuternde Diagramme eingefügt worden. Die letzten drei Vorlesungen befassen sich jedoch mit dem menschlichen Gehirn und dem Gehirn-Geist-Problem. Hier war es wichtig, die allerneuesten Vorstellungen über die Art und Weise darzustellen, in der unser Wissen von Struktur und Funktion des Gehirns zu Hypothesen über die Wechselwirkung zwischen Hirn und Geist führt – bei der Wahrnehmung, beim Gedächtnis, bei willkürlichen Bewegungen und bei allen Äußerungen des Selbst-Bewußtseins. Es gäbe kein »Rätsel Mensch«, wenn das menschliche Gehirn nicht mehr wäre als ein Schimpansengehirn oder selbst noch ein

Hominidengehirn! Es liegt daher auf der Hand, daß ich das menschliche Gehirn ausführlicher behandeln muß als irgendein anderes Feld wissenschaftlicher Forschung, das ich in meinen Vorlesungen zu erörtern versuche. Auch wenn Text und Abbildungen beim ersten Lesen vielleicht nicht vollauf verstanden werden, sollte der Leser dennoch imstande sein, die Wunder des menschlichen Gehirns, insbesondere in seiner Beziehung zum selbst-bewußten Geist, in ihrer ganzen Fülle zu erkennen. Ich bitte den Leser um Nachsicht.

Ich möchte dem Gifford Lectureship Committee meinen Dank sagen für die Einladung, im akademischen Jahr 1977–1978 die Gifford Lectures an der Universität Edinburgh zu halten. Es war mein guter Freund Sir Hugh Robson, Prinzipal und Vizekanzler jener Universität, der mir die Einladung übermittelte, und ich freute mich auf ein erneutes Zusammentreffen mit ihm. Doch leider starb er wenige Wochen, bevor die Lectures begannen. Man kann diese Lectures als eine Gedächtnisvorlesung für ihn ansehen. Besonders danken möchte ich Professor Tom Torrance, der die Einladung in die Wege leitete. Mein besonderer Dank geht ebenso an Miss Jean Ewan, Sekretärin des Gifford Lectureship Committee, für die Effizienz und Freundlichkeit, mit der sie vor udn während der Vorlesungen alle Vorbereitungen traf. Nicht namentlich aufzuführen brauche ich die vielen Freunde, die den Aufenthalt in Edinburgh für meine Frau und mich so unvergeßlich machten.

Für die vielen und hervorragenden Abbildungen, die bei einer solch weitgespannten wissenschaftlichen Darstellung einen wichtigen Bestandteil ausmachen, wird an den entsprechenden Stellen im Text Dank gesagt. Meine besondere Dankbarkeit gilt Professor Rolf Hassler und Dr. Manfred Klee, die so freundlich waren, sich um die Vorbereitung der Abbildungsvorlagen zu kümmern, die dann von Hedwig Thomas so hervorragend besorgt wurde.

John C. Eccles

Inhalt

Erste Vorlesung

Das Thema der Natürlichen Theologie
Wie wir an die Aufgabe herangehen werden

Zusammenfassung und Einleitung

Als Lord Gifford diese Lectures ins Leben rief, war es seine Absicht, daß in ihnen die Natürliche Theologie wie eine Wissenschaft – wie zum Beispiel die Astronomie oder die Chemie – und ohne Rückgriff auf die Offenbarung behandelt werden sollte. Vor vierzig Jahren hielt mein großer Lehrer C. S. Sherrington die Gifford Lectures über das Thema »Man on his Nature«. In dieser einführenden Vorlesung werde ich einen Überblick über die großen vorstellungsreichen Einsichten geben, die Sherrington über die Natur des Menschen vorbrachte. Sherrington hielt sich durchweg strikt an die evolutionistische Darstellung des Ursprungs des Menschen. Daher überstieg es sein Verständnis, wie dieser materialistische Mechanismus der biologischen Evolution Wesen mit Selbst-Bewußtsein und Werten hervorbringen konnte. Doch er bestand auf der Überlegenheit des nicht-sensuellen Wesens des Menschen, des bewußten Ich, das er dem Materie-Energie-System, aus dem Körper und Gehirn bestehen, gegenüberstellte. Dieses Thema eines freimütigen Dualismus soll in diesen Vorlesungen noch weiter ausgeführt werden.

In den letzten vierzig Jahren sind unsere wissenschaftlichen Kenntnisse gewaltig über das hinausgewachsen, auf dem Sherrington aufbauen konnte. Ich werde einen kurzen Überblick über die hervorragenden Bemühungen einiger Wissenschaftler geben, die sich das gleiche wie Sherrington vornahmen, aber auf neuerem Wissen aufbauten. Insbesondere die Einsichten von Schrödinger, Polanyi, Dobzhansky, Penfield, Thorpe und Lemberg liefern Material zum Thema meiner Darstellung, die so sehr von der Philosophie meines lebenslangen Freundes und Kollegen Karl Popper geprägt ist.

Wollen wir uns eingehender mit dem Geheimnis Mensch befassen, so müssen wir den Weg zurückverfolgen, auf dem wir zu dem geworden sind, was wir heute sind. In den Ursprungsmythen oder -legenden ist diese Darstellung im Laufe unserer menschlichen Geschichte unzählige Male versucht worden. Buchstäbliche Auslegungen dieser Berichte, z. B. der Texte der Genesis, sind durch die wissenschaftlichen Erkenntnisse der letzten Jahrhunderte diskreditiert worden. So müssen wir im Licht dieser wissenschaftlichen Kenntnisse von neuem beginnen. Aber wo sollen wir beginnen? Von unserer gegenwärtigen Situation des Menschen mit seiner Kultur und seinen Werten gehen wir zurück zum Urmenschen, dann zu den Hominiden, dann den Primatenvorfahren und so weiter den großen Stammbaum der Evolution hinunter bis hin zum Ursprung des Lebens. Jeder Schritt zurück führt uns zum jeweils nächsten Schritt in die Vergangenheit. Von der Entstehung des Lebens gehen wir rückwärts zur Schaffung des Planeten Erde mit den chemischen und physikalischen Bedingungen, die Leben entstehen ließen. Dies wiederum führt uns jedoch weiter zurück zur Schaffung des Sonnensystems in unserer Galaxis und letzten Endes zum »Big Bang«, dem Urknall vor einigen 10 bis 12 Milliarden Jahren, mit dem das ganze Universum begann. Weiter in der Zeit zurückzugehen, ist unmöglich. So wird die nächste Vorlesung notwendigerweise mit dem Urknall beginnen! Von Anfang an werden wir Fragen aufwerfen, die für die Natürliche Theologie grundlegend sind.

Lord Gifford rief diese Lectures ins Leben, damit in ihnen die Natürliche Theologie als Wissenschaft behandelt würde, geradeso wie die Astronomie oder die Chemie, und ohne Rückgriff auf die Offenbarung. Vor vierzig Jahren hielt mein großer Lehrer C.

S. Sherrington (1940) diese Vorlesungen hier in Edinburgh über das Thema »Man on his Nature«. In seinen einleitenden Überlegungen, was erforderlich sei, sagt Sherrington:

> Der Naturtheologe, wenn wir ihn so ansprechen dürfen, muß daher bei seinen Bemühungen, aus der Betrachtung der Natur ohne Berufung auf die Offenbarung zu einem Schluß über die Existenz und die Wege Gottes zu gelangen, sich selbst als Teil des natürlichen Beweises mit einbeziehen. Er sieht sich selbst dann als ein Stück Natur, das die übrige Natur um sich herum betrachtet.

Und weiter:

> Dank ihm ist die Natur jetzt in ein Stadium eingetreten, wo wenigstens einer ihrer im Werden begriffenen winzigen »Punkte« begonnen hat, in »Werten« zu denken. Dies findet er als Teil des Beweismaterials vor, das zu berücksichtigen ist. Zweifellos ist es Aufgabe der Natürlichen Theologie, aufgrund all der aus der Natur zu entnehmenden Beweise zu erwägen, ob die Natur alles in allem genommen die Existenz von etwas bedeutet und impliziert, was in aller Ehrfurcht Gott genannt wird; und wenn ja, wiederum in aller Ehrfurcht, welche Art von Gott.

1.1   Sherringtons Gifford Lectures

Das allgemeine Thema von Sherringtons »Man on his Nature« ist der Dualismus der menschlichen Natur, Körper und Geist. Diese philosophische Haltung ist der etablierten Philosophie dieses materialistischen Zeitalters ein Dorn im Auge. Für Sherrington war diese dualistische Natur des Menschen etwas völlig Rätselhaftes. Ein großer Teil seiner sechsten bis zwölften Vorlesung ist dem großen Rätsel des Dualismus und der Wechselwirkung zwischen Geist und Gehirn gewidmet, von der er sehr wohl erkannte, daß sie im Widerspruch zur damaligen Naturwissenschaft stand. Der vorherrschende wissenschaftliche Glaube zur Zeit seiner Vorlesungen war, daß der Mensch in all seinen höchst einzigartigen geistigen Merkmalen – Gedanken, Vorstellungen, Erinnerungen, Entscheidungen, schöpferischen Fähigkeiten in Kunst und Wissenschaften – letzten Endes auf eine materialistische und deterministische Weise erklärbar sein würde. Es würde schließlich nichts übrigbleiben, das auf eine geistige oder nichtmaterielle Komponente in der Zusammensetzung des Menschen hinweisen würde. Dieser vielversprechende Triumph des monistischen Materialismus war das vertrauensvoll erwartete Ziel des wissenschaftlichen Studiums des Menschen. Das Gehirn-Geist-Problem würde dann, nach mehr als 2000 Jahren fruchtlosen philosophischen Fragens, zu einem Nicht-Problem werden, und gleichzeitig würde sich das wichtigste Thema der Natürlichen Theologie – die Einzigartigkeit des Menschen – in nichts auflösen. Trotz der Belastung, die es bedeutete, eine unpopuläre Philosophie zu entwickeln, konnte Sherrington auch subtile Randbemerkungen machen, zum Beispiel:

> Ich habe erlebt, wie jemand die Frage stellte: »Warum sollte der Geist einen Körper besitzen?« Die Antwort kann wohl lauten: »um zwischen ihm und einem anderen Geist zu vermitteln«. Dem mag man entgegenhalten, eine solche Antwort sei unverfälschter Anthropismus. Darauf könnten wir antworten, Anthropismus scheine das gegenwärtige, wenn auch vermutlich nicht das letzte Ziel des Planeten zu sein.

Ich werde diese Frage des Anthropismus gegen Ende der zweiten Vorlesung in höchst verblüffender Weise noch einmal aufwerfen.

Niemals ließ Sherrington die ihm gestellte Aufgabe außer acht, den Zusammenhang zwischen seinen Vorlesungen und der Natürlichen Theologie herzustellen. Zu Beginn der zehnten Vorlesung zum Beispiel sagt er:

Unser Thema vom letzten Mal war die Frage, ob und wie unser Denken mit unserem Gehirn korreliert ist. Wenn die Natürliche Theologie von den Tatsachen der Natur auf einen Göttlichen Plan schließt, auf den diese möglicherweise hindeuten, so scheint diese Frage zu unserem Thema zu gehören. Sie liegt an der Schwelle des menschlichen Zugangs zum ganzen Plan der Natur. Ohne Hilfe wird der Blick des Menschen bestenfalls nur ein Eckchen des Planes erhaschen. Zu vielem wird der Mensch keinen Zugang finden. Die Entfernungen sind gewaltig und er ist kurzsichtig. Er späht in ein kleines Bruchstück hinein, und was er dort sieht, unterwirft er seinem Verstand, der im Grunde genommen gerade erst ausgeschlüpft ist. Was Wunder, wenn seine Schlüsse armselig und unsicher sind. Was Wunder, wenn sie engstirnig anthropomorphisch sind. Sie müssen so sein. Zu diesem Zeitpunkt ist dies für ihn vielleicht ihr höchster Wert. Wir möchten meinen, daß sie ihm ohne das nicht die Begeisterung, den Mut, den Ehrgeiz, die Selbstlosigkeit verleihen würden, wie sie es tun, oder, um zu unserem Kernpunkt zu kommen, ohne das würden sie ihm nicht die Idee des Göttlichen eingeben.

Dieser wundervolle und ermutigende Abschnitt kommt den Vorstellungen, die ich selbst in diesen Vorlesungen entwickeln will, sehr nahe. Immer wieder, wenn Sherrington die Natur des Menschen erörtert, drehen sich seine Gedanken um den fundamentalen Begriff des Dualismus:

Keine »Energie«-Merkmale scheinen im geistigen Prozeß zu finden zu sein. Dieses Fehlen behindert die Erklärung der Verbindung zwischen Hirn und Geist. Wo das Gehirn mit dem Geist in Wechselwirkung steht, entdeckt man weder mit mikroskopischen, noch mit physikalischen oder chemischen Mitteln irgendeinen drastischen Unterschied zwischen dem Gehirn und anderem Nervengewebe ohne diese Wechselwirkung. Was auch immer ich tun mag, die zwei bleiben hartnäckig getrennt. Sie erscheinen mir grundverschieden; nicht gegeneinander auswechselbar; das eine nicht in das andere übertragbar.

So hängen unsere beiden Begriffe, Raum-Zeit Energie wahrnehmender und nicht-wahrnehmender dimensionsloser Geist, auf irgendeine Weise miteinander zusammen; aber in der Theorie gibt es keine Erklärung dafür, wie sie dies tun können. Die Praxis geht davon aus, daß sie zusammenhängen, und wird von dieser Annahme ausgehend einer Situation nach der anderen gerecht, doch sie kennt keine Antwort auf das grundlegende Dilemma nach der Art des Zusammenhanges.

So läßt Sherrington dies abschließend als ein Geheimnis des Menschen bestehen:

Zwischen diesen beiden, dem nackten Geist und der wahrgenommenen Welt, gibt es da also nichts Gemeinsames? Sie haben folgendes gemeinsam – wir haben es bereits erkannt – sie sind beide Begriffe; sie sind beide Teil des Wissens eines Geistes. Sie sind daher verschieden, aber nicht voneinander getrennt. Indem die Natur uns entwickelt, macht sie sie zu zwei Teilen des Wissens eines Geistes und diesen einen Geist zu dem unseren. Wir sind das Bindeglied zwischen ihnen. Vielleicht ist das der Zweck unserer Existenz.

Ich akzeptiere und bewundere diese visionäre Darstellung Sherringtons, aber ich will versuchen, das Gehirn-Geist-Problem im Licht der Erkenntnisse, die in den vier Jahrzehnten seit Sherringtons Vorlesungen gewonnen worden sind, strenger zu definieren. Wir sollten uns nicht länger damit zufriedengeben, das Problem so darzustellen, als handele es sich um eine »black box«, einen »schwarzen Kasten«. In der achten bis zehnten Vorlesung führen die jüngsten Entdeckungen und die fortgeschrittensten Überlegungen über Struktur und Funktionsweise der Hirnrinde zu Hypothesen, die absolut wissenschaftlich und zudem durch ihr großes Erklärungsvermögen gerechtfertigt sind. Ich bin sicher, Sherrington wäre mit diesen ideenreichen Bemühungen, kohärente Theorien hinsichtlich des Hirn-Geist-Problems aufzustellen, einverstanden gewesen. Auch hätte er sich nicht von der Kritik abschrecken lassen, derartige Theorien befänden sich nicht völlig in Übereinstimmung mit einem solch grundlegenden physikalischen Gesetz wie dem Ersten Hauptsatz der Thermodynamik. Wie Popper und ich (1977) in unserem kürzlich erschienenen Buch feststellten, ist in einigen Punkten eine Überprüfung der Physik notwendig, um die Wechselwirkung von Geist und Materie in einigen speziellen Bereichen des Gehirns zu erklären. Diese Ansicht ist bereits von den großen Physikern Schrödinger (1958) und Wigner (1964) zum Ausdruck gebracht worden.

1.2 Spätere Beiträge zur allgemeinen Thematik von Sherringtons Vorlesungen

Wie vorauszusehen, war Sherringtons großartiger Versuch, dem Geheimnis, das die gesamte Skala menschlichen Erlebens umgibt, unerschütterlich auf der Spur zu bleiben, einem heftigen Sperrfeuer der Kritik ausgesetzt. Es ist nicht meine Aufgabe, auf diese kritischen Stimmen zu antworten. Gilbert Ryles (1949) *The Concept of Mind* zum Beispiel wurde von Beloff (1962) mit seinem Buch *The Existence of Mind* beantwortet, und Feigls (1967) *The Mental and the Physical* von Poltens (1973) *Critique of the Psycho-Physical Identity Theory*. Vor kurzem haben Popper und ich (1977) in *The Self and Its Brain* eine umfassende Kritik der verschiedenen Arten des Parallelismus veröffentlicht und die Hypothese des dualistischen Interaktionismus, wie Sherrington sie vor vierzig Jahren in den Gifford Lectures formulierte, weiterentwickelt. Ich möchte kurz einige Kommentare hervorragender Wissenschaftler wiedergeben. Dieses Material ist für mich an dieser Stelle von besonderer Bedeutung, da es mir bei den Gedanken, die ich in diesen Vorlesungen zu entwickeln versuchen will, eine wertvolle Bestätigung gibt. Wir werden erkennen, daß unsere wissenschaftlichen Kenntnisse in diesen letzten vierzig Jahren gewaltig über den Wissensstand hinausgewachsen sind, von dem Sherrington ausgehen konnte.

Der große Physiker Erwin Schrödinger (1958) formulierte das dualistische Problem sehr direkt folgendermaßen:

> Die Welt ist ein Konstrukt aus unseren Empfindungen, Wahrnehmungen, Erinnerungen. Zwar ist es bequem, sie uns an und für sich einfach schlechthin vorhanden zu denken. Aber sie ist anscheinend nicht schon durch ihr blosses Vorhandensein auch wirklich manifest. Das Manifestwerden der Welt ist an sehr spezielle Vorgänge in sehr speziellen Teilen eben dieser Welt gebunden, nämlich an gewisse Vorgänge in einem Gehirn. Das ist ein außerordentlich merkwürdiges Bedingungsverhältnis, und man kann nicht umhin, sich zu fragen: durch welche besonderen Eigenschaften sind diese Gehirnvorgänge ausgezeichnet, daß gerade sie die Manifestation herbeiführen? Läßt sich vermuten, welchen materiellen Vorgängen diese

Fähigkeit zukommt, welchen nicht? Einfacher ausgedrückt: welche materiellen Vorgänge sind direkt mit Bewußtsein verknüpft?*

Ein Großteil meiner achten und zehnten Vorlesung wird der Beantwortung dieser Fragen gewidmet sein. Schrödingers Kommentare über Sherrington sind höchst lobend:

> ... erschien Sherringtons »Man on his Nature«. Durch das ganze Buch geht ein ehrliches Suchen nach positiven Beweisen für die Wechselwirkung zwischen Materie und Bewußtsein – Körper und Geist, wenn Sie wollen (mind and matter). ... Es ist ganz unmöglich, Ihnen die Großartigkeit von Sherringtons unsterblichem Buch durch Anführung einiger kurzer Stellen zu übermitteln.**

Außerdem analysiert Schrödinger die Situation, die sich aus der wissenschaftlichen Methode ergibt, ein Weltbild zu konstruieren, indem man den Inhalt dieser Welt auf objektive Phänomene beschränkt:

> Ich habe schon früher die Tatsache erörtert, daß ... im physikalischen Weltbild alle Sinnesqualitäten fehlen, aus denen das Subjekt der Erkenntnis sich eigentlich zusammensetzt. Dem Modell fehlen Farben, Töne, Greifbarkeit. Ebenso und aus dem gleichen Grunde mangelt der Welt der Naturwissenschaft alles, was eine Bedeutung in bezug auf das bewußt anschauende, wahrnehmende und fühlende Wesen hat; von alledem enthält sie nichts. Vor allem denke ich an die sittlichen und ästhetischen Werte, Werte von jeder Art, an alles, was auf Sinn und Zweck des ganzen Geschehens Bezug hat. Nicht nur fehlt dieses alles, sondern es kann von einem rein naturwissenschaftlichen Standpunkt aus überhaupt nicht organisch eingebaut werden.***

Schrödinger hat hier die kritischen Einwände vorweggenommen, die ich später in dieser Vorlesung gegen Monods Buch *Zufall und Notwendigkeit* vorbringen werde. Er legt das Problem frei, mit dem es sich auseinanderzusetzen gilt, daß man nämlich die Natur des Menschen in allen ihren Nebenbedeutungen betrachten muß, nicht nur als Wissenschaftler, sondern als Mensch mit Werten und Emotionen, und mit tiefen Gefühlen für die persönliche Existenz und ihren Sinn; das Problem also, das den Gegenstand dieser Vorlesungen über »das Geheimnis Mensch« bildet.

Der essentielle Dualismus menschlicher Erfahrung ist von einem anderen großen Physiker, Eugene Wigner (1964), treffend zum Ausdruck gebracht worden:

> Es gibt zwei Arten von Realität oder Existenz – die Existenz meines Bewußtseins und die Realität oder Existenz alles anderen. Die letztere Realität ist nicht absolut, sondern lediglich relativ. Abgesehen von unmittelbaren Empfindungen, dem Inhalt meines Bewußtseins, ist alles eine Konstruktion; einige dieser Konstruktionen jedoch liegen den unmittelbaren Empfindungen näher, andere weiter.

Wir werden sehen, daß Wigner diese Konstruktionen, d. h. die materielle Welt, als etwas betrachtet, das im Gegensatz zur absoluten Wirklichkeit unserer bewußten Erfahrung eine Wirklichkeit zweiter Ordnung besitzt.

---

* Zitiert nach Schrödinger, Ernst. Geist und Materie. Braunschweig. Vieweg & Sohn 1959, S. 1. Anm. d. Übers.
** Ebda., S. 32
*** Ebda., S. 49

Thorpe (1961) brachte die Erkenntnis vom Rätsel menschlicher Erfahrung sehr schön zum Ausdruck, und zwar auf eine Weise, die völlig mit Sherrington in Einklang steht:

Jedes Menschen Weltbild ist eine Konstruktion seines Geistes, doch der bewußte Geist selbst bleibt ein Fremdling in diesem Gebäude. Für mich ist die wesentliche Tatsache die, daß ich, so viel oder so wenig ich auch von der Welt um mich herum weiß, meinen Geist aus erster Hand kenne und – in gewissem Sinne – besser als irgendetwas anderes. Es ist mein Geist, der alles erlebt und auslegt, was meine Sinnesorgane aufnehmen, und die gesamte Wissenschaft und jede andere Aktivität des Menschen ist letztlich von dieser grundlegenden Annahme abhängig, daß nämlich vor alles Wissen der Geist gesetzt ist. Daraus folgt, meine ich, daß Geist und Körper in gewissem Sinne zwei Dinge sind, und daß es eine Außenwelt, ein »nicht-Ich«, gibt, die eine Realität ist, so unvollkommen meine Kenntnis von ihr auch sein mag.

Wenig später griff Michael Polanyi (1961) die Reduktion der Biologie auf Physik und Chemie mit dem Argument an, in einer Hierarchie verschiedener Ebenen

könnten Vorgänge auf einer höheren Ebene niemals von den Gesetzen abgeleitet werden, die ihre einzelnen Elemente regeln; daraus folgt, daß keiner dieser biotischen Vorgänge mit den Gesetzen der Physik und Chemie erklärt werden kann. Trotzdem wird es heute unter Biologen für selbstverständlich gehalten, daß alle Manifestationen des Lebens letztlich durch dieselben Gesetze erklärt werden können, die für die unbelebte Materie gelten. Doch diese Annahme ist blanker Unsinn.

Polanyi bezieht sich natürlich auf eine vollständige Erklärung *aller* Vorgänge, die sich in einem lebenden Organismus abspielen. Die physikalischen und chemischen Prozesse in einem lebenden Organismus laufen auf eine von der Physik und der Chemie erklärbare Weise ab, aber sie sind der Steuerung durch die biologische Organisation der lebenden Zelle untergeordnet, und diese wiederum der Kontrolle durch den Organismus als ein Ganzes.

Polanyi sagt weiter:

Die hierarchische Struktur der höheren Lebensformen macht die Annahme weiterer Entstehungsprozesse erforderlich. Die logische Struktur der Hierarchie impliziert daher, daß eine höhere Ebene nur durch einen Vorgang entstehen kann, der auf der niedrigeren Ebene nicht manifest ist; einen Vorgang, der demnach als Entstehungsprozeß betrachtet werden muß.

Wir werden dieses Prinzip in der vierten Vorlesung noch einmal aufgreifen, wenn wir uns mit der biologischen Evolution beschäftigen werden.

Dobzhansky (1967) stellt in seinem überaus gedankenvollen Buch *The Biology of Ultimate Concern* seine Ansicht über das Geheimnis Mensch voll tiefer biologischer Weisheit dar:

Der Mensch kann sich selbst als transzendentales Subjekt, aber auch als ein Objekt unter anderen Objekten sehen. Er hat den Status einer Person im existentiellen Sinne erlangt, und damit die bittere Erfahrung der Freiheit, der Fähigkeit, Aktionen auszudenken und zu planen, und seine Pläne in die Tat umzusetzen oder unausgeführt zu lassen. Durch diese Freiheit erwirbt er ein Wissen um Gut und Böse. Dieses Wissen ist eine schwere Last, von deren Bürde alle anderen Organismen außer dem Menschen frei sind. Die Freiheit des Menschen läßt ihn ... große Fragen stellen, die kein Tier stellen kann. Hat mein Leben und das Leben anderer Menschen irgendeinen Sinn? Hat die Welt, in die ich ohne meine Zustimmung hineingeworfen worden bin, irgendeinen Sinn? Es gibt keine endgültigen Antworten auf diese Großen Fragen, und wahrscheinlich wird es niemals welche geben, wenn wir unter Antwort präzise, objektive, beweisbare Gewißheiten meinen. Und doch müssen wir nach einer Art von Antwort suchen, denn es ist der höchste Ruhm der menschlichen Natur, fähig zu sein, nach ihrem eigenen Sinn und dem des Kosmos zu suchen.

Diese Vorlesungsreihe ist ein Versuch, Teilantworten auf die Großen Fragen zu finden. Dies ist im wesentlichen das Anliegen der Natürlichen Theologie. Dobzhanskys Buch ist den Großen Fragen gewidmet, und wir werden in diesen Vorlesungen noch oft auf Dobzhanskys *letztes Anliegen (ultimate concern)* zurückkommen, einen höchst treffenden Ausdruck, den er von Paul Tillich (1959) übernommen hat:

> Religion ist die Tiefendimension allen menschlichen Geistes. Religion im weitesten und fundamentalsten Sinne ist »letztes Anliegen«, ist das, was uns unbedingt angeht. Und dieses letzte Anliegen manifestiert sich in allen schöpferischen Funktionen des menschlichen Geistes.

Als letzten möchte ich den großen Biochemiker Rudolf Lemberg zitieren. Er starb 1976 und hinterließ ein unbeendetes Manuskript, welches den Titel *Complementarity* trägt und seine Philosophie der Wissenschaft und des Lebens enthält. Wir werden später in diesen Vorlesungen noch öfter auf dieses tiefbewegende Testament zu sprechen kommen, ein Testament des letzten und unbedingten Anliegens:

> Wir sind Geschöpfe der Erde und ein Teil der Natur, und ebenso in einem tieferen Sinn nach Gottes Ebenbild gemacht, obwohl auch die Natur Gottes Schöpfung ist. Wir sind auf eine besondere Weise Gottes Gehilfen, an die etwas Schöpferkraft delegiert worden ist. Wir bleiben Teil der Natur und können uns als solcher ihrer Schönheit erfreuen. Bei den wirklich großen Wissenschaftlern hat ihr Wissen das Gefühl für Wunder und Mysterium nicht verringert, sondern erhöht. Teilhard de Chardin hat uns gezeigt, daß die Materie, weit davon entfernt, ein Hindernis für die Freiheit unserer Seelen zu sein, in der Tat die Ergänzung ist, die auf dem Berg, den wir mit unserem Geist erklimmen, Händen und Füßen sicheren Halt gibt. Es scheint, einige Nur-Wissenschaftler von heute haben vergessen, daß der Mensch Teil der Natur ist und daß die Natur ihm deshalb niemals ganz fremd werden kann.

1.3 Entwicklung des Themas dieser Vorlesungsreihe

Diese Auszüge aus den Schriften großer Wissenschaftler seit Sherringtons Gifford Lectures zeigen, daß die Botschaft, die er hinterließ, nicht vergessen, sondern vielmehr weiterentwickelt worden ist. Ich habe Autoren und Zitate ausgewählt, die speziell mit meinen Vorlesungen in Zusammenhang stehen. Ich bin glücklich, mich mit den Gedanken dieser Autoren, die alle meine Freunde sind, zu identifizieren. Von dort schöpfe ich die Gewißheit, daß ich als Wissenschaftler nicht allein stehe, wenn ich in diesen Vorlesungen, die auf Sherringtons inspirierter Vision aufbauen, das Thema weiterentwickele. Beim Zusammenstellen dieser Vorlesungsreihe habe ich mich durch eine von Sherringtons gedankenvollen und poetischen Nebenbemerkungen in seiner zehnten Gifford Lecture anregen lassen:

> Die Natur hat uns als eine Verbindung aus Energie und Geist entwickelt. Schauplatz dieses Vorgangs war der Planet, auf dem wir uns befinden. Voller Ehrerbietung würde ich vorschlagen, daß hier für jemanden mit einer Begabung ähnlich der des Historikers ein Thema vorliegt, das erzählt zu bekommen die Menschheit begrüßen würde. Ein Thema, von dem ich

immer noch meinen würde, es sei historisch, obwohl ein Großteil davon viel weiter zurückreicht als die Überlieferung. Selbst wenn sie als Faktum für die Geschichtsschreibung zu verschwommen sein sollte, ist sie es dennoch wert, als verfügbare Wahrheit erzählt zu werden: die Geschichte des Planeten mit dem, was dieser geschaffen und getan hat.

Es ist eine Geschichte, die uns nicht fremd ist, denn sie ist unsere eigene. Der Planet gebärt seine Kinder. Das Universum als heroischer Hintergrund für etwas, das für uns ein vertrautes und heldenhaftes Epos ist. Eine Geburt im Kataklysmus. Äonen des Brodelns und folgenschweren Gestaltens. Ein dreifacher Schaum aus Fels und Gezeiten und Dampf – der Ort des Planeten – Tag und Nacht hindurch hin- und hergepeitscht. Dann sich erhebend aus diesem Ort Form auf Form, alle Vorstellungen übertreffend. Und zum Schluß unter diesen einige, die mit Fühlen und Denken erfüllt sind. Und noch später einige, deren Gedanken begierig nach »Werten« verlangen. Der Planet, Hochofen geschmolzener Gesteine und Metalle, jetzt Gedanken und »Werte« erzeugend. Zauberhochofen. Angesichts seiner Alchemie und seiner Umwandlungen schwinden die leidenschaftlichen Träume von Hermes Trismegistus und seiner ganzen Zunft zu einem jämmerlichen Nichts dahin.

Im dramatischen Zusammenhang dieser von Sherrington vorgebrachten Herausforderung werde ich mich in der zweiten bis siebten Vorlesung mit den Schritten befassen, die wir gegangen sind, um das zu werden, was wir sind. Diese Geschichte zu erzählen ist im Verlauf der menschlichen Geschichte und Vorgeschichte in der Form von Mythen und Schöpfungsberichten unzählige Male versucht worden. Wörtliche Auslegungen dieser Darstellungen, zum Beispiel der Texte der Genesis, sind durch die Erkenntnisse der Wissenschaft in den letzten Jahrhunderten diskreditiert worden. Wir müssen daher unseren Bericht vom Ursprung im Lichte dieser wissenschaftlichen Erkenntnisse neu schreiben. Doch wo können wir anfangen? Auf der Suche nach dem Anfang können wir die Abfolge der Ereignisse bis zu unserer Gegenwart so weit wie es uns möglich ist zurückverfolgen. Von unserer menschlichen Situation heute mit unserer Kultur und unseren Werten können wir zurückgehen zum primitiven Menschen, dann zu den Hominiden, dann zu unseren Primatenvorfahren, und so weiter den großen Stammbaum der Evolution hinunter bis zum Ursprung des Lebens. Jeder Schritt zurück führt jeweils zum nächsten Rückwärtsschritt, wenn auch mit immer weniger Sicherheit, je weiter wir gehen. So führt der Ursprung des Lebens zurück zur Schaffung des Planeten Erde mit den chemischen und physikalischen Bedingungen, die Leben entstehen ließen. Und dies führt uns weiter zurück zur Schaffung des Sonnensystems in unserer Galaxis und letzten Endes zum »Big Bang«, dem »Urknall« vor einigen 10–12 Milliarden Jahren, mit dem das ganze Universum begann. Weiter zurückzugehen, ist unmöglich, da die Zeit in jenem Augenblick begann, ebenso wie die Physik. So wird die nächste Vorlesung zwangsläufig mit dem Urknall beginnen und die wichtigsten Ereignisse umreißen, die sich, so nimmt man an, nach diesem so folgenschweren Geschehen abgespielt haben. Das Gebiet, von dem sie handelt, ist die Kosmologie, nicht nur die Geschichte, sondern auch die gegenwärtige Situation und die Zukunft des Universums. Wir müssen uns darüber klar sein, daß unsere Existenz hier und jetzt durch jenen alles in Gang setzenden kosmischen Feuerball, wie er genannt worden ist, bedingt ist. Es besteht eine lange Kette der Zufallsbedingtheiten (chain of contingency), die mit dem Urknall beginnt. Wir werden Vorlesung auf Vorlesung ein Glied nach dem anderen dieser Kette verfolgen, bis zu unserer Existenz hier und jetzt.

1.4 Die philosophische Grundlage dieser Vorlesungsreihe

Ich will mich bemühen, in diesen Vorlesungen eine Atmosphäre des Verwunderns und der Demut vor der Großartigkeit und Unermeßlichkeit des großen Kosmos zu schaffen, den wir heute im Licht der modernen Kosmologie betrachten können. Dieses materielle Universum ist überlagert von der schöpferischen Fülle des Lebens in all seiner phantastischen Vielfalt einschließlich unserer selbst, die wir Teil des Lebens sind. Doch wir können uns auch außerhalb dieser großen materiellen Welt stellen, wenn wir, als Beobachter und Denker, mit unserer schöpferischen Vorstellungskraft zu verstehen und zu würdigen suchen.

Die gewaltigen Erfolge der Wissenschaft in den letzten hundert Jahren haben die Erwartung entstehen lassen, in naher Zukunft werde eine vollständige materialistische Erklärung aller fundamentalen Probleme, denen wir uns gegenübersehen, möglich sein. Seit der Zeit der Griechen haben diese »großen Fragen«, wie sie genannt werden, die schöpferischen Denker nicht ruhen lassen. Es ist immer modern gewesen, das Erklärungsvermögen der Wissenschaft zu übertreiben, und dies hat bedauerliche Reaktionen hervorgerufen, Wissenschaftsfeindlichkeit und irrationale Überzeugungen und Wunderglauben aller Art. Wenn wir mit der erschreckenden Behauptung von Wissenschaftlern konfrontiert werden, wir seien nicht mehr als Teilnehmer an den materialistischen Geschehnissen von Zufall und Notwendigkeit, so ist Wissenschafts- feindlichkeit eine natürliche Reaktion. Ich halte diese Behauptung für eine arrogante Übertreibung; dies wird sich auch in einer Vorlesung nach der anderen herausstellen. Tatsächlich ist diese ganze Vorlesungsreihe als ein Angriff auf den monistischen Materialismus zu verstehen, an den die meisten Wissenschaftler bedauerlicherweise mit beinah religiöser Inbrunst glauben. Man könnte sagen, es sei die Religion des Establishment. Während der letzten hundert Jahre ist das, was man das Establishment nennen mag, von oben nach unten gekehrt worden. Man muß sich darüber klar sein, daß der monistische Materialismus eine Ablehnung und Entwertung alles dessen mit sich bringt, was im Leben von Bedeutung ist, wie Monod (1971) dies in seinem Buch *Zufall und Notwendigkeit* unzweideutig zum Ausdruck bringt; dort ist der einzige Wert, der als authentisch anzuerkennen ist, die durch wissenschaftliche Methoden bewiesene Wahrheit. Alle anderen Werte wie Schönheit, ob der Natur oder der Kunst, moralische Werte und Selbstlosigkeit, werden als unecht angesehen. Darüber hinaus bezeichnet Monod diejenigen, die ihren Glauben an den dualistischen Interaktionismus zum Ausdruck bringen, wie Popper und ich dies in unserem Buch *The Self and Its Brain* tun, als »Animisten«. Es ist, gelinde gesagt, verwirrend, von Monod in ein und dieselbe Kategorie verwiesen zu werden wie Menschen, die primitivsten Aberglauben und Magie praktizieren!

Wie in diesen Vorlesungen deutlich werden wird, akzeptiere ich alle Entdeckungen und gut gesicherten Hypothesen der Wissenschaft – nicht als absolute Wahrheiten, sondern als die beste Annäherung an die Wahrheit, die bisher erzielt worden ist. Fall für Fall werden diese Vorlesungen jedoch zeigen, daß ein wichtiger Rest übrigbleibt, der nicht von der Wissenschaft erklärt wird und der sogar jenseits jeder zukünftigen Erklärung durch die Wissenschaft liegt. Dies führt uns hin zum Thema der Natürlichen Theologie mit ihrer Idee des Übernatürlichen, das jenseits des Erklärungsvermögens der Wissenschaft liegt.

Wenn mich jemand auffordern würde, meinen philosophischen Standpunkt darzulegen, so müßte ich zugeben, daß ich, nach Monods Definition, ein Animist bin. Als Dualist glaube ich an die Realität der Welt des Geistes und der Seele ebenso wie an die der materiellen Welt. Darüber hinaus bin ich Finalist in dem Sinne, daß ich an die Existenz einer Absicht, eines Plans in den biologischen Evolutionsvorgängen glaube, der schließlich zu uns selbst-bewußten Wesen mit unserer einzigartigen Individualität geführt hat; und daß wir die Großartigkeit und das Wunder der Natur betrachten und zu verstehen suchen können, wie ich das in diesen Vorlesungen versuchen möchte. Doch ich bin kein Vitalist in der allgemein akzeptierten Bedeutung dieses Wortes. Ich glaube, es wird sich zeigen, daß alle in lebenden Zellen stattfindenden Vorgänge mit der Physik und der Chemie in Einklang stehen; vieles davon muß jedoch noch entdeckt werden. Doch wie ich bereits gesagt habe, bin ich mit Polanyi von der Existenz einer hierarchischen Struktur überzeugt und damit von dem Entstehen höherer Ebenen, die aufgrund der sich auf einer niedrigeren Ebene abspielenden Vorgänge nicht hätten vorausgesagt werden können. Zum Beispiel hätte die Entstehung des Lebens nicht vorausgesagt werden können, auch nicht bei voller Kenntnis aller Vorgänge in einer präbiotischen Welt, ebensowenig wie die Entstehung des Selbst-Bewußtseins hätte vorausgesagt werden können.

Ziel dieser meiner Vorlesungen ist es, das Gefühl für Wunder und Mysterium in unserer menschlichen Existenz kritisch zu erörtern. Wir dürfen nicht behaupten, wir wüßten alle Antworten. Wenn wir uns die Philosophie des monistischen Materialismus zu eigen machen, dann gibt es keine Grundlage, auf der wir einen Sinn für Leben und Werte konstruieren können. Wir wären Kreaturen des Zufalls und der Umstände. Alles wäre durch Erbanlagen und Konditionierung bestimmt. Unser Gefühl der Freiheit und Verantwortlichkeit wäre nichts als Illusion. Dem möchte ich meine Überzeugung entgegensetzen, daß es in unserer Existenz und in unseren Erfahrungen im Leben ein großes Geheimnis gibt, das nicht auf materialistische Weise erklärt werden kann. Dieser nach allen Erklärungen verbleibende Rest ist über alles andere hinaus der letzte, der entscheidende Wert unserer Welt. Wie ich in der nächsten Vorlesung als Denkanstoß geben werde, läuft der ganze Kosmos nicht ohne Sinn einfach weiter und seinem Ende entgegen. Außerdem möchte ich in späteren Vorlesungen vorbringen, daß wir Geschöpfe von irgendeiner übernatürlichen, wenn auch bisher noch ungenau definierten Bedeutung sind. Wir können nicht mehr wissen, als daß wir alle Teil eines großen Planes sind. Jeder von uns darf davon überzeugt sein, daß er in einem großen, unvorstellbaren, übernatürlichen Drama eine Rolle spielt. Wir sollten für diese Rolle unser Bestes geben. Es ist üblich, Fragen existentieller Art in allgemeiner Form zu formulieren, für andere eher, als für einen selbst; und sich selbst dann in das Bild einzuordnen. Ich gehe umgekehrt vor. Meine Probleme entstehen, wenn ich meine eigene persönliche Existenz mit all meinen innersten persönlichen Erfahrungen zu erklären versuche. Das ermöglicht mir eine bevorzugte Erforschung dessen, was einzig und allein meine eigene Erfahrung ist, eine Erfahrung – auf der trivialen Ebene eines Schmerzes z. B. –, die zu keinem noch so kleinen Teil von anderen unmittelbar geteilt werden kann. So bediene ich mich notwendigerweise zuerst eines solipsistischen Ansatzes. Doch aufgrund der gewonnenen Einsichten befinde ich mich in einer bevorzugten Position, wenn ich meine Erforschung auf andere

»Selbsts« ausdehne. Es ist ein Spiel zwischen objektiven und subjektiven Epistemologien. Meine subjektiven Erfahrungen erlangen einen objektiven Status, wenn sie den Erfahrungen anderer gegenübergestellt werden, die entweder aus erster Hand beobachtet oder unzählige Male von den großen Schriftstellern der Welt zum Ausdruck gebracht worden sind. Die Weltliteratur ist das Drama ungezählter »Selbsts« – bewußter Menschen mit ihren Leiden, ihren Freuden, ihren Opfern, ihren Sehnsuchten, ihren Verzweiflungen, ihrer Liebe, ihrem Haß – alles Aspekte des Rätsels Mensch.

Ich schließe diese einführende Vorlesung mit der Feststellung ab, daß wir das »Rätsel Mensch« erforschen werden, indem wir in jedem Stadium grundlegende Fragen der Natürlichen Theologie aufwerfen.

Ursprung und Evolution des Universums

Zusammenfassung und Einleitung

Der kosmische Feuerball begann vor etwa 10 bis 12 Mrd. Jahren mit einer ungeheuren Explosion, dem »Big Bang« oder Urknall. Über die ersten dreieinhalb Minuten können wir eine Reihe von Mutmaßungen anstellen, der Ursprung selbst aber ist uns ein absolutes Rätsel. Zu jenem Zeitpunkt ist die gesamte Materie des Universums aus Photonen, fast ausschließlich Wasserstoff und Helium, geschaffen worden. Die Expansion des auf diese Weise in Gang gesetzten Universums erklärt die heute beobachtete Rotverschiebung in den Spektralfarben der Spiralnebel. Die großen Sternansammlungen (Nebel) ähneln unserer Milchstraße mit ihren 10^{11} Sternen. Es gibt ungefähr 10^{11} Nebel. Somit beträgt die Gesamtzahl der unserer Sonne ähnlichen Sterne ungefähr 10^{22}. In dem expandierenden Universum entfernen sich alle Nebel mit ungeheuren Geschwindigkeiten. Je weiter sie entfernt sind, desto schneller ist die Fluchtbewegung. Extrapoliert man zurück von ihrer gegenwärtigen Fluchtgeschwindigkeit, so müßten sie vor ungefähr 18 Mrd. Jahren dicht beieinander gestanden haben. Allerdings ist die Expansionsrate durch die Massenanziehung fortlaufend abgebremst worden, so daß dieser Wert etwas zu hoch liegen und der Urknall vor etwa 10–12 Mrd. Jahren anzusetzen sein dürfte. Am Anfang der Urexplosion wurden mit gewaltigen Geschwindigkeiten große Gasmassen herausgeschleudert. Diese verdichteten sich durch die Schwereanziehung allmählich zu Milchstraßen; doch dies war ein langer Entwicklungsprozeß, der auch heute noch nicht abgeschlossen ist. Die Zusammenballung zu primitiven Milchstraßen, einschließlich unserer eigenen, brachte schließlich große Sternmassen hervor, die innerhalb von einer Milliarde Jahren in Supernovae endeten und dabei enorme Temperaturen und Drücke freisetzten, in denen die schweren Elemente »gekocht« wurden. Unsere Sonne mit ihrem Planetensystem entstand viel später, vor ungefähr 4,6 Mrd. Jahren; dies wird das Thema der dritten Vorlesung sein. Unterdessen wollen wir die Evolution des Universums, wie wir sie uns vorstellen, bis in die Zukunft hinein verfolgen. Wird es sich immerfort weiter ausdehnen oder wird es einen Höhepunkt erreichen und sich dann unter Einwirkung der Gravitation wieder zusammenziehen, bis es in einer Katastrophe endet, dem »Big Crunch«, einem »Endknall«, der zeitlich dem Urknall symmetrisch ist? Wenn wir von Einsteins allgemeiner Relativitätslehre ausgehen und mit Wheeler annehmen, daß bisher 10 Mrd. Jahre seit dem Urknall abgelaufen sind und die gegenwärtige Expansionsgeschwindigkeit 20 Mrd. Jahre anhält, so kann man für das Universum eine Gesamtlebenszeit von 59 Mrd. Jahren errechnen, von denen 10 Mrd. bereits vergangen sind. Hier haben wir Themen für die Natürliche Theologie, zum Beispiel das »anthropische Prinzip«, mit dem wir uns am Ende dieser Vorlesung befassen wollen.

Alle Völker haben Schöpfungsmythen hervorgebracht, um ihr Bedürfnis nach einer Erklärung der Welt, in der sie leben, zu befriedigen – einer Erklärung der Welt mit Luft, Wasser und Land, mit Sonne, Mond und Sternen und mit der Frage nach irgendeiner Existenz nach dem Tode. Die ersten schriftlichen Überlieferungen von Schöpfungsmythen stammen von den Sumerern, ungefähr 2000 v. Chr., doch ist dies natürlich nur das uns vorliegende schriftliche Zeugnis dessen, was über unzählige Generationen hinweg mündlich überliefert worden war. Auch die Ägypter besaßen eine Mythologie, die ungefähr aus der gleichen Zeit datiert. Die griechische Mythologie mit ihren Schöpfungsberichten wurde zuerst von Hesiod, ungefähr 800 v. Chr., in eine zusammenhängende Form gebracht. Die biblische Darstellung in der Genesis, etwa 600 v. Chr., war mit ihrer großartigen phantasievollen Vision die großen Malern als Inspiration diente – z. B. Michelangelo in der Sixtinischen Kapelle –, die intellektuell und emotional bei weitem am meisten befriedigende Schöpfungsgeschichte. Newton akzeptierte die biblische Darstellung in ihren wesentlichen Punkten, er glaubte sogar an das Schöpfungsdatum, das nach den Berechnungen von Bischof Usher das Jahr 4004 v. Chr. gewesen sein sollte!

In jüngerer Zeit hat es Schöpfungsdarstellungen gegeben, die von den Erkenntnissen der modernen Wissenschaft ausgehen. Die Ablehnung der Schöpfungsgeschichte der Genesis führte zu der Meinung, das Universum habe immer bestanden und sei von unbegrenzter Größe; somit war die Frage nach seiner Entstehung bedeutungslos geworden. Es gab keine Schöpfung und erst recht keinen Schöpfer. Es gibt eine interessante Geschichte darüber, wie Einstein im Jahre 1915 aus seiner geometrischen Darstellung der Graviation, der Allgemeinen Relativitätslehre, ein expandierendes Universum ableitete. Zu jener Zeit glaubte er an ein stationäres, immerwährendes Universum, die Vorstellung von einem expandierenden Universum war ihm daher höchst zuwider, so daß er einen kosmologischen Ausdruck in seine Gleichungen einführte, um die Ableitung der Expansion zu kompensieren. Im Jahre 1929 dann lieferte die von Hubble in den Spektrogrammen von Milchstraßensystemen beobachtete Rotverschiebung den empirischen Beweis dafür, daß sich das Universum tatsächlich ausdehnte (Abb. 2-1). Unverzüglich verwarf Einstein seinen kosmologischen Ausdruck, den er »den größten Schnitzer meines Lebens« nannte, und akzeptierte die widerwärtige Expansion des Weltalls.

Deutlich formuliert wurde die Theorie eines nach einer gewaltigen Urkatastrophe expandierenden Universums zum ersten Mal von Georges Lemaître in den frühen dreißiger Jahren unseres Jahrhunderts, und 1940 verfeinerte Gamow diese Theorie und gab der Katastrophe den das Gefühl ansprechenden Namen »Big Bang«. Aber die ursprünglichen, von Hubble errechneten Schätzwerte für die Ausdehnungsrate waren zu hoch. Sie ergaben einen Zeitpunkt für den Urknall, der nur 2 Mrd. Jahre zurücklag und im Widerspruch zu anderen geschätzten Werten für das Alter des Universums stand. Hier war nun ein guter Grund, als Alternative eine andere Hypothese vorzubringen, die Theorie vom stationären Universum, die von Gold, Bondi und Hoyle vorgeschlagen wurde. Nach dieser Theorie hat das Universum immer bestanden, es gibt keinen Ursprung in einem Urknall, die beobachtete Expansion wird durch die kontinuierliche Schöpfung von Elementarteilchen vollständig aufgewogen, diese Elementarteilchen ballen sich mit der Zeit zusammen und bilden neue Nebel. Die Zusammensetzung des Universums bleibt daher mehr oder weniger gleich und ist trotz des unaufhörlichen Auseinanderfliehens bereits gebildeter Nebel isotrop. Vom Standpunkt der Natürlichen Theologie aus gesehen könnte man meinen, Gold, Bondi und Hoyle hätten bei all ihren Anstrengungen, sich der übernatürlichen Schöpfung durch einen Transzendenten Gott zu entledigen, ohne es zu wollen die kontinuierliche Schöpfung durch einen Immanenten Gott vorgeschlagen!

Neue Berechnungen der Rezessionsrate der Nebel ergeben heute jedoch eine sehr

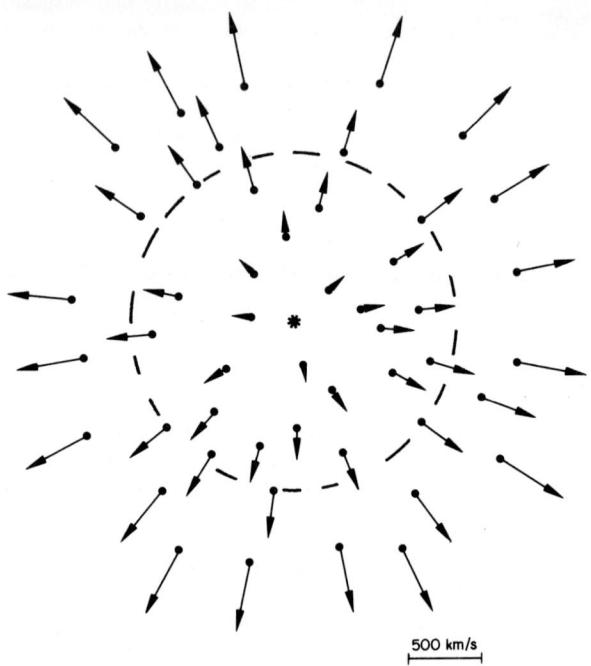

Abb. 2-1. Eine Reihe von Galaxien sind in Form von Punkten mit einem Pfeil daran dargestellt, wobei die Länge des Pfeils der Geschwindigkeit im Verhältnis zu einer gegebenen Galaxis G entspricht. Der Maßstab der Geschwindigkeit ist unten angegeben. Man beachte, daß die Geschwindigkeiten entsprechend dem Hubble-Gesetz proportional zu ihrem Abstand von * sind. Der Kreis bezeichnet einen Radius von 20 Mio. Lichtjahren

viel frühere Datierung des Urknalls, nach den besten heute vorliegenden Schätzungen erfolgte er vor ungefähr 19 Mrd. Jahren. Wir werden sehen, daß diese Zahl wegen des ständigen Abbremsens der Expansionsrate durch die Gravitation auf 10–12 Mrd. Jahre reduziert werden muß, was völlig mit den Daten für die Entstehung des Alls im Einklang steht, wie man sie mit verschiedenen anderen Methoden erhalten kann. Außerdem ist die Big-Bang-Theorie heute höchst überzeugend bewiesen worden durch die Entdeckung des vorausgesagten »Echos« des Urknalls als einer das ganze Universum ausfüllenden Mikrowellenstrahlung, deren Frequenz der Durchschnittstemperatur des kosmischen Raumes, 3,0°K, entspricht. (K ist die Kelvinskala, deren Nullpunkt beim absoluten Nullpunkt, = −273°C, liegt; 3,0° K daher = −270°C.) So werde ich also, ohne viel Umstände zu machen, von jetzt an vom Urknall als der Schöpfung unseres Alls sprechen.

2.1 Der Urknall

Es versteht sich von selbst, daß nur über das berichtet werden kann, was *nach* dem Augenblick geschah, in dem der große kosmische Feuerball im Urknall auseinanderbrach. Dieser Feuerball war ungeheuer heiß und seine Dichte praktisch unendlich, da er fast ausschließlich aus Photonen (Licht) bestand, was einem den Vers aus der Genesis ins Gedächtnis ruft, in dem es heißt, daß zuerst das Licht geschaffen wurde: »Und Gott sprach, es werde Licht!« Erstaunlicherweise ist es auf der Grundlage der theoretischen Physik möglich, eine ziemlich detaillierte Beschreibung der Ereignisse zu liefern, die sich vermutlich in den ersten paar Minuten nach der Explosion abgespielt haben. Tatsächlich hat Steven Weinberg (1977) gerade ein Buch veröffentlicht, das den Titel trägt *The First Three Minutes*. Die Grundprinzipien der Physik erlauben es uns, rückwärts zu extrapolieren und auf diese Weise die Abfolge der Ereignisse zu umreißen, wie sie sich in diesem fast unvorstellbaren Kataklysmus der Schöpfung – am Anfang – abgespielt haben.

Es ist möglich zu beschreiben, was von der 0,01. Sekunde nach der Explosion an geschah. Bis dahin war vermutlich die Temperatur ungeheuer groß – sehr viel höher als 10^{11} °C – Materie und Antimaterie waren in etwa gleichen Proportionen vorhanden, ebenso ein gewaltiger Überschuß an Photonen. Dann fiel die Temperatur wegen der Expansion rasch ab. 0,01 Sekunde nach der Explosion betrug sie 10^{11} °C, und es gab immer noch große Mengen von Elektronen, Positronen und Neutrinos, ihre Dichte lag bei ungefähr 4×10^9. Dann entstanden Protonen und Neutronen, aber immer noch waren Photonen, Elektronen und Neutrinos gewaltig in der Überzahl – 10^9 mal mehr als Protonen und Neutronen. Innerhalb von 14 Sekunden war die Temperatur auf 3×10^9 °C abgesunken. Elektronen und Positronen vernichteten einander und erzeugten damit Photonen. Es bildeten sich sehr viel mehr Protonen (83 %) als Neutronen (17 %). Schließlich, 3,5 Minuten nach dem Urknall, war die Temperatur auf 10^9 °C gesunken, Positronen und Elektronen waren fast alle vernichtet, die Photonen waren 10^9 mal zahlreicher als die Elementarteilchen, und es gab sechsmal mehr Protonen als Neutronen, was den relativen Überschuß von Wasserstoff (74 %) und Helium (26 %) erklärt, der seither im Kosmos herrscht. Die Protonen sind die Kerne zukünftiger Wasserstoffatome, und Protonen und Neutronen verbinden sich zu den Kernen zukünftiger Heliumatome.

Somit war also in diesen wenigen Minuten fast die gesamte Materie des Kosmos geschaffen worden, die heute noch zu ungefähr 99 % aus Wasserstoff plus Helium besteht. Die anderen Elemente sollten sehr viel später aus den Urelementen Wasserstoff und Helium entstehen. Darüber hinaus liefert der am Uranfang geschaffene Wasserstoff den Brennstoff für die enorme und für uns lebenswichtige Abstrahlung der Sonnenenergie, die aus der Kernreaktion – Wasserstoff – Helium – entsteht. Und die Wasserstoffatome, die einen so großen Teil der Moleküle in unserem Körper und Gehirn ausmachen, wurden ebenfalls in diesen ersten drei Minuten geschaffen und sind durch unzählige Wechselfälle hindurch seither immer wieder erzeugt worden!

Gamow sagte voraus, die Strahlung des Urknalls würde immer noch im Universum widerhallen und sei wegen der ungeheuren Expansion von ihrer ursprünglich äußerst hohen Temperatur von Hunderten von Milliarden Grad auf eine äußerst kalte Temperatur, die einer Strahlung bei 5°K entspricht, abgekühlt worden. Wie bereits in der Einleitung erwähnt, hat sich diese Voraussage mit der Entdeckung von Penzias und Wilson erstaunlich genau erfüllt. Die beiden Wissenschaftler entdeckten eine Mikrowellenstrahlung, die das gesamte Universum erfüllt und außerordentlich isotrop ist – sie schwankt im gesamten Himmelsraum um weniger als ein Tausendstel. Sie besitzt die Spektraleigenschaften der von einem schwarzen Körper bei 3° K ausgesandten Wärmestrahlung (3° K ist die Durchschnittstemperatur des Universums). Diese Strahlung muß zahllose Male absorbiert und wieder ausgestrahlt worden sein, so daß ihre Frequenz auf den gegenwärtigen niedrigen Wert abgesunken ist (Ress und Silk, 1970). In der Tat hat eine enorme Rotverschiebung stattgefunden. Das Spektrum dieser Strahlung stimmt völlig mit der theoretischen Voraussage überein; es liefert somit einen überwältigenden Beweis für den Urknall (Gott et al., 1976).

Da die Zeit, wie wir sie kennen, mit dem »Big Bang« begann, hat es keinen Sinn zu fragen, was vorher war. Es gab kein Vorher. Ebenso bedeutungslos ist die Frage, wo der Urknall geschah. Der kosmische Feuerball war das ganze Universum. So muß man rückblickend erkennen, daß der Urknall im gesamten Kosmos stattfand – überall. Wie zu erwarten, haben die Wissenschaftler keinerlei Begeisterung über die offenkundigen theologischen Schlußfolgerungen an den Tag gelegt. Eine bemerkenswerte Ausnahme bildet Georges Lemaître, ein katholischer Monsignore, der als erster das Konzept des Urknalls entwickeln sollte. Da meine Aufgabe darin liegt, mit wissenschaftlichen Mitteln nach Beweisen zu suchen, die mit der Natürlichen Theologie zu tun haben, freue ich mich, die Geschichte des Urknalls als etwas zu erzählen, was das Wirken eines übernatürlichen Schöpfers nahelegt. Doch ist auch eine andere Hypothese vorgeschlagen worden. Sie läuft darauf hinaus, daß der Urknall, der unser Weltall schuf, nicht ein einmaliges Ereignis war, sondern lediglich eine Phase in einem endlosen Zyklus von Expansion und Kollaps eines Universums nach dem anderen. Wir wollen die Erörterung dieser Hypothese bis gegen Ende dieser Vorlesung zurückstellen, wo wir uns mit dem eventuellen Zusammenbruch des Universums befassen werden.

2.2 Die Bildung von Galaxien und die Lebensgeschichte der Sterne (Calder, 1969)

Man kann sich das Universum mindestens während der ersten 100 000 Jahre nach dem Urknall als ein sich rasch ausdehnendes und abkühlendes Elektronengas vorstellen, das Wasserstoff- und Heliumkerne und einen gewaltigen Überschuß an Photonen (das 10^9fache) enthielt. Die Temperatur fiel aufgrund der Expansion rapide ab, so daß das ungeheuer angewachsene Universum nach 100 000 Jahren auf 3000° K abgekühlt war. Bei dieser Temperatur wurden die Elektronen von den Atomkernen eingefangen und bildeten Wasserstoff- und Heliumatome. Seit dem Urknall waren unter dem Einfluß von Strahlungsdruck und Gravitationskräften ursprüngliche Turbulenzen in dem Gas entstanden. Wie Berechnungen gezeigt haben, könnten die daraus entstehenden gewaltigen Ungleichmäßigkeiten der Anfang der Galaxien gewesen sein (Abb. 2-2). Es liegen Beweise dafür vor, daß unsere Galaxis ungefähr eine halbe Milliarde Jahre nach

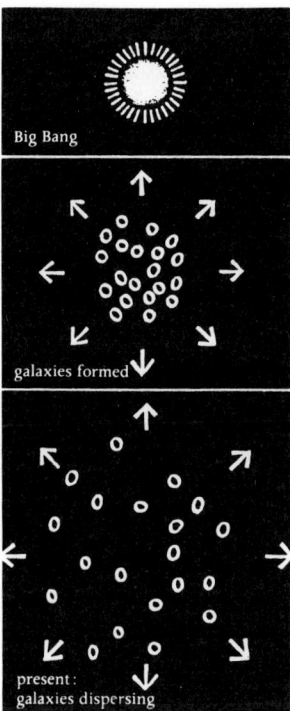

Abb. 2-2. Schematische Darstellung des Urknalls im oberen Kasten; dann der Bildung der Galaxien, die sich rasch voneinander entfernen; und im untersten Kasten das weitere Auseinanderfliegen der Galaxien, das sich immer noch weiter fortsetzt. Calder, N.: Violent Universe. London: British Broadcasting Corporation 1969. Deutsche Ausgabe: Das stürmische Universum. Bern: Hallwag Verlag 1970. (*) Für die freundliche Überlassung eines Belegexemplares der inzwischen vergriffenen deutschen Auflage dankt die Übersetzerin dem Hallwag-Verlag

dem Urknall entstand, als das Universum eine tausendmal größere Dichte besaß als heute.

Die ersten Bestandteile unserer zukünftigen Milchstraße waren die kugelförmigen Sternhaufen (Abb. 2-5), und erst später organisierte sich die scheibenförmige Hauptkomponente, die wir unter dem Namen Milchstraße kennen. Diese hat einen Durchmesser von etwa 100 000 Lichtjahren in der Hauptebene und von 3000 Lichtjahren senkrecht dazu. Ihre Spiralarme sind unregelmäßig angeordnet (Abb. 2-3, 2-4). Sie dreht sich langsam um ihre Achse, die durch die dichte Sternanhäufung im Zentrum der Galaxis verläuft, das einen Durchmesser von ungefähr 10 000 Lichtjahren und einen noch dichteren Kern hat. Die Gesamtpopulation unserer Milchstraße

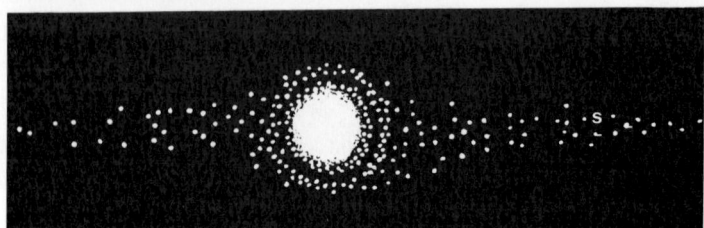

Abb. 2-3. Diagramm eines Querschnitts durch die Scheibe unserer Galaxis, das die dichte Anhäufung von Sternen in dem sogenannten Halo rund um das galaktische Zentrum mit einem noch dichteren Kern und mit den viel weiter verstreuten Sternen in der spitz zulaufenden Peripherie der Spiralarme zeigt, wo unsere Sonne liegt (*vgl.* Abb. 2-4A). Calder, N.: Violent universe. London: British Broadcasting Corporation 1969

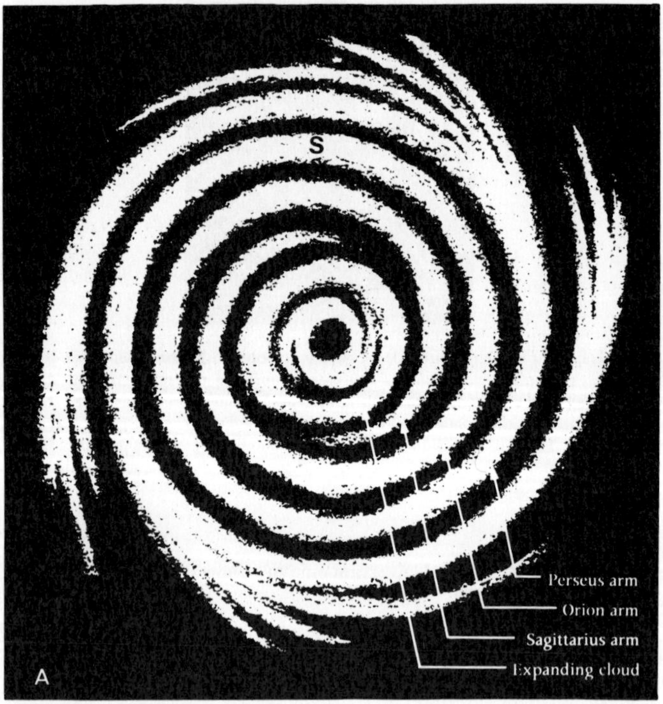

Abb. 2-4A. Schematische Skizze unserer Galaxis, wie sie sich aus Radiobeobachtungen des Wasserstoffs in den Spiralarmen ergibt. S bezeichnet die Lage der Sonne. Würden in diesem Bild nicht die aus dem Zentrum strömenden Gaswolken, sondern wie in Abb. 2-3 die Sterne dargestellt, so wäre das Zentrum natürlich extrem dicht. Calder, N.: Violent universe. London: British Broadcasting Corporation 1969

beträgt etwa 10^{11} Sterne. Die Rotationsgeschwindigkeit ist zum Zentrum hin wesentlich größer.

Unsere Sonne ist ein Stern mittlerer Größe und mittleren Alters. Er liegt etwa auf halber Länge des Orionarms unserer Galaxis, etwa 30 000 Lichtjahre von ihrem Zentrum entfernt (S in Abb. 2-4A). Ihre Umlaufzeit um das Milchstraßenzentrum beträgt 250 Mio. Lichtjahre, man nennt diese Zeitspanne ein kosmisches Jahr. In der Tat ist alles an unserer Sonne mittelmäßig, außer daß sie ein Planetensystem besitzt, daß es auf einem dieser Planeten Leben gibt und uns selbst als Bewohner. Wir werden darüber in späteren Vorlesungen noch mehr sagen, sobald wir die Erörterung der Kosmologie abgeschlossen haben.

Wie schon erwähnt, waren die Kugelsternhaufen der erste Teil unserer Milchstraße, der sich bildete. Jeder dieser Kugelhaufen enthält 100 000 bis zu 1 Mio. Sterne

Abb. 2-4B. Eine Photographie einer Galaxis ähnlich unserer Milchstraße. Hier aus einem schiefen Winkel gesehen. Die aus dem hellen Zentrum herausragenden Spiralarme sind reich an jungen Sternen. Abgedruckt mit Erlaubnis der Hale Observatorien, Pasadena, Kalifornien

(Sonnen) (Abb. 2-5), und unsere Galaxis beinhaltet etwa 200 kugelförmige Sternhaufen, die das Zentrum unserer Milchstraße in großen elliptischen Umlaufbahnen und in verschiedenen Winkeln zu ihrer Rotationsebene umkreisen. Die Kugelsternhaufen liefern wichtige Daten über die frühe Zusammensetzung des Weltalls. Die spektrosko-

Abb. 2-5. Ein Kugelsternhaufen, eine der vielen dichten Ansammlungen alter Sterne, die das Zentrum unserer Galaxis umkreisen. Ihre Umlaufebenen bilden verschiedene Winkel mit der Ebene unserer Milchstraße, die in Abb. 2-4A im Schnitt dargestellt ist. Abgedruckt mit der Erlaubnis des Royal Greenwich Observatory

pische Untersuchung zeigt, daß die Sterne fast ausschließlich – nämlich zu mehr als 99,9 % – aus Wasserstoff und Helium bestehen, davon ungefähr 29 % Helium (Iben, 1970). Diese Zusammensetzung unterscheidet sich von der der Sterne in der Milchstraßenscheibe, das bedeutet, daß letztere Elemente eingefangen haben, die erst entstanden sind, nachdem die Kugelsternhaufen bereits aufgebaut waren.

Die Kugelhaufen sind auch deshalb von Bedeutung, weil sie die Lebensgeschichte der Sterne erzählen. Man vermutet, daß die Sterne ein und desselben Haufens das gleiche Alter haben, doch altern sie sehr unterschiedlich schnell. Man hat festgestellt, daß ein Stern um so schneller altert, je größer er ist. Glücklicherweise ist unsere Sonne nicht bedrohlich groß und hat daher einen langen Lebenszyklus. Sie hat immer noch mindestens 1,5 Mrd. Jahre unveränderten Lebens vor sich, bevor sich die Degenerierungserscheinungen des Alterns einstellen.

Wenn, in ungefähr 1,5 Mrd. Jahren, der Wasserstoff verbraucht sein wird, der heute im Kern unserer Sonne zu Helium verbrennt, so wird, wie Abb. 2-6 veranschaulicht, eine Kette verheerender Folgeerscheinungen einsetzen. Weitere 4 Mrd. Jahre hindurch wird die Sonne den Wasserstoff in ihrer Schale verbrennen und sich dabei ausdehnen, bis ihre Strahlung viermal so stark ist wie heute, was das Leben fast überall auf der Erde außerordentlich schwierig machen wird. Doch es kommt noch viel schlimmer. Der Verbrennungsprozeß in der Sonnenschale nimmt gewaltig zu, die Sonne wächst, bis sie das 50fache ihres gegenwärtigen Durchmessers und das 1500fache ihrer heutigen Leuchtkraft besitzt. Der Planet Erde wird in einem Maße versengt werden, wie es all unsere Vorstellungskraft übersteigt. Immer noch schlimmer wird es, wenn die Sonne zu einem roten Riesenstern anwächst, der alle inneren Planeten, sogar den Mars, verschlingt, bis sie schließlich schrumpft und als schwarzer Zwerg praktisch verlöscht. Alle diese Phasen sind aus der Beobachtung anderer Sterne bekannt, die früher als unsere Sonne alt geworden sind. Wir müssen uns aber darüber klar sein, daß dieses Schicksal der Sonne, so katastrophal es schließlich auch sein wird, noch Milliarden von Jahren in der Zukunft liegt. Es ist noch mehr als genug Zeit für all die großen kulturellen Leistungen, die wir für eine ruhmreiche Zukunft der Menschheit in den Geisteswissenschaften, der Kunst, den Naturwissenschaften und der Technik erhoffen können. Außerdem werden sich unsere Nachkommen in ferner Zukunft nicht einer plötzlichen Katastrophe gegenübersehen. Die Katastrophe wird ihre Schatten Hunderte von Millionen Jahren vorauswerfen. Wir können uns wenigstens damit trösten, daß das In-sich-Zusammenstürzen des Weltalls in einem »Big Crunch«, wie wir es aufgrund der Wirkung der Gravitation voraussagen können (Abb. 2-9, 2-10), erst 10 Mrd. Jahre später eintreten wird als der eigentliche Tod unseres Sonnensystems.

Es ist bekannt, daß Sterne, deren Masse mehr als das 8fache der Masse unserer Sonne beträgt, eine sehr kurze Lebenszeit von 10^8–10^9 Jahren haben, bevor sie als *Supernova* explodieren. Wie Abb. 2-7 zeigt, erreichte ein Stern mit einer sehr großen Masse nicht mehr als 200 Mio. Jahre, bevor er in einer Supernova sein katastrophales Ende fand. Immer noch lassen sich gelegentlich Supernovae in unserer Milchstraße beobachten, die letzte im Jahre 1604. Heute beobachten wir jedoch jedes Jahr mehrere solcher kosmischen Ereignisse in benachbarten Galaxien. In unserer eigenen Galaxis ist schon lange eine Supernova überfällig, denn im Durchschnitt tritt ein solches Ereignis alle 50 Jahre ein. Wir können nur hoffen, daß es nicht einer unserer nächsten Nachbarsterne sein wird, der in einer Supernova explodiert, denn die Strahlung ist sehr stark – bis zu 10 Mrd. mal stärker als die der Sonne – und könnte ein biologisches Risiko darstellen.

2.3 Das »Kochen« der Elemente (Schramm, 1974)

Wahrscheinlich hat es insgesamt nicht mehr als 10^9 Supernovae in unserer Milchstraße gegeben, aber diese waren von großer Bedeutung, da innerhalb und in der Umgebung von Supernovae die ungeheuren Temperaturen und Drücke entstehen, bei denen die anderen Elemente außer Wasserstoff und Helium »gekocht« werden. Schon vor ihrer Explosion in einer Supernova bauen die großen Sterne unter den gewaltigen Temperaturen und Drücke in ihrem Innern Elemente auf, vom Kohlenstoff bis hinauf zu Eisen und Nickel. Elemente, die schwerer als Eisen sind, verlangen komplizierte Synthesevorgänge, die zweierlei Art sein können. Bei den langsamen Prozessen können Elemente bis hinauf zu Blei und Wismut aufgebaut werden, da bei den stabilen Elementen Neutronenaddition und Betazerfall Schritt für Schritt erfolgen. Dieser

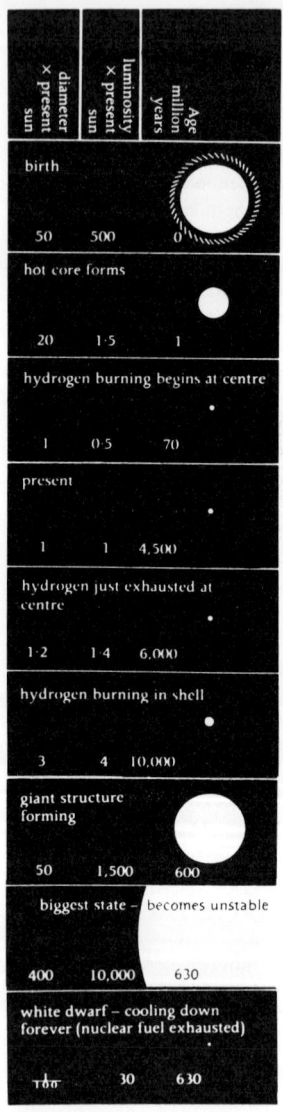

diameter × present sun	luminosity × present sun	Age million years
birth		
50	500	0
hot core forms		
20	1·5	1
hydrogen burning begins at centre		
1	0·5	70
present		
1	1	4,500
hydrogen just exhausted at centre		
1·2	1·4	6,000
hydrogen burning in shell		
3	4	10,000
giant structure forming		
50	1,500	600
biggest state – becomes unstable		
400	10,000	630
white dwarf – cooling down forever (nuclear fuel exhausted)		
$\frac{1}{100}$	30	630

Abb. 2-6

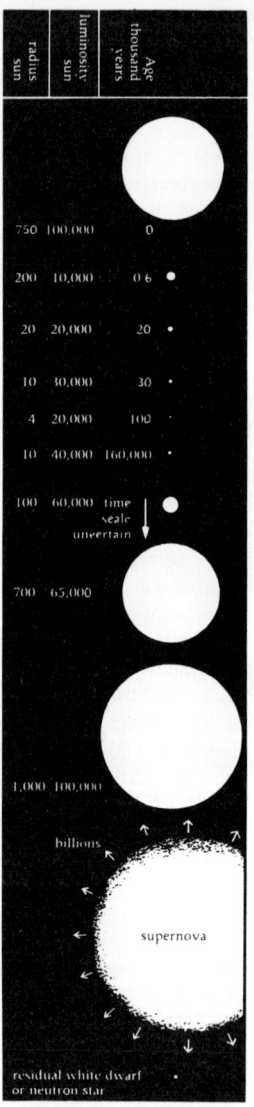

radius sun	luminosity sun	Age thousand years
750	100,000	0
200	10,000	0·6
20	20,000	20
10	30,000	30
4	20,000	100
10	40,000	160,000
100	60,000	time scale uncertain
700	65,000	
1,000	100,000	
	billions	
	supernova	
residual white dwarf or neutron star		

Abb. 2-7

langsame Vorgang scheint sich in der Hülle roter Riesensterne (Abb. 2-6) abzuspielen. Der Weg zu noch schwereren Elementen führt über instabile Elemente, diese können daher nur durch schnelle Prozesse der Neutronenaddition und des Betazerfalls erzeugt werden. Solche Vorgänge finden, wie es scheint, dicht am Außenrand des »schwarzen Loches« oder Neutronensterns statt, *die* nach einer Supernova als Residuum zurückbleiben (Abb. 2-7) und wo starke Neutronenströme auftreten. Wir müssen zugeben, daß die Schöpfung der Elemente bestenfalls sehr wenig effizient ist. Nicht mehr als ein paar Prozent des Wasserstoffs und Heliums werden auf diese Weise umgewandelt.

Die Daten der durch den raschen Prozeß hervorgebrachten Atome lassen sich anhand des bekannten relativen Überschusses radioaktiver Elemente mit extrem langsamen Zerfallsraten abschätzen (Schramm, 1974). Der auf diese Weise errechnete Zeitpunkt für das »Kochen« dieser Elemente liegt 10 bis 5 Mrd. Jahre zurück. Dies ist also die zeitliche Spanne, in der sich die großen Supernova-Explosionen unserer Milchstraße abgespielt haben. Als Beginn unseres Milchstraßensystems wird daher eine Zeit vor 10 Mrd. Jahren vorgeschlagen, da die Lebenszeit der größten Sternmassen, die zu Supernovae werden, nicht mehr als 200 Mio. Jahre betragen kann (Abb. 2-7). Da die Kugelsternhaufen außerordentlich arm an allen Elementen außer Wasserstoff und Helium sind, müssen sie gebildet worden sein, bevor die »gekochten« Elemente überall in der Milchstraße verstreut wurden.

Im Gegensatz dazu entstand unsere Sonne vor etwa 4,6 Mrd. Jahren, d. h. kurz nach Abschluß der großen Epoche, in der die Elemente »gekocht« wurden, aus einer ungeheuren Gaswolke. Die Sonne und ihr Planetensystem müßten daher reich an diesen schweren Elementen sein, wie wir in der dritten Vorlesung noch hören werden. Der Planet Erde war in seiner materiellen Ausstattung besonders vom Glück begünstigt und stand somit für das Leben bereit.

2.4 Galaxien im Weltraum

Mit ihrer abgeflachten Spiralform besitzt unsere Milchstraße eine relativ alltägliche Gestalt (Abb. 2-3, 2-4). Es gibt aber eine große Vielfalt von Milchstraßenformen (Abb. 2-8), die wir hier nicht erklärt haben. Für die Frage, die uns hier beschäftigt,

---

◁ **Abb. 2-6.** Schematische Darstellung der vermuteten Lebensgeschichte unserer Sonne von ihrer Geburt bis zu ihrem gegenwärtigen mittleren Alter (4500 Mio. Jahre) sowie ihr Altern und ihr faktisches Erlöschen. Man beachte, daß das Alter der Sonne in den untersten drei Kästen 10 000 Mio. Jahre plus den angegebenen 600 bis 630 Mio. Jahren beträgt. In abgeänderter Form aus Calder, N.: Violent universe. London: British Broadcasting Corporation 1969

◁ **Abb. 2-7.** Schematische Darstellung wie in Abb. 2-6, aber für einen Stern mit großer Masse, der 15fachen Masse unserer Sonne. Sein enorm aktives, aber kurzes Leben von etwa 160 Mio. Jahren endet mit einer gewaltig strahlenden Supernova, die, wenn sie ausgebrannt ist, einen sehr kleinen weißen Zwerg oder einen Neutronenstern zurückläßt. Calder, N.: Violent universe. London: British Broadcasting Corporation 1969

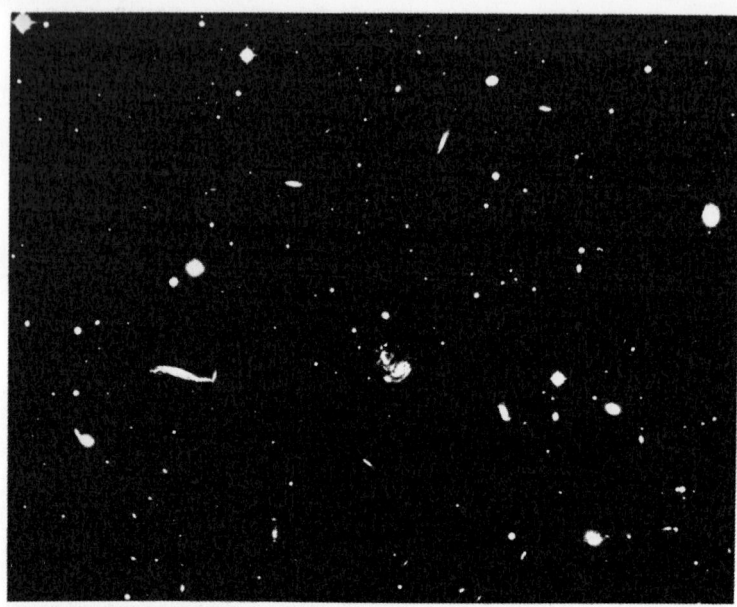

Abb. 2-8. Ein Galaxienhaufen, der viele verschiedene Typen von Galaxien der unterschiedlichsten Formen enthält. Abdruck mit Erlaubnis der Hale Observatorien, Pasadena, Kalifornien

reicht es aus, wenn wir wissen, daß es eine ungeheuer große Zahl von Galaxien gibt, etwa 10^{11}, und daß sie im Durchschnitt ziemlich genau die gleiche Sternpopulation besitzen wie unsere eigene Galaxis, nämlich 10^{11}, so daß die Zahl der Sterne im Universum unvorstellbar groß ist: 10^{22}. Alle Milchstraßensysteme sind an der Ausdehnung des Weltalls beteiligt, wie Hubble im Jahre 1929 als erster anhand der Rotverschiebung in ihren Spektrogrammen nachwies. Inzwischen hat man die Expansionsrate neu und genauer berechnet. Sie ist proportional zur Entfernung der Nebel (Abb. 2-1); der Proportionalitätsfaktor beträgt ca. 17 km/sec pro Mio. Lichtjahre Entfernung. Wie dieser Wert erkennen läßt, müssen sich alle Nebel vor ungefähr 18 Mrd. Jahren in unmittelbarer Nähe voneinander befunden haben.

Es ist wichtig, sich darüber im klaren zu sein, daß wir uns als Beobachter von unserer Milchstraße aus nicht in einer bevorzugten Position im Weltall befinden. Die gleiche Regressionsbeziehung würde ebenfalls für Beobachter in jeder beliebigen anderen Galaxis gelten. Diese Äquivalenz bezeichnet man als das kosmologische Prinzip. Allerdings sind die Galaxien nicht gleichmäßig im Weltraum verteilt. Es gibt Galaxienhaufen, die möglicherweise in örtlichen Umlaufbeziehungen zueinander stehen. Die Galaxien entstanden im allgemeinen durch die Verdichtung ausgedehnter Gaswolken, die sich bei dem urzeitlichen Ausbruch von Gasen aus dem kosmischen Feuerball gebildet hatten; sie erhielten ihre Geschwindigkeit bei der Urexplosion zugeteilt. In Wirklichkeit ist die Geschwindigkeit seitdem fortwährend durch die Gravitation gebremst worden. Die Wirksamkeit dieser Verlangsamung durch die Schwerkraft wollen wir später noch behandeln. Die am weitesten entfernten Galaxien sind bis zu 8 Mrd. Lichtjahren von uns entfernt.

2.5   Die Zukunft des Universums und sein Gravitationskollaps

Die wichtigsten Fragen nach der Zukunft des Universums lauten: wird es sich bis in alle Ewigkeit weiter ausdehnen? Oder wird es in einer Katastrophe, einem Gegenstück zum »Big Bang«, in sich zusammenstürzen? Man hat diesem Ereignis den passenden Namen »Big Crunch« gegeben. Es besteht kein Zweifel daran, daß die Expansionsgeschwindigkeit von Anfang an durch die Massenanziehung abgebremst worden ist. Das Problem liegt darin, die Stärke dieser Massenanziehung zu bestimmen. Sie ist proportional zur Dichte der Materie im Weltall. Eine ungefähre Schätzung der Dichte kann man anhand der bekannten Milchstraßenpopulation vornehmen, wenn man eine mittlere galaktische Masse und die bekannten Ausmaße des Universums zugrundelegt. So berechnet, ist die Masse sehr viel kleiner als die Minimalmasse für die Umkehrung der Ausdehnung – und zwar um einen Faktor, der möglicherweise nicht unter 25 liegt, vielleicht aber auch nicht größer als 8 ist (Gott et al., 1976). Es weist jedoch einiges darauf hin, daß neben der in Sternen zusammengeballten Masse eine große Materiemasse existiert, zum Beispiel im interstellaren Gas und Staub und sogar in den »schwarzen Löchern« (Penrose, 1972; Hawking, 1977), die, wie man heute vermutet, im Weltall gar nicht so selten sind; sie entstehen, wenn ein großer Stern infolge der Gravitationskraft in sich zusammenstürzt (Abb. 2-7).

Diese »schwarzen Löcher« haben eine derart unglaubliche Dichte, daß ihr Schwerefeld sogar Photonen festhält, daher das Eponym »schwarz«. Das ist der Grund, warum wir keine Bilder von schwarzen Löchern machen können! Den Rand eines schwarzen Loches nennt man Ereignishorizont, weil es für alle Materie und Strahlen, die diesen Horizont überschreiten, keine zukünftigen Ereignisse mehr gibt. Sie werden von der starken Gravitationskraft für alle Ewigkeiten wie in einer Falle gefangengehalten. Diesen Vorgang nennt man Gravitationskollaps. Es gibt eine großartige theoretische Abhandlung über die Eigenschaften der schwarzen Löcher (Penrose, 1972; Hawking, 1977). Gutes Beweismaterial hat man auch dafür beigebracht, daß einer der Sterne eines Doppelsterns in sich zusammengestürzt ist und ein schwarzes Loch gebildet hat (Cygnus X-1) (Thorne, 1974). Bewiesen wird die Existenz eines schwarzen Loches einmal durch die Stärke des dieses umgebenden Gravitationsfeldes, die sich aus seiner ungeheuer großen Masse ergibt, sowie zum anderen durch das Fehlen jeglicher anderen Spur seiner Existenz. Die Dichte eines schwarzen Loches ist unglaublich groß. Sie muß mehr als 2×10^{15} gcm^{-3} betragen, um diese Massenanziehung über den Ereignishorizont hinweg ausüben zu können (Thorne, 1974). Ein Kubikmillimeter, ein kleiner Stecknadelkopf, würde mindestens 2 Mio. t wiegen, und ein Stern mit der Masse unserer Sonne würde zu einem schwarzen Loch von nur 6 km Durchmesser zusammenstürzen!

Schwarze Löcher sind ein Endzustand in der Degeneration eines großen Sterns, d. h.

eines Sterns, der mehr als das 8fache der Masse unserer Sonne besitzt (Abb. 2-7), aber sie sind darüber hinaus auch insofern interessant, als sie möglicherweise ein Modell für die Bedingungen am Anfang und Ende des Universums darstellen (Hawking, 1977). Der Urknall mag von einer Verdichtung der Materie ausgegangen sein, die mit derjenigen in einem schwarzen Loch vergleichbar ist, und wenn das Universum am Ende aufgrund der Gravitation in einem »Big Crunch« in sich zusammenfällt (Abb. 2-9, 2-10), so wird das Ende ein gigantisches schwarzes Loch sein. Und das ist dann wirklich das Ende. Wir können uns vorstellen, daß die durch die Schwerkraft hervorgerufene Kontraktion zu einem schwarzen Loch das physikalische Gegenstück zu der theologischen Hölle ist. 1975 wurde Hawking für seine großen wissenschaftlichen Leistungen auf dem Gebiet des »Gravitationskollapses« mit der Pius XI-Medaille der Päpstlichen Akademie der Wissenschaften ausgezeichnet. Ich bin sicher, daß niemand an die Analogie gedacht hat!

Nach diesem kurzen Exkurs über das Thema »schwarze Löcher« kehren wir zu dem ungelösten Problem der sogenannten »fehlenden Masse« des Universums zurück. In der Tat geht aus den Berechnungen hervor, daß bei einigen Galaxienhaufen die Gesamtmasse viele Male größer sein muß als die aggregierte galaktische Masse, sonst würden sie nicht zusammenhalten, was sie bei einigen kompakten Galaxienhaufen – z. B. Virgo oder Coma – aber ganz offensichtlich tun (Rees und Silk, 1970). In den letzten Jahren hat man gezeigt, daß die Randbezirke der Milchstraßensysteme das Drei- bis Zehnfache an Materie enthalten können, als man für den sichtbaren Teil der Galaxien annimmt (Wheeler, 1977). Wichtig ist darüber hinaus auch die Erkenntnis, daß es gewaltige Ansammlungen von Staub und Gas in den Spiralarmen unserer Galaxis gibt; dort werden in Zonen, die man als »Sternkinderstuben« erkannt hat, immer noch neue Sterne gebildet, offenbar indem die Massenanziehung Staub und Gas zu einem Stern verdichtet – auf ganz genau dieselbe Art und Weise, wie vor ca. 5 Mrd. Jahren unsere Sonne geschaffen wurde. Man hat sogar individuelle neu entstehende Sterne erkennen können (Bok, 1972).

Die zukünftige Geschichte des Universums ist ein heiß umstrittenes Thema. Wie wir bereits gesagt hatten, bestehen einige Zweifel darüber, ob die Masse des Weltalls groß genug ist, um eine Gravitationskraft zu erzeugen, die die Ausdehnung stoppen und einen Kollaps herbeiführen könnte. Nun ist Wheeler (1974), von Einsteins Allgemeiner Relativitätstheorie ausgehend, aber zu einer Theorie gelangt, die eine Alternative darstellt. Dies ist in Abb. 2-10 graphisch dargestellt. Die Zeichnung ist in bezug auf zwei Schlüsselzeiten für den Urknall und seine Nachwirkungen normalisiert. Es wird davon ausgegangen, daß die gegenwärtige Expansionsrate eine Zeit (Hubble-Zeit) von 20 Mrd. Jahren seit dem Urknall ergibt. Dies liegt in der Nähe der bestmöglichen Schätzung von 19 Mrd. Jahren, die immer noch einen Unsicherheitsfaktor von mindestens 10 % besitzt. Wir haben jedoch gesehen, daß infolge der Schwereanziehung eine fortschreitende Verlangsamung der Expansionsrate stattgefunden hat, so daß 20 Mrd. Jahre zu hoch angesetzt sind. Bei Berücksichtigung der verschiedenen Methoden zur Bestimmung des gegenwärtigen Alters des Universums stellen die in Abb. 2-10 zugrundegelegten 10 Mrd. Jahre annähernd den besten Schätzwert dar.

In dem Diagramm bewegt sich das Rad langsam nach rechts, wobei der graue Punkt auf ihm eine Radkurve für den Radius des Universums als Funktion der Zeit

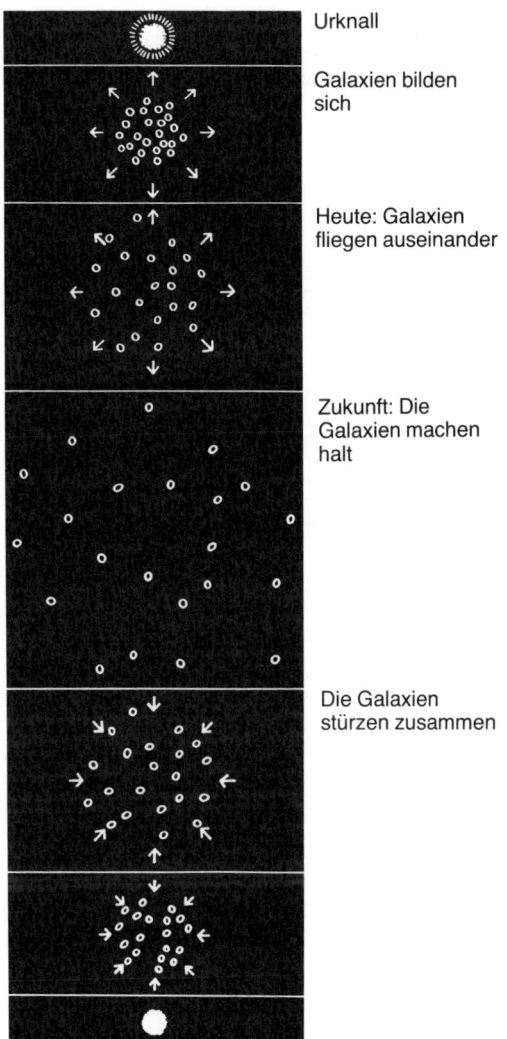

Urknall

Galaxien bilden
sich

Heute: Galaxien
fliegen auseinander

Zukunft: Die
Galaxien machen
halt

Die Galaxien
stürzen zusammen

Abb. 2-9. Schematische Darstellung des Urknalls und des expandierenden Universums wie in Abb. 2-2, aber mit anschließendem Anhalten der Expansion und Wiederzurückfallen der Galaxien unter der Einwirkung der Gravitationskraft. Der unterste Kasten zeigt den schließlichen Kollaps im »Big Crunch« (*vgl.* Abb. 2-10). In abgeänderter Form entnommen aus Calder, N.: Violent Universe. London: British Broadcasting Corporation 1969

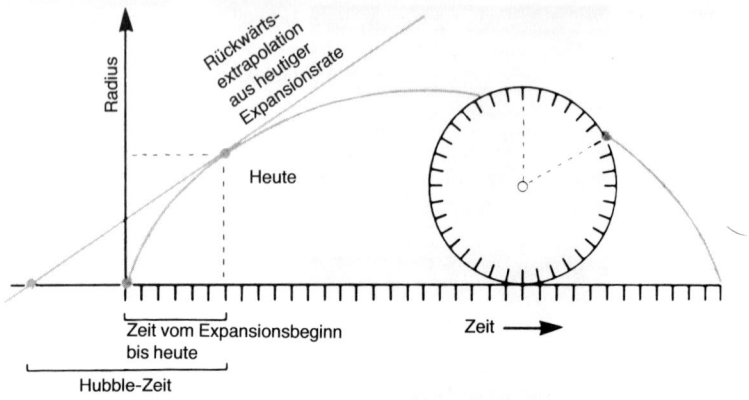

Abb. 2-10. Hauptmerkmale des Universums entsprechend der Einsteinschen Theorie. Die Darstellung ist durch zwei astrophysikalische Schlüsseldaten normalisiert, für die beide ein Unsicherheitsfaktor in der Größenordnung von 20% angenommen wird: (1) die seit Expansionsbeginn bis zur Gegenwart abgelaufene Zeit, $\sim 10 \times 10^9$ Jahre, wie sie anhand der Evolution der Sterne und Elemente errechnet wird; und (2) die »Hubble-Zeit« oder die durch lineare Rückwärtsextrapolation bis zum Expansionsbeginn gewonnene Zeit, $\sim 20 \times 10^9$ Jahre, d. h. die Zeit, die die Galaxien gebraucht hätten, um ihre heutigen Entfernungen zu erreichen, wenn sie sich immer mit ihren heutigen Geschwindigkeiten von uns entfernt hätten. In dem Diagramm bezeichnet der Punkt bei langsamem Abrollen des Rades nach rechts eine Radkurve für den Radius des Universums als Funktion der Zeit. Die Geometrie des geschlossenen Weltallmodells ist hier als dreidimensionale Kugel idealisiert.

Alle erläuternden Werte sind abgeleitet aus

Zeit von Anfang bis heute	10	$\times 10^9$ Jahre
Hubble-Zeit heute	20	$\times 10^9$ Jahre
Hubble Expansionsrate heute	49,0	$\dfrac{\text{km/s}}{\text{megaparsec}}$
Wachstumsrate des Radius heute	0,66 Lj	
Radius heute	$13,19 \times 10^9$ Lj	
Radius maximal	$18,94 \times 10^9$ Lj	
Zeit von Anfang bis Ende	$59,52 \times 10^9$ Jahre	
Dichte heute	$14,8 \times 10^{-30}$ g/cm³	
Materiemenge	$5,68 \times 10^{56}$ g	
Entsprechende Baryonenzahl	$3,39 \times 10^{80}$	

Wheeler, J. A.: The universe as a home for man. Am. Scientist *62*, 683–691 (1974)

beschreibt. Bei dieser Graphik ist das kosmologische Prinzip von der Homogenität des Weltalls zugrundegelegt. Unsere gegenwärtige Position ist bei ungefähr 10 Mrd. Jahren nach dem Urknall eingezeichnet. Das rollende Rad bezeichnet das schließliche Anhalten der Expansion bei 18,9 Mrd. Lichtjahren und dann den Beginn des durch die Gravitation bedingten In-sich-Zusammenstürzens, das zunehmend an Geschwindigkeit gewinnt, bis bei 59 Mrd. Jahren nach dem Anfang der »Big Crunch« erfolgt. Die Radkurve ist symmetrisch um den Scheitelpunkt. Der »Big Crunch« ist zeitlich symmetrisch zum »Big Bang«. Bei dem Gravitationskollaps hören Raum und Zeit auf zu existieren, genauso wie sie dies vor dem Urknall taten und wie sie auch bei einem »schwarzen Loch« zu existieren aufhören. Wie bereits angedeutet, ist der Vorschlag gemacht worden, die Frage der Schöpfung könne ad acta gelegt werden, wenn der Urknall die unmittelbare und uneingeschränkte Konsequenz des katastrophenartigen Kollapses eines vorangegangenen Universums wäre. Es könne sich also um eine zyklische Bewegung handeln, die sich bis ins Unendliche fortsetzen könne, wobei jeder Urknall jeweils dem Endknall des unmittelbar vorangehenden Universums folgt. Zu diesem vorgeschlagenen Kreislauf sagt Wheeler (1977) jedoch mit allem Nachdruck:

> Mit dem Gravitationskollaps kommen wir zum Ende der Zeit. Niemals hat man aus den Gleichungen der allgemeinen Relativität auch nur den geringsten Anhaltspunkt für eine »Erneute Expansion« oder ein »zyklisches Universum« oder für irgendetwas anderes als ein Ende herauslesen können.

2.6 Die Frage nach der Genesis

Einstein hat einmal prophetisch gesagt, das größte Geheimnis sei, daß das Universum existiert und verständlich ist. Wheeler (1977) stellt die Frage:

> Wie entstand das Universum? – wobei man sich völlig darüber im klaren ist, daß die richtige Fragestellung ebenfalls einen Teil der Frage ausmacht. Man kann sogar der Überzeugung sein, daß die Fragestellung nur dann mit den richtigen Worten vorgebracht werden kann, wenn man die Antwort weiß. Oder gibt es eine Antwort? Liegt das Rätsel der Schöpfung für immer jenseits aller Erklärungen?

Das sind große Fragen für die Natürliche Theologie. In diesem Zusammenhang stellt Wheeler (1974) in seiner Copernicus Lecture vor der National Academy of Sciences folgende Frage: Warum muß das Universum so gewaltig groß sein? Wie sich herausstellt, ist der nach der Einsteinschen Allgemeinen Relativitätstheorie berechnete Zeitmaßstab in Abb. 2-10 außerordentlich abhängig von der Masse. Beispielsweise ergibt die Masse für 10^{11} Galaxien mit insgesamt 10^{22} Sternen den in Abb. 2-10 eingetragenen Zeitraum von 59 Mrd. Jahren zwischen »Big Bang« und »Big Crunch«. Wenn wir sparsam sind und den Urknall die Masse für eine Galaxis mit 10^{11} Sternen hervorbringen lassen, was immer noch ein immens großes Universum ist, so verringert sich die Spanne zwischen Urknall und »Big Crunch« auf 1 Jahr! Wie Wheeler (1974) feststellte:

> Es gäbe keine Gelegenheit, neue Sterne hervorzubringen, geschweige denn schwere Elemente, Planeten und Leben. Die Kürzung der Investition an Originalmaterial ergibt keineswegs ein besseres Ergebnis, sondern vielmehr überhaupt keins. Von diesem Gesichtspunkt aus betrachtet ist jede scheinbare Extravaganz unseres Universums alles andere als offenkundig. Dies ist gewiß ein Rekord an Untertreibung!

Wir müssen uns darüber im klaren sein, daß ohne zahlreiche Elemente, die viel schwerer als Wasserstoff sind (z. B. Kohlenstoff, Sauerstoff, Stickstoff, Phosphor), Leben wie wir es kennen, unvorstellbar ist. Die Erzeugung dieser Elemente erfordert mehrere Milliarden Jahre »Kochzeit« im Innern eines Sterns. Nach der allgemeinen Relativitätslehre kann jedoch kein Universum mehrere Milliarden Jahre Zeit zur Verfügung stellen, solange es nicht ein Ausmaß von mehreren Milliarden Lichtjahren besitzt (Wheeler, 1974). Das heißt, wenn die Möglichkeit der Entstehung von Leben gegeben sein soll, ist unser Universum keineswegs übermäßig groß. Als Wheeler (1977) seine These von der entscheidenden Rolle der *observership*, d. h. von der Existenz eines Beobachters, entwickelt, schneidet er damit grundlegende Fragen der Physik an:

Keine Suche hat jemals zur Entdeckung eines letzten, tiefsten Fundaments geführt, sei es nun physikalischer oder mathematischer Natur, das auch nur die leiseste Aussicht darauf bietet, das Grundprinzip für den viele Stockwerke hohen Turm der physikalischen Gesetze zu liefern. Man kann sich daher des Verdachts nicht erwehren, daß es falsch ist anzunehmen, man würde beim immer tieferen Eindringen in das Gebäude der Physik schließlich herausfinden, daß es auf irgendeinem xten Stockwerk zu Ende ist. Man befürchtet, daß es ebenfalls falsch ist, sich das Gebäude als Schicht auf Schicht bis ins Unendliche weitergehend vorzustellen. Man hört sich selbst voller Verzweiflung fragen, ob das Gebäude, statt in irgendeinem kleinsten Objekt oder irgendeinem zutiefst grundlegenden Bereich zu enden oder aber endlos weiterzugehen, nicht letzten Endes in einer Art geschlossenen Kreises wechselseitiger Abhängigkeiten zum Beobachter selbst zurückführt.

Wheeler verfolgt diesen Gedanken weiter und meint:

Es war lange selbstverständlich, den Beobachter als jemanden zu verstehen, der in Wirklichkeit eine 10 cm dicke Glasscheibe ansieht (Abb 2-11A) und durch diese vom Kontakt mit dem Dasein geschützt ist. Im Gegensatz lehrt uns die Quantenmechanik das genaue Gegenteil. Es ist unmöglich, auch nur ein so winziges Objekt wie ein Elektron zu beobachten, ohne tatsächlich diese Scheibe zu zerschlagen und mit der geeigneten Meßeinrichtung hindurchzureichen. Außerdem verhindert das Aufstellen von Apparaten zur Messung der Positionskoordinate *(x)* des Elektrons automatisch die Möglichkeit, in diesem Bereich zur selben Zeit exakt seine Geschwindigkeit zu bestimmen und umgekehrt. Der Akt des Messens ruft gewöhnlich eine unvorhersagbare Veränderung im Zustand des Elektrons hervor. Diese Veränderung ist verschieden je nachdem, ob man den Ort oder den Impuls mißt. Die Wahl dessen, was man beobachten will, verändert auf unwiederbringliche Weise das, was man findet. Der Beobachter wird vom »Zuschauer« zum »Beteiligten« erhoben. Was uns früher die Philosophie zu verstehen gab, sagt uns heute das wesentliche Merkmal der Quantenmechanik mit eindrucksvollem Nachdruck. Auf eine sonderbare Weise ist dies ein Universum des Beteiligtseins (»participatory universe«).

Als nächstes stellt Wheeler (1977) die Frage:

Wenn »Beteiligtsein« das sonderbarste Merkmal des Universum ist, ist es dann möglich, daß es zugleich auch der wichtigste Hinweis auf den Ursprung des Universums ist, den wir haben? Der Ort (oder der Impuls) eines Objekts erwirbt sinnvolle Bedeutung nur durch den teilnehmenden Akt der Beobachtung. Erwirbt auch das Objekt selbst eine sinnvolle Bedeutung nur dadurch, daß es beobachtet wird?

und dann kommt Wheelers (1977) zentrale Frage:

Konnte das Universum erst dann entstehen, als es garantieren konnte, daß an irgendeinem Ort und während irgendeiner Zeitspanne in seiner zukünftigen Geschichte etwas hervorgebracht werden würde, das beobachten könnte? Ist »observership« das Verbindungsglied, das den Kreis der wechselseitigen Abhängigkeit schließt?

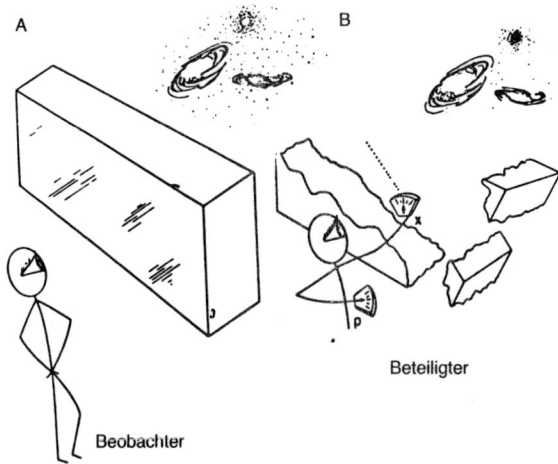

Abb. 2-11. A Der Beobachter betrachtet Phänomene durch eine Glasplatte. **B** Die Platte ist zerbrochen und der Beobachter ist zu einem Beteiligten geworden. Wheeler, J. A.: Genesis and oberservership. In: University of Western Ontario series in the philosophy of science. Butts, R., Hintikka, J. (es.). Boston (Mass.): Reidel 1977

Und demselben Gedankengang folgend fragt er später:

> Könnte es sein, daß das »observership« der Quantenmechanik das letzte Fundament der Gesetze der Physik ist – und damit der Gesetze von Zeit und Raum selbst?

Dies führt ihn weiter zur Erörterung der großen Frage nach der »Existenz des Beobachters« (observership) als Vorbedingung für die Schöpfung oder zur Erörterung dessen, was nach der Definition der Physiker Dicke (1961) und Carter (1974) als das »anthropische Prinzip« bezeichnet worden ist. Wheeler paraphrasiert Dicke folgendermaßen:

> Dicke fragt, welcher Sinn überhaupt darin liegen könnte, von »Universum« zu sprechen, solange nicht jemand da ist, der sich dieses Universums bewußt sein kann. Bewußtsein aber verlangt Leben. Leben wiederum, wie auch immer sich jemand dies vorgestellt hat, erfordert schwere Elemente. Um aus dem Urwasserstoff schwere Elemente hervorzubringen, ist thermonukleare Verbrennung nötig. Thermonukleare Verbrennung ihrerseits erfordert einige 10^9 Jahre langes »Kochen« im Innern eines Sterns. Damit aber das Universum einige 10^9 Jahre Zeit zur Verfügung stellen kann, muß es entsprechend der allgemeinen Relativität eine räumliche Ausdehnung in der Größenordnung von einigen 10^9 Lichtjahren besitzen. Warum ist dann also das Universum so groß wie es ist? Weil es uns gibt!

Wenn durch einen Urknall ein kleineres Universum von 10^{11} Sternen entsteht, so fällt dieses – wie wir bereits gesehen haben – aufgrund der Gravitation innerhalb eines Jahres wieder in sich zusammen!

Wheeler (1977) umreißt zwei gegensätzliche Auffassungen über den Ursprung des Universums:

1. Ob sinnvoll oder nicht, das Universum würde immer noch entstehen und seinen Lauf nehmen, auch wenn die Konstanten und uranfänglichen Bedingungen die Entwicklung von Leben und Bewußtsein für immer ausschlössen. Das Leben ist für die Maschinerie des Universums zufällig und nebensächlich.

2. Oder kommt etwa, wenn man über das anthropische Prinzip hinausgeht, die genau entgegengesetzte Auffassung der Wahrheit näher – daß nämlich das Universum, durch irgendeine rätselhafte Verknüpfung der Zukunft mit der Vergangenheit, *den zukünftigen Beobachter erforderte, um die Schöpfung in der Vergangenheit möglich zu machen?*

Nichts ist erstaunlicher an der Quantenmechanik als die Tatsache, daß sie es einem erlaubt, aus völlig anderen Gründen ernsthaft dieselbe Ansicht zu erwägen, daß nämlich das Universum ohne *observership* Nichts wäre.

Wheeler (1977) faßt dieses tiefschürfende Suchen schließlich folgendermaßen zusammen:

> Ist eben der Mechanismus, der das Universum hervorbringt, bedeutungslos oder umpraktikabel oder beides zugleich, solange nicht sichergestellt ist, daß das Universum an irgendeinem Ort und für irgendeine kleine Weile in seiner zukünftigen Geschichte Leben, Bewußtsein und *observership* hervorbringt?

Vieles an diesem fast mystischen Gedankengang ist für die Natürliche Theologie von großem Interesse. Ich möchte nahelegen, daß dem Ursprung und der Geschichte des Universums ein großangelegter Plan zugrundeliegt. Wir sind keine bloßen Kreaturen des Zufalls und der Notwendigkeit, sondern Hauptdarsteller in dem großen kosmischen Drama. Sagte nicht Schrödinger (1958), wenn es keine bewußten Lebewesen gäbe, so wäre das ganze kosmische Schauspiel ein Drama vor leeren Bänken? Ein Drama setzt einen Dramatiker voraus, und wir sind nicht nur Zuschauer, sondern auch Darsteller. In einem tiefen Sinn ist es unser Stück. Aber wir haben noch einer langen und komplizierten Kette von Zufallsbedingtheiten nachzuspüren, bis wir selbst in meiner siebten Vorlesung auf der Bühne erscheinen! Vorher muß ich allerdings erst eine Frage beantworten, die viele mit stellen werden. Gibt es in dem Weltall mit seinen 10^{22} Sonnen denn nicht auf unzähligen Planeten Leben und sogar intelligentes Leben? Wir werden uns in der dritten und vierten Vorlesung mit dieser Frage beschäftigen. Vorab möchte ich jedoch sagen, daß der Planet Erde höchstwahrscheinlich der einzige ist, der Bewohner hat, die am kosmischen Drama teilhaben können wie wir dies tun.

Ich möchte mit einer heiteren Kritik am »Beobachtertum« schließen, einer Kritik, die dessen Notwendigkeit beiseiteräumt. Verfaßt wurde sie von meinem guten Freund Father Ronald Knox in den zwanziger Jahren, als der Berkeleysche Idealismus in Oxford wieder einen gewissen Aufschwung erlebte:

* There was a young man who said ›God
Must find it exceedingly odd
If that beautiful tree
Just ceases to be
If there's no one about in the Quad.

Worauf die Antwort lautete:

Dear Sir, your astonishment's odd
Because I'm always about in the Quad
And that' why the tree
Continues to be
Since observed by yours faithfully, God.

* Da war ein junger Mann, der sagte, ›Gott
muß es außerordentlich sonderbar finden
wenn jener schöne Baum
einfach zu existieren aufhört
wenn niemand auf dem College-Hof ist.

Worauf die Antwort lautete:

Lieber Herr, Ihr Erstaunen ist sonderbar
denn ich bin immer auf dem College-Hof
und das ist der Grund, warum der Baum
weiter existiert,
da er beobachtet wird von Ihrem,
mit freundlichen Grüßen, Gott.

Ich argwöhne jedoch, daß die Kritiker der *observership*-These nicht bereit wären, mit dieser Waffe zu kämpfen!

Addendum

Nachdem diese Vorlesung gehalten war, erhielt ich durch die Gefälligkeit von Professor Torrance die Xerokopie einer Vorlesung, die Sir Bernard Lovell am 13. Oktober 1977 in St. Johns in Neufundland gehalten hatte und die den Titel trug »eine zeitgenössische Auffassung des Verhältnisses Mensch–Universum«. Mit Entzücken entdeckte ich, daß der Gegenstand, den dieser hervorragende Kosmologe dargestellt hatte, dem, was ich in meiner zweiten Vorlesung berichtet habe, derart nahekam. Mit Erlaubnis von Sir Bernard zitiere ich einige Abschnitte.

Wenn eine Sekunde nach Beginn der Expansion des Weltalls die Expansionsrate auch nur um ein Tausendmilliardstel verringert worden wäre, so wäre das Universum nach ein paar Millionen Jahren in sich zusammengestürzt. Kann es wirklich sein, daß unter allen denkbaren Universen das einzige, das bestehen kann in dem Sinne, daß man es wahrnehmen kann, lediglich das eine ist, welches den engen Spielraum an Voraussetzungen erfüllt, die für die Entwicklung intelligenten Lebens notwendig sind? Der Grund unseres Daseins im Universum heute ist, daß es *für uns* notwendig ist, daß das Universum bestimmte Eigenschaften besitzt. Lange bevor wir zu den Problemen der biologischen Evolution auf der Erde vor 3–4 Milliarden Jahren gelangen, sehen wir uns dieser viel grundlegenderen Frage gegenüber. Zumindest eine wesentliche Voraussetzung ist, daß das Universum sich mit fast genau derjenigen Geschwindigkeit ausdehnen muß, mit der es sich unseren Messungen zufolge tatsächlich ausdehnt. Wäre die Geschwindigkeit in der ersten Sekunde nur um einen fast unvorstellbar kleinen Betrag geringer gewesen, so wäre das Universum in sich zusammengefallen lange, bevor irgendeine biologische Evolution hätte stattfinden können.
Es gibt mehrere sonderbare Eigentümlichkeiten in jenen frühen Phasen der Expansion, insbesondere die Tatsache, daß nur wenig gefehlt hätte und alle Urmaterie hätte sich in Helium aufgelöst; so scheint es, als seien die Chancen für die Existenz des Menschen auf der Erde heute oder intelligenten Lebens irgendwo im Universum verschwindend gering. Ist das Universum so wie es ist, weil es für die Existenz des Menschen nötig war? Enthält der Gedankengang eine falsche Logik oder sind die Grundaxiome unserer Mathematik und Physik falsch? Wir gehen von der Kenntnis unserer Existenz auf der Erde aus.
Unsere Messungen definieren jedoch die engen Grenzen eines solchen Universums, in die jenes spezielle Universum hineinpassen mußte, wenn jemals ein intelligentes Wesen es kennen und verstehen sollte.
In allen Zweigen der Wissenschaft gibt es eine Unmenge ungelöster Probleme, und es macht das Wesen der Überzeugung des Berufswissenschaftlers aus, daß durch Anwendung wissenschaftlicher Methoden und Techniken Lösungen und Antworten gefunden werden können. In vielen Fällen ist diese Überzeugung gerechtfertigt. Es ist jedoch eine sonderbare Eigenart unseres Zeitalters, daß wir bei der Forschung auf einigen entscheidend wichtigen Gebieten, die mit den Grundfragen der Existenz des Universums, der Stellung des Menschen im Kosmos und seines Verständnisses des Kosmos zu tun haben, in immer undurchdringlicheres Dunkel vorzudringen scheinen.
Unsere Hoffnung heute liegt in den Anzeichen, die darauf hindeuten, daß die Wissenschaft weder materiell noch geistig das Höchste ist, und daß die drängende Suche nach einer neuen Synthese von Wissen und Verstehen, wie sie zuletzt vor 800 Jahren Thomas von Aquin gelungen ist, schließlich von Erfolg gekrönt sein wird.

Ich teile Sir Bernards Hoffnung, daß es eine neue Synthese aus Wissen und Verstehen geben wird, wie er sie in seinem abschließenden Satz zum Ausdruck bringt. Diese Reihe von Gifford Lectures ist in aller Bescheidenheit dieser Hoffnung gewidmet.

Dritte Vorlesung

Das Planetensystem und der Planet Erde

Zusammenfassung

Die zwei Hauptfragen lauten:
Wie einzigartig ist unser Planetensystem?
Wie einzigartig ist der Planet Erde unter den Planeten?

Vor ungefähr 5 Mrd. Jahren verdichtete sich eine ungeheure, aus Supernova-Explosionen stammende Gas- und Staubmasse unter dem Einfluß der Schwerkraft zu einem großen zentralen Kern und einer diesen umgebenden rotierenden Scheibe, deren Masse weniger als 1 % des Kerns betrug. Die durch die Schwereanziehung hervorgerufene Kontraktion des Kerns ließ die Temperatur auf mindestens 10 Mio. Grad ansteigen und löste damit die Kernreaktion aus, bei der unter Ausstrahlung ungeheurer Energien Wasserstoffkerne zu Heliumkernen verschmelzen. Vor etwa 4,6 Mrd. Jahren schien die Sonne genauso wie sie es immer noch tut und wie sie es noch mindestens 1,5 Mrd. Jahre in der Zukunft tun wird, bis die Degeneration einsetzt.

Inzwischen zerbrach die rotierende Scheibe in einzelne Brocken, die sich jeder zu einem Kern zusammenballten, der Gas, Staub und Materiepartikel anzog und so die Planeten bildeten, ebenfalls vor 4,6 Mrd. Jahren.

Nach dieser sogenannten Nebelhypothese der Planetenschöpfung sollte man erwarten, daß Planetensysteme etwas Alltägliches sind, aber bisher ist kein einziges beobachtet worden, noch nicht einmal bei den uns am nächsten liegenden Sternen. Die meisten Sterne sind Doppel- oder sogar Tripelsterne. Wir werden darüber sprechen, wie groß die mögliche Zahl der Planetensysteme in unserer Milchstraße mit ihren 10^{11} Sternen ist. Die Einzigartigkeit des Planeten Erde unter den neun Planeten des Sonnensystems wird deutlich, wenn wir die neuesten Ergebnisse der Raumflüge der Instrumententräger Viking und Mariner betrachten. Diese Einzigartigkeit bestand bereits vor dem Ursprung und der Evolution des Lebens auf der Erde.

3.1 Das Sonnensystem

In der vorangegangenen Vorlesung haben wir uns mit einem unermeßlich großen Bereich befaßt – mit dem gesamten Universum, seiner Schöpfung, seiner Evolution, seinem gegenwärtigen Zustand und seinem zukünftigen Schicksal. Wenn wir nun die Kette der Zufälligkeiten vom Ursprung unseres Sonnensystems über seine Evolution bis hin zum Planeten Erde in seiner präbiotischen Phase verfolgen, so kommen wir dem Thema Mensch allmählich etwas näher. Um eine kritische und zusammenhängende Darstellung des Planetensystems unserer Sonne zu geben, müssen wir mit einer kurzen Beschreibung seines gegenwärtigen Zustandes beginnen (Sagan, 1975).

Die graphische Darstellung (bei der zwei verschiedene Maßstäbe verwendet wurden) in Abb. 3-1 zeigt uns acht Planeten (ohne Pluto), die in nahezu kreisförmigen Bahnen und in der gleichen Bahnebene um die zentrale Sonne laufen. Die

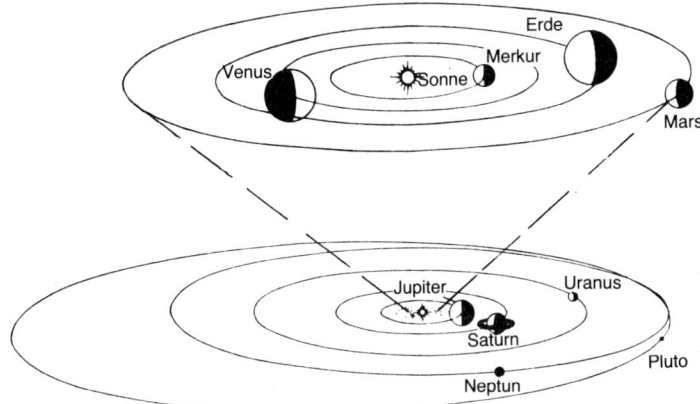

Abb. 3-1. Umlaufbahnen der Planeten um die Sonne. Da die Ausmaße der anderen Regionen des Planetensystems so ungeheuer groß sind, war eine starke Vergrößerung des Maßstabes der inneren Regionen notwendig, um die inneren Bahnen sichtbar zu machen. Die relative Größe der Planeten ist in diesem Diagramm stark übertrieben. Prentice, A. J. R.: Formation of planetary systems. In: In the beginning. Wild, J. P. (ed.), S. 15–47. Canberra (A.C.T.): Australian Academy of Science 1974

Umlaufbewegung aller Planeten vollzieht sich im gleichen Richtungssinn wie die Umdrehung der Sonne, die sich um dieselbe Achse dreht. Darüber hinaus drehen sich alle Planeten, mit Ausnahme von Venus und Uranus, in der gleichen Richtung wie die Sonne um ihre eigene Achse. Wie bei der Erde sind die Drehachsen der meisten Planeten um 23°–28° gegen die Umlaufebene geneigt, Venus und Jupiter allerdings sehr gering (3°) und Uranus sehr stark (82°). Pluto bildet eine Ausnahme, denn seine Umlaufbahn ist nicht im entfernstesten kreisförmig und außerdem mehr als 17° gegen die Umlaufebene des restlichen Sonnensystems geneigt. Man betrachtet diese Anomalien als ein Anzeichen dafür, daß Pluto eine andere Entstehungsgeschichte als der Rest des Planetensystems hat. Vielleicht kam er später zum Planetensystem hinzu. Es ist die Vermutung geäußert worden, es könne sich um einen ausgerissenen Satelliten des Planeten Neptun handeln. Drei der Planeten, Jupiter, Saturn und Uranus besitzen ausgedehnte Trabantensysteme, die in kleinerem Maßstab das Planetensystem der Sonne nachbilden, allerdings mit einigen Abweichungen.

Wie aus Tabelle 3-1 hervorgeht, gibt es in bezug auf die chemische Zusammensetzung drei Kategorien von Planeten. Die inneren vier Planeten, hier mit »Fels« gekennzeichnet, haben eine Zusammensetzung, die der unseres Planeten Erde ähnelt; in der Mitte haben wir Jupiter und Saturn mit einer sonnenähnlichen Zusammensetzung und ganz außen Uranus und Neptun, deren Eisoberflächen vermutlich großteils aus Wasser, Ammoniak und Methan bestehen. Zu beachten ist bei Tab. 3-1, daß die Felsplaneten eine hohe Dichte von 4–5,5 besitzen, während die Dichte von Jupiter, Saturn und der Sonne gering ist (0,68–1,41) und ihrer überwiegend gasförmigen

Tabelle 3–1. Physikalische Elemente des Sonnensystems (Prentice, 1974)

Planet	$\frac{1}{2}$ Haupt-achse der Bahn $R = 1$ $\odot$	Siderische Umlauf-zeit in Jahren	Masse $m = 1$ $\oplus$	Dichte g cm^{-3}	Rotations-dauer	Wichtig-ste chem. Kompo-nenten	Satelli-ten
Merkur	83	0,24	0,054	5,4	88 Tage	Fels	–
Venus	155	0,62	0,815	5,1	–	Fels	–
Erde	215	1,00	1,000	5,52	23h56min.	Fels	Mond
Mars	328	1,88	0,108	3,97	24h37min.	Fels	2
(Asteroiden)	~600	~4,7	0,0003	~4	~10h	Fels	–
Jupiter	1120	11,9	318	1,334	9h59min.	H/He	12
Saturn	2050	29,5	95	0,684	10h14min.	H/He	10
Uranus	4120	84	14,5	1,60	10h49min.	Eis	5
Neptun	6460	165	17,2	2,25	15h	Eis	2
Pluto	~8500	248	0,8?	?	6 Tage 39min.	Eis?	–
Sonne	–	–	333,000	1,41	25 Tage	H/He	Planet.

Zusammensetzung aus Wasserstoff und Helium entspricht. Bemerkenswert ist die Tatsache, daß die Sonne zwar 99,87% der Masse des Sonnensystems, aber nur 2% seiner Rotationsenergie besitzt.

Für alle diese Merkmale müssen wir eine Erklärung finden bei unserer Darstellung, wie die Sonne mit ihrem Planetensystem aus einer gewaltigen urtümlichen Gas- und Staubwolke gebildet wurde, die sich vor etwa 5 Mrd. Jahren allmählich zusammenball-te, Bei dem Staub dürfte es sich weitgehend um Material gehandelt haben, das bei den Supernova-Explosionen ausgeschleudert wurde, die – wie wir in der zweiten Vorlesung gehört haben – während der vorangegangenen 5 Mrd. Jahre erfolgt waren.

3.1.1 Ursprung und Evolution

In den nun folgenden Abschnitten wollen wir uns mit der Frage beschäftigen: *Wie einzigartig ist unser Planetensystem?* In der zweiten Vorlesung hatten wir bereits kurz erwähnt, daß die Sonne vor etwa 4,6 Mrd. Jahren genauso wie andere Sterne durch Kondensation aus einer ungeheuren Gas- und Staubansammlung entstanden ist. Wenden wir uns nun den speziellen Vorgängen zu, denen die Sonne ihr Planetensystem verdankt (Cameron, 1975). Wir wollen zwei Hypothesen, die für die Bildung der Planetensysteme vorgeschlagen worden sind, erörtern.

Nach Ansicht von Jeans könnte unser Planetensystem das Resultat einer Katastro-phe sein, die durch eine Fast-Kollision unserer Sonne mit einem anderen Stern hervorgerufen wurde. Große Gezeitenwellen seien auf der Oberfläche der Sonne aufgeworfen und als Gasschwaden in den Weltraum hinausgerissen worden, wo sie in einzelne Teile zerfielen, die sich schließlich zu Planeten auf einer Umlaufbahn um die Sonne verdichteten. Nach dieser Erklärung wäre die Entstehung eines Planetensy-stems etwas außerordentlich Seltenes. Wie Berechnungen gezeigt haben, wäre selbst in einer Milchstraße mit etwa 10^{11} Sternen schon ein einziges Auftreten höchst unwahrscheinlich. Heute ist diese Hypothese außerdem auch deshalb fallengelassen worden, weil die aus der Sonne herausgerissenen heißen Gase sehr wahrscheinlich in den Raum hinausgetrieben worden wären, bevor sie zu Planeten hätten zusammengewirbelt werden können. Abgesehen davon kann diese Theorie keine Erklärung für den hohen Grad an geometrischer Ordnung geben, den wir für unser Planetensystem festgestellt haben.

Die zweite Vorstellung von der Schöpfung unseres Planetensystems, die Nebelhypothese, ist heute allgemein anerkannt. Sie war ursprünglich von Laplace aufgestellt worden, traf jedoch auf derart schwerwiegende Einwände, daß sie fast ein Jahrhundert lang fallengelassen wurde. In den letzten Jahrzehnten nun sind diese Einwände widerlegt worden. Allerdings herrscht immer noch eine erhebliche Vielfalt in der Formulierung der Nebelhypothese. Zwei extreme Positionen sind unter dem Namen *equilibrium condensation hypothesis* (Hypothese der gleichgewichtigen Verdichtung) und *inhomogeneous accretion hypothesis* (Hypothese des inhomogenen Zuwachs) bekannt (Lewis, 1974). Nach der ersteren entsteht jeder Planet durch eine rasche Kondensation von Gas und Staub, was je nach Temperatur eine unterschiedliche Planetenzusammensetzung ergibt. Je weiter von der Sonne entfernt, desto tiefer ist die Temperatur (Abb. 3-2a). Nach der anderen Hypothese entstehen die Planeten durch einen langsamen Anlagerungsprozeß über einen langen Zeitraum, sogar mehrere Zehnmillionen Jahre, hinweg; dies führt dazu, daß sich der Planet Schicht um Schicht aufbaut, wie eine Zwiebel. Wahrscheinlich liegt die Wahrheit zwischen diesen beiden extremen Formulierungen, so wie ich es jetzt darstellen will.

Die Sonne und ihr Planetensystem bildeten sich in einem einzigen kontinuierlichen Prozeß von gewaltigem Ausmaß. Vor etwa 5 Mrd. Jahren begann sich eine große rotierende Gas- und Staubmasse zusammenzuziehen. Dies geschah unter dem Einfluß der Schwerkraft, die so groß war, daß sie die Tendenz des Gases, sich im Raum zu zerstreuen, zu überwinden vermochte. In dem Maße, wie die Wolke kontrahierte, rief die Gravitationsenergie eine Temperatur- und Drucksteigerung hervor, die in Richtung auf das Zentrum hin zunehmend stärker sein würde. Inzwischen lösten sich entsprechend der Nebelhypothese die wirbelnden Bewegungen der weiter außen liegenden Gas- und Staubwolken in eine Drehbewegung um die große rotierende zentrale Masse auf. Diese Drehbewegung bildete das Gegengewicht zur Massenanziehung, die sonst die anderen Komponenten des Systems in das Zentrum hineinreißen würde. Ein Zwischenstadium, während dem eine große diffuse Hülle aus Wasserstoff- und Heliumgas besteht, ist in Abb. 3-2a im Querschnitt dargestellt.

In Abb. 3-2b sehen wir, daß die rotierende Scheibe in Kügelchen auseinanderbricht, wie ursprünglich von Laplace vorgeschlagen und kürzlich von Prentice (1974) bewiesen worden ist. Zunächst könnte eine enorm große Zahl dieser Kügelchen existieren, doch entstanden durch allmähliches Zusammenbacken unter dem Einfluß der Schwereanziehung – einen Vorgang, den wir als *Kollisionsanlagerung* (collision accretion) bezeichnen können – schließlich die Planeten an den Stellen, die sie heute im Sonnenorbit einnehmen, mit ihren charakteristischen Abständen von der Sonne und ihren Umlaufbewegungen, die alle in der gleichen Ebene liegen (Abb. 3-1).

Inzwischen hat sich die große zentrale Sonnenmasse durch Kontraktion unter

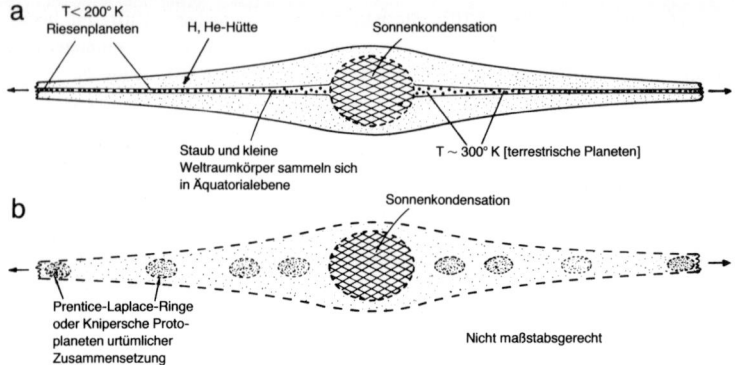

Abb. 3-2a, b. Querschnitt durch die zentrale Sonnenkondensation, umgeben von »kleinen« 1–10% der Sonnenmasse) Staub- und Gasnebeln. **a** Parentaler Planetennebel in scheibenförmiger Gestalt. **b** Parentaler Planetennebel der Laplace-Prentice'schen Ringe oder Kuiperschen Protoplaneten. Ringwood, A. E.: The early chemical evolution of planets. In: In the beginning. Wild, J. P. (ed.), S. 48–84. Canberra (A.C.T.): Australian Academy of Science 1974

Einfluß der Gravitation stark aufgeheizt und verdichtet. Als die Temperaturen im Zentrum 10 Mio.° erreichten, setzte die Kernreaktion *Wasserstoff zu Helium* ein und erzeugte eine gewaltige Energie, die von der Sonne abgestrahlt wurde. Die Sonne begann zu scheinen, wie sie dies nun seit 4,6 Mrd. Jahren getan hat und immer noch tut. Der gesamte Prozeß der Sonnen- und Planetenentstehung dürfte, wenn es hochkommt, nicht mehr als ein paar Hunderttausend Jahre gebraucht haben, so daß die Schöpfung des Sonnensystems, wie wir es kennen, vor etwa 4,6 Mrd. Jahren abgeschlossen war.

3.1.2 Chemische Zusammensetzung der Planeten

Wenn wir versuchen, die gegenwärtige chemische Zusammensetzung der Planeten zu erklären, so sehen wir uns einem schwierigen Problem gegenüber. Erstens geht die Nebelhypothese von der Annahme einer gleichförmigen Zusammensetzung der urtümlichen Gas-Staubwolke aus, sowie davon, daß, abgesehen von der ununterbrochenen Umwandlung von Wasserstoff in Helium in ihrem Kernreaktor, diese Zusammensetzung immer noch für die Sonne gültig ist. Auf dieser Grundlage würden die Ursonnennebel, wie Tabelle 3-2 zeigt, aus »Gasen« (98%), »Eis« (1,5%) und »Fels« (0,5%) bestehen.

Urey vertritt die Ansicht (Tab. 3-3), daß bestimmte Meteoriten, die sogenannten *kohlenstoffhaltigen Chondriten* in ihrer Zusammensetzung derjenigen der Staubpartikel der Urnebel entsprechen müßten, aus denen das Sonnensystem entstand (Tab. 3-3). Allem Anschein nach kamen diese Meteoriten aus dem Asteriodengürtel und wurden niemals über 100° C erhitzt; sie können daher als zuverlässige chemische Fossilien aus dem Anfang des Sonnensystems angesehen werden. Es ist bemerkenswert, daß diese

Tabelle 3–2. Massen der Hauptkomponenten des urtümlichen Sonnennebels (Ringwood, 1974)

		Gewichts %
»Gase«	H, He	98
»Eis«	C, N, O, Ne, S, Ar, Cl	1,5
	(als Hydride, außer Ne, Ar)	
»Fels«	Na, Mg, Al, Si, Ca, Fe, Ni	0,5
	(als Silikate und Oxyde)	

Tabelle 3–3. Zusammensetzung kohlenstoffhaltiger Chondrite vom Typ 1 (Ringwood, 1974)

	Gewichts %		Gewichts %
SiO_2	22	NiO	1,2
FeO	23	Cr_2O_3	0,4
MgO	15	H_2O	19
Al_2O_3	1,6	S	5,7
CaO	1,2	Kohlenstoffhaltiges Material	9,7

Meteoriten für nahezu 50 Elemente eine sehr ähnliche *relative* Abundanz aufweisen wie die Photosphäre der Sonne (Ringwood, 1974).

Wenn wir zu erklären versuchen, auf welche Art und Weise die sehr unterschiedlichen Zusammensetzungen, zu denen die Planeten tatsächlich gelangten, aus einer ursprünglich homogenen Mischung von Gasen, Eis und Steinen (die zwei letzteren in Form kleiner Partikel) hervorgingen, so haben wir es hauptsächlich mit zwei Faktoren zu tun. Der eine Faktor ist die Temperatur, bei der der Aufbau jedes einzelnen Planeten erfolgte. Der andere ist die Masse des entstehenden Planeten.

Die vier inneren Planeten (Merkur, Venus, Erde und Mars) haben, da ihre Grundlage ursprünglich bei einer Temperatur von etwa 300° K gelegt wurde, weitgehend die gleiche »felsige« Zusammensetzung (Abb. 3-2a). Sie waren also zu heiß für die Kondensierung von Eismassen. Außerdem reichte ihre relativ kleine Masse nicht aus, um zu verhindern, daß die Gase H_2 und He schließlich in den Raum entwichen. Die Grundlage für die zwei äußersten Planeten, Uranus und Neptun, wurde unter extrem kalten Bedingungen gelegt, so daß Substanzen wie Methan, Ammoniak und Wasser zu Eis gefroren; dieses Eis macht einen großen Teil ihrer Kruste aus, die den steinigen Kern dieser Planeten umgibt. Darüber hinaus waren sie aufgrund ihrer relativ großen Maße (Tab. 3-1) in der Lage, einen Großteil des Urnebel-H_2 und -He zurückzuhalten, die dann die dicke äußere Schale bilden sollten (Hunten, 1975). Diese Schwereanziehung war der dominierende Faktor bei der Entstehung der Großplaneten Jupiter und Saturn, deren Zusammensetzung, abgesehen von ihrem felsigen Kern, der der Sonne nahekommt.

Wenn die vier inneren Planeten ursprünglich genauso zusammengesetzt waren wie die Sonne, so muß ein enormer Masseverlust eingetreten sein, als sich die flüchtigeren Bestandteile in den Raum hinaus zerstreuten. Beispielsweise machen die »felsigen« Bestandteile nur 0,5% der gesamten Masse des Urnebels aus (Tab. 3-2), aber sie sind zu einem erheblichen Anteil an der Zusammensetzung dieser inneren Planeten beteiligt. Mindestens 99% der Nebelmasse, aus der ein solcher Planet gebildet wurde, müssen verlorengegangen sein. Nach Ansicht verschiedener Quellen betrug die urtümliche Masse des gesamten Planetensystems zwischen 2% und 10% der Sonnenmasse, wogegen sie heute bei nur knapp über 0,13% liegt. Wie wir aus Tabelle 3-1 entnehmen können, machen die vier inneren Planeten zusammen lediglich 6 Millionstel der Sonnenmasse (0,0006%) aus.

Folgen wir der von Ringwood (1974) vorgebrachten Hypothese, so können wir uns vorstellen, daß die terrestrischen Planeten in einer einzigen Phase entstanden, während die kleinen Weltraumkörper, deren Zusammensetzung der der kohlenstoffhaltigen Chondriten ähnelte, direkt angelagert wurden. Dieses Anlagern vollzog sich, wie man annimmt, relativ rasch – für den Planeten Erde innerhalb einer Million Jahre. Das Aufprallen der kleinen Weltraumkörper dürfte zu einem fortschreitenden Temperaturanstieg geführt haben; ein Anstieg der Temperatur dürfte darüber hinaus auch durch radioaktiven Zerfall verursacht worden sein (Siever, 1975). Als die Masse auf mehr als 10% der heutigen Erdmasse angewachsen war, konnte die Oberflächentemperatur, so schätzt man, auf bis zu 1500° C angestiegen sein. Tatsächlich hätte die Erde, wenn das Anlagern neuer Materie sehr schnell vor sich ging, sogar bis auf eine Temperatur von 10 000° C aufgeheizt werden können. Der Schätzwert von 1500° C setzt voraus, daß sich der Planet relativ langsam aufbaute, über einen Zeitraum bis zu einer Million Jahre hinweg, wodurch die Möglichkeit einer kontinuierlichen Abkühlung durch Strahlung bestand.

Bei 1500° C wären einige der Steine geschmolzen und verdampft. Das geschmolzene metallische Eisen hätte sich aufgrund seiner größeren Dichte seinen Weg durch die Gesteinsstruktur hindurch nach unten bahnen können und so den Erdkern erreicht, wo es sich noch immer befindet, während das leichtere, aus Silikaten bestehende Steinmaterial zur Oberfläche aufgestiegen wäre. Diese gewaltige, durch die Gravitation bedingte Bewegung im Innern der Erde hätte die Temperatur des Planeten um weitere 2000° C angehoben, eine Konsequenz, die man als die »Eisenkatastrophe« bezeichnet hat. Jene starke Erhitzung ermöglichte eine Tiefenverteilung im Innern der Erde bis zu ihren heutigen Dichtegradienten. Außerdem wären aufgrund dieses großen Temperaturanstiegs die äußeren Schichten der Erde verdampft und hätten eine massive heiße Uratmosphäre gebildet, die bis zu einem Viertel der Erdmasse ausmachen und zum großen Teil aus CO, H_2 und verdampften Silikaten bestehen würde. Die Hypothese setzt voraus, daß sich diese Atmosphäre, nachdem der Planet Erde zusammengebaut war, in den Raum hinaus verflüchtigte (Ringwood, 1974). Abb. 3-3 zeigt einen Querschnitt durch diese auf Äquatorebene um die schnell rotierende Erde herum zusammengeballte Atmosphäre. Beim Abkühlen hätten sich die Silikate dieser Atmosphäre zu kleinen Brocken verdichtet und einen Ring gebildet, der weitgehend dem Saturnring ähnelte, doch viel massiver wäre, während die Gase CO, H_2 und He in den Raum hinaus entflohen wären. Schließlich hätten sich die Silikatkörper aneinandergelagert und den Mond gebildet. Diese Theorie der Entstehung des Mondes erklärt seine heutige Zusammensetzung aus Silikaten, die denen der Erdkruste ähneln, gleichzeitig aber auch den Mangel an Eisen, aus dem der Erdkern besteht.

Man vermutet, daß sich die Satellitensysteme anderer Planeten ebenfalls aus *Protosatelliten*-Systemen entwickelt haben ähnlich dem, das in Abb. 3-3 in vereinfachter Form als eine um den Äquator wirbelnde Scheibe aus kleinen Weltraumbrocken,

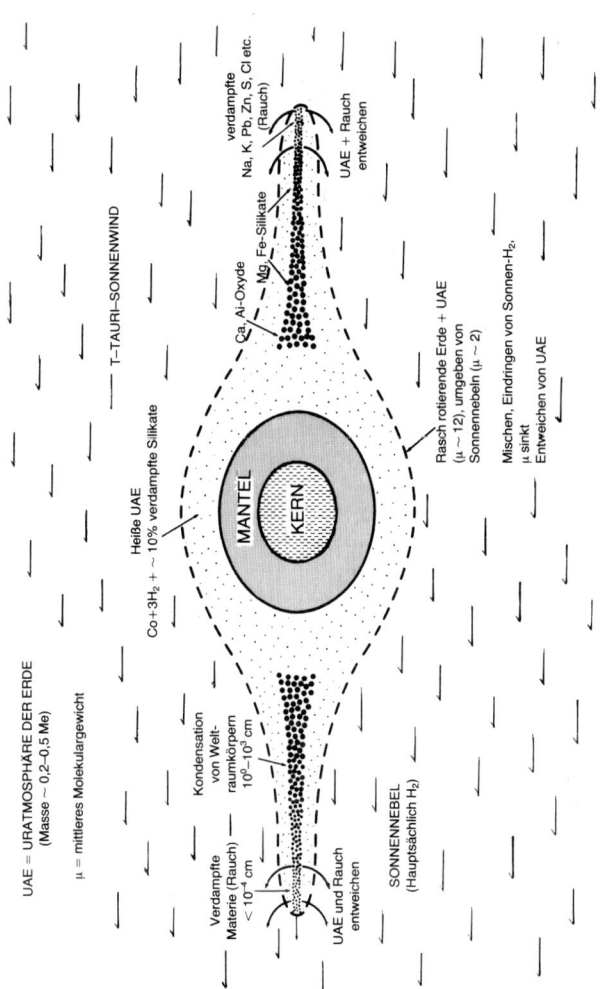

Abb. 3-3. Aufbau der Erde und ihrer Uratmosphäre unmittelbar nach dem Zusammenbacken aufgestürzter Materie, entsprechend der »precipitation«-Hypothese. Nach Ringwood, A. E.: The early chemical evolution of planets. In: In the beginning. Wild, J. P. (ed.), S. 48–84. Canberra (A.C.T.): Australian Academy of Science 1974

Staub und Gasen gezeigt ist. Die fünf inneren Jupitersatelliten lassen sich auf diese Weise erklären, die äußeren Satelliten weisen jedoch verschiedene Störungen in ihren Bewegungen auf, die äußersten vier bewegen sich sogar rückläufig. Es sieht so aus, als seien diese Störungen die Relikte katastrophenartiger Zusammenstöße in der frühen Entwicklungsgeschichte der Planeten. Es gibt zahlreiche Hinweise auf derartige Katastrophen in den Bewegungen der Planeten und ihrer Satellitensysteme, beispielsweise die außerordentlich starke Neigung der Drehachse von Uranus und der Bahnen seiner Mondtrabanten, die rückläufige Drehung von Venus und Uranus und die Existenz des Asteroidensystems.

Tabelle 3-1 enthält eine Zeile »Asteroiden«. Dies sind gewöhnlich sehr kleine Körper, und sie bewegen sich in einem Asteroidengürtel mit einer Umlaufzeit, die zwischen der von Mars und Jupiter liegt. Wie man sieht, füllt dieser Asteroidengürtel eine breite Lücke in einer ansonsten annähernd logarithmischen Sequenz von Planetenbahnen, siehe Tab. 3-1, Spalte 1. Der größte Asteroid ist Ceres mit 955 km Durchmesser, und es gibt verschiedene andere, die immerhin groß genug sind, um mit den Namen römischer Göttinnen ausgezeichnet zu werden (Hartmann, 1975). Die Gesamtmasse der Asteroiden ist jedoch weitaus kleiner als die des kleinsten Planeten, Merkur. Nach einer neueren Schätzung (Hartmann, 1975) wird die Gesamtmasse höher angesetzt, ungefähr bei 0,0001, was immer noch nicht mehr als 2% von Merkur entspricht. Ich glaube, wir können die Asteroiden als das Resultat einer gescheiterten Planetenbildung betrachten, wobei dieser Mißerfolg, wie es scheint, der zu geringen Masse zuzuschreiben ist. Eine wichtige Rolle in diesem Planetendrama kommt jedoch zweifels ohne auch Jupiter zu, der mit seiner gewaltigen Masse eine Menge Material des Asteroidengürtels »gestohlen« hat. Für die Frage, die uns gegenwärtig beschäftigt, stellt der Asteroidengürtel, wie ich meine, sozusagen ein eingefrorenes Musterbeispiel einer Planetenschöpfung dar, die in einem frühen Stadium abstarb.

Eins der Hauptprobleme bei unserer Darstellung der Schöpfung des Planeten Erde lag darin, die ungeheure Gashülle loszuwerden, die er besitzen müßte, wenn wir davon ausgehen, daß er aus der gleichen Nebelzusammensetzung entstand wie die Sonne. Zum Zeitpunkt dieser Planetenbildung befand sich die Sonne in einem frühen Stadium ihrer Entwicklung, der sogenannten *T-Tauri-Phase*, in der sie in Form des (weitgehend aus Protonen bestehenden) sogenannten Sonnenwindes gewaltige Mengen ihrer Masse abgab. Auf diese Weise konnte die Sonne bis zur Hälfte ihrer Masse verlieren. Dieser Wind ist in Abb. 3-3 eingezeichnet. Er fegte die ganze äußere Hülle der embryonalen Erde hinweg, die somit auf ihre heutige »steinige« Zusammensetzung reduziert wurde. Dasselbe Phänomen gilt für die anderen drei terrestrischen Planeten sowie für den Mond. Nebenbei gesagt sollten wir nicht übersehen, daß die Abgabe des Sonnenwindes die starke Verminderung der Rotationsenergie erklären kann, die dazu führte, daß die Sonne heute nur 2% der Rotationsenergie des ganzen Planetensystems besitzt, während ihre Masse 99,87% ausmacht. Der Sonnenwind weht immer noch, aber sehr viel schwächer als in der T-Tauri-Phase.

Die intensive Erforschung des Mondes in jüngerer Zeit hat äußerst wichtige Erkenntnisse über die Frühgeschichte der inneren Planeten des Sonnensystems erbracht. Erstens ergeben die Isotopenzerfallswerte, z. B. von Strontium-87 in Strontium-86, ein Alter von 4,6 Mrd. Jahren seit der Entstehung des Mondes (Brown, 1977); das ist das gleiche Alter, das man mit Hilfe von Isotopenzerfallsraten auch für den Planeten Erde errechnet hat.

Zweitens hat die Mondforschung deutlich gemacht, mit welcher Intensität der Mond vor 4,6 bis 3,9 Mrd. Jahren von kleinen Weltraumkörpern bombardiert wurde. Wiederholt wurde die Mondkruste aufgerissen, und heute ist die ganze Mondlandschaft dicht mit Meteoritenkratern übersät (Wood, 1975; Brown, 1977). Vor etwa 3,9 Mrd. Jahren ließ der Meteoritenbeschuß nach. Man muß davon ausgehen, daß die

Erde zur selben Zeit einem ähnlich heftigen Bombardement ausgesetzt war, und daß dieses dann ebenfalls nachließ. Auf dem Planeten Erde sind jedoch durch die starke Verwitterung durch Wasser und Wind alle Spuren dieser ungestümen Jugend ausgelöscht worden. Der Mond vermittelt uns eine Anschauung der kumulativen Bombardements, denen der Planet Erde ausgesetzt war, bevor die Umwelt des Planetenorbit von kleinen Weltraumkörpern freigefegt war. Heute kommen Meteoriten meistens aus dem Asteroidengürtel. Wir müssen über darüber klar sein, was es bedeutet, daß wir glücklicherweise endlich einen fast makellos saubergefegten Raum für den Lauf unseres Planeten haben!

Gleichgültig, wie man den Ursprung eines Planetensystems erklärt, immer wird eine »unsaubere« Umwelt im Raum zurückbleiben, die Milliarden von Jahren planetarischen Sauberfegens erfordert. Kohlenstoffhaltige Chondriten machen nur einen kleinen Bruchteil der Meteoriten aus, die auf unseren Planeten Erde herabfallen. Meteoriten sind in der Hauptsache Steine, obgleich es auch »Eisensteine« und »Eisen« unter ihnen gibt. Sie alle stammen noch aus der Zeit der Entstehung des Sonnensystems oder kurz danach (Atkins, 1977).

3.2 Wie häufig sind Planetensysteme?

Die Nebelhypothese von der Entstehung eines Planetensystems ist sehr plausibel und ansprechend. Man könnte meinen, die Ausbildung von Planeten sei etwas sehr Alltägliches, so daß es in unserer Milchstraße mit ihren 10^{11} Sternen ungeheure Mengen solcher Systeme geben müßte. In diesem Zusammenhang kennen wir in den Satellitensystemen der Planeten Jupiter, Saturn und Uranus drei Miniaturmodelle eines Satellitensystems. Doch hat man bisher keinen einzigen anderen Stern mit Planetensystem entdeckt. Wir müssen allerdings von vornherein zugeben, daß selbst bei unserem nächsten stellaren Nachbarn die direkte Beobachtung eines Planeten von der Größe des Jupiter weit mehr verlangt, als unsere stärksten Teleskope zu leisten vermögen. Der strahlende Glanz eines Zentralsterns ist so hell, daß kein eventuell vorhandener Planetenbegleiter erkennbar ist. Die einzige Hoffnung wäre, gewaltige Teleskope zu benutzen, die im Weltraum, d. h. oberhalb der Verzerrungen durch die Erdatmoshphäre, verankert sind. Es gibt jedoch andere Verfahren.

Erstens liegen Beweise dafür vor, daß einige der uns am nächsten liegenden Sterne kleine Störungen aufweisen, die auf die Einwirkung der Schwerkraft eines umlaufenden dunklen Trabanten schließen lassen. Natürlich sind mit dem Teleskop und sogar mit unbewaffnetem Auge häufig zwei oder mehr Sterne beobachtet worden, die eine eng miteinander verkoppelte rotierende Sternfamilie bilden, aber in diesen Fällen sind die Abstände zwischen den Sternen sehr viel gewaltiger als dies bei unserem Planetensystem zutrifft. Bei einigen ist der Begleitstern möglicherweise sehr klein und von schwacher Leuchtkraft. Alle diese Beispiele nennt man optische Doppelsterne. Möglicherweise existieren sämtliche Übergangsformen bis hin zu den dunklen Begleitern, die in außergewöhnlich günstigen Fällen anhand der kleinen Störungen erkannt werden können. Beispielsweise scheint der Barnardsche Pfeilstern, mit einer Entfernung von 6 Lichtjahren einer unserer nächsten Nachbarn, schwache Pertubationen aufzuweisen, und Kumar (1972) führt sechs andere auf. In diesen Fällen sind die dunklen Trabanten vermutlich ausgebrannte Sterne oder zu klein, um eine Innentemperatur zu erreichen, die die Verbrennung von Wasserstoff zu Helium auszulösen vermag. Erreichen sie die kritische Größe dafür, das 0,07fache der Sonnenmasse, so können sie ein schwaches Licht ausstrahlen (Kumar, 1972).

Zweitens gibt es ein wirksames spektrographisches Verfahren zur Unterscheidung von Sternen, die zu dicht beieinanderliegen, um durch die optische Astronomie getrennt werden zu können (Abt, 1977). Es stellt sich heraus, daß die Mehrheit der untersuchten hellen Sterne einen, zwei oder sogar drei Trabanten haben. Von den 123 hellen Sternen beispielsweise besaßen 57 einen Trabanten, 11 zwei und 3 drei Begleiter. Abt ist der Ansicht, die restlichen Sterne besäßen entweder schwarze Zwerge oder Planetensysteme als Trabanten, doch beruhen diese Schätzwerte auf zweifelhaften Extrapolationen. Abt fordert daher schärfer unterscheidende Techniken oder Teleskope im All.

Wir kommen also zu dem Schluß, daß es noch immer keinen überzeugenden Beweis für die Existenz auch nur eines einzigen anderen, dem unseren überhaupt ähnlichen, Planetensystems gibt. Dieser Schluß gewinnt große Bedeutung in der vierten Vorlesung, wo wir die Möglichkeit der Existenz von Leben irgendwo im Universum erörtern. Kumar (1972) hat aufgrund einer Untersuchung unseres Planetensystems und der Stabilitätsbedingungen eines solchen Systems die Voraussetzungen definiert, die für ein dynamisches Gleichgewicht notwendig sind, welches über lange Zeiträume hinweg die Stabilität im Orbit eines Planeten sicherstellen würde. Wegen der Instabilität ist es auch unwahrscheinlich, daß Doppelsterne Planetensysteme besitzen, und Einzelsterne sind relativ selten. Kumar kommt daher zu dem Schluß, daß Planetensysteme viel seltener sind als gewöhnlich behauptet wird. In unserem galaktischen System mit seinen 10^{11} Sternen gibt es wahrscheinlich nicht mehr als 10^6 Planetensysteme, und es mag auch sein, daß es überhaupt nur eins gibt!

3.3   Gibt es andere für das Leben geeignete Planeten?

Dieses Thema führt uns zu der zweiten wichtigen Frage dieser Vorlesung: *Wie einzigartig ist der Planet Erde unter den anderen Planeten?*

Wenden wir unsere Aufmerksamkeit nun unserem Planetensystem zu, so rücken die auf den acht Planeten herrschenden physikalischen und chemischen Bedingungen in den Mittelpunkt unseres Interesses und zwar betrachten wir sie unter dem Blickwinkel ihrer Eignung, Leben zu schaffen und gedeihen zu lassen. In diesem Zusammenhang müssen wir uns im Vergleich mit den anderen Planeten den Planeten Erde so vorstellen, wie er vor der Entstehung des Lebens aussah. Das älteste Zeugnis für Leben in seiner primitivsten Form, das Eobakterium, reicht ungefähr 3,4 Mrd. Jahre zurück. Nach der Schöpfung unserer Erde verstrich also ein langer Zeitraum von mehr als 1 Mrd. Jahren, in dem dieser Planet ebenso unbelebt war wie die anderen Planeten. Wir wollen den Vergleich vereinfachen, indem wir die äußeren jupiterähnlichen Planeten Jupiter, Saturn, Uranus und Neptun beiseitelassen, die sich, wie wir gesehen haben, grundlegend von den vier inneren Planeten Merkur, Venus, Erde und Mars unterscheiden und als Schauplatz für Leben, wie wir es kennen, völlig ausgeschlossen sind. Beginnen wir also mit Mars.

Wir wissen eine ganze Menge über den Mars. (Pollack, 1975) Diese Fülle von Information verdanken wir den Proben des Instrumententrägers Mariner und den Landungen der Viking-Sonden (Leovy, 1977; Margulis und Lovelock, 1977). Von seiner Oberfläche liegen hervorragende Photographien vor (Abb. 3-4). Sie zeigen eine Wüstenlandschaft mit Felsen, Geröll und feinem sandigem Material, das stark dem Lockergestein auf der Mondoberfläche ähnelt; ebenso mächtige Vulkane, tiefe Täler und hohe Berge. Überall finden wir Spuren der Erosion durch Sand- und Staubstürme. Die Pole sind mit Eiskappen bedeckt, die wahrscheinlich eine Mischung aus gefrorenem CO_2 und H_2O darstellen. Die Oberflächentemperatur kann tagsüber fast auf 0° C ansteigen, geht nachts jedoch auf $-80°$ C herunter. Der Luftdruck ist sehr gering, er beträgt weniger als 1 % der Erdatmosphäre. Außerdem ist die Zusammensetzung der Marsatmosphäre mit 96% CO_2, 2,5% N_2 und 1,5% Argon sehr verschieden (Leovy, 1977). Ihr Sauerstoffgehalt ist weniger als 0,1%. Auch der Wasserdampfgehalt ist außerordentlich niedrig; würde sich das gesamte in der Atmosphäre enthaltene Wasser niederschlagen, so würde dies eine Höhe von nicht mehr als 10^{-3} bis 10^{-4} cm ergeben. Bei der Erde ergibt dieser Niederschlag gewöhnlich 2-3 cm, was viele tausend Male mehr ist. Tatsächlich befindet sich der Wasserdampf auf dem Mars aufgrund der sehr geringen Temperatur und des sehr niedrigen Druckes fast im Zustand der Sättigung. Ein Teil des H_2O wird möglicherweise als Frostboden oder in chemisch gebundener Form in der Kruste festgehalten, aber der Unterschied zum Planeten Erde, der zu zwei Dritteln mit Ozeanen bedeckt ist, ist gewaltig.

Man hat errechnet, daß die großen Unterschiede zwischen der Mars- und der Erdatmosphäre darauf zurückzuführen sind, daß die Gesamtmenge der von den Vulkanen ausgestoßenen Dämpfe auf dem Mars Hunderte von Malen geringer ist als auf der Erde (Leovy, 1977). Von Leovy kommt auch der wichtige Gedanke, daß Sauerstoff- und Stickstoffmoleküle durch die ultraviolette Strahlung in der oberen

Abb. 3-4. Blick auf Felsen und Staubverwehungen auf der Marsoberfläche, aufgenommen von der amerikanischen Raumsonde Viking. Margulis, L., Lovelock, J. E.: The view from Mars and Venus. The Sciences *17*, No. 2, 10–13 (1977)

Atmosphäre ionisiert werden und in diesem Zustand dem Schwerkraftfeld des Mars entfliehen können. Beim Planeten Erde mit seiner fast zehnfachen Masse (Tab. 3-1) verhindert die viel stärkere Anziehungskraft einen solchen Verlust. Wäre dieser Verlust nicht, so hätte – wie man errechnet hat – das von den Vulkanen ausgestoßene N_2 auf dem Mars zu einem Hundertfachen der heutigen atmosphärischen Konzentration geführt. Auch die Spaltung des Wasserdampfes durch ultraviolette Strahlung würde zu einem Wasserverlust führen, da schließlich Wasserstoff verlorengehen würde. Aber dieser Verlust würde während der gesamten Lebensgeschichte des Planeten lediglich eine Wasserschicht von 1 m Tiefe ausmachen (Leovy, 1977), was den Wassermangel auf dem Planeten Mars im Vergleich zur Erde bei weitem nicht zu erklären vermag.

Auch mit den genialsten Testmethoden ist es nicht gelungen, im Marsboden irgendwelche organischen chemischen Substanzen oder irgendwelche chemische Reaktionen, die mit biologischen Prozessen zu tun haben könnten, zu entdecken. Auf der Erde würde selbst der kahlste Boden positive Ergebnisse erbracht haben. Das gaschromatographische Massenspektrometer zeigte weder organische Kohlenstoff- noch organische Stickstoffverbindungen im Marsboden an (Margulis und Lovelock, 1977). Wir müssen allerdings annehmen, daß kohlenstoffhaltige Chondriten (Tab. 3-3) genauso auf den Mars herabstürzen wie auf die Erde, und diese würden dem lockeren Marsboden organische chemische Verbindungen zuführen. Vermutlich läßt sich ein Teil dieses Meteoritenmaterials finden, wenn an anderen Stellen Proben entnommen werden.

Die Venus bildet insofern einen krassen Gegensatz zum Mars, als ihre Oberflächentemperatur mit 470° C außerordentlich hoch ist. Auch der Luftdruck ist sehr hoch, er beträgt etwa das 90fache des Luftdrucks auf der Erde. Die Venusatmosphäre besteht fast ausschließlich aus CO_2 (97%) und einigem CO, der O_2- und H_2Ogehalt ist jedoch extrem niedrig. Die dicke Wolkendecke scheint überwiegend aus Schwefelsäure mit vielleicht etwas Fluorwasserstoffsäure zu bestehen; ein aus diesen Wolken niedergehender Regen wäre unvorstellbar korrosiv. Die geringen Kenntnisse, die wir über die Oberflächenstruktur der Venus besitzen, lassen darauf schließen, daß diese felsig ist, der Mars-, Merkur- und Mondoberfläche ähnelt. In ihrer allgemeinen Zusammensetzung ist die Venus vermutlich unserem Planeten Erde ähnlich (A. und L. Young, 1975), da beide zur gleichen Zeit und dicht nebeneinander im Sonnennebel entstanden (Abb. 3-2b) und beide ungefähr die gleiche Größe und eine ähnliche Dichte aufweisen (Tab. 3-1). Es gibt jedoch zwei große Unterschiede, die bisher nicht erklärt worden sind. Der erste ist die Trockenheit des Planeten Venus und der zweite der ungeheure Luftdruck, der auf der Venus herrscht. Andere Unterschiede lassen sich erklären. Beispielsweise ist die hohe Temperatur dem Treibhauseffekt der Atmosphäre zuzuschreiben. Mit ihrer unerträglich hohen Temperatur, ihrer korrosiven Atmosphäre und ihrem Wasser- und Sauerstoffmangel wäre Venus mit Sicherheit ein höchst unwirklicher Planet für das Leben.

Mariner 10 ist am Merkur vorübergeflogen und hat grossartige Bilder von dessen kahler, Krater-gezeichneter Oberfläche geliefert (Murray, 1975). Merkur hat ebenfalls eine minimale Heliumatmosphäre, und seine Temperatur bewegt sich zwischen Extremwerten; während der langen Tage (88×12 Stunden) steigt sie auf 430° C an und sinkt während der gleichlangen Nächte auf $-170°$ C ab. Es gibt keinerlei Spur von Wasser. Daß auf dem Merkur jemals Leben hätte entstehen können, ist absolut unvorstellbar.

Soweit sich die innere Struktur bestimmen läßt, besitzen Mars, Erde, Venus und Merkur weitgehend die gleiche Zusammensetzung, wie ihre ähnlichen Dichten 4; 5,5; 5,1 und 5,4 (Tab. 3-1) erkennen lassen, die in völligem Gegensatz zu den Werten für die äußeren Planeten stehen. Die Oberflächen- und Gesteinsformationen scheinen ähnlich zu sein, Granit und Basalt auf Mars und Erde und möglicherweise auch auf der Venus. Bei allen drei Planeten sieht es so aus, als bestehe der Mantel wahrscheinlich aus Silizium, Magnesium, Eisen und Aluminium und der Kern vorwiegend aus Eisen. Die Oberflächen von Mars, Merkur und Mond gleichen einander in ihren charakteristischen Merkmalen, alle drei sind – wie bereits erwähnt – mit Kratern übersät. Beim Mars haben wir außerdem die Störung großer Staubstürme, und anscheinend gibt es Wasserläufe, die sich durch die Oberfläche schlängeln. Sie wurden möglicherweise in einer fernen Vergangenheit ausgewaschen, als die Oberflächentemperatur wärmer und Wasser reichlicher vorhanden war. Heute kann es kein Wasser in flüssigem Zustand geben, und die Oberflächentemperatur ist bei tiefem Dauerbodenfrost derart niedrig, daß kein Tiefenwasser an die Oberfläche dringen könnte. Auf dem Mars findet sich keinerlei Hinweis auf die Sedimentschichten, die auf dem Planeten Erde unter Wasser abgelagert worden sind.

Bevor sich der Planet Erde unter der Wirkung des Lebens entscheidend veränderte, unterschied er sich bereits beträchtlich von den anderen inneren Planeten, und zwar trotz der ziemlich ähnlichen allgemeinen Zusammensetzung, die aus dem Zusammenbacken der um die Ursonne kreisenden Staubteilchen und Materiepartikel herrührt (Abb. 3-2b). *Die großen Unterschiede bestanden im Wasserreichtum und in der Existenz einer Atmosphäre.* Die Uratmosphäre unseres Planeten ist bis heute ein heiß umstrittenes Thema. Die ursprüngliche Vorstellung von einer reduzierenden Atmosphäre aus NH_3, CH_4 und H_2O wird jetzt mit der Begründung angegriffen (Ringwood, 1974), daß NH_3 und CH_4 während der von hohen Temperaturen begleiteten Phase der Planetenbildung nicht stabil sein könnten. Die Atmosphäre muß später aus den bei Vulkanausbrüchen ausströmenden H_2O-, CO_2- und N_2-Dämpfen entstanden sein. Diese Dampfausbrüche waren enorm viel größer als beim Planeten Mars. So hätte die Uratmosphäre der Erde also aus CO_2 und N_2 bestanden, wobei das H_2O sich bei absinkender Temperatur niederschlug und die Ozeane bildete. Die ungeheure H_2O-Erzeugung kam, so nimmt man heute an, von den wasserhaltigen Kieselsäuremineralien wie Serpentin, Amphibol und Glimmer (Parmentier, 1977).

Gewiß haben wir, was dieses einmalige Merkmal unserer Erde betrifft, noch viel zu lernen. Wichtig ist die Erkenntnis, daß die Urerdatmosphäre praktisch keinen Sauerstoff enthielt. Sauerstoff entstand viel später durch die Photosynthese lebender Organismen. Wie die Altersbestimmung mit der Radiokarbonmethode zeigt, bildeten sich unter dem Einfluß des Wassers schon vor mindestens 3,8 bis 3,7 Mrd. Jahren auf der Erde Sedimentgesteine. Viel später entstanden, wie wir in der vierten Vorlesung beschreiben wollen, die ersten Organismen, und dies sollte den Planeten Erde gewaltig verändern. Wir können das, was in dieser Vorlesung gesagt wurde, als Vorbereitung auf die großartigen Geschehnisse betrachten, von denen in der vierten und den darauffolgenden Vorlesungen zu sprechen sein wird. Aber was wir in dieser Vorlesung gehört haben, konzentrierte sich auf die Kette der Zufälligkeiten, wodurch schließlich ein Planet entstand, der besondere Merkmale besaß, die Leben entstehen ließen, während alle anderen Planeten meilenweit davon entfernt waren, die Probe zu bestehen – den Ansprüchen zu genügen, *die das Leben an die Eignung der Umweltbedingungen stellt.* So führt die Kette der Zufälligkeiten unmißverständlich auf den Planeten Erde zu, als folge sie, wie in der Vorstellung der Natürlichen Theologie, einem großen Plan.

3.4 Schlußfolgerungen

Am Schluß dieses kosmologischen Teils meiner Vorlesungen läßt sich sagen, daß das Universum mit seinen 10^{11} Galaxien, jede davon wiederum mit ungefähr 10^{11} Sternen, unvorstellbar groß ist. In diesem überwältigenden Schauspiel der Unermeßlichkeit zeichnet sich unsere Milchstraße durch keinerlei besonderes Merkmal aus. Sie ist einfach ein gewöhnlicher Spiralnebel. Ebenso wenig zeichnet sich unsere Sonne in unserer Galaxis aus. Sie ist von mittelmäßiger Größe, und an ihrer Position ist nichts Außergewöhnliches (Abb. 2-4). Schließlich ist die Erde der fünftgrößte Planet im Planetensystem, und auch er zeichnet sich keineswegs durch seine Lage aus (Tab. 3-1, Abb. 3-1). Wie wir gesehen haben, zeigen sich seine besonderen Merkmale erst bei genauer Betrachtung. Bei den vielen Vorlesungen, die der Astronom Harlow Shapley zu halten hatte, stellte er stets auf unübertreffliche Weise die Unermeßlichkeit und Erhabenheit des Kosmos dar und pflegte sich schließlich am Ende seines Vortrags dazu herabzulassen, diesen unseren armseligen kleinen Planeten zu erwähnen, der so unbedeutend ist, daß man von seinem Auditorium erwarten sollte, sich gedemütigt zu fühlen. Nach einer auf diese Art im vertrauten Kreis vor der Australian Academy of Science gehaltenen Lecture erhob ich aber Einspruch mit der Begründung, daß »unser Planet über alle anderen Himmelskörper hinaus ausgezeichnet ist, beherbergt er doch Harlow Shapley« Touché. Wollen wir ihn in Ehren halten und lieben, diesen schönen, wohltuenden Planeten Erde, unsere Heimat in der ungeheuren Einsamkeit des kosmischen Raumes.

Wir haben schon gesehen, daß riesige Sterne bald ausbrannten. Die größenmäßige Mittelmäßigkeit unserer Sonne ist unsere Rettung. Ebenfalls von beträchtlicher Bedeutung war die lange Wartezeit von 5 Mrd. Jahren zwischen der Schöpfung unserer Milchstraße und der Zusammenballung von Staub und Gas, aus der sich unser Sonnensystem bildete (zweite Vorlesung). In jenen 5 Mrd. Jahren waren in der Milchstraße ungeheure Mengen an Staub und Materiepartikelchen entstanden; sie enthielten das ganze Spektrum der Elemente, die in den Supernova-Explosionen »gekocht« worden waren. Darüber hinaus waren die Größe des Planeten Erde und seine Lage im Planetensystem gut gewählt. Die Temperatur ist gerade richtig für die Makromoleküle, welche die wichtigste Grundlage des Lebens bilden. Und die Größe war gerade richtig, um solch wesentliche Gase wie H_2O, O_2, N_2 und CO_2 im Schwerkraftfeld der Erde zurückzuhalten und dennoch zu erlauben, daß sich die gewaltige Bürde an H_2 und He, die ursprünglich hatte akzeptiert werden müssen, um einen angemessenen felsigen Kern sicherzustellen, in den Raum verflüchtigte. Die jupiterähnlichen Planeten veranschaulichen die katastrophalen Konsequenzen einer übermäßigen Größe, während Mars und Merkur Zeugnis davon ablegen, welch extrem dünne Atmosphäre übrigbleibt, wenn ein Planet zu klein ist. Daher kann die Atmosphäre des Planeten Erde aufgebaut werden, bis sie einen Zustand erreicht, der für das Leben ideal ist, obwohl zu diesem Zweck – wie wir in der vierten Vorlesung sehen werden – der von den Urorganismen erzeugte Sauerstoff grundlegend wichtig ist. Der wunderbarste Besitz der Erde aber ist der gewaltige Reichtum an Wasser, mit dem unser Planet – ganz im Gegensatz zu den anderen Planeten – ausgezeichnet ist. Vom Standpunkt der »Eignung der Umwelt« für das Leben aus ist man daher versucht zu behaupten, die Erde sei – im Sinne von Voltaires Candide – »die beste aller möglichen Welten«!

Vierte Vorlesung

Ursprung des Lebens und biologische Evolution

Zusammenfassung

Als die Erde vor 4,6 Mrd. Jahren entstand, dürfte sie sehr heiß gewesen sein; vor spätestens 4 Mrd. Jahren dürfte sie sich jedoch bis auf die heutigen Temperaturen abgekühlt und eine harte Kruste aus Land, Ozeanen und Atmosphäre gebildet haben. Im präbiotischen Stadium vor der Existenz von Leben fand wahrscheinlich durch Einwirkung elektrischer Entladungen oder ultravioletten Lichts auf die aus Ammoniak, Methan und Wasser bestehende Atmosphäre eine Synthese organischer Moleküle statt. Diese Moleküle könnten polymerisiert und somit Makromoleküle gebildet haben, beispielsweise primitive Proteine oder Nuleinsäuren. Als nächsten Schritt hätten Anhäufungen dieser Moleküle durch gegenseitige Beeinflussung sich-selbst-organisierende Systeme bilden können, die auf Schlammoberflächen oder in flachen Tümpeln konzentriert waren. Doch von derartigen mutmaßlichen Systemen bis zu den ersten primitiven lebenden Zellen ist es noch ein weiter Weg.

Die ältesten fossilen Reste lebender Organismen sind möglicherweise die Eobakterien mit einem Alter von 3,4 Mrd. Jahren, die ältesten fossilen Reste von Algen sind jedoch nicht älter als 2 Mrd. Jahre. Das bedeutet, daß für die höchst unwahrscheinlichen Ereignisse, die bis zur Entstehung der ersten primitiven Einzeller führten, enorme Zeiträume nötig waren. 1,4 Mrd. Jahre lang ging das Leben auf diese Weise weiter. Die ersten vielzelligen Organismen erschienen vor etwa 700 Mio. Jahren, und dann setzte die biologische Evolution ein, wie wir sie kennen. Wir werden kurz den genetischen Code und die Mutationen erörtern und uns dann mit dem biologischen Evolutionsprozeß befassen. Dabei werden wir besonders auf die natürliche Auslese als Wechselwirkung zwischen dem Organismus und der »Fitness« der Umwelt zu sprechen kommen. Es gibt keine vorhersagbare Linie der evolutionären Entwicklung. Ganz im Gegenteil findet eine Maximierung der Mannigfaltigkeit statt, und die natürliche Auslese prüft erbarmungslos, was zum Überleben geeignet ist. Verfolgen wir die Entwicklungslinie, die schließlich zu uns führen sollte, so traten vor 440 Mio. Jahren die ersten Wirbeltiere auf; sie schwammen als primitive Fische in den Ozeanen. 30 Mio. Jahre später krochen die Wirbeltiere an Land – Amphibien und Reptilien. Aber die Evolution der Säugetiere war ein sehr ungewisser Prozeß und wäre beinahe zu Ende gewesen, als vor 200 Mio. Jahren die säugetierähnlichen Reptilien, nachdem sie 100 Mio. Jahre lang existiert hatten, nahe am Aussterben waren. Glücklicherweise überlebten sie, um sich zu Mammaliern zu entwickeln. Verglichen mit den riesigen Dinosauriern jener Periode waren diese Säugetiere unbedeutende Geschöpfe. Doch die Dinosaurier starben auf rätselhafte Weise aus und die Säugetiere erlebten schließlich eine Blütezeit mit einer großen Vielfalt der Formen. Und so erschienen endlich vor 50 Mio. Jahren die Primaten, unsere Vorfahren; von ihnen stammten die Menschenaffen ab, die sich weiter verzweigten und die primitiven Stammväter des Menschen, von *Ramapithecus* bis zu *Australopithecus*, hervorbrachten. Zum Schluß der Vorlesung werden wir eine kritische Erörterung der vielumstrittenen Frage anschließen, mit welcher Häufigkeit in anderen Planetensystemen unserer Galaxis Leben entstanden sein mag. In unserem Sonnensystem ist die Erde der einzige Planet mit Leben. Und noch fraglicher ist die Möglichkeit intelligenten Lebens. Diese Geschichte der Evolution enthält vieles, was mit der Natürlichen Theologie zu tun hat. Insbesondere wenn, wie ich argumentieren will, die Erde wahrscheinlich der einzige Planet ist, der intelligente, selbst-bewußte Wesen beherbergt.

4.1 Was wir von den Anfängen des Lebens wissen: das Fossilienmaterial (Planet Earth, 1977, Biology Today, 1975)

Das Thema dieser Vorlesungsreihe heißt »Das Rätsel Mensch«. Ich werde mich daher bemühen, die Darstellung der Fossilienfunde auf diejenigen Organismen zu beschränken, die in der Nähe jenes Teils des Baumes der Evolution liegen, der zum Menschen hinführt. Pflanzen und Pilze beispielsweise werden beiseitegelassen, ebenso große Bereiche der Wirbellosen und Wirbeltiere. Tabelle 4-1 zeigt die Zeitskala der geologischen Zeitalter seit der Entstehung der Erde.

In der vorangegangenen Vorlesung erwähnte ich die lange Zeitspanne zwischen der Entstehung des Planeten Erde vor 4,6 Mrd. Jahren und den ersten fossilen Zeugnissen lebender Organismen. Die ältesten bekannten Gesteine sind eine Reihe Vulkan- und Sedimentgesteine, deren Alter nach der Radiokarbonmethode mit 3,8–3,7 Mrd.

Tabelle 4–1. Die geologischen Zeitalter von unten nach oben, aber mit nicht einheitlicher Zeitskala

		Vor Mio. Jahren	
KANÄOZOIKUM	Holozän	0,01	Frühe Kulturen
(Erdneuzeit)	Pleistozän	2	
	Pliozän	7	Erste Hominiden erscheinen
	Miozän	26	
	Oligozän	38	
	Eozän	54	
	Paläozän	65	
MESOZOIKUM	Kreide	135	Der Kontinent Pangaea bricht auseinander: Das Land wird vom Meer überflutet
(Erdmittelalter)	Jura	190	Der Kontinent Pangaea beginnt auseinanderzubrechen
	Trias	225	Weltweites Zurückfluten der Ozeane vom Festland
PALÄOZOIKUM	Perm	285	Der Kontinent Pangaea entsteht
(Erdaltertum)	Karbon	345	
	Devon	395	Tiere beginnen auf dem Festland zu leben
	Silur	440	Erste Landpflanzen
	Ordovizium	500	Gewaltige Fluten: das Meer überschwemmt die Kontinente
	Kambrium	570	
PRÄKAMBRIUM	Proterozoikum		Erste Vielzeller
		2500	
	Archaikum		
		3500	Erste Einzeller
		3780	Alter der ältesten bekannten Gesteine auf der Erde
		4600	Entstehung der Erde
		10000	Urknall

Jahren angesetzt wird (Siever, 1975). Der Planet Erde war also zu jener Zeit genügend abgekühlt, um eine feste Kruste und überschüssiges flüssiges Wasser zu besitzen, das sich in den Ozeanen gesammelt hatte, unter denen Sedimentschichten abgelagert wurden. Während des Abkühlens Millionen von Jahren hindurch waren wahrscheinlich wolkenbruchartige Regen gefallen; der Beweis dafür ist die Entstehung der großen Ozeane. Die Landmassen waren weniger ausgedehnt als heute, wie die frühesten Rekonstruktionen der Erde vor etwa 600 Mio. Jahren ergeben haben, und driften seitdem über die Erdoberfläche.

Die Suche nach den ältesten fossilen Resten lebender Organismen ist eine sehr anspruchsvolle Aufgabe, denn es würde sich bei ihnen um die versteinerten Überreste von einzelnen Zellen mikroskopischer Größenordnung handeln. Von Tausenden von Sedimentgesteinsproben müssen extrem dünne, polierte Schnitte präpariert werden, die dann unter dem Licht- und Elektronenmikroskop zu untersuchen sind. Die ersten Erfolge bei dieser Suche waren Fossilien von Algen in einem dichten Siliciumgestein (Feuerstein), deren Alter nach der Radiokarbonmethode auf 2 Mrd. Jahre datiert wird (Abb. 4-1). Neuere Fossilien mutmaßlicher Organismen, das »Eobakterium«, sind in den »Fig-tree«-Lagen in Swasiland gefunden worden, deren Alter mit bis zu 3,4 Mrd. Jahren angesetzt wird (Abb. 4-1a, b). Dieser histologische Befund wird durch den Gehalt an organischem Kohlenstoff des Gesteins bestätigt. Eine sehr viel ältere Datierung als 2 Mrd. Jahre für die blaugrünen Algen ergibt sich aus den *Stromatolithen*. Das sind säulenartige Gebilde, die vermutlich um Anhäufungen blaugrüner Algen herum aufgebaut wurden. Sie finden sich in Kalkstein eingebettet und können bis zu 1 m Durchmesser haben, was auf eine ungeheure Algenmenge schließen läßt. Das Alter der ältesten Stromatolithen in der Bullaway-Formation wird mit 2,9 Mrd. Jahren angegeben (Sylvester Bradley, 1977). Abb. 1c und d sind bemerkenswerte Bilder von Algen.

Man nimmt an, daß die Sauerstoffkonzentration in der Uratmosphäre außerordentlich gering war, vielleicht nicht mehr als ein Zehntausendstel des heutigen Wertes. Somit dürften die ersten lebenden Organismen unter praktisch anaëroben Bedingungen existiert haben. Vor 3 Mrd. Jahren begann die Sauerstoffmenge zuzunehmen und hatte vor etwa 600 Mio. Jahren wahrscheinlich eine Konzentration bis zu 10% des heutigen atmosphärischen Sauerstoffs erreicht. Danach nahm sie rasch zu, so daß in den letzten 100 oder 200 Mio. Jahren mit einer Konzentration bei knapp über 20% der Atmosphäre das gegenwärtige Niveau erreicht wurde. In jenen 2 Mrd. Jahren mußte eine enorme Menge molekularen Sauerstoffs geschaffen werden – genug, um die gesamte Oberfläche unseres Planeten mit einer 2 m hohen Schicht flüssigen Sauerstoffs zu bedecken! Man vermutet, daß diese wichtige Veränderung in der Hauptsache den blaugrünen Algen zu verdanken war; später dürften alle grünen Pflanzen sehr stark dazu beigetragen haben, aber die ersten Landpflanzen sind nicht älter als 440 Mio. Jahre.

Die einfachste chemische Formel des Photosyntheseprozesses durch Chlorophyll und verwandte Pigmente zeigt, daß sich CO_2 und H_2O unter Freisetzung von O_2 zu einem Kohlenhydrat verbinden

$$6\ CO_2 + 6\ H_2O = C_6H_{12}O_6 + 6\ O_2.$$

Doch hinter dieser Formel verbergen sich höchst komplizierte zyklische chemische

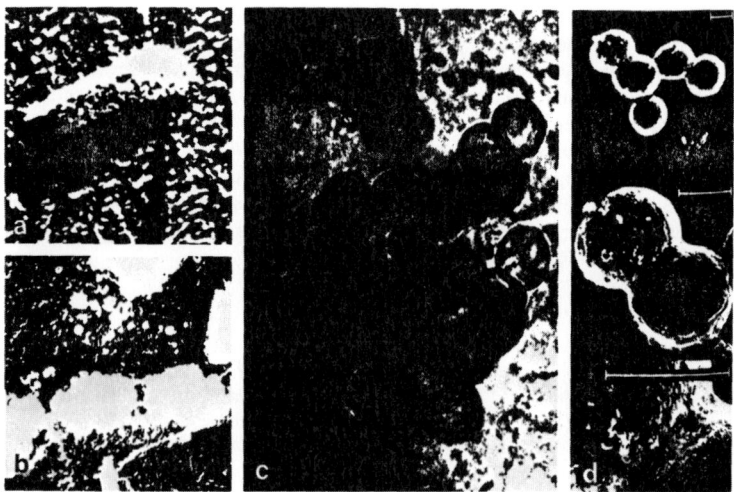

Abb. 4-1 a-d. Fossilien von einigen der ältesten bekannten Organismen. **a** Fossil eines bakterienartigen Organismus, der vor 3,1 Mrd. Jahren lebte (Figtree-Formation in Südafrika). **b** Versteinerte Bakterien, die in Sedimentgesteinen in Kanada gefunden wurden und etwa 2 Mrd. Jahre alt sind. **c** Ein versteinerter Klumpen von Algenzellen, Alter ungefähr 900 Mio. Jahre (Bitter Springs-Formation in Zentralaustralien). **d** Rasterelektronenmikroskopisches Bild einer Probe der Bitter Springs-Algen während des Vorganges der Mitose. Ebenfalls hier gezeigt sind zwei stärkere Vergrößerungen von einer der sich teilenden Algenzellen. Entnommen aus *Biology today,* 2. Aufl., mit Erlaubnis der CRM, Books a Division of Random House, Inc. und Dr. J. William Schopf

Reaktionen, an denen organische Phosphate beteiligt sind. Als Folge dieser höchst bemerkenswerten evolutionären Entwicklung wurde die Erdatmosphäre vor ungefähr 1 Mrd. Jahren von einer reduzierenden in eine oxidierende Atmosphäre umgewandelt. Die Ausbildung vielzelliger aerober Organismen mußte warten, bis eine ausreichende Sauerstoffkonzentration in der Atmosphäre aufgebaut war. Daher die lange Wartezeit von nahezu 3 Mrd. Jahren zwischen den ersten Spuren von Leben und dem Beginn des Kambriums vor 600 Mio. Jahren. Doch bei dem Übergang von den primitiven *Prokaryonten* zu den *Eukaryonten,* der im zweiten Teil dieser Vorlesung beschrieben werden wird, fanden sehr bedeutsame Entwicklungen statt.

Mit dem Kambrium (vor 570–500 Mio. Jahren) beginnen die reichen Fossilienfunde, die bis in unsere Gegenwart hinein anhalten. Es gab viele Arten mit festen Körperteilen, zunächst einem äußeren Skelett-, später einem inneren Skelettsystem; beide ausgezeichnet geeignet, um Fossilien zu hinterlassen. Zwar gab es schon im vorangegangenen Präkambrium fossile Spuren vielzelliger Organismen, doch waren diese Organismen klein und weich, daher ist das Fossilienmaterial mager (Brasier, 1977). Man darf nicht annehmen, daß derartige Organismen selten waren. Die ältesten Fossilienfunde stammen von etwa 700 Mio. Jahre alten weichen, vielzelligen Organismen, die Quallen und Würmern ähneln. So bauten also die großen Entwicklungen des Kambrium auf beachtlichen präkambrischen Durchbrüchen von Einzellern zu komplexen Vielzellern auf. Nahezu alle wirbellosen Organismen wurden von der Evolution vor dem Ende des Kambriums geschaffen. Die meisten dieser frühen Organismen starben wieder aus. Bemerkenswert waren die Trilobiten, höchst komplexe Arthropoden mit gut entwickelten Augen. Während ihrer 200 Mio. Jahre andauernden Blüteperiode hinterließen sie eine Fülle von Fossilien, aber vor etwa 300 Mio. Jahren starben sie aus. Die Mannigfaltigkeit des Lebens im Kambrium wird durch die breite Varietät der Ernährungsstrategien veranschaulicht – Pflanzenfresser, Fleischfresser und Räuber, Aasfresser und »Filtrierer«.

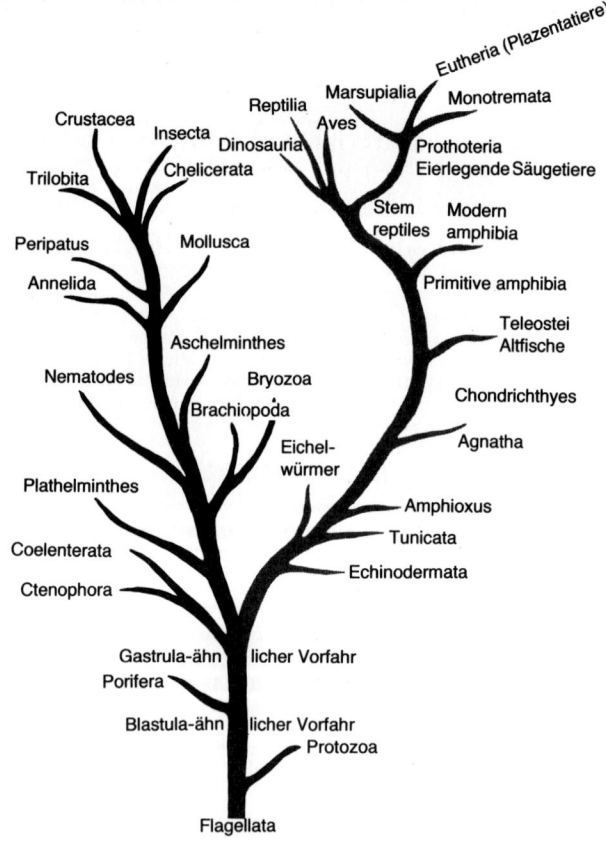

Abb. 4-2. Ein Diagramm zur Veranschaulichung der geläufigen Theorien des evolutionären Stammbaums der Tiere. Der Zweig, dem die Protostomia angehören, ist in schwarz eingezeichnet und der Zweig, zu dem die Deuterostomia gehören, ist grau. Villee, C. A.: Biology. Philadelphia: Saunders 1972

Im späten Kambrium entwickelten sich die Tunikaten (Abb. 4-2), d. h. die ersten Angehörigen desselben Phylums, dem auch wir selbst angehören – der Chordata. Das Fossilienmaterial ist noch unklar, aber es besteht kein Zweifel an der gegenwärtigen Zusammensetzung des Stammes der Chordata (Abb. 4-2). Er besitzt einen großen Unterstamm, die Vertebrata (Wirbeltiere) und zwei andere sehr kleine Unterstämme, die Urochordata (Tunikaten) und die Cephalochordata (Amphioxus). Diese zwei primitiven Unterstämme weisen auf die Organismen hin, aus denen sich der Stamm der Chordata entwickelte: es sind dies primitive Stachelhäuter mit dem Namen Hemichordata. Das Fossilienmaterial der Stachelhäuter geht bis in die Anfänge des Kambriums zurück. Die evolutionäre Reihenfolge wäre also: ein primitiver Stachelhäuter entwickelt sich zu einem primitiven Chordatier. Dieses Chordatier wäre durch ein inneres Skelett gekennzeichnet, durch eine die ganze Länge des Tieres durchlaufende Chorda dorsalis mit darüberliegendem Rückenmark, auf der Ventralseite ein sogenannter Kiemendarm mit Kiemenapparat, und lateral durch in Myomere gegliederte Rumpfmuskulatur (Abb. 4-3a).

Das erste deutliche fossile Zeugnis der Wirbeltiere findet sich im Ordovizium, ist also ungefähr 450 Mio. Jahre alt. Aus den primitiven Chordatieren hatten sich

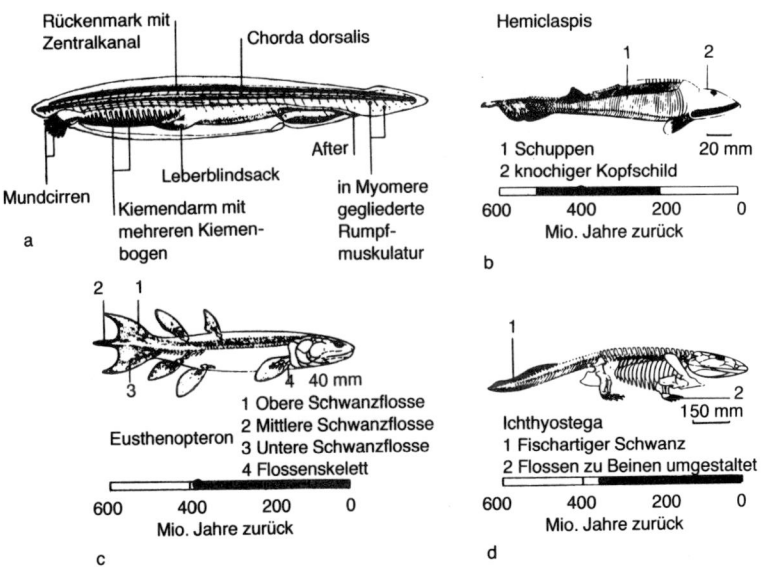

Abb. 4-3 a-d. Von den Chordata zu den frühen Vertebraten. **a** Ein primitives Chordatier (Lanzettfischchen) mit Kiemenspalten, einem dorsalen Nervenstrang und einer Chorda dorsalis. Entnommen aus *Biology today*, mit Genehmigung der CRM Books, a Division of Random House, Ins. **b** *Hemicyclaspis*, ein kieferloser Fisch *(Agnatha)*. **c** *Eusthenopteron*, ein fossiler Crossopterygier. **d** *Ichthyostega*, die älteste Amphibie. **b, c** und **d** entnommen aus *Planet earth* mit Genehmigung der Elsevier Publishing Projects (U.K.) Limited

primitive kieferlose Fische (Abb. 4-3b) wie das Neunauge entwickelt (Forey, 1977). Diese Fische der Klasse *Agnatha* waren schlecht für Schwimmen und Nahrungsaufnahme ausgebildet. Nichtsdestoweniger gediehen sie prächtig in den Meeren des Silur und Devon und drangen sogar in Flüsse und Seen vor. Nach etwa 100 Mio. Jahren waren sie jedoch weitgehend ausgestorben; eine Ausnahme machten lediglich der Ingerfisch und das Neunauge, die bis heute überlebt haben (Abb. 4-4).

Zum Glück war unsere Evolution nicht allzu lange von dem ungewissen Überleben der kieferlosen Fische abhängig. Vor etwa 400 Mio. Jahren entwickelten sich aus den Agnatha die sehr viel leistungsfähigeren Kieferfische. Sie stellen bis heute die große Vielfalt der Fische (Abb. 4-4). Für unsere Zwecke ist es wesentlich, eine einzige

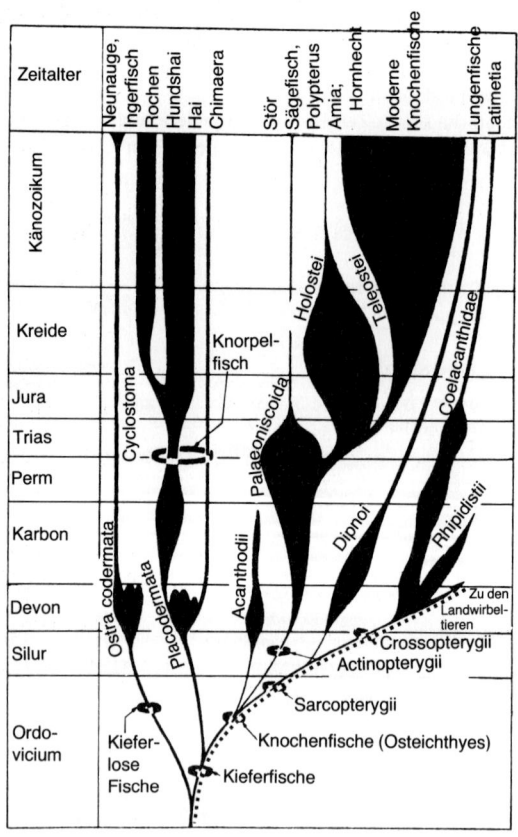

Abb. 4-4. Ein hypothetischer evolutionärer Stammbaum der Fische. Man beachte die dünne Linie zu den *Crossopterygiern* und von dort zu den Landwirbeltieren, die durch Punkte gekennzeichnet ist. (mit freundlicher Genehmigung des verstorbenen Professor A. S. Romer)

Familie herauszugreifen, liefert uns diese doch das evolutionäre Bindeglied zu den Amphibien. Die *Crossopterygier* (Quastenflosser) sind nahezu ausgestorben; der vor kurzem entdeckte Coelacantes ist der einzige Überlebende (Abb. 4-4). Diese Fische waren insofern bemerkenswert, als ihre vier Flossen in Wirklichkeit vier Beine waren (Abb. 4-3c) und sie außerdem Nasenlöcher und Lungen zur Luftatmung besaßen. Aus der Anordnung der Knochen und Muskeln läßt sich ablesen, daß diese Fische ihre Flossenbeine zum Wandern auf das Land benutzen konnten. Tatsächlich wird der Quastenflosser »alter Vierbeiner« genannt.

Im Silur und später entstanden Wirbellose wie Würmer und Insekten, die im Sand und in den Schlammzonen entlang der Küste wohnten. So war es nicht überraschend, daß fischähnliche Amphibien sich den Weg vom Meer zum Land erkämpften, um ihre Nahrung in diesen Zonen zu suchen, wo der Konkurrenzkampf nicht so hart war wie in den von Fischen wimmelnden Ozeanen. Diese »Eroberung« des Landes durch die Amphibien geschah im Devon. Die Amphibien hatten sich durch Weiterentwicklung der Glieder, die nun Zehen besaßen, aus den Crossopterygiern herausgebildet (Abb. 4-3d). Der Übergang aufs Festland war jedoch immer noch nicht vollständig, da sie ein feuchtes Habitat bevorzugten. Zur gleichen Zeit wurde das Land auch von den Pflanzen »erobert«. Damit wurde es zu einer sehr viel attraktiveren Umwelt für das Überleben. Die Amphibien bildeten eine große Vielfalt von Arten heraus, und eine wichtige Gruppe, die *Anthracosaurier* (Abb. 4-6), paßte sich völlig dem Leben auf dem Festland an, obgleich ihre Jungen immer noch im Wasser lebten. Ansonsten ähnelten sie Reptilien, und man vermutet, daß die Reptilien aus dieser Gruppe entstanden.

Diese Evolution der Reptilien erreichte ihren Abschluß im Karbon mit der Umstellung auf ein Ei mit harter oder lederartiger Schale, das an Land ausgebrütet wurde. Die Reptilien waren besser für das Überleben auf dem Festland geeignet als Amphibien, und unter den trockeneren Bedingungen der darauffolgenden Periode, des Perm, waren sie stark begünstigt. Die Kontinente waren zusammengedriftet und bildeten nun eine einzige große, kontinentale Landmasse, die *Pangaea*.Die von den Ozeanen umspülten Küstenzonen wurden flächenmäßig stark reduziert, aber die Reptilien gediehen prächtig, da sie sich zu völliger Unabhängigkeit von einer Existenz im feuchten Habitat entwickelt hatten. So war unsere Entwicklungslinie offenbar gesichert und zeichnet sich nun auch deutlicher ab, da sich im späten Karbon mit der großen Mannigfaltigkeit der Formen der Reptilien solche mit Säugetiermerkmalen herausbildeten (Abb. 4-5a). Sie sind als die Unterklasse *Synapsida* (Abb. 4-6) bekannt und waren die ersten völlig an ein Leben auf dem Festland angepaßten Tiere. Dennoch starben sie nach anfänglichem Erfolg fast alle vor ungefähr 200 Mio. Jahren aus. Aber etwa zur gleichen Zeit (vor ca. 200 Mio. Jahren) entstand durch Evolution aus der einzigen überlebenden Gruppe, den *Cynodonten*, die Linie der Säugetiere. Diese Cynodonten waren Insektenfresser, die bereits Mammaliermerkmale entwickelt hatten, beispielsweise einen sekundär so ausgebildeten Gaumen, daß sie gleichzeitig atmen und kauen konnten (Abb. 4-5a). Unterdessen verzeichneten die Reptilien einen enormen Erfolg völlig anderer Art – mit den *Dinosauriern*. Während des gesamten Mesozoikums (vor 225 bis 65 Mio. Jahren) war die Erde von diesen massigen Geschöpfen mit ihren riesenhaften Körpern und furchterregenden Kiefern beherrscht. Die kleinen säugetierähnlichen Reptilien und die kleinen Säugetiere müssen einen

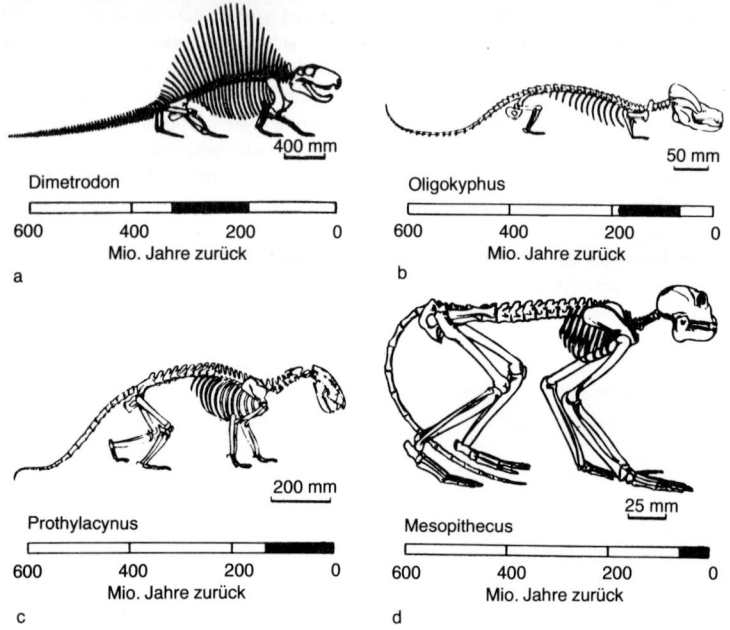

Abb. 4-5 a-d. Beispiele für die Säugetierevolution. **a** *Dimetrodon,* ein säugetierähnliches Reptil, bei weitem das größte dieses Typus. **b** *Oligokyphus,* ein primitives insektenfressendes Säugetier. **c** *Prothylacynus,* ein fortgeschrittener Insektenfresser. **d** *Mesopithecus,* ein Primat (s. Abb. 4-7). Entnommen aus *Planet Earth* mit Genehmigung der Elsevier Publishing Projects (U.K.) Limited

harten Stand gehabt haben, um diese große Manifestation der Reptilienmacht zu überleben. Die Fossilienfunde lassen erkennen, daß sie vor ungefähr 190 Mio. Jahren nahe am Aussterben waren. Aber am Ende waren es die großen Reptilien, die untergingen: vor 65 Mio. Jahren verschwanden sie alle auf völlig rätselhafte Weise (Abb. 4-6). Man stellt sich gern vor, daß die rauhen Bedingungen dieses fürchterlichen Kampfes ums Überleben der natürlichen Auslese ein großes Gewicht verliehen haben muß, die sogar ein vergrößertes Hirnvolumen bei diesen urzeitlichen Säugern hervorbrachte. Vielleicht führten sie den Niedergang der Dinosaurier dadurch herbei, daß sie Jagd auf deren Eier machten!

Unsere Evolutionslinie dürfte im großen Zeitalter der Dinosaurier, als die urtümlichen Säugetiere fast so unscheinbar wie die heutigen Spitzmäuse (Abb. 4-5b) waren, sehr unsicher ausgesehen haben. Doch die Dinosaurier gingen zugrunde, und die bescheidenen Säugetiere überlebten, um die nächste Herrschaftsära, das Zeitalter der Säugetiere, zu gründen, das vor 65 Mio. Jahren im Känozoikum begann und bis in die Jetztzeit reicht.

Die ersten Säugetiere in unserer Evolutionslinie waren die *Insektenfresser* (Abb. 4-5c), die aus den insektenfressenden Reptilien hervorgegangen waren. Unterscheidende Merkmale wären vermutlich die Aufzucht der Jungen durch Säugen und die Regelung der Körpertemperatur. Die *Monotremata* (Kloakentiere) und die *Marsupialia* (Beuteltiere) waren evolutionäre Seitenzweige und gehörten nicht zur Hauptlinie (Abb. 4-6). Die *Primaten* sind zum ersten Mal vor 70 Mio. Jahren erkennbar und zwar in dem Typus, der seltsamerweise unter dem Namen Purgatorius bekannt ist, dem ersten Halbaffen. Im Eozän (vor 54–38 Mio. Jahren) wurden die Primaten weitgehend zu Baumbewohnern, möglicherweise wegen der Konkurrenz, die ihnen die Nagetiere auf dem Boden machten. Ihre gutgeformten Finger und Zehen waren ein großer Vorteil, so entwickelte sich ein den Fingern gegenüberstellbarer Daumen mit abgeflachten Nägeln anstelle von Krallen. Außerdem wurden die Augen nach vorne ausgerichtet und ergaben auf diese Weise das stereoskopische Sehen, das für das Baumleben so wichtig ist. Wahrscheinlich verschaffte die komplexe Wechselwirkung zwischen Sehen und Bewegen auf den Bäumen der Entwicklung des Gehirns einen Selektionsvorteil (Abb. 4-5d).

Unglücklicherweise ist die »Fossilienaufzeichnung« über die Primatenevolution lückenhaft (Abb. 4-7). Wahrscheinlich war die Gesamtpopulation niemals sehr groß, wie auch bei der heutigen Menschenaffenpopulation beobachtet werden kann.

Im Oligozän (vor 38–26 Mio. Jahren) brachte die Evolution eine Gattung *Propliopithecus* hervor, deren Gesichtszüge und Gebiß hominide Merkmale aufwiesen. Dieser Genus könnte auf dem zu den Hominiden führenden Evolutionspfad

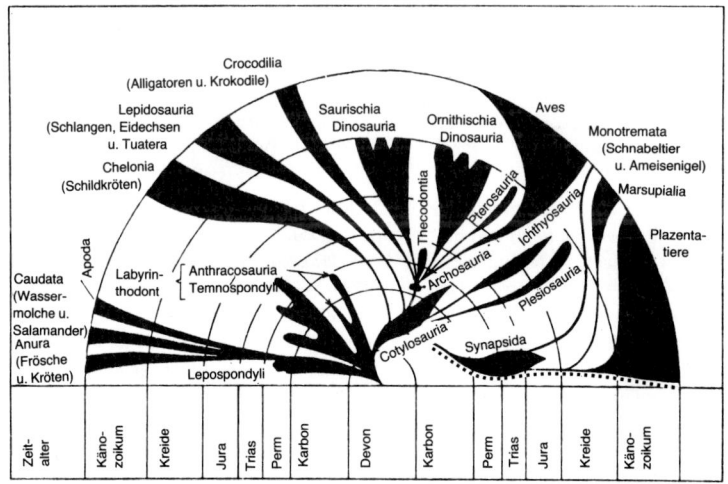

Abb. 4-6. Ein mutmaßlicher evolutionärer Stammbaum der Landwirbeltiere. Man beachte die dünne Linie zu den Synapsida und von dort zu den Plazentatieren, die durch Punkte markiert ist. Mit freundlicher Genehmigung des verstorbenen Prof. A. S. Romer.

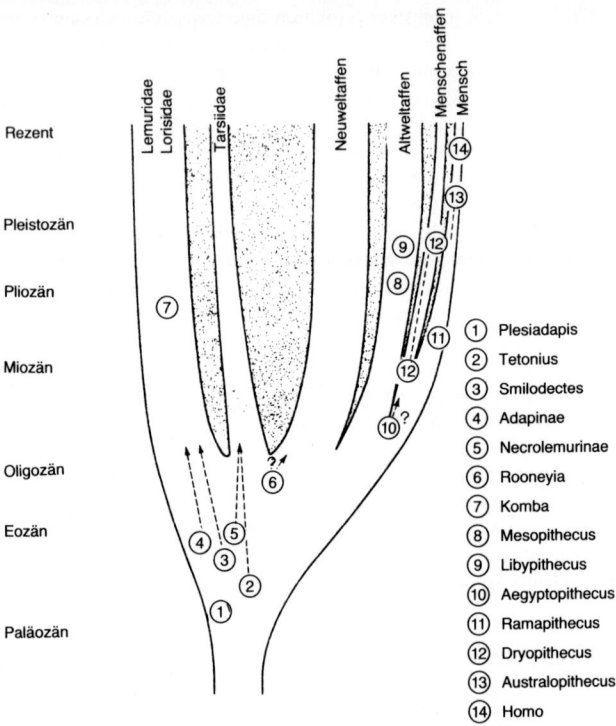

Abb. 4-7. Phylogenie der Primaten während der geologischen Formationen des Känäozoikums (vgl. Tab. 4-1). Die Liste der Arten rechts erklärt die numerierten Kreise. Jerison, H. J.: Evolution of the brain and intelligence, S. 482. New York, London: Academic Press 1973

liegen, aber die Fossilienfunde von vor 30 Mio. Jahren sind höchst unzulänglich. Ein kleiner Primat *Rooneyia* (Abb. 4-7 [6]), von dem ein 35 Mio. Jahre alter fossiler Schädel vorliegt, ist hochinteressant, da er der erste Primat ist, der ein beträchtlich vergrößertes Gehirn aufweist (Jerison, 1973). Wenn man seine geringe Körpergröße berücksichtigt (Körpergewicht 200 g), so betrug sein Gehirn mit mehr als 7 g das Drei- oder Vierfache des Gehirns der Säugetiere jener Zeit. *Rooneyia* ist daher wichtig, da er die Neigung der damals lebenden Primaten zur Entwicklung größerer Gehirne erkennen läßt; aber es ist nicht klar, ob er auf unserem Entwicklungspfad liegt (s. 6 in Abb. 4-7). Die ersten guten Fossilienfunde prähominider Lebewesen stammen von *Ramapithecus* (11 in Abb. 4-7), der in den letzten Jahren an drei weit auseinanderliegenden Stellen in Asien, Afrika und Europa identifiziert worden ist (Simons, 1977). Er scheint ohne Zweifel eher auf der Hominidenlinie zu liegen als auf der zu den Menschenaffen führenden Linie der Pongiden. Wir werden in der fünften Vorlesung auf das Thema Fossilienfunde von Hominiden zurückkommen.

4.2 Erklärung der Fossilienfunde durch Evolutionstheorien

Wir kommen nun zur Erörterung der verschiedenen Theorien, die entwickelt wurden, um die Geschichte der Evolution von einer präbiotischen Welt bis hin zur Gegenwart zu erklären.

4.2.1 Die präbiotische organische Chemie

Es gibt zwei Klassen von Substanzen, die für lebende Organismen von größter Bedeutung sind. Das sind einmal die Proteine und zum anderen die Nukleotidengruppierungen in der Desoxyribonukleinsäure (DNS) und in der Ribonukleinsäure (RNS). Bei der präbiotischen organischen Chemie müssen wir unsere Aufmerksamkeit auf die Bestandteile dieser Substanzen konzentrieren, d. h. auf die Aminosäuren bzw. die Purin- und Pyrimidinbasen.

Es gibt zwei Theorien über die mutmaßliche präbiotische Akkumulation organischer Chemikalien auf dem Planeten Erde.

Nach der ersten wurden diese Chemikalien vom Weltraum »ausgesät«. In jüngster Zeit hat diese Theorie starke Unterstützung erhalten, seit nämlich Radioastronomen entdeckt haben, daß im Weltraum eine breite Skala von Molekülen existiert. Sie lassen sich ziemlich exakt bestimmen. Es gibt viele organische Moleküle, einige mit nicht weniger als sieben Atomen. Die Atome, aus denen sich derartige Moleküle zusammensetzen, sind H, O, N, C, S und Si. Von den wichtigen Molekülen wurden Formaldehyd, Wasserstoffcyanid, Cyanazetylen und Isocyanat identifiziert (Brown, 1974). Bei früheren Untersuchungen wurden keine Aminosäuren festgestellt und ebensowenig irgendwelche Ringverbindungen. Diese interstellaren Moleküle dringen zweifellos in die Erdatmosphäre ein, und es ist möglich, daß sie einen wichtigen Beitrag zur präbiotischen organischen Chemie der Erde geleistet haben.

Eine weitere interessante Zufuhr organischer Chemikalien aus dem interstellaren Raum erfolgt über die kohlenstoffhaltigen Chondriten, die einen erheblichen Prozentsatz an kohlenstoffhaltigem Material enthalten (Tab. 3-3), einschließlich Aminosäuren, Purinen und Pyrimidinen. Leider war unter den festgestellten Molekülen keine der grundlegenden DNS-Basen (Ringwood, 1974). Man nimmt an, daß sich diese Substanzen während der Kondensation aus den Sonnennebeln aus CO, H_2 und NH_3 bilden. Nach der Geschichte des Mondes zu schließen, muß die Erde in ihrer Frühgeschichte einem gewaltigen Meteoritenbombardement ausgesetzt gewesen sein, so daß sich eine große Menge kohlenstoffhaltigen Materials hätte ansammeln können. Es ist jedoch fraglich, wie viel dieses präbiotischen Aussäens organischer Moleküle zum Aufbau organischer Substanzen auf dem Planeten Erde beitrug. Somit kommt der zweiten Theorie, daß nämlich diese Moleküle lokal erzeugt wurden, besondere Bedeutung zu. Man hat außerordentlich umfassende Experimente durchgeführt (Miller, 1955, 1957; Calvin, 1961, 1969), die die Entstehung organischer Moleküle erklären sollen; und zwar setzt man Gasmischungen, die vermutlich der Uratmosphäre ähneln (CH_4, NH_3, H_2O und H_2), einer Funkenentladung aus. Derartige Bedingungen würden bei Blitzentladungen eintreten, und wahrscheinlich dürfte auch sehr energiereiche Bestrahlung mit kosmischen Strahlen und ultraviolettem Licht ähnlich gewirkt haben. Schon bei den allerersten Versuchen entdeckte Miller eine große Bandbreite organischer Substanzen, u. a. sogar die Aminosäuren Glycin, Alanin und Asparaginsäure, und bei späteren Forschungsarbeiten ist die Liste noch länger geworden. Vor kurzem ersetzte Miller NH_2 durch N_2, und die Skala der erzeugten organischen Chemikalien zeigte große Ähnlichkeit mit der eines kohlenstoffhaltigen Chondriten.

Einen wichtigen Beitrag zu dieser präbiotischen Geschichte verdanken wir Oro, der aus NH_3 und HCN die äußerst wichtige Purinbase Adenin synthetisierte. Adenin läßt sich leicht in das andere wesentliche DNS-Purin Guanidin umwandeln. Orgel (1974) hat die Bildung der anderen essentiellen Bestandteile der DNS, der Pyrimidinbasen, demonstriert. Elektrische Entladung, die durch ein Gemisch aus N_2 und CN_4 geleitet wurden, ergaben Cyanoazetylen und Wasserstoffcyanid, die ebenfalls im interstellaren Raum festgestellt worden sind. Cyanoazetylen plus Wasser und C_2N_2 erzeugt durch eine chemische Reaktion Pyrimidinbasen. Und die andere wesentliche Komponente der DNS schließlich, Ribose, entsteht, wenn Formaldehyd auf Kalk oder Kreide einwirkt. So haben wir in diesem präbiotischen Stadium alle Komponenten für den Aufbau von Proteinen und DNS erzeugt.

Leider sind einige kritische Stimmen an der angenommenen Zusammensetzung der Uratmosphäre laut geworden; es wird behauptet, sie sei eher leicht oxydierend als reduzierend gewesen (Ringwood, 1974). Die von der Erde aus Vulkanen und anderwärts ausgestoßenen Gase bestanden wahrscheinlich großteils aus H_2O, CO_2 und N_2, aber es hätte auch etwas CO und H_2 vorhanden sein können. Interessanterweise erhielt Abelson sehr ähnliche organische Produkte, als er elektrische Entladungen auf eine minimal reduzierende Atmosphäre mit CO_2, N_2 und H_2O einwirken ließ. Fassen wir zusammen: es sieht so aus, als hätte es im präbiotischen Stadium einen Vorrat aller organischen Moleküle, die für die Synthetisierung der für das Leben notwendigen Makromoleküle – nämlich der Proteine und DNS – erforderlich waren, gegeben. Wie sie jedoch zu den entsprechenden Quantitäten zusammenfanden, ist ungewiß. Die Hypothese, die Urozeane seien zu einer heißen Suppe umgewandelt worden, ist gewiß absurd. Das Problem besteht darin, Vorstellungen zu entwickeln, auf welche Weise diese Moleküle hinreichend konzentriert werden konnten, damit eine effektive Wechselwirkung stattfand.

4.2.2 Die einzelnen Schritte beim Bau von Proteinen und Nukleinsäuren

Dies ist die zweite Phase bei der Schaffung eines lebenden Organismus. Es ist wichtig, sich darüber klar zu sein, daß es auf die Konzentrationen der Moleküle ankommt. Daher ist die von Fox (1964) und anderen vorgebrachte These, Lösungen präbiotischer Chemikalien seien durch Verdampfen aus Tümpeln konzentriert worden, ein attraktiver Gedanke. Eine andere wichtige Hypothese wurde von Paecht-Horowitz, Berger und Katchalsky (1970) vorgebracht; sie besagt, daß wirksame Konzentrationen durch Adsorption auf Lehmflächen zustande kamen, die auf diese Weise als Katalysatoren fungierten. Solche Methoden der Konzentration führen zu den

Ereignissen, mit denen wir uns jetzt befassen wollen, nämlich der Selbst-Organisation der Makromoleküle, die besonders von Eigen (1971), Eigen und Winkler (1975), Orgel (1974) und Schuster (1977) untersucht worden ist. Erwähnt werden sollte außerdem, daß, wie Fox (1964) gezeigt hat, Aminosäuren, die auf einem heißen Lavabett (etwa 130° C) verdampfen, polymerisieren und zur Bildung zellähnlicher Strukturen induziert werden können, die man als »proteinoide Mikrosphären« bezeichnet hat. Sie können sogar wachsen und sich teilen. Doch ihr Aussehen täuscht. Es besteht keinerlei Zusammenhang mit echten Zellen, denn sie enthalten keine Nukleinsäuren.

Orgel (1974) hat bei der Erzeugung des Frühstadiums der Selbstorganisation von Aminosäuren und Nukleotiden bemerkenswerte Erfolge aufzuweisen gehabt. Die notwendige Energie wird durch Hydrolyse der Pyrophosphatverbindungen des ATP (Adenosintriphosphats) geliefert, das wiederum neben vielen anderen Typen von Polyphosphaten auf der urzeitlichen Erde hätte erzeugt werden können. Auf diese Weise hat er Oligonukleotiden und drei oder vier Bausteinen und Polypeptide mit sechs oder sieben Bausteinen synthetisiert. Natürlich ist dies noch weit entfernt von den Hunderten von Einheiten selbst der einfachsten Proteine oder DNS, aber es weist den Weg.

Eigen (1971) hat auf der Basis der chemischen Kinetik wichtige theoretische Überlegungen entwickelt. Er kam zu dem Schluß, daß sich die Nukleinsäuren ohne Hilfe eines Katalysators nicht selbst zu einer korrelierten Funktion, wie in der Doppelhelix der DNS, anordnen können. Diese Katalysatorfunktion wird in einer lebenden Zelle von den komplexen Enzymsystemen (Proteinen) erfüllt. Eigen kam weiter zu dem Ergebnis, es sei unwahrscheinlich, daß biologisch nützliche Proteine durch Selbstpolymerisation von Aminosäuren gebildet werden können. Der wirklich bedeutsame Schluß aus diesem Studium theoretischer Modelle ist jedoch, daß biologisch sinnvolle Selbstpolymerisation tatsächlich vorkommt, wenn gleichzeitig sowohl Protein- als auch Nukleinsäuresynthesen erfolgen. Verschiedene Modellsysteme werden analysiert, um herauszufinden, auf welche Weise eine Kooperation zwischen Nukleinen und Proteinen verlaufen muß, damit eine effektive Selbstpolymerisation stattfindet.

Auf der Basis dieser kinetischen Studien haben Eigen (1971), Eigen und Winkler (1975) und Schuster (1977) postuliert, daß katalytische Hyperzyklen bei Existenz eines kontinuierlichen Energiezustroms biochemische Systeme hervorbringen werden, die solange evoluieren, bis die Komplexitätsebene primitiver Organismen erreicht ist. Um ein System organisierter Hyperzyklen zu errichten, muß das Aminosäuresystem vereinfacht werden, und Schuster (1977) hat angeregt, mit vier Aminosäuren anstelle der 20, wie sie jetzt bei der Proteinherstellung benutzt werden, zu beginnen. Sie könnten verschiedene Eigenschaften haben, eine könnte hydrophob sein, eine andere hydrophil, die nächste positiv geladen und die letzte negativ geladen. Der Hyperzyklus ist als ein Modellsystem definiert, bei dem Katalyse und Autolyse einer höheren Ordnung zur Wirkung gelangen (Schuster, 1977). Das heißt, er wirkt von einfacher zyklischer Katalyse hin zu hochorganisierten Netzwerken, die Proteine und Polynukleotide einschließen. Es liegt jedoch auf der Hand, daß zwischen diesen präbiotischen chemischen Systemen und der Biochemie einer lebenden Zelle immer noch eine große Kluft besteht.

4.2.3 Die lebende Zelle

Trotz der Vorhersagen aufgrund der präbiotischen organischen Chemie muß man sich darüber klar sein, daß selbst die einfachste lebende Zelle (Abb. 4-8) ein ungeheuer komplizierter Organismus ist, der im Anschluß an die makromolekulare organische Chemie vier wichtige Entwicklungen erfordert. *Erstens* muß eine durch eine umgebende Membran eingekapselte Zelle aufgebaut werden. *Zweitens* müssen innerhalb der Zelle chemische Prozesse ablaufen, die den Mechanismus für das Aufbauen und Benutzen einer Organisation von energiereichen Substanzen liefern. *Drittens* muß die die Zelle umgebende Membran für Substanzen durchlässig sein, so daß sie den Austausch mit der Umwelt und den Aufbau des Zellinhalts durch vom Stoffwechsel getriebene Pumpen erlaubt. *Viertens* muß in der Zelle ein Mechanismus vorhanden sein, der das Speichern und Benutzen der Information erlaubt, die ihre biologischen Prozesse steuert und für die Verdoppelung der Information nötig ist, wenn die Zelle sich bei der Reproduktion teilt.

Immer noch besteht ein Abgrund zwischen der präbiotischen organischen Chemie und selbst dem einfachsten lebenden Organismus. Es war eine große Leistung, die präbiotische Chemie aufzubauen in dem Bemühen, diesen Abgrund zu überbrücken, und konzeptionell hat Eigen mit seinen postulierten Hyperzyklen einen beachtenswerten Schritt nach vorn getan. Aber diese große präbiotische Struktur hat sich kaum eben über den großen Abgrund zur einfachsten Zellen hinüber zu wölben begonnen. Besonders enttäuschend ist, daß auf der biotischen Seite keine Möglichkeit zu bestehen scheint, einfachere lebende Organismen zu konstruieren oder zu entdecken, die dabei helfen könnten, den Bogen zu der präbiotischen Seite hin zu spannen. Viren sind keine Hilfe, denn sie sind Beispiele nicht so sehr eines sehr primitiven Lebens als vielmehr eines degenerierten parasitischen Lebens. Eine der einfachsten lebenden Zellen ist ein Bakterium, und die Eobakterien sind die ältesten bisher identifizierten lebenden Organismen. Das in Abb. 4-8a dargestellte Bakterium illustriert die oben genannten vier Erfordernisse. Es wird von einer Membran eingekapselt und enthält in seinem Zytoplasma mehrere Strukturen, die am Stoffwechsel beteiligt sind. Die Membran ist durchlässig – nach innen für Nahrungssubstanzen und nach außen für Stoffwechselabfallprodukte –, und sie ist ebenfalls mit stoffwechselgetriebenen Pumpen ausgestattet. Die Information für das Funktionieren der Zelle ist in den zwei spiralförmig gewundenen DNS-Strängen verschlüsselt. Bevor sich die Zelle teilt, werden diese Doppelstränge durch einen akkuraten Kopiervorgang verdoppelt, so daß jede der beiden Tochterzellen mit dem gesamten Code ausgestattet wird. Dieses kostbare genetische Material, die DNS, ist frei in dem Zytoplasma aufgehängt. Dies ist die

---

Abb. 4-8 a-c. Prokaryonten. **a** Typische Struktur einer Bakterienzelle. **b** Struktur einer typischen blaugrünen Alge. a und b sind entnommen aus *Biology today,* 2. Aufl., mit Genehmigung der CMR Books, a Division of Random House, Inc. **c** Struktur einer typischen Tierzelle, eine Eukaryonte, deren genetisches Material in einem Zellkern eingeschlossen ist. Villee, C. A.: Biology. Philadelphia: Saunders 1972

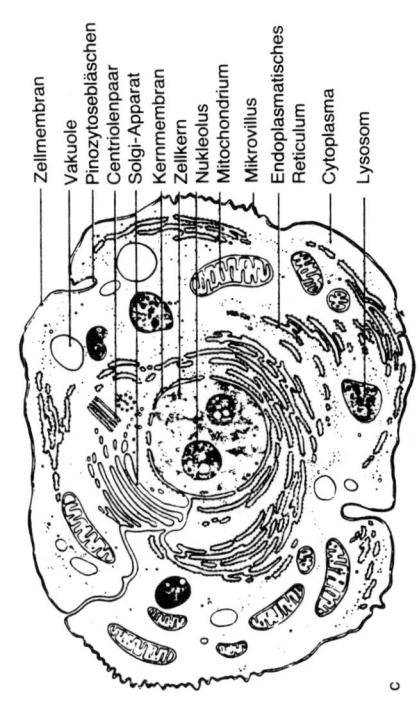

Zellmembran
Vakuole
Pinozytosebläschen
Centriolenpaar
Solgi-Apparat
Kernmembran
Zellkern
Nukleolus
Mitochondrium
Mikrovillus
Endoplasmatisches
Reticulum
Cytoplasma
Lysosom

c

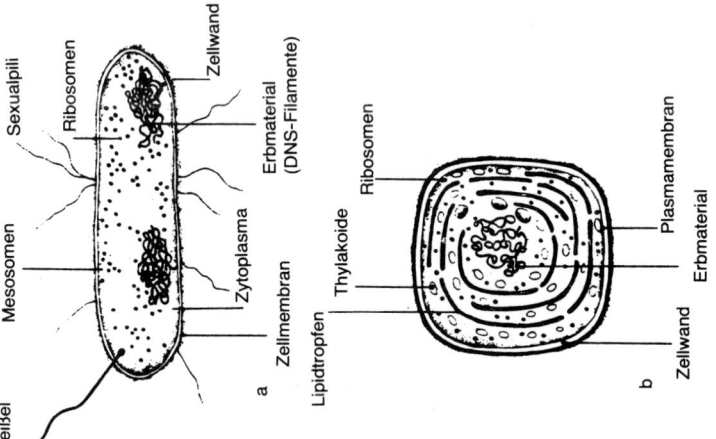

Geißel
Mesosomen
Sexualpili
Ribosomen
Zellwand
Erbmaterial
(DNS-Filamente)
Zytoplasma
Zellmembran
Lipidtropfen

a

Thylakoide
Ribosomen
Plasmamembran
Erbmaterial
Zellwand

b

primitivste Anordnung, und solche Zellen werden als *Prokaryonten*bezeichnet. Wie in Abb. 4-8b gezeigt, sind die anderen ältesten bekannten Zellen, die blaugrünen Algen, ebenfalls Prokaryonten und ähneln im allgemeinen der Bakterienzelle.

Ein vorteilhafterer weiterer Schritt in der Evolution bestand darin, daß die DNS-Stränge von einer Membran eingeschlossen wurden, die sie vom Zytoplasma trennte und auf diese Weise den Zellkern bildete (Abb. 4-8c). Diese Zellen heißen Eukaryonten und stellen für die Zellen aller Organismen außer der Bakterien und primitivsten Algen die Standardanordnung dar. Die Abtrennung des kostbaren genetischen Materials in einem Kern war eine sehr wichtige evolutionäre Entwicklung, denn sie schützte die komplexe Maschinerie, die für die Transkription der in der DNS kodierten Information erforderlich ist. Außerdem vereinfachte sie den Verdoppelungsprozeß der DNS vor der Teilung der Zelle und machte zudem den Weg für einen vollständig entwickelten Vorgang der geschlechtlichen Fortpflanzung frei.

Mittels einer höchst technischen vergleichenden Untersuchung der Nukleotidensequenz in einem besonderen Typ von Ribonukleinsäure und den Aminosäuresequenzen im Cytochrom C hat Kimura (1977) entdeckt, daß sich die Eukaryonten vor 1,8 Mrd. Jahren von den Prokaryonten fortentwickelt haben. Dies bezeichnet die erste tiefgreifende evolutionäre Entwicklung fort von den Prokaryonten, die seit der Zeit des Eobakteriums (vor 3,4 Mrd. Jahren) und der blaugrünen Algen (vor 2,9 Mrd. Jahren) existiert hatten. Die Bedeutung dieser Entwicklung läßt sich ermessen, wenn man sich klarmacht, daß der gewundene DNS-Strang in dem Bakterium von Abb. 4-8a 1,0 mm lang ist, das ist etwa 1000mal länger als die Zelle. Man kann sich nicht vorstellen, wie kompliziert es zugeht, wenn dieses lange Gewirr der Doppelhelix (Abb. 4-9) zu den beiden Knäueln verdoppelt wird, die sich dann bei der Zellteilung trennen. In günstigen Fällen kann diese Reduplikation alle 20 Minuten stattfinden! Sehr viel schlimmer ist die Situation bei jeder einzelnen unserer Zellen, wo die Gesamtlänge der DNS ungefähr 2 m beträgt, d. h. mehr als das 100 000fache der gewöhnlichen Zellgröße! Bei den Eukaryonten ist das Problem jedoch viel weniger verwickelt, da die DNS in den Chromosomen des Zellkerns in viele Bruchstücke unterteilt ist. Menschen haben 23 Chromosomenpaare.

4.2.4 Die biologische Evolution (Villee, 1972; Simpson und Beck, 1969)

Um eine verständliche Darstellung der wesentlichen Punkte des Evolutionsprozesses geben zu können, ist es notwendig, zuerst in stark vereinfachter Form etwas über das genetische Material der Zelle, die DNS, und ihre Aktionsweise via genetischen Code zu sagen. Die DNS ist eine außerordentlich lange Doppelhelix (Abb. 4-9), wobei jeder Strang ein »Skelett(aus abwechselnd aufeinanderfolgenden Phosphaten und Zuckern (Ribose) besitzt. Jedem Zucker ist eins der folgenden Moleküle angelagert, die Purinbasen Adenin (A) und Guanin (G) und die Pyrimidine Thymin (T) und Cytosin (C). Die Helixhälften sind durch die in Abständen von 3,4 Å vorhandenen Querverbindungen miteinander verkoppelt (Abb. 4-9). A in der einen ist verbunden

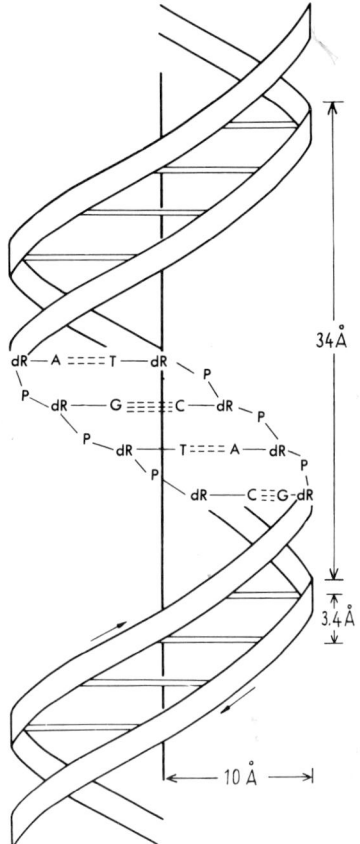

Abb. 4-9. Die doppelsträngige Helixkonfiguration des DNS-Moleküls. Die zwei Nukleotidsträn-
ge werden durch Wasserstoffbindungen zusammengehalten, die sich zwischen den komplementä-
ren Purin (*a* oder *C*)- und Pyrimidin (*T* oder *C*)-Basenpaaren bilden. Man beachte die
Abmessungen der Basenzwischenräume sowie die Breite und Länge einer vollen Windung der
Doppelhelix. (Verändert entnommen aus Simpson und Beck, 1969) Aus LIFE: AN INTRO-
DUCTION TO BIOLOGY, Verkürzte Ausgabe von George Gaylord Simpson und Willisam
S. Beck, (c) 1969 bei Harcourt Brace Jovanich, Inc. Abgedruckt mit Erlaubnis der Verleger.

mit T in der anderen oder G in der einen mit C in der anderen. Eine Sequenz eines sehr
kurzen Segments der Doppelhelix könnte also folgendermaßen lauten:

G T A G C A T
C A T C G T A.

Der Code ist also linear entlang jedes Stranges aufgezeichnet. Für ein Bakterium besitzt der Code jedes Stranges ungefähr 1,5 Mio. Buchstaben. Bei uns Menschen enthält jeder Strang ungefähr 3,5 Mrd. Buchstaben; diese liefern die Information für den Bau aller Zellen eines Menschen. Vor der Zellteilung trennen sich die beiden Stränge der Doppelhelix, und ein Enzymsystem baut für jeden den komplementären Strang auf. Die auf diese Weise synthetisierten zwei Doppelhelices sind identische Kopien des Originals. Die genetische Information für Bau und Kontrolle der Zelle ist in den Nukleotidsequenzen (Buchstaben ATGC) entlang der DNS-Stränge codiert.

Es würde den Rahmen dieser Vorlesung sprengen, wollten wir im einzelnen beschreiben, auf welche Weise dieser DNS-Code vermittels der präzisen Vorgänge der Transkription und Translation beim Bau der Aminosäuresequenzen eines Proteins abgelesen wird und so bei der Konstruktion der Zellstruktur und des enzymgesteuerten Stoffwechsels der Zelle wirksam ist. Enzyme sind Proteine. Der Code für jede derartige Aktion ist in linearer Anordnung in den DNS-Strängen verzeichnet; nicht in einer kurzen Buchstabenfolge wie oben illustriert, sondern in einigen Tausenden von Buchstabensequenzen, die ein *Gen* genannt werden. Gene enthalten die genauen Instruktionen für den Bau der Aminosäuresequenzen spezieller Proteine. Wir müssen zugeben, daß für den Bau der vielen Proteinarten, die für die Lebensvorgänge einer Bakterienzelle erforderlich sind, eine DNS-Kette von ungefähr 3 Mio. Buchstabenfolgen nicht extravagant groß ist. Bei unseren Zellen ist die Zahl mehr als 1000mal größer, nämlich 3,5 Mrd. Und auch hier ist das nicht übertrieben viel für das Codieren der für den Bau der Proteine unserer Zellen erforderlichen Information. Nach einer Schätzung von Dobhansky beträgt die Zahl der Gene eines Menschen mindestens 30000. Für ein durchschnittliches Protein mit 500 Aminosäuresequenzen sind 1500 Nukleotidpaare nötig, da für jede Sequenz drei Paare erforderlich sind. So erfordern 30000 Gene $4,5 \times 10^7$ Nukleotidpaare. Aber mit einer gewissen Redundanz könnte die Zahl noch sehr viel größer sein.

Normalerweise findet bei der Reproduktion ein genaues Kopieren des in der DNS aufgezeichneten linearen Codes statt, und daher besteht von einer Generation zur anderen Stabilität in den Genen. Doch kommt es vor, daß Änderungen im DNS-Code auftreten, sogenannte *Gen-Mutationen*. Das können Kopierfehler sein, bei denen ein Nukleotid durch ein anderes ersetzt wird, z. B. A durch G, oder es können radikalere Veränderungen eintreten, bei denen ein oder mehrere Nukleotidenbasenpaare ausgelassen oder umgekehrt werden, oder sogar eine Inversion größerer DNS-Abschnitte stattfindet. Diese Kopierfehler können dazu führen, daß in einem Protein eine Aminosäure durch eine andere ersetzt wird. Der Effekt dieses Austauschs ist für das Funktionieren des Proteins möglicherweise unbedeutend. In der großen Mehrheit der Fälle ist ein solcher Austausch jedoch für Überleben und Reproduktion des Individuums schädlich. Nur bei seltenen Gelegenheiten erweist sich eine Mutation als vorteilhaft für Überleben und Fortpflanzung. Eine derartige Mutation wird an nachfolgende Generationen weitergegeben und trägt zu einem besseren Überleben der diese Mutation aufweisenden biologischen Gruppe bei. So kann es mit der Zeit so weit kommen, daß aufgrund der *natürlichen Auslese* alle Mitglieder jener Art diese vorteilhafte Mutation enthalten; sie spiegeln folglich alle eine leichte Veränderung im Genotyp wider. Später kann eine weitere Mutationsauslese hinzukommen, und so weiter.

Dies ist im wesentlichen die Grundlage der Darwinschen Theorie der *natürlichen Auslese* oder des *Überlebens der Geeignetsten.* Vorteilhafte Genmutationen werden manifestiert, wohingegen die unvorteilhaften eliminiert werden. Auf diese Weise kann ein anfänglich rein zufälliger Vorgang, die Genmutation, durch die natürliche Auslese zu all den wunderbaren strukturellen oder funktionalen Merkmalen lebender Organismen mit ihrer erstaunlichen Anpassungsfähigkeit und Erfindungsgabe führen. So formuliert, ist die Evolutionstheorie ein rein biologischer Prozeß, der mit Operationsmechanismen zu tun hat, die heute im Prinzp wohlverstanden sind; und sie hat verdienterweise Anerkennung gewonnen als eine Theorie, die eine zufriedenstellende Erklärung für die Entwicklung aller Lebensformen aus einer einzigen außerordentlich einfachen Urform des Lebens liefert. Diese Theorie, die auf Darwin und Wallace zurückgeht, muß als eine der großartigsten konzeptionellen Errungenschaften des Menschen eingestuft werden.

Eine Entwicklung der letzten Jahre ist die Erkenntnis, daß viele Fehler beim Kopieren der DNS praktisch neutral sind. Beispielsweise kann die Mutation zu einer veränderten Aminosäuresequenz in einem Teil des Proteins führen, der für sein Funktionieren nicht lebenswichtig ist. Oder aber die Mutation kann in einem Teil der DNS stattfinden, der nicht für den Aufbau von Proteinen verantwortlich ist, so daß sie in bezug auf die Auslese neutral ist. Mit der Zeit können sich viele derartige neutrale Mutationen derart akkumulieren, so daß die ursprüngliche DNS einer Population erheblich verändert wurde. Bei Veränderung der Umwelt sind diese Mutationen möglicherweise nicht mehr neutral.

4.2.5 Evolution und Umwelt

Im Wettlauf um eine günstige Umwelt, eine *ökologische Nische,* überlebten die geeignetsten Organismen. Sie hinterließen eine größere Nachkommenschaft, die die nächste Generation hervorbrachte, und so weiter, während den weniger Geeigneten kein Erfolg beschert war. Außerdem war der Prozeß nicht statisch. In der größeren Umwelt waren diejenigen Organismen die erfolgreichsten, die zusätzlich andere potentielle ökologische Nischen »erforschten« und somit viele Auslesechancen hatten. Die biologische Evolution ist also ein Prozeß der Wechselwirkung zwischen Organismus und Umwelt. Dies hat schon Lawrence Henderson (1913) in seinem Buch *The Fitness of the Environment (Die Eignung der Umwelt)* mit Nachdruck betont.

Es gibt keinen vorhersagbaren Kurs evolutionärer Entwicklung. Wir haben es im Gegenteil mit einer Maximierung der Vielfalt zu tun, wobei die natürliche Auslese erbarmungslos prüft, was zum Überleben geeignet ist. Eine Betrachtung all der Umweltfaktoren, die zur biologischen Evolution beigetragen und diese gestaltet haben, brachte Blum (1968) die Erkenntnis der allem Anschein nach einmaligen und zufälligen Natur vieler der Faktoren, die wesentlich zur Umwelt beitragen. Evolution ist daher ein Vorgang, der durch Versuch und Irrtum bestimmt ist.

Kehren wir nunmehr zum Leben des Urbakteriums zurück. Es ist von einer Umwelt ernährender Substanzen abhängig, aus der es die Energie für seine Lebensprozesse einschließlich Wachstum und Reproduktion bezieht. Es ist also ein *heterotropher*

Organismus im Gegensatz zu einem *autotrophen*. Dieser letztere Typus ist mit einer Stoffwechselmaschinerie ausgestattet, die ihn von Umweltnährstoffen unabhängig macht. Man glaubt allgemein, daß die ersten Bakterien, da sie heterotrophe Organismen waren, schließlich Schwierigkeiten bekamen, als die sie umgebenden, von der präbiotischen Chemie aufgebauten Nährstoffe erschöpft waren. Glücklicherweise hatten Mutationen einige lebende Organismen mit alternativen Energiequellen bereitgestellt. Die beachtenswerteste ist natürlich die Benutzung von Pigmenten für den photosynthetischen Stoffwechsel, wie die blaugrünen Algen dies mit dem Chlorophyll taten (Abb. 4-8b). Auch die Bakterien entwickelten Pigmente für die Photosynthese.

Wenn wir die Zeitskala der Existenz lebender Organismen bedenken, so scheint die enorm lange Dauer der einfachsten prokaryotischen Phase jenseits unseres Vorstellungsvermögens zu liegen. Sie dauerte etwa 1,6 Mrd. Jahre, bevor die Verlagerung des genetischen Materials in den Kern Eukaryonten entstehen ließ. Wir können über die furchtbar langsame Fortschrittsrate beunruhigt sein, insbesondere wenn uns klar wird, daß dies der Fortschritt war, der letzten Endes zu unserem Erscheinen auf der Bühne des kosmischen Dramas geführt hat!

Wir mögen fragen: Wie leistungsfähig war die natürliche Auslese unter jenen Bedingungen der Urzeit? Die urtümliche einzellige Lebensform besaß eine ungeheure Stabilität, und Innovationen scheinen auf einem niedrigen Niveau stattgefunden zu haben. So war der Vorgang der biologischen Evolution übermäßig langsam verglichen mit den Geschehnissen bei vielzelligen Organismen. Aber man muß sich darüber klar sein, daß selbst einzellige Prokaryonten gewaltig komplizierte Organismen sind, deren fein ausgewogene Enzymsysteme nach Anweisungen arbeiten, die sie über die RNS (durch Vorgänge der Transkription und Translation) aus dem genetischen Material DNS erhalten, und diese Anweisungen werden durch Rückkopplung kontrolliert. Möglicherweise wurde eine Milliarde Jahre darauf verwendet, den Bauplan der DNS und der Transkriptions- und Translationsprozesse zu verbessern. Das zugrundeliegende Prinzip war vielleicht, Kopierfehler zu minimieren. Es scheint, als ob zeitmäßig diese Anfangsphase der Eobakterien (vor 3,4 Mrd. Jahren) relativ bald eintrat, da sie nur 0,4 Mrd. Jahre nach dem Abkühlen der Erde, der Bildung der Ozeane und den Anfängen der präbiotischen Chemie vor 3,8 Mrd. Jahren einsetzte. Das lange Sichhinschleppen in der Evolution kam nach jener Zeit: 1,6 Mrd. Jahre waren für die Evolution der Eukaryonten nötig, und danach dauerte es 1 Mrd. Jahre, bevor die ersten vielzelligen Organismen erschienen. Eine plausible Hypothese ist, daß die Vielzeller erst gedeihen konnten, nachdem der Sauerstoff in der Atmosphäre stark zugenommen hatte – vielleicht bis zu 10% seines heutigen Niveaus.

Rückblickend besteht das erstaunliche Phänomen darin, daß vor etwa 700 Mio. Jahren Vielzeller zu existieren begannen, und daß sich mit ihnen die phantastischen erneuernden Kräfte der biologischen Evolution offenbarten. Nach fast 3 Mrd. Jahren, in denen nur Einzeller existierten, hätte ihr Auftreten niemals vorhergesagt werden können.

4.3 Allgemeine Betrachtungen

Wir sind unserer Entwicklungslinie in den Fossilienfunden nachgegangen. Es scheint zwei alles bestimmende Regeln gegeben zu haben. Die eine besagt, daß unmittelbare Erfolge, die sich aus tiefgreifenden Anpassungen ergeben, zu vermeiden seien; und die zweite bestand darin, die Plastizität zu erhalten. Auf diese Weise wurden Sackgassen vermieden, obwohl sie in ihrer begrenzten und vorübergehenden Art und Weise äußerst erfolgreich waren. Bei den Wirbellosen z. B. entwickelten die Insekten Augen und ein dazugehöriges Gehirn, die Wunderwerke in Konstruktion (design) und Präzision sind, denen keine spätere biologische Konstruktion jemals wieder nahekommen sollte. Doch den Insekten war durch das sie umschließende äußere Skelett und durch ihre Atmungsmechanismen eine kritische Grenze in bezug auf ihre Körpergröße gesetzt. Auch die Mollusken taten einen Schritt vorwärts in der Evolution mit ihren Atmungspigmenten, ihrem motorischen System und einem Zentralnervensystem – alles Dinge, die beim Oktopus und beim zehnarmigen Tintenfisch sehr hoch entwickelt waren. Doch hinter den fortgeschrittenen Wirbeltieren blieben sie weit zurück. Im Gegensatz dazu lagen die primitiven Stachelhäuter, Hemichordata, auf der Evolutionslinie zu den Chrdata und somit zu den Wirbeltieren.

Die Fische auf der zu uns führenden Entwicklungslinie (Abb. 4-4) waren mit ihren Flossen, die zum Teil als Gliedmaßen zum Kriechen ausgebildet waren, kümmerliche Schwimmer. Es lag auf der Hand, daß sie im starken Konkurrenzkampf mit den großartig schwimmenden Fischen im Ozean nicht überleben konnten; so krochen sie aus Flüssen und Seen an Land, um sich zu den ersten Amphibien zu entwickeln. Die Amphibien führten eine offensichtlich erstaunliche Neuerung ein, der niemals genügend Beifall gezollt worden ist, sie fügten nämlich jedem der primitiven Gliedmaßen der Fische der Ordnung Crossopterygii fünf Finger bzw. Zehen hinzu *(vgl.* Abb. 4-3d). Auf diese Weise sind wir zu dem wunderbaren Geschenk von Fingern und Zehen gekommen. Versuchen wir nur einmal, uns unser Leben lediglich mit den Gliederstümpfen vorzustellen, die die Amphibien erbten. Eine tragische Rückkehr zu diesem Zustand ist bei einigen Thalidomid-Babies vorgekommen. Bemerkenswerterweise erfolgte der nächste Schritt auf dem Evolutionspfad durch die bescheidenen Reptilien Synapsida, die kaum überlebten in dem fürchterlichen Konkurrenzkampf mit den viel eindrucksvolleren Reptilien, insbesondere den Dinosauriern. Und doch sollte ein unscheinbares insektenfressendes Reptil mit einigen Säugetiermerkmalen (Abb. 4-6a) zum Begründer der großen Mammalierklassen werden. Der erste Schritt führte zu den einfachsten Säugetieren, den Insektenfressern, aus denen sich solch eindrucksvolle Säugetiere wie die Carnivoren, die Herbivoren und die Wale (Cetacea) entwickelten. Aber unsere Stammeslinie mied diese Pfade, die es mit sich brachten, daß die Finger oder Zehen der Gliedmaßen den Tatzen, Hufen oder Schwimmflossen geopfert wurden, und führte stattdessen zu den wenig eindrucksvollen frühen Primaten (Abb. 4-6d), die sich einem Leben auf dem Baum zuwandten, offensichtlich um der starken Konkurrenz auf dem Boden zu entgehen. So wurden Finger und Zehen beibehalten, in der zu uns Menschen führenden Linie sogar weiterentwickelt, und der Gesichtssinn trug den Sieg über den Geruchssinn davon.

Wir können wiederholt sehen, wie sehr die Plastizität gehütet wurde, wenngleich auf

Kosten des unmittelbaren Erfolgs und unter Gefahr des Aussterbens unserer Evolutionslinie. Man kann nicht übersehen, wie dünn diese Linie war, die zu uns führte (Abb. 4-4, 4-6). Sagt doch Kimura (1977) so treffend:

die menschliche Spezies stellt ein unglaublich glückliches Ergebnis im Spiel der Evolution dar; wir sind wie ein Spieler, der die ganze Zeit in der Vergangenheit immer nur gewonnen hat.

Ist dies nicht von großem Interesse für die Natürliche Theologie? In der für ihn bezeichnenden poetischen Sprache bringt Sherrington (1940) in seinen Gifford Lectures ebenfalls ein Thema für die Natürliche Theologie zur Sprache:

Scheint es nicht seltsam, daß ein unvernünftiger Planet, ohne Absicht und ohne zu wissen, wie es anzufangen, dieses Werk getan hat, in einem ungemein größeren Ausmaß als der Mensch? Man darf nicht vergessen, daß die Zeiträume der Erde anderer Größenordnung gewesen sind als die des Menschen, und daß der Maßstab ihres Wirkens anderer Größenordnung gewesen ist, und daß die Kunstfertigkeit des Menschen in dieser Hinsicht erst seit gestern datiert. Doch, wir sind uns darin einig, es scheint tatsächlich seltsam. Nicht genug, daß die Evolution durch Neuordnen alter Teile neue Harmonien, chemische und biologische, konstruiert. Sie komponiert auch neue Melodien mit einigen derselben alten Noten.

4.4 Außerirdisches Leben?

Viele Spekulationen hat es über die Möglichkeit des Lebens auf anderen Planeten des galaktischen Systems gegeben. Der zum Mars entsandten Viking-Raumsonde ist es nicht gelungen, irgendeine Spur chemischer Prozesse zu finden, die lebenden Organismen zugeschrieben werden könnten. Die Marsumwelt ist jedoch wegen der verschwindend geringen Menge an vorhandenem Wasser und Sauerstoff für Leben, wie wir es kennen, höchst ungeeignet. Wie wir in der dritten Vorlesung gesehen haben, sind alle anderen Planeten unseres Sonnensystems für Leben völlig ungeeignet. Die Eignung der vom Planeten Erde bereitgestellten Umwelt ist von Blum (1968), der den wegbereitenden Überlegungen von Henderson (1913, 1917) folgte, vortrefflich abgehandelt worden. Die erste wesentliche Voraussetzung ist ein reiches Vorkommen von Wasser. Auch Kohlenstoff muß wie in CO_2 leicht verfügbar sein. Auf diese Weise sind die drei häufigsten chemischen Elemente vorhanden, aus denen Zellen bestehen: Wasserstoff, Sauerstoff und Kohlenstoff. Andere wichtige Elemente sind Stickstoff, Phosphor und Schwefel für Nukleotide und Proteine; Natrium, Kalium, Kalzium und Chlor für die Ionenbildung der lebenden Organismen und ihrer Umwelt; Magnesium und Eisen für die wesentlichen Pigmente (Chlorophyll bzw. Hämoglobin). Alle diese Elemente sind für Leben, wie wir es kennen, grundlegend wichtig, und sie sind auf unserem Planeten in reicher Fülle vorhanden. Darüber hinaus besitzt die Erde den Temperaturbereich, der für die Existenz der organischen Bestandteile lebender Zellen lebenswichtig ist.

Setzt man diese Eignung der irdischen Umwelt für das uns bekannte Leben voraus, so ist bemerkenswert, daß das Leben auf unserem Planeten während der Jahrmilliarden, in denen diese Eignung bestanden hat, nur ein einziges Mal entstanden zu sein scheint! Die Einheit des Lebens wird höchst augenfällig durch die Tatsache demonstriert, daß alle lebenden Organismen ohne Ausnahme die gleichen hochgradig komplexen chemischen Systeme besitzen, DNS und RNS für das genetische Codieren von Information, und daß die Proteine, die der genetisch codierten Information Gestalt verleihen, aus den gleichen zwanzig Aminosäuren bestehen. Wir können den Schluß ziehen, daß das Hervorbringen von Leben ein sehr seltenes Ereignis ist, in der Tat sogar unter den zuträglichsten Bedingungen. Und nachdem das Leben einmal begonnen hatte, gab es in seinen Frühstadien heftige Geburtswehen und unglaubliche Verzögerungen. Zeugnis davon legt die Tatsache ab, daß ein Zeitraum von mehr als 2 Mrd. Jahren nötig war, um zu den einfachsten mehrzelligen Organismen zu gelangen.

Die Zahl der Planetensysteme ist noch unbekannt, aber selbst wenn es in unserer Galaxis Milliarden von ihnen gibt, so ist Leben, wie wir es kennen, möglicherweise eine seltene Erscheinung, sogar auf dem primitivsten Niveau. Einige Astronomen haben die seltsame und biologisch unhaltbare Vorstellung, die Evolution führe, nachdem sie einmal in Gang gesetzt worden sei, automatisch zu intelligenten Wesen wie uns Menschen oder, noch interessanter, zu Übermenschen. Solchen Gedanken Raum geben können nur diejenigen, die nichts von den außerordentlichen Zufällen und Risiken der Evolution wissen. Es ist genug, sich die extrem dünne und unvorhersagbare Evolutionslinie ins Gedächtnis zu rufen, die zu uns geführt hat. Dobzhansky (1967) stellt fest:

> Gerade wegen dieses Fehlens von Prädestination bin ich geneigt, die Annahme in Frage zu stellen, daß Leben, falls es in anderen Teilen des Universums existiert, zur Bildung menschenartiger oder sogar übermenschenartiger Wesen führen muß. Zusammen mit Simpson (1964) halte ich das nicht nur für fraglich, sondern in einem solchen Grade für unwahrscheinlich, der normalerweise die Verwerfung einer wissenschaftlichen Hypothese bedeutet.

Blum (1968) führt einen ähnlichen Grund für die Verwerfung dieses Gedankens an. Trotz dieser nachdrücklich negativen Einstellung der Evolutionsbiologen treten einige Astronomen, zum Beispiel Sagan und Drake (1975), für den Versuch ein, Kontakt mit superintelligenten menschenähnlichen Wesen in unserem galaktischen System aufzunehmen. Das Problem, das sich dabei stellt, lautet: sollten wir senden oder sollten wir einfach lauschen? In der Tat wird die Suche heute geführt, indem wir in den Raum hinaushören, dabei werden verschiedene fortgeschrittene Techniken angewandt oder befürwortet. Einmal hat es sogar einen aufregenden falschen Alarm gegeben – ansonsten lediglich kosmische Stille! Ich halte es für höchst wahrscheinlich, daß dieses romantische Projekt letzten Endes an Langeweile sterben wird.

Die Evolution des Menschen
Die Geschichte der Entwicklung des Gehirns

Zusammenfassung und Einleitung

In diesem Kapitel werden wir die aufeinanderfolgenden Stufen der Primatenevolution bis hin zu den Hominiden umreißen. Die Entwicklung von *Dryopithecus* zu *Ramapithecus* und weiter zu *Australopithecus africanus* erfolgte in der prähominiden Phase vor 15–12 Mio. Jahren bzw. 8 und 5 Mio. bis 1 Mio. Jahren. Dazwischen besteht eine beunruhigende Lücke: aus der Zeit vor 8 bis 5 Mio. Jahren haben wir keine Fossilien. Während dieses langen Zeitraumes fanden Veränderungen im Lebensstil statt, was durch das Gebiß und den völlig aufrechten, schreitenden Gang bezeugt wird, aber das Gehirn war nicht sehr viel größer als das der Menschenaffen. Erst der *H. habilis* vor 2,8–1 Mio. Jahren zeichnete sich durch eine erhebliche Zunahme der Gehirngröße (ca. 1,5 Mal so viel) und durch entsprechende Leistungen in der Werkzeugkultur aus. *H. erectus* (vor 1–0,5 Mio. Jahren) mit einem Hirnvolumen bis fast 1000 ccm trieb diese Entwicklung weiter voran und breitete sich in ganz Eurasien aus. Vor 400 000 bis 100 000 Jahren schließlich erscheint der *H. sapiens* mit einer Gehirngröße zwischen 1100 und 1400 ccm in vereinzelten Fossilien in Europa und Äthiopien.

Von 100 000 bis 40 000 v. Chr. setzte der Neandertalmensch die *H. sapiens*-Linie fort und wurde anschließend vom Cromagnon-Menschen verdrängt, obwohl möglicherweise eine Verschmelzung beider erfolgte. Die Neandertaler hatten geringfügig größere Gehirne als der moderne Mensch, sie besaßen eine fortgeschrittene Steinkultur und hinterließen Beweise für das erste Auftreten von Gedanken, die über das Diesseits hinausgehen.

Wir werden zeigen, daß das Hirnvolumen ein sehr mangelhaftes Maß für die Hirnentwicklung ist. Anhand des Gehirns der rezenten Menschenaffen, das wir als ein Kriterium für die Hirne derjenigen Primaten zugrundelegen, aus denen der Mensch (z. B. *Australopithecus*) hervorging, werden wir zeigen, daß große qualitative Veränderungen im Gehirn stattfanden. Diese Veränderungen betrafen nicht nur den von der höchsten Ebene, dem Neocortex, eingenommenen relativen Raum, sondern auch die für bestimmte Funktionen wie Sprache, Gedächtnis, Erkennen usw. verantwortlichen Teile des Neocortex. Man glaubt, daß dieser langwierige Vorgang der menschlichen Evolution durch die gleichen Prozesse von Mutation und natürliche Selektion erfolgte, die für die Darwinsche Geschichte der niederen Formen, wie wir sie in der vorigen Vorlesung beschrieben haben, kennzeichnend sind. Nachdem jedoch die Stufe des *Homo* erreicht war, übernahm ein neuer Vorgang die Herrschaft. Das ist die kulturelle Evolution, die heute dominiert, während die biologische Evolution nahezu aufgehört hat. Die Selektionsdrucke gehen heute von der Kultur aus.

Wie in der vierten Vorlesung will ich auch hier den »Tatsachenbericht« der Fossilien vorlegen und dann darangehen, die einzelnen Faktoren zu betrachten, die für die von der natürlichen Auslese hervorgebrachten Veränderungen verantwortlich sind. Doch unsere Ausrichtung ist eine andere, da wir uns auf die Entwicklung des Gehirns konzentrieren müssen, die in den letzten Millionen Jahren zu einem noch nie dagewesenen evolutionären Fortschritt geführt hat. Besonders behandeln wollen wir die Berücksichtigung des Körpergewichts bei vergleichenden Wertungen der Hirngröße. Aber diese Berichtigung des gesamten Hirngewichts läßt immer noch die Tatsache unberücksichtigt, daß das Hirn ein zusammengesetztes Organ ist, dessen viele große Komponenten im Verlauf der Evolution unterschiedlich reagieren. So werden wir also die sehr viel feiner unterscheidende Bewertung einzelner Regionen des Gehirns zu betrachten haben.

5.1 Was wir von der Vergangenheit wissen: Das Fossilienmaterial

In der vierten Vorlesung haben wir unserer Evolutionslinie bis hin zu unseren Primatenvorfahren nachgespürt. In Abb. 4-7 ist der Primatenstammbaum vom Eozän aufwärts in allgemeinen Zügen dargestellt (Jerison, 1973). Vor 30–10 Mio. Jahren erlebte ein kosmopolitischer Genus, *Dryopithecus,* in großen Teilen Mittel- und Nordeuropas, Asiens und Ostafrikas eine Blütezeit. Er stammte möglicherweise von dem im Oligozän lebenden Primaten *Aegyptopithecus*(s. 10 und 12 in Abb. 4-7) ab. Trotz der Unzulänglichkeit des fossilen Beweismaterials ist vorgeschlagen worden, von *Dryopithecus* seien vor etwa 12 Mio. Jahren drei verschiedene Zweige ausgegangen, einmal *Ramapithecus,* der sich deutlich durch die menschenähnlichen Züge der Kiefer und des Gebisses abhob, sowie zwei andere Zweige mit Pongidenmerkmalen, möglicherweise die Vorläufer der großen Menschenaffen (Simons, 1977). *Ramapithecus* war ebenso weit verbreitet wie *Dryopithecus,* doch finden sich keine fossilen Überreste, die jünger als 8 Mio. Jahren sind. So entsteht unglücklicherweise eine Lücke von etwa 3 Mio. Jahren, bis unsere Stammeslinie in den *Australopithecinen,* die sehr ähnliche Kiefer und Zähne haben, wieder erkennbar ist (Simons, 1977); doch das Fehlen jeglicher fossiler Schädel macht es ungewiß, wie weit *Ramapithecus* auf der Homonidenlinie liegt.

Auf der nächsten Stufe der Evolution herrscht einige Verwirrung, da in Afrika mindestens zwei australopithecine Arten nebeneinander existieren, häufig sogar in denselben Regionen: der grazile *A. africanus* und der robustere *A. boisei.* Es herrscht allgemeine Übereinstimmung darin, daß diese letztere Art nicht auf der Linie zu *Homo* lag, sondern in eine Sackgasse führte. Sie starb vor etwa einer Million Jahren aus, nachdem sie sich zu einer noch derberen Art, *A. robustus,* entwickelt hatte, wie in Abb. 5-1 gezeigt ist. Der Körper eines in Swartkrans gefundenen Exemplares war größer als der größte Gorilla.

In Abb. 5-1 sind alternative Stammbäume gezeigt, die sich vor 3 bis 6 Mio. Jahren verzweigen. Bei dem einen führt die *A. africanus*-Linie zu *Homo,* bei dem anderen in eine Sackgasse. Wir brauchen vollständigeres Fossilienmaterial. Ein anderer umstrittener Punkt ist die Frage: wo begann die Evolutionslinie zu *Homo?* Wie wir gesehen haben, war *Ramapithecus* sehr weit über Europa, Asien und Afrika verbreitet, und eine ähnlich weite Verbreitung finden wir auch für *H. erectus,* d. h. einer späteren Stufe auf dem Weg zu *H. sapiens.* Nichtsdestoweniger fand der Übergang vermutlich in Afrika statt: dies ist der einzige Platz, der bisher klar als Lebensraum der Zwischenstufen, der Australopithecinen und *H. habilis,* anerkannt worden ist (Simons, 1977).

Becken und Beinknochen von *A. africanus* lassen erkennen, daß er aufrecht ging, wenn auch nicht sehr perfekt, dies geht zudem aus der Stellung des Schädels auf der

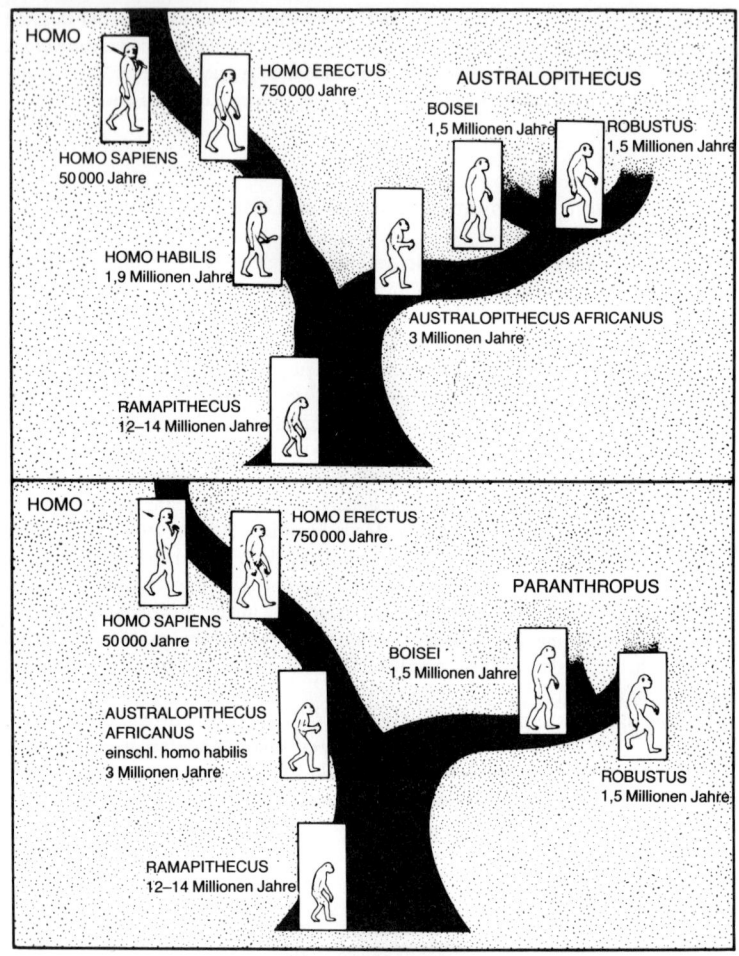

Abb. 5-1. Schematische Übersicht alternativer Ansichten über die Evolution des Menschen. Im unteren Bild liegt *Australopithecus africanus* auf der zum *Homo sapiens* führenden Evolutionslinie, im anderen Bild liegt er auf einem Seitenast, der ausstarb. Libassi, P. T.: Early man, nearly man. The Sciences July 1975. Copyright 1975 bei The New York Academy of Sciences

Wirbelsäule hervor (Tobias, 1973). Die Änderung der Körperhaltung ist ein bemerkenswerter Fortschritt, war es doch das erste Mal, daß sich ein Primat auf zwei Beinen gehend fortbewegte. Selbst heute bewegen sich die großen Menschenaffen – Schimpanse, Gorilla und Orangutan – normalerweise auf vierBeinen fort. Aber *A*.

africanus hatte ein enttäuschend kleines Gehirn, es wog im Durchschnitt 450 g*, das ist etwa die Gehirngröße der heutigen Menschenaffen. Bringt man allerdings das kleinere Körpergewicht in Anschlag, so ist das Hirngewicht relativ etwas größer (s. Tab. 5-1 und Abb. 5-7 [A]). Die Gehirne von *A. boisei* und *A. robustus* sind etwas größer, sie wiegen im Mittel 530 g. Dies ist jedoch ihrem viel größeren Körperwuchs zuzuschreiben (s. Tab. 5-1 und Abb. 5-7 [Z]). Es hat einige Diskussion über die Möglichkeit gegeben, daß, wie Richard Leakey nahegelegt hat, diese verschiedenen Austral-opithecinen gleichzeitig in ungefähr der gleichen Gegend lebten. Dies scheint aufgrund des fossilen Beweismaterials wahrscheinlich; möglicherweise kreuzten sich diese Arten sogar untereinander. Zweifellos herrschte ebenfalls Nahrungskonkurrenz. Letzten Endes hat vielleicht der fortgeschrittenste Hominide, *H. habilis*, vor etwa 1 Mio. Jahren zum Aussterben aller anderen Australopithecinen beigetragen.

Tabelle 5–1. Die Evolution des Menschen: Körper- und Hirngewichte

Art	Körpergewicht (kg)	Hirngewicht (g)	Vor Millionen Jahren
Homo sapiens	~50	1150–1550	0,5 bis zur Gegenwart
Homo erectus	~50	900–1070	0,75–0,5
Homo habilis	~50	590–700	3,0–1,3
ER 1470	–	770	2,8
Australopithecines.			
A. boisei	~50	durchschnittl. 530	5,0–1,0
A. africanus	~30	durchschnittl. 450	5,0–1,0

Wir kommen nun zum erregendsten Geschehen in der gesamten Geschichte der Evolution. Wahrscheinlich entwickelten sich, wie im unteren Bild von Abb. 5-1 gezeigt, aus diesem keineswegs bemerkenswerten Primaten *A. africanus* unsere Vorfahren des Genus *Homo,* der erste war *H. habilis* mit einem um 50% schwereren Gehirn (Tobias, 1973). In anderen Beziehungen hatte *H. habilis* keinerlei auffällige neue Merkmale erworben. Er besaß die gleichen *Kiefer,* das gleiche Gebiß und den gleichen aufrechten Gang wie *A. africanus.* Wie Mayr (1973) überzeugend feststellt, ist der Hirnzuwachs der wichtigste Indikator dafür, daß ein neuer Genus, *Homo,* auf den Plan getreten war. Die von Richard Leakey kürzlich gemachte Entdeckung einer beachtlichen Reihe von Fossilien mit größeren Gehirnen, die zudem noch auf eine frühere Zeit datiert werden als die zuerst entdeckten Exemplare von *H. habilis,* hat die Rekonstruktion des Evolutionsverlaufs erschwert. Die erste Entdeckung, mit dem Namen ER 1470 bezeichnet, besaß ein Gehirn von 780 g und ist 2,8 Mio. Jahre alt, wenngleich Kritiker versucht haben, das Alter auf 2 Mio. Jahre zu reduzieren. Die beträchtliche Veränderung gegenüber *A. boisei* ist in Abb. 5-2 veranschaulicht, die beiden Schädel zeigen die starke Zunahme der Hirngröße.

---

* Alle Angaben des Hirngewichts sind aus dem Volumen von Schädelausgüssen abgeleitet, wobei ein spezifisches Gewicht von 1,0 für Gehirn zugrundegelegt wurde.

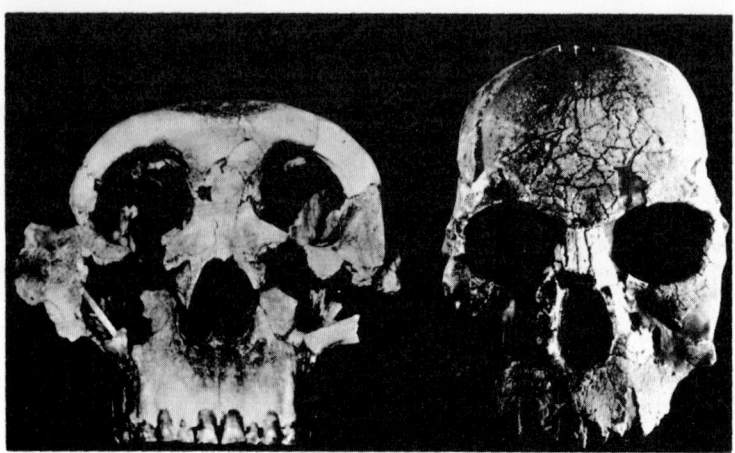

Abb. 5-2. Der linke Schädel ist *Australopithecus boisei* (s. Abb. 5-1) mit kleinem Schädelvolumen und kräftigem Kiefer. Der Schädel rechts ist der berühmte ER 1470 vom Ostufer des Rudolfsees. Er hat ein viel größeres Schädelvolumen (780 cc). Weitere Beschreibung im Text. *Links.* Abgedruckt Mit Erlaubnis vom J. und D. Barlett/Bruce Coleman Ltd. *Rechts.* Libassi, P. T.: Early man, nearly man. The Sciences July 1975. Copyright bei The New York Academy of Sciences

In Abb. 5-3 ist auf der einen Achse die Hirngröße, auf der anderen die Datierung des gesamten Fossilienmaterials, das zu *H. sapiens* hinführt, aufgetragen. Sechs Funde von *A. africanus (AF)*, vier von *A. robustus (AB)* und drei von *H. habilis (HH)* sind als Mittelwerte über den ungefähren Zeitraum verteilt, in dem diese Arten existierten. ER 1470 *(ausgefüllter Kreis)* liegt, wie man sieht, weit über der den Evolutionsverlauf bezeichnenden Linie. Dies gälte selbst dann noch, wenn er nur auf 2 Mio. Jahre datiert würde *(offener Kreis)*. Es scheint am einfachsten, ER 1470 und die späteren Entdeckungen von Primaten mit großen Gehirnen an denselben Fossilien-Fundstellen als fortgeschrittene Vertreter der Spezies *H. habilis* anzusehen.

Nach *H. habilis* tritt im Fossilienmaterial eine erhebliche Zeitlücke auf, bis vor ungefähr 750 000 Jahren die ersten Fossilien des viel fortgeschritteneren Hominiden *H. erectus* auftreten. Es ist wünschenswert, lieber diesen einfachen allgemeinen Ausdruck zu benutzen als die vielen Spezialnamen, die für die in verschiedenen Ländern – Java, China, Ostafrika und Europa – entdeckten *H. erectus*-Fossilien gebraucht worden sind. Die Hirngröße hat nun sehr stark zugenommen, sogar bis zu über 1000 g (Holloway, 1974), und die Skelettfunde zeigen, daß die Angehörigen dieser Art aufrecht gehende Individuen von beachtlich höherer Gestalt als die Australopithecinen waren (Abb. 5-1). In Abb. 5-3 *(HE)* sind die durchschnittlichen Hirngrößen als horizontale Linien eingetragen, die der Existenzdauer dieser Arten entsprechen. Die chinesische Abart besaß ein mittleres Gehirngewicht von 1075 g, ihr Alter wurde auf 500 000 Jahre datiert (Villee, 1972). Das Gehirn der javanischen Variante wog durchschnittlich 930 g, das der ostafrikanischen 900 g. *H. erectus* nutzte

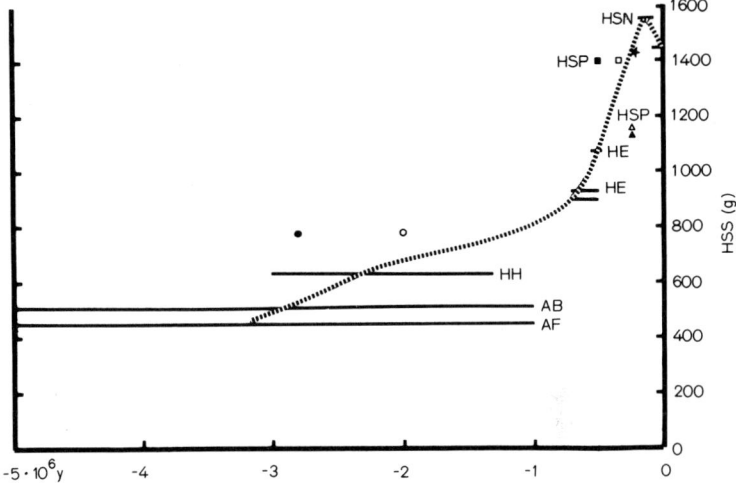

Abb. 5-3. Auf der einen Achse sind die errechneten Hirngrößen (in Gramm) von Hominiden aufgetragen, auf der anderen die Zeit in Millionen Jahren vor der Jetztzeit. Die *gepunktete Linie* gibt den ungefähren zeitlichen Verlauf des Hirnwachstums an. Weitere Beschreibung im Text

sein größeres Gehirn dazu, einen großen Schritt vorwärts in der Kultur zu tun, wie wir in der nächsten Vorlesung sehen werden. Doch die verschiedenen Abarten des *H. erectus* waren nur Zwischenstationen auf der evolutiven Reise zum *H. sapiens.*

Vor etwa 500 000 Jahren setzte eine rapide Evolution des Hirns bis zum Hirnvolumen des heutigen *H. sapiens* ein. Es gibt relativ wenige Fossilien aus dieser Übergangsperiode vom *H. erectus* zum *H. sapiens neanderthalensis* die fünf einzelnen Exemplare sind entsprechend der Mittelwerte für Datierung und Größe in Gramm als Punkte in Abb. 5-3 eingezeichnet. Die Hirngröße liegt innerhalb der normalen Grenzen für *H. sapiens,* sie verdienen also, als *H. sapiens praeneanderthalensis* (HSP in Abb. 5-3) eingestuft zu werden, insbesondere da sie mit einer relativ anspruchsvollen Werkzeugkultur in Verbindung gebracht wurden. Es gibt verschiedene andere fossile Schädel aus so weit auseinanderliegenden Gegenden wie Rhodesien (1300 g) und Java (Solo) (1300 g), doch sind diese nicht genau datiert worden. Diese ersten Vertreter der Spezies *H. sapiens* existierten genau während der strengen Riß-Eiszeit vor 200 000–125 000 Jahren, allerdings zogen sie sich aus den Zonen strenger Kälte zurück.

Die verstreuten Fossilien in der Periode nach *H. erectus* füllen die Lücke bis zum Erscheinen des Neandertalmenschen (HSN) vor ungefähr 100 000 Jahren aus. Dessen unterscheidendes Merkmal war das große Hirn, es lag mit durchschnittlich 1550 g deutlich höher als das mittlere Hirngewicht (etwa 1450 g) des heutigen *H. sapiens* (HSS). Dieses Gehirn war in einen alten Schädel hineingepackt, der lang und flach war, mit einem breiten Gesicht und fliehender Stirn. Die Skelettreste sprechen dafür, daß er

150–165 cm groß war und einen kräftigen Körperbau besaß. Eine falsche Rekonstruktion auf der Grundlage eines arthritischen Skeletts führte zu einer falschen Vorstellung von Haltung und Gang des Neandertalers. Er ging aufrecht und bewegte sich äußerst gewandt. Darüber hinaus erlaubte ihm sein großes Gehirn intelligentere Leistungen als irgendeinem anderen seiner Vorfahren, beispielsweise was die Werkzeugkultur betrifft, die hochentwickelt war. Das Fossilienmaterial umfaßt mehr als 100 Funde und zeigt, daß der Neandertaler sich über die ganze bewohnbare Welt verbreitet hatte: Europa; quer über das Afrika nördlich der Sahara und schließlich bis hin zum Kongo, quer durch Asien bis hin nach China und sogar zum südlichen Sibiren. Er ertrug die extreme Kälte der großen Würm-Eiszeit, die vor 75 000 Jahren einsetzte, war er doch besser angepaßt als seine Vorfahren. Aber vor etwa 40 000 Jahren gehen die Fossilienfunde zu Ende und mit ihnen die charakteristische Werkzeugkultur des Neandertalers – die Abschlagtechnik. Um den Ursprung des Neandertalmenschen scheint es kein Geheimnis zu geben. Er entwickelte sich aus dem sehr ähnlichen vorneandertaler *H. sapiens,* vielleicht in irgendeiner günstigen Fortpflanzungsgemeinschaft. Sein plötzliches Verschwinden vor etwa 40 000 Jahren ist jedoch voller Rätsel.

Gewöhnlich sagt man, der moderne Mensch, *H. sapiens sapiens,* sei vor annähernd 40 000 Jahren als Cro-Magnon-Mensch auf der Bühne erschienen. Der Name stammt von dem Ort Cor-Magnon in Südfrankreich, an dem die ersten Skelette gefunden wurden. Doch es liegt kein guter Nachweis über den Ursprung dieser neuen Varietät des *H. sapiens* vor, die natürlich dem modernen Menschen sehr ähnlich ist. Es ist vorgeschlagen worden, der Cro-Magnon-Mensch stamme aus Westasien, aus der Gegend des kaspischen Meeres. Dann wieder ist ungewiß, wieviel interartliche Fortpflanzung es zwischen dem Neandertaler und dem Cro-Magnon-Menschen gegeben hat. Zum Beispiel legen die berühmten Höhlen Tabum und Skhul auf dem Berg Carmel in Israel Zeugnis davon ab, daß die beiden Arten gleichzeitig dort gewohnt haben (Mayr, 1973). Andererseits gibt es Höhlen, die eine deutliche neutrale Schicht zwischen den tieferliegenden Überresten (Werkzeugen usw.) aus der Neandertalerzeit und den darüberliegenden Spuren des Cro-Magnon-Menschen aufweisen, was darauf schließen läßt, daß zwischen den beiden Zeiträumen, in denen die Höhlen bewohnt waren, ein beachtliches Intervall gelegen hat.

Nachdem wir unserer Evolutionslinie von den ersten Ursprüngen des Lebens an so hartnäckig auf der Spur geblieben sind, ist es so etwas wie ein Rückschlag, wenn wir ausgerechnet auf der letzten Stufe, auf der unsere eigene Art auf dem Planeten Erde erscheint, so viel Unbekanntes und eine solche Meinungsvielfalt vorfinden. Das heute vorliegende fossile Beweismaterial läßt darauf schließen, daß sich der *H. sapiens* unabhängig in weit auseinanderliegenden Fortpflanzungsgemeinschaften des *H. sapiens* – entweder der Neandertaler oder Präneandertaler – entwickelte. Eine verlockende Vorstellung wäre, daß alle Rassen von einer einzigen reinen Cromagnon-Ausgangskolonie abstammten, sich wandernd überall in der zugänglichen Welt ausgebreitet, durch Kladogenese voneinander fortentwickelt und so die verschiedenen menschlichen Rassen hervorgebracht hätten. Doch es ist wahrscheinlicher, daß der Ursprung der menschlichen Rassen tatsächlich in weit verstreuten Gegenden in Asien (China und Java), in Afrika sowie in Europa erfolgte. Wir brauchen sehr viel vollständigeres Fossilienmaterial.

Es ist wichtig, sich darüber klar zu sein, daß in den Zeiträumen, mit denen wir es hier zu tun haben (zum Beispiel 50 000 Jahre) gewaltige Entfernungen durch das sogenannte »budding« überbrückt werden können: von einer Fortpflanzungsgemeinschaft ziehen einige Angehörige aus, um sich in einem benachbarten Jagdgebiet, vielleicht 20 km entfernt, niederzulassen. In der nächsten Generation könnte ein ähnliches »Abzweigen« mit einer Wanderung um weitere 20 km erfolgen. Das Wandern von 20 km pro Generation von, sagen wir, 20 Jahren würde in 10 000 Jahren 10 000 km ergeben. Natürlich stellt man sich nicht vor, daß es irgendeine geplante Migration gegeben hat. Es fand lediglich ein Eindringen in neue Jagdgründe statt, was vielleicht die Verdrängung oder Vernichtung schächerer Bewohner mit sich brachte. Die Bewegung wäre nicht linear, es wäre vielmehr ein opportunistisches Umherstreifen, eine Art Wandern auf gut Glück.

Nichtsdestoweniger hätten Afrika, Asien und Europa in 50 000 Jahren leicht von einer neuen leistungsfähigen Rasse wie dem Neandertalmenschen bevölkert werden können.

5.2 Bewertung der Entwicklung des menschlichen Gehirns

5.2.1 Berücksichtigung des Körpergewichts

Bisher haben wir als Kriterium für die Entwicklung des Gehirns lediglich das Hirngewicht in Erwägung gezogen. Jerison (1973) hat darauf aufmerksam gemacht, daß die Hirngröße unter Berücksichtigung des Körpergewichts bewertet werden muß. In Abb. 5-4 wurde auf der einen Achse das Hirngewicht und auf der anderen das Körpergewicht der jewils größten Exemplare von 198 Wirbeltierarten aufgetragen, und zwar in doppelt logarithmischem Maßstab (Jerison, 1973). Die einzelnen Punkte liegen innerhalb von zwei geneigten Polygonen, von denen das eine alle Angehörigen der Kategorie der niederen Wirbeltiere (Fische und Reptilien) und das andere alle Mitglieder der Kategorie der höheren Wirbeltiere (Vögel und Säugetiere) einschließt. Jedes Vieleck hat eine Achse, die sich jeweils der nach der Formel

$$E = k P^{2/3}$$

gezogenen Linie annähert. E und P = Gehirn- bzw. Körpergewicht und k = 0,007 bzw. 0,07 für die zwei Klassen. Der Exponent $2/3$ stimmt mit dem Fläche/Volumen-Quotienten überein und weist zweifellos auf die Neuronengröße hin; kleinere Tiere habe kleinere Neuronen und daher eine größere Neuronenzahl in einem gegebenen Hirngewicht.

Bei den primitiveren Primaten, den fossilen wie den rezenten, zeigt die doppelt logarithmische Darstellung (Abb. 5-5), daß sich die Hirngröße nicht weit von dem Hirn-/Körpergewichtquotienten für den Durchschnitt der rezenten Säugetiere entfernt, der als geneigte Linie mit k = 0,12 eingetragen ist. Man beachte, daß der sehr frühe fossile Prosimier *Rooneyia*, den wir bereits in der vierten Vorlesung erwähnt haben, auf der oberen Seite des Vielecks liegt (er ist durch ein kleines Quadrat bezeichnet) – also hoch liegt. Die höheren Primaten in Abb. 5-6 dagegen liegen alle

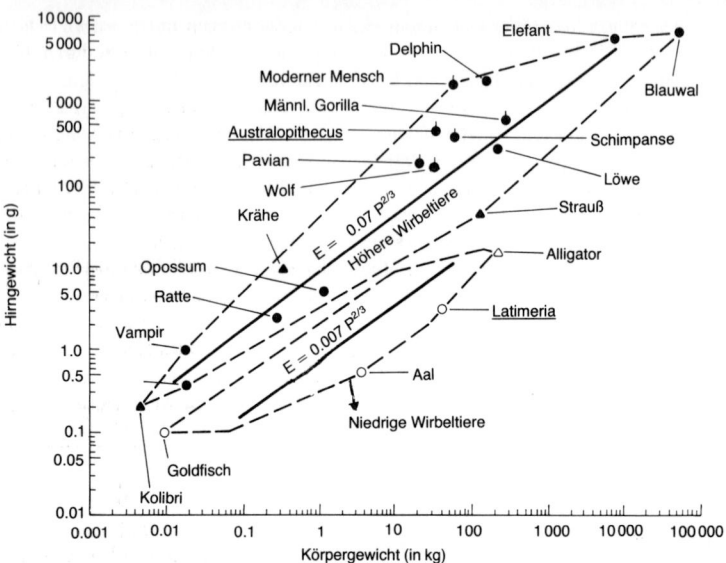

Abb. 5-4. Ausgewählte Daten zur Veranschaulichung des Hirn-/Körpergewichtsquotienten bei bekannten Wirbeltierarten. Hinzugefügt wurden Daten über den fossilen Hominiden *Australopithecus* und den rezenten Quastenflosser *Latimeria*. Die gestrichelten Linien beschreiben die jeweils kleinsten konvexen Polygone und schließen optisch eingezeichnete Linien mit einer Neigung von ²/₃ ein. Jerison, H. J.: Evolution of the brain and intelligence. New York, London: Academic Press 1973

innerhalb eines geneigten Vielecks über der Linie für den Durchschnitt der rezenten Säugetiere. Ein kleines Vieleck *B* schließt alle Punkte der Paviane ein, und gleichermaßen liegen die Punkte der Menschenaffen in dem Dreieck *P*. Das Rechteck *A* enthält alle Punkte für *A. africanus* und der Kreis *Z* alle Punkte für *A. boisei. H.*zeigt wie hoch *H. sapiens* liegt. Unten und links liegen die vielen Affenarten.

Abb. 5-7 zeigt eine ähnliche, aber detaillierte Graphik für einzelne Primatenarten. Sie läßt erkennen, daß Paviane und Menschenaffen einen niedrigeren Hirn-/Körpergewicht-Quotienten besitzen als selbst die primitivsten Hominiden, die Australopithecinen *A* und *Z*. Die Hirngewichte von *A. boisei (Z)*, *H. habilis (h)*, *H. erecturs (e)* und *H. sapiens (s)*wurden unter Annahme eines gemeinsamen Körpergewichts von etwa 50 kg eingezeichnet. Wiederum stellt die geneigte Linie den Quotienten für den Durchschnitt der rezenten Säugetiere dar. Die vergrößerten Hirne der höheren Primaten sind deutlich zu erkennen. Die gekrümmten gestrichelten Linien in Abb. 5-7 beziehen sich auf von Jerison (1973) errechnete »Extraneuronen«, d. h. Neuronen, die über die Durchschnittswerte der rezenten Säugetiere hinausgehen, und zeigen eine deutliche Trennung zwischen Pavianen und Pongiden einerseits und Pongiden und Hominiden andererseits.

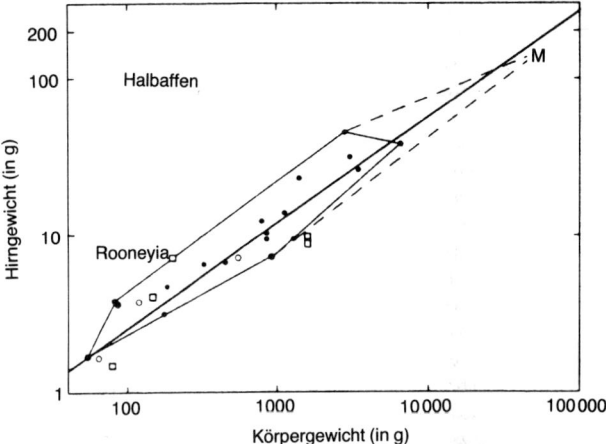

Abb. 5-5. Die Hirngröße als eine Funktion der Körpergröße bei den Prosimiern. Das mit *gestrichelten Linien* vergrößerte Vieleck schließt *Megaladapis edwardsi (M)*, den riesigen fossilen Lemuren aus dem Pleistozän ein. Die kleinen Quadrate bezeichnen Fossilien aus dem Eozän und Oligozän. Man beachte, daß die Halbaffen »durchschnittliche« Säugetiere sind, da die Linie in der Mitte durch das Vieleck läuft. Drei der fossilen Prosimier liegen unterhalb des Vielecks. Jerison, H. J.: Evolution of the brain and intelligence. New York, London: Academic Press 1973

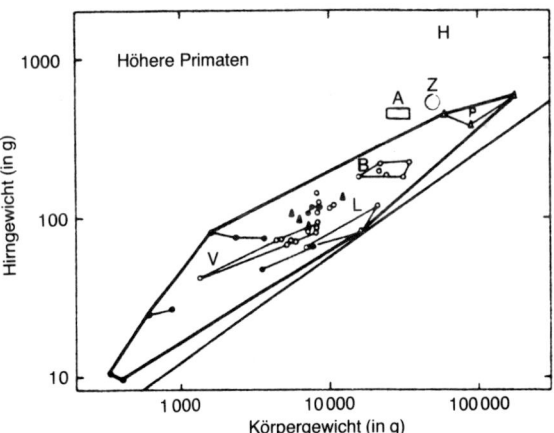

Abb. 5-6. Hirn-/Körpergewichtquotienten bei Samples höherer Primaten. Die folgenden Gruppen einzelner Genera sind eingezeichnet. *V*, Meerkatzen *(cercopithecus)*, *L* Languren *(Presbytis)*, *B* Paviane *(Papio* und *Mandrillus)*, *P*, große Menschenaffen *(Pongo, Pan, Gorilla)*, *A*, *Z*, Australopithecinen wie in Abb. 5-7, *H, Homo sapiens.* Jerison, H. J.: Evolution of the brain and intelligence. New York, London: Academic Press 1973

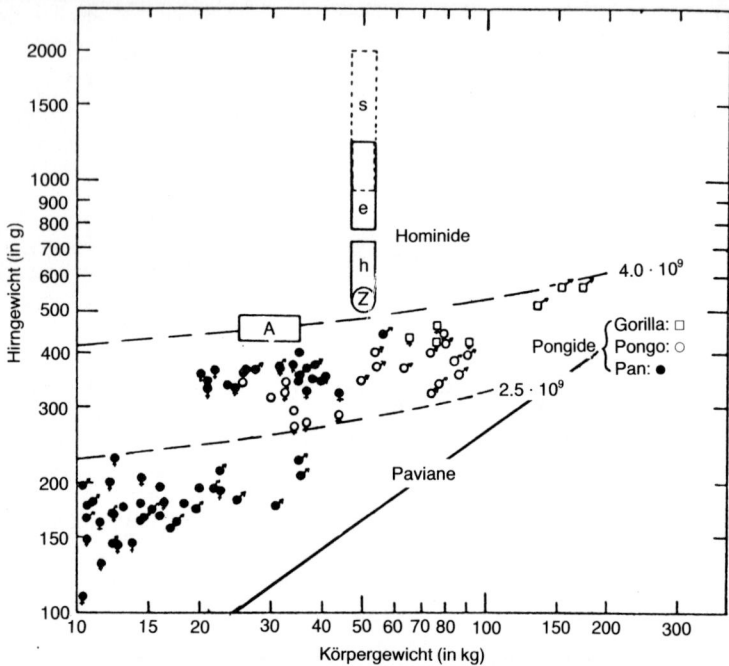

Abb. 5-7. Hirn-/Körpergewichtsquotienten von Pavian-, Menschenaffen- und Hominidenpopulationen zeigen das Wachstumsmuster der relativen Hirngröße bei diesen Gruppen an. Die genannten Hominiden sind *Australopithecus africanus* (Gracile) *(A)*, *Australopithecus boisei* (Robustus) *(Z)*, ›*Homo habilis*‹ *(h)*, *Homo erectus (e)* und *Homo sapiens (s)*. Die gerade Linie gibt den linearen Quotienten auf der doppelt-logarithmischen Skala für den Durchschnitt der rezenten Säugetiere an. Jerison, H. J.: Evolution of the brain and intelligence, New York, London: Academic Press 1973

Brauchbare Berechnungen aus den Graphiken in Abb. 5-4 bis 5-7 ergeben den sogenannten *Encephalisationsquotienten* (EQ) für die verschiedenen Säugetiere. Jerison (1973) definiert den EQ als das Verhältnis von tatsächlicher Hirngröße zu erwarteter Hirngröße auf der Basis des Durchschnittswertes für rezente Säugetiere, die durch die Formel $E = 0,12 P^{2/3}$ ausgedrückt wird. Die auf diese Weise errechneten EQs sind in Tabelle 5-2 aufgeführt.

In Abb. 5-8 ist der ungefähre Zeitmaßstab für die Entwicklung der EQs im Känozoikum, dem sogenannten Zeitalter der Säugetiere, eingezeichnet. Die EQs werden im Verhältnis zu denen der durchschnittlichen rezenten Säugetiere errechnet. Abb. 5-8 beruht auf den Daten, die Jerison (1973) in seiner gründlich dokumentierten Monographie veröffentlicht hat. Die Säugetiere betraten das Känozoikum vor 65 Mio. Jahren mit einem durchschnittlichen EQ von 0,3. Dieser niedrige Wert ist für die

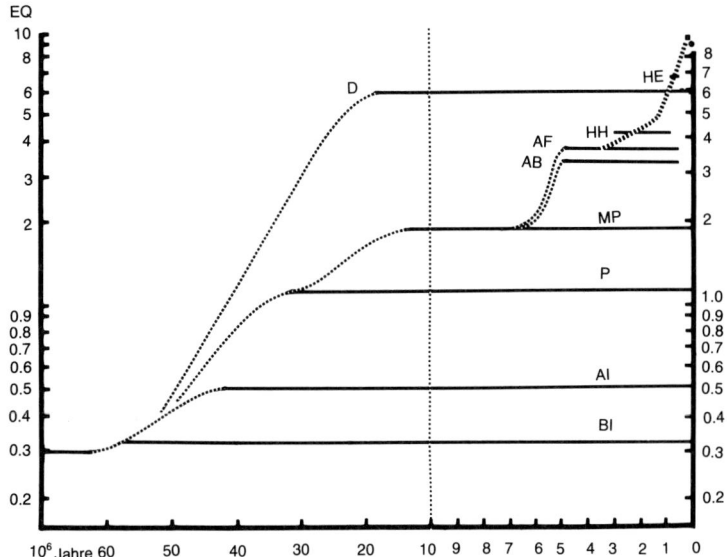

Abb. 5-8. Errechnete Encephalisationsquotienten (EQ) sind gegen die Zeit in Mio. von Jahren in der Vergangenheit abgetragen. Man beachte die Veränderung des Zeitmaßstabs bei 10 Mio. Jahren. *BI,* basale Insektenfresser, *AI,* fortgeschrittene Insektenfresser, *P,* Halbaffen, *AF, Australopithecus africanus, HE, H. erectus.* Das *ausgefüllte Quadrat* ist *H. neanderthal* der *ausgefüllte Kreis H. sapiens.*

basalen Insektenfresser (BI) (wie sie von Stephan und Andy (1969) definiert worden sind) bis heute fast unverändert geblieben. Sie besitzen heute einen durchschnittlichen EQ von 0,31 (Jerison, 1973). Frühe Abzweigungen fortgeschrittenerer Insektenfresser (AI) sind gezeigt. Die Primaten entstanden zu Beginn des Känozoikums, aber die Fossilienfunde sind unzureichend, daher die Eintragung als unterbrochene Linie. Doch die fossilen Halbaffen (P) weisen vor 30 Mio. Jahren weitgehend den gleichen EQ auf wie die Halbaffen heute (Abb. 5-5). Affen und Menschenaffen (MP) zweigten vor etwa 30 Mio. Jahren von den Halbaffen ab (Abb. 4-7), aber das Fossilienmaterial bis vor etwa 10 Mio. Jahren ist unzureichend. Wie aus der Graphik hervorgeht, ist der mittlere EQ von 1,9 während der letzten 10 Mio. Jahre unverändert geblieben. Die Evolution der Australopithecinen kommt später, vor etwa 5 Mio. Jahren. Der hohe EQ für *A. africanus* (AF) ist ein eindeutiger Fortschritt, aber als Genus erlebten die Australopithecinen keinen weiteren Fortschritt, sondern starben vor etwa 1 Mio. Jahren aus. Unterdessen entwickelte sich vor ungefähr 3 Mio. Jahren der *H. habilis* (HH), wahrscheinlich aus *A. africanus.* Wie die Graphik zeigt, ging die Entwicklung weiter zu *H. erectus* (HE) und *H. sapiens,* dies ist in einer vorherigen Abbildung im größeren Maßstab gezeigt (Abb. 5-3). Man beachte, daß in Abb. 5-8 der Zeitmaßstab für alles,

Tabelle 5–2. Encephalisationsquotienten (EQ)

(Primaten)	EQ
Prosimier	Durchschnitt 1,1
	Höchster 1,8 (Rooneyia und 2 andere), niedrigster 0,62
Paviane	Durchschnitt 1,9
Pongoide	Durchschnitt 1,9 (Pan 2,3)
Australopithecines	
A. africanus	Durchschnitt 3,8
A. boisei	Durchschnitt 3,3
homo habilis	Durchschnitt 4,2
homo erectus	Durchschnitt 6,5
homo sapiens	Durchschnitt 8,5

Andere interessante EQs aus Abb. 5–4 sind

Delphin	6
Elefant	1,0
Blauwal	0,37

Andere Werte für den Elefanten liegen bei durchschnittlich 1,3. Es ist möglich, daß bei sehr massigen Körpern die Formel nicht gilt und die EQs für Elefant und Wal evtl. erheblich zu niedrig angegeben sind.

was weiter als 10 Mio. Jahre zurückliegt, um einen Faktor 4 zusammengedrückt worden ist.

Ein völlig anderes Zeitmaß läßt sich für das EQ-Wachstum beim Delphin (D) ablesen, das seine volle Entwicklung bereits vor 15 bis 20 Mio. Jahren erreichte. Dies steht im Gegensatz zur EQ-Entwicklung in unserer Stammeslinie, deren rascher Anstieg bis zum heutigen Gipfel erst vor 1 Mio. Jahren einsetzte und den Delphin erst vor etwa 500 000 Jahren überholte. Die beachtliche Größe des Delphinhirns mit seinen vielen, in den allgemeinen Zügen dem menschlichen Gehirn ähnlichen Windungen hat Lilly und andere zu der Vermutung veranlaßt, die Delphine könnten ein fortgeschrittenes Geistesleben besitzen, wenn wir uns nur entsprechend mit ihnen verständigen könnten! Diese Vorschläge sind von Wilson (1975) in seinem maßgebenden Buch *Sociobiology* scharf kritisiert worden. Man muß zugeben, daß die Walartigen ein hochentwickeltes Hörsystem besitzen (Jansen, 1973). Ein Großteil der Hirnrinde dient einer hochkomplizierten Verarbeitung der Gehördaten, die als Echoortungsmechanismus benutzt wird. Die auf diese Weise gewonnene Information könnte dazu verwendet werden, um in jedem Augenblick eine dreidimensionale räumliche Darstellung der Umgebung zu konstruieren, die für das »Navigieren«, das Jagen von Fischschwärmen und das soziale Leben von lebenswichtiger Bedeutung wäre (vgl. Wilson, 1975).

5.2.2 Progressionsindices der Hirnkomponenten

Es dürfte leicht zu erkennen sein, daß das Hirngewicht ein sehr grobes Kriterium für die Gehirnleistung ist, und zwar auf jeder Ebene. Wir brauchen sehr viel differenziertere Vergleiche. Einen wichtigen Schritt vorwärts in dieser Beziehung haben wir Stephan und Mitarbeitern zu verdanken: sie maßen das Volumen vieler einzelner Hirnstrukturen anhand von in regelmäßigen Abständen gemachten Serienschnitten (vgl. Stephan und Andy, 1969). Die Grundlage für den Vergleich wurde aus Messungen an basalen Insektenfressern, den primitivsten Säugetieren, gewonnen. Bei doppelt-logarithmischer Darstellung besteht ein lineares Verhältnis von Hirngewicht zu Körpergewicht, die Neigung ist 0,65, was mit dem Exponenten $^2/_3$ in Jerisons Darstellungen (1973) gut in Einklang steht. Vergleiche zwischen verschiedenen Säugetierarten wurden für spezifische Hirnstrukturen auf der Grundlage von Progressionsindices durchgeführt. Diese Indices drücken aus, wie viele Male größer eine Gehirnstruktur ist als die gleiche Struktur bei einem durchschnittlichen basalen Insektenfresser mit dem gleichen Körpergewicht. Der Leistungsfaktor 0,65 dient der Extrapolation für angenommene Insektenfresser mit Körpergewichten, die über die tatsächlich üblichen hinausgehen.

In Abb. 5-9 zeigen die Progressionsindices für den Neocortex, daß Homo (156) Pan(58) und anderen Primaten weit voraus ist. Ähnlich liegt Homo (4,2) in Abb. 5-9 auch für den Hippocampus weit über Pan (1,75). Einige andere Affen liegen höher als Pan,der Gorilla liegt jedoch, sehr niedrig. Umgekehrt ist in der Spalte Bulbus olfactorius in Abb. 5-9 Homo (0,023) der niedrigste aller Affen, und alle Affen liegen im Vergleich zu den basalen Insektenfressern sehr niedrig. Diese Vergleichszahlen zeigen deutlich, daß bei Homo eine Herrschaft des Neocortex und auch des Hippocampus vorliegt, während der Geruchssinn extrem unzulänglich ist. In bezug auf die neunte Vorlesung über das Lernen ist es von besonderem Interesse, daß die mit dem Hippocampus verbundenen Strukturen (regio entorhinalis, subiculum und septum) gut mit dem Hippocampus korreliert sind (Stephan und Andy, 1963), wohingegen das primäre Geruchszentrum (Abb. 5-9 völlig verschieden ist (Abb. 9-5). Stephan hat diese exakte qualitative Korrelation mit mehreren anderen Hirnstrukturen durchgeführt, doch diese stehen mit dem Thema dieser Vorlesungen in keinem Zusammenhang.

5.2.3 Qualitativer Vergleich

In der nächsten Etappe unseres Vergleichs befassen wir uns mit der detaillierten Topographie des Neocortex. Sowohl die Hirngewichte (Abb. 5-3) als auch die Progressionsindices des Neocortex (Abb. 5-9) erfahren mit dem Auftreten des Homo eine bemerkenswerte Entwicklung. Doch dürfen unsere Untersuchungen nicht bei quantitativen Überlegungen stehenbleiben, da allgemein Übereinstimmung darüber besteht, daß zwischen verschiedenen neocortikalen Bereichen qualitative Unterschiede bestehen. Zum Teil werden diese Unterschiede bereits bei einem Vergleich der Frontal-, Parietal-, Temporal- und Occipitallappen-Areale deutlich, doch ist dies aufgrund der Unterteilung jedes Lappens in primäre Rezeptions- oder Transmissionsfelder einerseits und Assoziationsfelder andererseits (vgl. Abb. 8-1) unbefriedigend. Der einzige bisher vorliegende Vergleich zwischen der Stirnhirnrinde (Lobus frontalis ohne Felder 4 und 6) des Menschen und anderer Primaten wurde von Brodmann (1912) durchgeführt, der feststellte, daß die Regio frontalis beim Menschen 29 %, beim Schimpansen 16,9 % und beim Makaken 11,3 % der gesamten Großhirnrinde

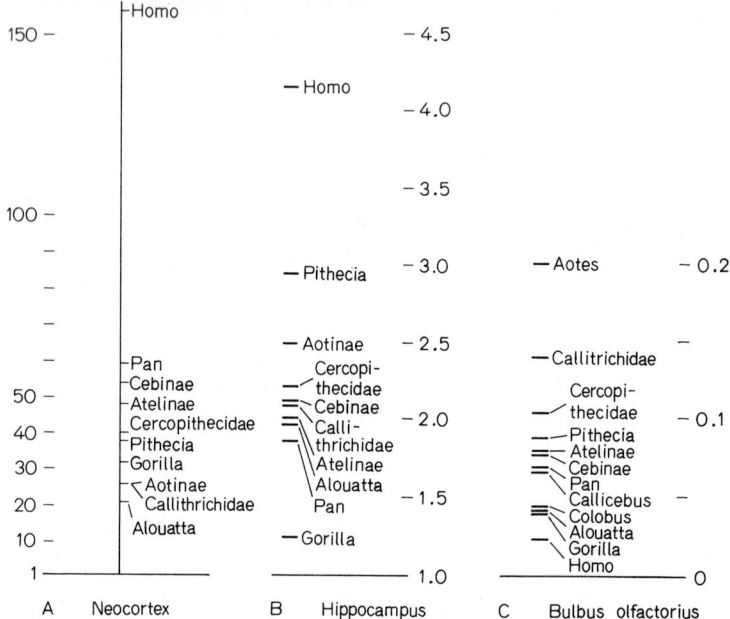

Abb. 5-9. A Progressionsindices für den Neocortex. Diese Indices drücken aus, wie viele Male der Neocortex größer ist als der eines typischen basalen Insektenfressers mit gleichem Körpergewicht. Der Maßstab bezieht sich auf Affen. Für jede Art sind Durchschnittsindices angegeben, 1 auf der Skala ist der Durchschnittswert für basale Insektenfresser. **B** Progressionsindices für den Hippocampus, ausgedrückt wie in **A**. **C** Progressionsindices für den Bulbus olfactorius, ausgedrückt wie in **A**, beachte jedoch, daß alle Affen weit unter einem Index 1 für den durchschnittlichen Insektenfresser liegen, Eccles, J. C.: Evolution and lateralization of the brain. Vol. 299. S. 161. Copyright 1977 bei The New York Academy of Sciences

ausmacht. Im Laufe der Evolution des Menschen hat hier eine erhebliche Zunahme stattgefunden.

Noch charakteristischere Ergebnisse erhalten wir bei einem gründlichen Studium der Schichtenstruktur des Cortex (Abb. 8-3). Auf dieser Grundlage ließen sich detaillierte topographische Karten konstruieren, von denen die Brodmannschen (1909) Karten des menschlichen Hirns (Abb. 5-10) heute allgemein akzeptiert sind. Abb. 5-10 gewinnt besonderes Interesse, wenn man sie mit Karten anderer Primaten vergleicht, die Mauss (1908, 1911) mit Brodmanns Einverständnis erstellte, namentlich vom Affen Cercopithecus (Abb. 5-11) und vom Menschenaffen *Pongo* (Abb. 5-12). Ein besonders augenfälliger Unterschied zwischen Abb. 5-11 und Abb. 5-12 einerseits und Abb. 5-10 andererseits besteht bei den Feldern 39 und 40, die einen erheblichen Teil der Wernickeschen Sprachregion ausmachen (Abb. 8-1). In Abb. 5-12 sind diese Felder klein, ragen kaum aus der Fissura Sylvii hervor. Die Beziehung dieser

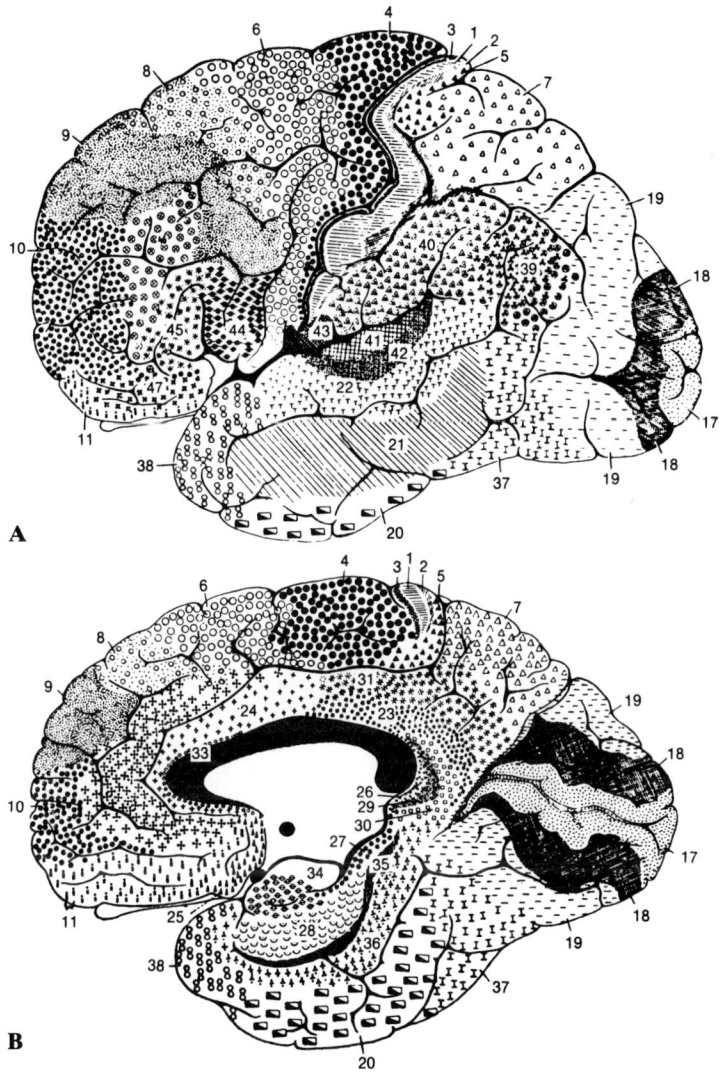

Abb. 5-10. Brodmanns cytoarchitektonische Karte des menschlichen Gehirns. Die verschiedenen Rindenfelder sind mit verschiedenen Symbolen gekennzeichnet und ihre Zahl durch Ziffern angegeben. **A.** Laterale Sicht der linken Hemisphäre. **B.** Mediale Sicht der rechten Hemisphäre. Brodmann, K.: Vergleichende Lokalisationslehre der Großhirnrinde. Leipzig: J. A. Barth 1909

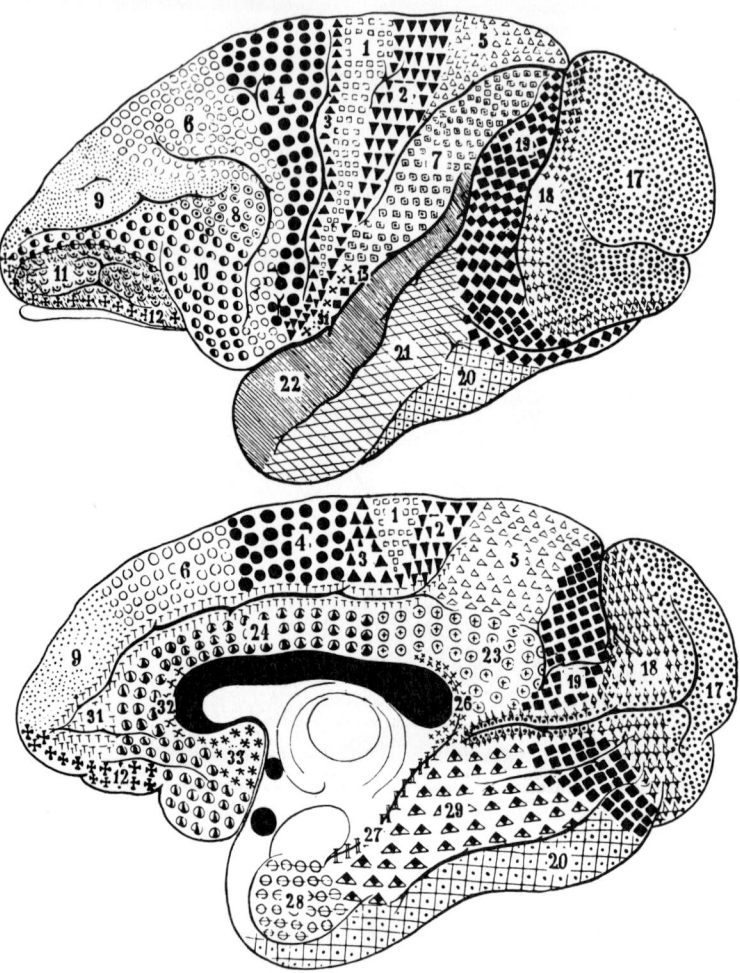

Abb. 5-11. Cytoarchitektonische Karte eines Affenhirns mit Rindenfeldernumerierung, die so weit wie möglich derjenigen von Abb. 5-10 entspricht. Mauss, T.: Die faserarchitektonische Gliederung der Großhirnrinde bei den niederen Affen. J. Psychol. Neurol. *13*, 263–325 (1908)*

---

* Berichtigung. Auf der lateralen Hemisphärenansicht ist die Area opercularis (30) fälschlich mit 31 bezeichnet. Diese Berichtigung findet sich am Fuß der Originalkarte. J. Psychol. Neurol. *13*, 306 (1908) Anm. d. Übers.

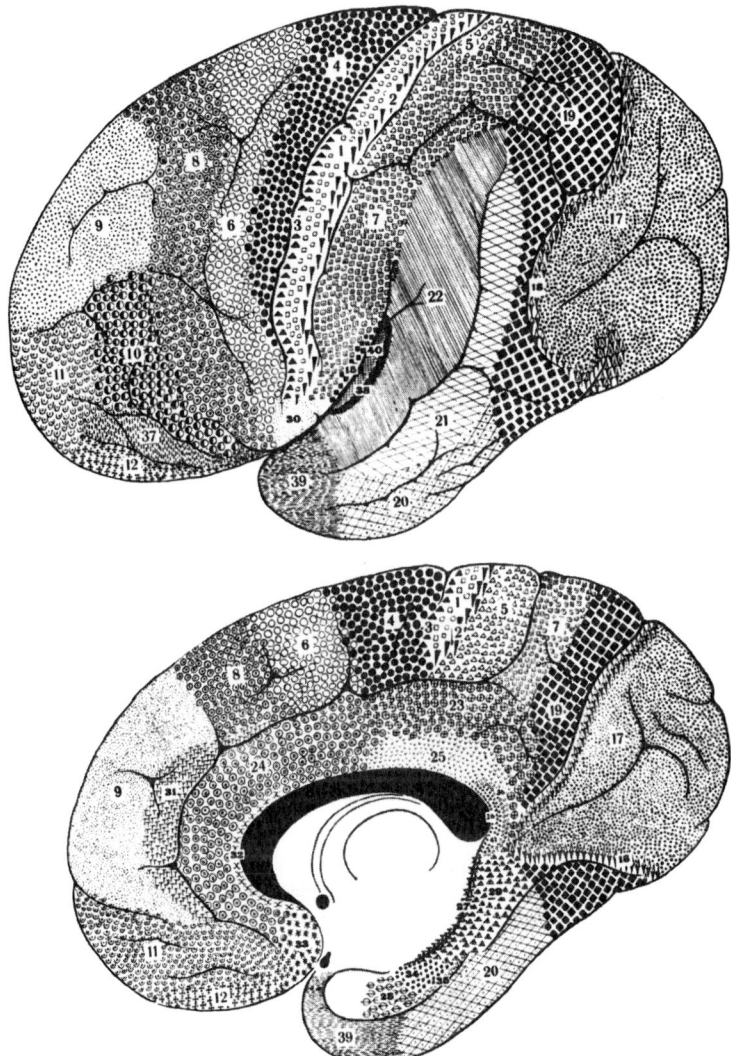

Abb. 5-12. Cytoarchitektonische Karte eines Orangutanhirns mit weitgehend denselben Felderbezeichnungen wie in Abb. 5-10. Beck macht jedoch darauf aufmerksam, daß die Zahlen 38 und 39 verglichen mit Abb. 5-10 verwechselt worden sind. Mauss, R.: Die faserarchitektonische Gliederung des Cortex cerebri der anthropomorphen Affen. J. Psychol. Neurol. *18* [Suppl. 3] 410–467 (1911)

Areale zum Sprechvermögen ist offensichtlich. Allgemein wird das in der linken Hemisphäre des Menschen gelegene Wernickesche Sprachzentrum (Abb. 8-1) als eine Region umschrieben, die die Brodmannschen Felder 41, 22, 21, 40, 39 und 37 übergreift (Penfield und Roberts, 1959). Man vermutet darüber hinaus, daß zwischen dieser Region und dem in der Fissura Sylvii verborgenen Temporalfeld eine besondere Beziehung besteht (Geschwind, 1974). Bemerkenswert ist, daß das in Abb. 5-10 erkennbare große, im Schläfenlappen gelegene Areal 37 in den Abb. 5-11 und 5-12 nicht aufzufinden ist. Generell scheinen sowohl die inferioren Parietal- als auch die oberen Temporalbezirke (Wernickesches Sprachzentrum) in der menschlichen Hirnhälfte im Vergleich zu irgendwelchen entsprechenden Rindenfeldern in Abb. 5-11 und 5-12 hypertrophiert zu sein. Ein allgemeiner Hinweis auf diese Hypertrophie ergibt sich aus der Lage des primären Sehzentrums, Feld 17, das im menschlichen Gehirn (Abb. 5-10) von der konvexen Oberfläche des Hinterhauptslappens in eine Medianlage abgedrängt worden ist. Gleichermaßen scheint – entsprechend der oben genannten Prozentsätze – eine relative Hypertrophie des menschlichen frontalen Areals zu bestehen. Die (motorische) Brocasche Sprachregion (Brodmannsche Felder 44 und 45 in Abb. 5-10) ist in den Karten der Abbildungen 5-11 und 5-12 nicht zu erkennen. Ebenso sind in Abb. 5-10 die äußeren Stirnhirn-Felder 9, 10 und 11 viel größer als in Abbildungen 5-11 und 5-12. Man beachte, daß ein Großteil der Felder 9 und 10 in diesen Abbildungen als dem Feld 46 in Abb. 5-10 homolog anzusehen ist (*vgl.* Walker, 1940).

Bedauerlicherweise gibt es keine solche Hirnkarten wie Abb. 5-10 bis 5-12 vom Schimpansen (*Pan*). In der umfangreichen Arbeit von Bailey et al. (1950) finden sich viele Karten der *Pan*-Großhirnrinde, doch lassen sie sich nicht zu den Rindenfeldzahlen der Brodmannschen Karten (1909) in Beziehung setzen. Solange keine weiteren gründlichen Untersuchungen vorliegen, bleibt ungewiß, ob das *Pan*-Hirn, was die Entwicklung der Brodmannschen Felder 37, 39 und 40 (Wernicke-Sprachzentrum) und auch die Areale 44 und 45 (Brocasches Sprachzentrum) betrifft, einen beachtenswerten Fortschritt gegenüber dem Hirn des anderen Menschenaffen *Pongo* in Abb. 5-12 darstellt. Am einfachsten läßt sich der qualitative Unterschied zwischen dem Gehirn von *Pongo* und dem des *Homo* anhand des großen Unterschiedes in denjenigen Arealen des menschlichen Hirns veranschaulichen, die erst später in der evolutionären Entwicklung aufgetreten zu sein scheinen.

Mit Hilfe von Abgüssen des Endokraniums fossiler Schädel (Holloway, 1974) ist es möglich gewesen, einigen Aufschluß über die Veränderung der Gehirnform in den verschiedenen Stadien der Hirnevolution zu gewinnen. Diese Aufschlüsse sind zwangsläufig sehr ungenau, doch deuten sie in der Tat darauf hin, daß mit zunehmender Hirngröße spezielle Entwicklungen in den parietalen, temporalen und frontalen Lobi stattgefunden haben. Wir müssen uns darüber im klaren sein, daß die potentielle Leistungsfähigkeit des Gehirns nicht einfach anhand seiner Größe, unter entsprechender Berücksichtigung der Körpergröße, abgeschätzt werden kann. Eine gewisse qualitative Veränderung wurde bereits in der Lebensweise der Australopithecinen evident (Hawkes, 1965, Herison, 1973).

5.3 Selektionsdrucke und die überragende Bedeutung der Sprachentwicklung

Bei der Evolution des menschlichen Gehirns sind zwei bemerkenswerte Eigentümlichkeiten zu erklären, wie man durch einen Blick auf Tabelle 5-1 feststellen kann. Erstens existierten die Australopithecinen etwa 4 Mio. Jahre lang in relativ unveränderter Form, was auf eine sehr stabile ökologische Nische schließen läßt, an die sie gut angepaßt waren. Man nimmt an, daß es sich dabei um offenes Grasland in Savannengebieten handelte, weitgehend dem ähnlich, das heute von Pavianen bewohnt wird. Sie waren teilweise Fleischfresser und machten sich die zweibeinige Fortbewegungsart zunutze, um sich mühelos zu bewegen und im hohen Gras Ausschau zu halten. Außerdem vermutet man, daß ihr erfolgreiches Überleben von ihren relativ größeren Gehirnen abhing, die ihnen die Fähigkeit der Vorstellungskraft und Planung verliehen, so daß sie mit viel einfallsreicheren Methoden in einem viel größeren Bereich jagen konnten als andere Säugetiere, selbst andere Primaten. Vermutlich erlaubte ihre intellektuelle Begabung ihnen eine leistungsfähigere Kommunikation innerhalb des Trupps, und zwar sowohl beim Jagen als auch, wenn es sich gegen Feinde zu organisieren galt. In dieser langen stabilen Periode von bis zu 4 Mio. Jahren waren die Australopithecinen den Pongiden vergleichbar, die offenbar seit mehr als 10 Mio. Jahren keinen Fortschritt in bezug auf ihre Hirngröße gemacht haben. Das kürzlich entdeckte viel größere Gehirn, das auf 2,8 Mio. Jahre datiert wird (ER 1470 in Tab. 5-1 und Abb. 5-2) weist jedoch unmißverständlich darauf hin, daß es zumindest vereinzelte Fälle bemerkenswerter Fortschritte in der Hirngröße gab. So wird möglicherweise die Vorstellung von der langen stabilen Ära der Australopithecinen revidiert werden müssen und man wird zugeben müssen, daß es evolutionäre Erneuerungen gab, welche schließlich die verblüffend rasche Zunahme der Gehirngröße während der verschiedenen Stufen des *Homo* hervorbrachten (*vgl.* Abb. 5-3), während die Australopithecinen unterdessen ausstarben und vor etwa 1 Mio. Jahren völlig verschwunden waren.

Jerison (1973, 1976) weist darauf hin, daß die bedeutsamste Periode in der Evolution des menschlichen Gehirns nach der langen stabilen Periode der Australopithecinen einsetzte. Die aufeinanderfolgenden langandauernden Eiszeiten hatten eine Zerstörung der günstigen ökologischen Nischen zur Folge. Das Überleben war nunmehr von der Fähigkeit abhängig, der Herausforderung der Umwelt gewachsen zu sein und sich an neue Nischen anzupassen. Diese neuen Nischen waren gekennzeichnet durch Schutz vor der Kälte in begrenzten und übervölkerten Unterschlupfen und zugleich durch die Erfindung schützender Kleidung und der Verwendung von Feuer. Man kann mutmaßen, daß die harten Bedingungen extreme Selektionsdrucke schufen. Die Herausforderung dieser Bedingungen setzte einen Preis auf hochintelligentes Planen und Sichverständigen innerhalb der begrenzten sozialen Gruppen. Es bildete sich die Verständigung durch Gesten und Laute heraus, um durch Verbesserung der akustischen Signale mehr Information zu übermitteln. Die primitive Tiersprache der Ausrufe und Warnsignale wurde durch die Einführung von Namen für Dinge und Tätigkeiten umgestaltet, so daß eine urtümliche verbale Beschreibung möglich wurde. Auf diese Weise konnten durch verbale Symbole Vorstellungen, geistige Bilder, ausgelöst werden. Diese stark verbesserte Art der Verständigung war für die Organisation des Stammes in bezug auf sozialen Zusammenhalt, Jagd und Kampf von großem Wert.

So war es also die natürliche Auslese, die in den letzten Millionen Jahren seit dem Erscheinen des *H. habilis* über *H. erectus* bis hin zum *H. sapiens* die zunehmende Größe und Leistungsfähigkeit des Gehirns sichergestellt hat. Dieser Erfolgsbericht spräche für eine unbegrenzte Fortsetzung des Hirnwachstums; dies war in den letzten 100 000 Jahren jedoch nicht der Fall. Vielleicht hätte ein weiteres Größerwerden des Gehirns Schwierigkeiten bei der Geburt mit sich gebracht, oder vielleicht hätte weiteres Größerwerden keine bessere Leistungsfähigkeit mehr zur Folge gehabt. Sei es wie es sei, unser menschliches Erbe eines Gehirns mit einem mittleren Gewicht von etwa 1400 g ist das Ende der Geschichte der Evolution. Und heute ist die biologische Evolution für den Menschen in jedem Fall zu Ende, da der Wohlfahrtsstaat den Selektionsdruck ausgeschaltet hat. Es ist der natürlichen Auslese nicht mehr gestattet, wirksam zu sein.

Mit der Evolution des *Homo* verlagert sich der Nachdruck auf die beherrschende Rolle, die der Sprache und den damit verbundenen vorstellungsmäßigen und konzeptionellen Fähigkeiten bei der Erzeugung der außerordentlich raschen Expansion des Neocortex zukommt. Die in Abb. 8-1 eingezeichneten Sprachzentren sind nur ein Teil der Hirnrindenbereiche, die mit der Sprache zu tun haben. Beispielsweise weiß man heute, daß Verletzungen der untergeordneten Hemisphäre Sprachstörungen hervorbringen. Auch eine Übertragung der Sprachleistung auf die untergeordnete Hemisphäre infolge Zerstörung der Sprachzone in früher Kindheit (Milner, 1974) hat wegen der übermäßigen Anforderungen an den cortikalen Raum dieser Hirnhälfte eine schwere Defizienz der normalen Funktionen der untergeordneten Hemisphäre zur Folge. Es gibt noch eine andere Erklärung. Sie besagt, daß die Hirnentwicklung mit dem wachsenden Bedürfnis nach einer feinen Kontrolle der Bewegungen zusammenhing, die für die Herstellung und Benutzung von Werkzeugen nötig war. Zweifellos trug dieser Faktor zur Hirnentwicklung bei, insbesondere im Zusammenhang mit der für die Erzielung guter Leistungen erforderlichen Vorstellungskraft und Planung, aber im cerebralen Cortex des Menschen sind die Sprachbereiche viel größer als diejenigen Zonen, die mit der motorischen Kontrolle zu tun haben. Die herausforderndste Entdeckung in dieser ganzen Geschichte der Evolution des Menschen ist die außerordentliche Beschleunigung des Hirnwachstums in den letzten etwa 3 Mio. Jahren (Abb. 5-3). Mayr (1973) stellt fest.

> ... die Zunahme in der Hirngröße von durchschnittlich 460 g auf mehr als das Dreifache in einer solch kurzen Zeitspanne ist nahezu unglaublich schnell.

Sogar noch bemerkenswerter ist jedoch die Veränderung in der Qualität der Hirnleistung, die durch die Entwicklung neuer Regionen in der Großhirnrinde möglich wurde. Wenn wir nach einer Erklärung suchen, so müssen wir uns nach ungewöhnlich starken Selektionsdrucken umsehen, die derart erstaunliche Entwicklungen auslösen konnten. Wir werden uns in der sechsten Vorlesung damit noch weiter befassen, ein wichtiger Faktor muß jedoch die wachsende Bedeutung der sprachlichen Verständigung bei der Jagd, im Kampf und bei der sozialen Organisation gewesen sein. Wir haben bereits von den großen Anforderungen gesprochen, die die Sprache an die

Fähigkeiten des Gehirns stellt. Ein weiterer Faktor wäre die fortlaufende Verbesserung der Werkzeugkultur mit ihrer Forderung nach geschickter Bewegungskontrolle sowohl bei der Herstellung der Steinwerkzeuge als auch bei ihrer Benutzung. Mayr (1973) hat zusätzlich die folgende interessante Hypothese vorgebracht.

> ...die Fortpflanzungsstruktur der urzeitlichen Hominidengruppen war derart, daß sie den Führern jedes Trupps einen enormen Fortpflanzungsvorteil verlieh. Polygamie ist selbst unter heute existierenden primitiven Menschenstämmen weitverbreitet, und es ist das Individuum mit Führereigenschaften, das die größten Chancen hat, mehrere Frauen zu besitzen...

Und Neel et al. haben, wie Mayr (1973) zitiert, die Hypothese aufgestellt,

> daß das für die biologische Entwicklung ungünstigste einzelne Ereignis in der Geschichte der Menschheit das Abgehen von einem Polygamiemodell war, das auf Führungsqualitäten, Fähigkeit und Initiative beruhte.

5.4 Die Theorie der biologischen Evolution

Die beispiellose Geschwindigkeit der Hirnentwicklung in den letzten Stadien der Evolution zum *Homo sapiens sapiens* muß im Zusammenhang mit zwei wesentlichen Komponenten der biologischen Evolution bewertet werden.

Erstens: Mutationen entstehen rein zufällig:

> Auf die evolutionäre Veränderung angewandt, bedeutet Zufall, daß die Natur der Veränderung nicht durch ein bestehendes Bedürfnis determiniert ist. Beispielsweise wird das Auftreten einer speziellen Mutation nicht durch die Notwendigkeit der adaptiven Veränderung herbeigeführt, welche diese Mutation möglich machen würde. (Mayr, 1973)

Zweitens:

> Die natürliche Auslese ist alles andere als Zufall. Die natürliche Auslese ist ein Vorgang, der ganz unmittelbar anpaßt, sie ist schöpferisch, indem sie stets diejenigen Genkombinationen zusammensetzt, die die größte Chance besitzen, am besten zu überleben. (Mayr, 1973)
> Das Schöne an der natürlichen Auslese ist, daß sie in jeder einzelnen Generation neue Entscheidungen trifft hinsichtlich dessen, was nun auszuwählen sei und ... dies wird durch die zahlreichen Mechanismen ermöglicht, die existieren, um gewaltige genetische Mannigfaltigkeit zu erzeugen. (Mayr, 1973)

Diese prägnanten Aussagen Ernst Mayrs lassen keinen Zweifel daran, daß die offizielle Theorie der biologischen Evolution irgendeiner Lenkung der evolutionären Entwicklung durch langfristige Ziele keinerlei Chance einräumt. Jeder Glaube an Finalismus wird abgelehnt. Die Evolution ist ihrem Wesen nach opportunistisch, die natürliche Auslese hat lediglich mit dem Überleben und der Fortpflanzung einer speziellen Generation zu tun, und dann in opportunistischer Weise wiederum mit der nächsten und so weiter. Wir wollen in dieser Vorlesungsreihe kritisch untersuchen, ob die rein sachliche offizielle Theorie der biologischen Evolution eine plausible Erklärung für die gesamte erstaunliche Geschichte unseres Ursprungs geben kann, d. h. ob sie erklären kann, wie es dazu kam, daß es uns gibt.

Es ist für die Wissenschaft von größter Wichtigkeit, daß etablierte Theorien von Zeit zu Zeit einer kritischen Prüfung unterzogen werden, insbesondere dann, wenn sie dazu neigen, sich zu Dogmen zu verhärten. Der erstaunliche Erfolg der Evolutionstheorie hat diese in der jüngsten Zeit vor kritischer Beurteilung geschützt. Aber sie versagt in einem höchst wichtigen Punkt. Sie kann keine Erklärung für die Existenz eines jeden von uns als eines einzigartigen selbst-bewußten Wesens liefern. Ich werde diese Kritik in späteren Vorlesungen vorbringen. Für den Augenblick sollten wir uns nur darüber klar werden, daß die Verneinung eines langfristischen Zieles es sinnlos werden läßt, an den dramatischen Höhepunkt des schicksalhaften »Davonkommens« unserer Evolutionslinie (beispielsweise auf der Stufe der säugetierähnlichen Reptilien) zu glauben. Doch kehren wir nun zum anthropischen Prinzip zurück, welches das Entstehen des Kosmos mit dem schließlichen Auftreten von Beobachtern (zweite Vorlesung) in Zusammenhang setzt. Aber diese Erfordernis der »observership« ist eng mit dem Ursprung des Lebens und dem schließlichen Erscheinen bewußter, intelligenter Wesen verbunden. Kann die Evolutionslinie, die wir in den letzten beiden Vorlesungen betrachtet haben, als Teil desselben geheimnisvollen Prozesses betraachtet werden, der die kosmische Existenz mit dem Beobachtertum verbindet? Die seltsame Unberechenbarkeit des biologischen Evolutionsprozesses scheint derjenigen der kosmischen Evolution zu entsprechen. Doch wir sind hier! Es ist das Geheimnis Mensch.

Dobzhansky (1967) betont die Unvorhersagbarkeit der Evolution.

> Die Genkombinationen, die heute die genetische Ausstattung der menschlichen Spezies ausmachen, existierten im, sagen wir einmal, Eozän oder in der Kreidezeit noch nicht. Hätte ein Biologe – wenn er in jenen Fernen Zeiten gelebt hätte – voraussagen können, daß sich schließlich die menschliche Spezies entwickeln würde? Diese Frage ist nicht so schwierig, wie sie scheinen mag – hätte der Biologe in jenen Urzeiten lediglich ein unseren heutigen Kenntnissen vergleichbares Wissen gehabt, so hätte er eine derartige Voraussage nicht machen können.

Als letztes möchte ich aus einer bemerkenswerten Passage von Tobias (1971) zitieren, die diese Vorlesung in passender Weise abschließt und zur sechsten Vorlesung überleitet:

> Nichts ist auffallender und anhaltender in der gesamten Evolution des Menschen als der zweifache Trend in Richtung einmal auf die Zunahme der Hirngröße und zum andern auf kulturelle Aktivitäten, auf die Herrschaft der Kultur, ja in der Tat auf äußerste Abhängigkeit von der Kultur für das Überleben. Diese zwei Gruppen von Veränderungen sind unauflöslich miteinander verknüpft. Die Verkettung zwischen ihnen läßt sich leicht folgendermaßen darstellen: Zuwachs in der Hirngröße $\rightleftharpoons$ Steigerung in der Kompliziertheit der neuronalen Organisation $\rightleftharpoons$ Zunahme in der Komplexität der Nervenfunktion $\rightleftharpoons$ immer vielfältigere und kompliziertere Verhaltensreaktionen $\rightleftharpoons$ fortschreitend erweiterte und vergrößerte kulturelle Manifestationen.

Sechste Vorlesung

Die kulturelle Evolution mit Sprache und Werten: Der Mensch

Zusammenfassung

Diese Vorlesung hat starke philosophische Implikationen. Es ist daher notwendig, ihr eine Darstellung von Poppers Theorien über die Existenz dreier Welten vorauszuschicken: Welt 1 umschließt die Materie-Energie des Kosmos, Welt 2 alle subjektiven Erfahrungen, und Welt 3 ist das kulturelle Erbe der Menschheit.

Wir werden im folgenden einen kurzen Überblick über die kulturelle Evolution von der Werkzeugkultur des frühesten Paläolithikums vor einigen Millionen Jahren bis hin zu den großen Fortschritten des Oberen Paläolithikums mit seiner wundervollen Leistung, den Höhlenmalereien, geben. Die wichtigste Schöpfung des Steinzeitmenschen war jedoch die Sprache auf der allein dem Menschen vorbehaltenen Ebene der Beschreibung und des Argumentierens. Es wird postuliert, daß die wirksame Kommunikation durch die Sprache den starken Selektionsdruck schuf, der zu der erstaunlich raschen Zunahme der Hirngröße führte, und zwar einer Vergrößerung um das Dreifache in 3 Mio. Jahren. Wie man weiß, ist ein großer Teil des Cerebrum für die Sprachleistung im allerweitesten Sinne zuständig. Hirngröße und Sprachleistung nehmen möglicherweise *pari passu* zu. Überraschenderweise belegen die fossilen Überreste ein primitives Leben selbst zu einer Zeit, vor etwa 100000 Jahren, als *H. sapiens* bereits ein Gehirn besaß, das dem unsrigen an Größe gleichkam.

Dann traten die ersten Zeugnisse von Selbst-Bewußtsein und Werten auf. Zeremonielle Bestattungsbräuche vor 80000 Jahren und mitleidige Behandlung von Kranken und Verkrüppelten, gleichzeitig mit Blumenbestattungen. Wie werden überlegen, auf welche Weise in einer Welt, die bisher rein biologischer Natur gewesen war, beherrscht vom »Überleben der Bestangepaßten«, Werte abgeleitet werden konnten. Das Rätsel des Ursprungs dieser Werte stellt eine Herausforderung an unsere Phantasie dar, sobald wir uns darüber klar werden, daß die Existenz von Werten die Ablehnung des biologischen Evolutionsprozesse als Norm für den zivilisierten Menschen verlangt. Sherrington sah den Altruismus als den vornehmsten aller Werte an, als den einzigen zudem, der für das künftige Wohlergehen der Menschheit absolut unerläßlich ist. Die Drohung der Beherrschung durch »*H. praedatorius*«, d. h. durch skrupellose und ehrgeizige Geschöpfe, die nach den Maximen der biologischen Evolution – dem Überleben der Bestangepaßten – vorgehen, ist stets gegenwärtig. Wenn es ihnen gelingt, sich durchzusetzen, so wird nach der kurzen transzendentalen Ära, die von Werten erhellt war in einem Kosmos, der sonst keine Werte kennt, ein Zurückfallen in die Barbarei erfolgen. Ein kurzer Blick auf die erste große Zivilisation, die der Sumerer, läßt uns erkennen, auf welchem Weg wir zu dem Erbe der Welt 3 gelangt sind, die uns hervorgebracht hat.

6.1 Die Welt der Kultur (Welt 3)

Die vierte und fünfte Vorlesung waren der biologischen Geschichte unseres Ursprungs gewidmet. Sie zeigten, wie wir einzig und allein durch den Vorgang der biologischen Evolution unseren menschlichen Status erreicht haben. Im Gegensatz zur biologischen

Evolution, so lautet meine These, ist die kulturelle Evolution etwas ausschließlich Menschliches. Kultur ist menschengemacht. Allein der Mensch besitzt die Möglichkeit der Teilnahme an der Kultur sowohl als Erfahrender als auch als Schöpfer. Tiere haben keine Kultur und sind blind gegenüber der Kultur. Unkritisch oder automatisch durch Imitation erlerntes Verhalten, d. h. Verhalten als Ergebnis eines Konditionierungsprozesses, ist keine Kultur, wenngleich es als solches auch nicht ererbt ist. Als Teil des Konditionierungsprozesses ist es vielmehr die höchste Leistungsstufe des tierischen Nervensystems. Es stellt den Höhepunkt der Studien der Behaviouristen und der »Physikalisten« dar. Ich bin mir darüber klar, daß meine extreme Einstellung zum Angriff herausfordert. Sie wird mit der Begründung angegriffen werden, die Tiere legten bei vielen ihrer Verhaltensmustern ein Schönheitsempfinden oder einen Sinn für Planmäßigkeit an den Tag. Da sind z. B. die von Tieren gefertigten Gebilde, Spinnennetze zum Beispiel oder von Wespen, Ameisen oder Vögeln gebaute Nester. Dagegen habe ich jedoch zwei Einwendungen vorzubringen.

Erstens haben bemerkenswerterweise diejenigen Tiere, die einige der elegantesten Konstruktionen mit geometrischer Gestalt bauen, relativ einfache Nervensysteme – beispielsweise die soziallebenden Insekten: Ameisen, Bienen, Wespen und Spinnen. Auch andere Bauwerke errichtende Tiere, wie Vögel und niedere Säugetierordnungen, Dachse und Biber, besitzen weniger hochentwickelte Nervensysteme als die höheren Säugetierordnungen, z. B. die Menschenaffen, die faktisch keinerlei Neigungen aufweisen, etwas zu bauen.

Zweitens ist da die erstaunliche Geschichte der gewaltigen Zeitlücke zwischen der Entwicklung des Menschengehirns zu seiner vollen Größe (Abb. 5-3) und den ersten entscheidenden Fortschritten des Menschen in der kulturellen Evolution. Wir werden dies im Anschluß an die einführenden Abschnitte über das Wesen der Kultur kurz darstellen.

Da diese Vorlesung starke philosophische Implikationen in bezug auf die Kultur haben wird, ist es erforderlich, ihm eine Darstellung der jüngsten Beiträge von Popper (1972) und Popper und Eccles (1977) voranzustellen. Entgegen dem allgemein verbreiteten monistischen Glauben an den Materialismus oder den Glauben an eine dualistische Welt (Materie-Energie einerseits und subjektive Welt der bewußten Erfahrung andererseits) hat Popper (1972) eine Drei-Welten-Philosophie entwickelt. Diese ist in Abb. 6-1 illustriert.

Welt 1 ist die gesamte materielle Welt des Kosmos, sowohl der inorganischen als auch der organischen Welt, einschließlich Maschinen und der gesamten Biologie – sogar der Körper und Gehirne der Menschen.

Welt 2 ist die Welt der bewußten Erfahrungen, nicht nur unserer unmittelbaren Wahrnehmungen – Sehen, Hören, Berührung, Schmerz, Hunger, Zorn, Freude, Furcht usw., sondern auch unserer Erinnerungen, Vorstellungen, Gedanken und Zukunftsplänen, die Popper als unsere »Handlungsdispositionen« (»dispositional intentions«) bezeichnet.

Welt 3 ist die Welt des objektiven Wissens. Sie enthält die objektiven Gedankeninhalte, die dem wissenschaftlichen, künstlerischen und poetischen Ausdruck zugrundeliegen. Insbesondere unterstreicht Popper die Zugehörigkeit zu Welt 3 aller theoretischen Systeme, aller Probleme, Problemsituationen und kritischen Argumente. Die Bedeu-

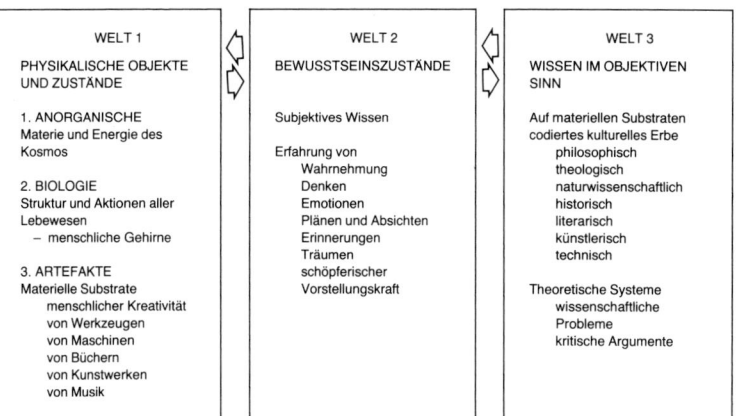

WELT 1	WELT 2	WELT 3
PHYSIKALISCHE OBJEKTE UND ZUSTÄNDE	BEWUSSTSEINSZUSTÄNDE	WISSEN IM OBJEKTIVEN SINN
1. ANORGANISCHE Materie und Energie des Kosmos	Subjektives Wissen Erfahrung von Wahrnehmung	Auf materiellen Substraten codiertes kulturelles Erbe philosophisch theologisch
2. BIOLOGIE Struktur und Aktionen aller Lebewesen – menschliche Gehirne	Denken Emotionen Plänen und Absichten Erinnerungen Träumen	naturwissenschaftlich historisch literarisch künstlerisch technisch
3. ARTEFAKTE Materielle Substrate menschlicher Kreativität von Werkzeugen von Maschinen von Büchern von Kunstwerken von Musik	schöpferischer Vorstellungskraft	Theoretische Systeme wissenschaftliche Probleme kritische Argumente

Abb. 6-1. Tabellarische Darstellung des Inhalts der drei Welten, die alles Existierende und alle Erfahrungen einschließen. Popper, K. R., Eccles. J. C.: The Self and Its Brain. Berlin, Heidelberg, New York: Springer 1977

tung von Welt 3 wird sofort klar, wenn wir darangehen, ihre Beziehung zu Welt 1 und Welt 2 zu betrachten.

In der Tat können wir feststellen, daß in Welt 3 alle sprachlichen Ausdrucksformen Platz haben sowie alle Argumente, Erörterungen und sämtliche Aufzeichnungen intellektueller Bemühungen des Menschen; insbesondere sind da die in Bibliotheken und Museen aufbewahrten Zeugnisse solcher Bemühungen, entweder in Form schriftlicher Aufzeichnungen oder als Gemälde, Skulpturen, Keramik, Ornamente, Werkzeuge, Maschinen usw. Wir müssen uns jedoch darüber klar sein, daß Welt 3 lediglich das objektive Wissen enthält, das symbolisch in den tatsächlichen Strukturen verschlüsselt ist, die als Behälter für dieses Wissen dienen. Die diese Schlüssel enthaltenden materiellen Strukturen wie Bücher, Bilder, plastische Kunstformen, Filme und selbst Computergedächtnisse würden natürlich Welt 1 angehören.

Welt 3 ist die Welt der Kultur und im wesentlichen eine Welt, in der gespeichert wird. Während der gesamten Geschichte der menschlichen Zivilisation hat der Genius des Menschen seine Phantasie und sein Verständnis in bleibender Form hinterlassen, ebenso sein Empfinden für Plan und Zweck, das ursprünglich in Stil und Form seiner Gestaltung von Ton, Stein, Feuerstein oder Töpferwaren verwirklicht war oder in der Linienführung seiner Höhlenmalereien. Die erhaltenen Fragmente erlauben uns einen Einblick in die schöpferische Kraft des primitiven Menschen und offenbaren das allmähliche Erscheinen verfeinerter Formen des symbolischen Ausdrucks. Alle diese bleibenden Aufzeichnungen der menschlichen Schöpferkraft gehören zu Welt 3 und lassen uns Einblick nehmen in die Gedanken und Vorstellungen der Menschen einer weit zurückliegenden Vergangenheit, d. h. des Inhaltes ihrer Welt 2.

6.2 Die Evolution der Kultur

Überblicken wir die Kulturgeschichte der Menschheit, so ist die bemerkenswerteste Entdeckung die, daß es Äonen unglaublich langsamer Entwicklung gegeben hat (vgl. Dobzhansky, 1962; Hawkes, 1965).

6.2.1 Paläolithikum und Mesolithikum

Hinsichtlich der ersten Zeugnisse der Hominidenentwicklung sind wir auf Steinwerkzeuge angewiesen. Es ist zweifelhaft, ob den Australopithecines irgendeine paläolithische Kultur, sei es auch nur der primitivsten Art, zugeschrieben werden kann (Tobias, 1973). Als Jäger und Angreifer hatten sie sich vermutlich über das Niveau der heutigen Pongiden hinaus entwickelt, in dem sie sich aufs Geratewohl Waffen aus Knochen, Horn und Holz bedienten. Es ist enttäuschend, daß die beachtliche Hirnentwicklung mit einem EQ von etwa 3,8 (Abb. 5-8) während der langen Zeit (etwa 4 Mio. Jahre), in der die Australopithecines existierten, keine systematische Steinkultur hervorbrachte. Vermutlich verfügten sie als Jäger im offenen Grasland, wo ihre Fähigkeit, aufrecht zu laufen, ihnen einen großen Vorteil beim Jagen verschafft haben dürfte, über eine sichere ökologische Nische. Möglicherweise haben sie mit einiger Geschicklichkeit Holzknüppel zu Waffen umgestaltet, aber nichts davon hat als Fossilie überdauert. Vermutlich existierten die Australopithecines deshalb derart lange, weil sie trotz der Unzulänglichkeit ihrer Waffen ausgezeichnete Jäger waren. Ihre größere Gehirnkapazität könnte sich dahingehend ausgewirkt haben, daß sie als Gruppen besser beim Planen und Jagen zusammenarbeiteten.

Mit der Evolution des *H. habilis* vor etwa 2,8 Mio. Jahren stehen wir am Beginn des paläolithischen Zeitalters, wie die einfachen Steinwerkzeuge oder Hackmesser (»choppers«) erkennen lassen, die in der ältesten Olduwaikultur in Kenia und in der benachbarten Region in Äthiopien gefunden wurden. Diese Werkzeuge wurden durch grobes Zerschlagen kleinerer Steine erzeugt, die auf diese Weise eine Kante zum Schneiden, Hacken oder Schaben bekamen (Abb. 6-2C).

In einer viel späteren Phase fand eine Verbesserung der Steinwerkzeuge in den Acheuléen- und Abbévillien-Faustkeilen (Abb. 6-2A und B) statt. Nach Fundstellen und Datierung zu schließen, scheinen sie die Produkte von *H. erectus* und *H. sapiens präneanderthalis* vor etwa 500000–200000 Jahren zu sein. Seitdem fand während des gesamten Unteren Paläolithikums eine fortlaufende Formverbesserung und -vervielfältigung der Steinwerkzeuge statt. Zweckmäßigerweise datiert man dieses Zeitalter so, daß sein Ende mit dem Auftreten des Neandertalmenschen vor ungefähr 100000 Jahren zusammenfällt.

Das *Mittlere Paläolithikum* entspricht dem Zeitalter des Neandertalers, es liegt 100000 bis 40000 Jahre zurück. Während dieser Periode fand durch die Erfindung der *Abschlagtechnik,* die eine große Reihe von Werkzeugen mit feineren Schnittkanten ergab, eine erhebliche Verbesserung in der Werkzeugherstellung statt. Wer diese Werkzeuge herstellte, mußte geschickt sein und sehr wohl verstehen, auf welche Art und Weise die erwünschte Abschlagfläche aus dem Feuersteinknollen zu erhalten war.

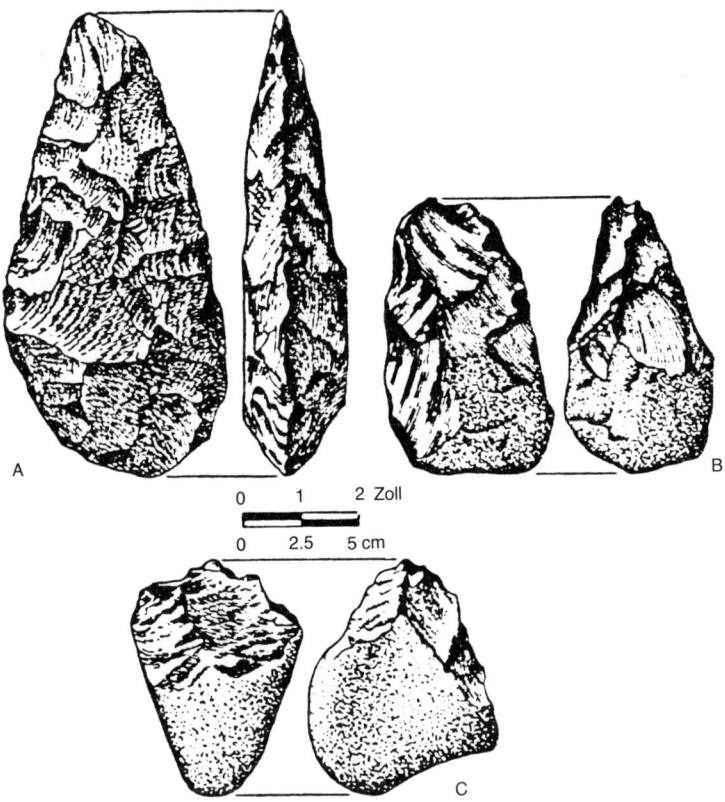

Abb. 6-2. Vom Steinwerkzeug zur Handaxt. **A** Acheuléen-Werkzeug. **B** Abbévillien-Werkzeug. **C** Olduwai-Steinwerkzeuge. Mit Genehmigung der Kuratoren des British Museum (Natural History)

Das *Obere Paläolithikum* entspricht der Cromagnon-Kultur, die 40 000 bis 10 000 Jahre zurückliegt. Die *Klingentechnik* dieser Zeit brachte noch feinere Klingenwerkzeuge hervor, ebenso eine erstaunliche Vielfalt von Spezialwerkzeugen zum Bearbeiten von Knochen und Holz und sogar Nähnadeln, mit denen Häute zu ordentlicher Kleidung verarbeitet werden konnten.

Für die Geschichte, die wir hier erzählen, sind die Werkzeugkulturen der beste Beweis der verbesserten technischen Leistungsfähigkeit, die mit der zunehmenden Hirngröße von *H. habilis* zu *H. erectus* und weiter zu *H. sapiens* einherging (Abb. 5-3). Wir können die besten Faustkeile des Unteren Paläolithikums, die der Acheuléen-Kultur (Abb. 6-2A) mit ihrer ansprechenden regelmäßigen Form bereits als Kunstwerke betrachten. Die späteren »Lorbeerblatt«-Klingen sind prächtige Kunstwerke der Cromagnon-Produktion im Oberen Paläolithikum.

Mit bemerkenswertem Verständnis hat Jacquetta Hawkes (1965) die Beziehung des Steinzeitmenschen zu seinen Tätigkeiten zum Ausdruck gebracht:

> Erst mit dem plötzlichen Auftauchen von Kunst und rituellen Bestattungen gegen Ende des Paläolithikums bekommen wir überhaupt etwas mehr als den leisesten Hinweis auf die innere, vereinheitlichende Existenz des Menschen, obgleich kein Zweifel daran besteht, daß diese auch schon, während der Mensch in seinem extrovertierten und praktischen Leben vom Zerschlagen von Kieseln zum Gestalten eines Faustkeils voranschritt, gewachsen sein und sich verfeinert haben muß. Wir können auf der Ebene des Intellekts eine wachsende Fähigkeit annehmen, nach Kategorien zu ordnen und aus der Vergangenheit Schlüsse zu ziehen, die in der Zukunft von Nutzen sein würden. Auf der Ebene der Vorstellungskraft muß zunehmend die Fähigkeit bestanden haben, sich Dinge (und insbesondere ersehnte Gegenstände, beispielsweise jagdbare Tiere) vorzustellen, wenn man sie nicht vor Augen hatte – vergleichbar mit der Fähigkeit, sich in dem unbearbeiteten Gesteinsknollen das fertige Werkzeug vorzustellen. Die Schönheit der Form des Faustkeils selbst kann in der Tat als ein Beweis für das frühe Auftreten eines ästhetischen Empfindens angeführt werden – ihre befriedigenden Proportionen zeigen, daß der erfinderische Geist bereits vor einer Viertelmillion Jahren sein eigenes Empfinden für die Harmonie reiner Form besaß, das – welches auch immer seine Quelle sein mag – für uns heute immer noch gilt.

Zwischen der Zeit, zu der das Menschengehirn bereits in voller Größe entwickelt war, und dem ersten entscheidenden Schritt des Menschen vorwärts in der kulturellen Evolution, d. h. in der Schaffung von Welt 3, klafft eine gewaltige Lücke. Über den größeren Teil des ungeheuer lange währenden Paläolithikums – es dauerte etwa 2 Mio. Jahre – wissen wir nichts anderes, als daß sich die Steinwerkzeuge allmählich von abgeschlagenen Kieseln bis zu dem sich sehr langsam verbessernden Faustkeil entwickelten. Man nimmt allgemein an, diese fast unvorstellbare Langsamkeit illustriere, wie stark der Mensch dadurch behindert war, daß er noch keine effektive Verständigungsmöglichkeit durch die Sprache besaß. Erst in der Ära des Oberen Paläolithikums scheint der Mensch eine neue Bewußtheit und Zielstrebigkeit erlangt zu haben – wovon der bemerkenswerte Fortschritt in wenigen Tausenden von Jahren im Gegensatz zu dem faktischen Stagnieren während der vorangegangenen Hunderttausende von Jahren Zeugnis ablegt. Wie man sich leicht vorstellen kann, wurde der Mensch durch eine Sprache, die eine deutliche Identifizierung von Gegenständen und Beschreibungen von Handlungen und, sogar noch wichtiger, die Möglichkeit des Erörterns und Argumentierens erlaubt, auf eine neue Ebene der Kreativität emporgehoben. Wir können vermuten, daß dieser sprachliche Stimulus die Entwicklung einer großen Vielfalt von Steinwerkzeugen mit beträchtlich verbesserter Formgebung zur Folge hatte. Es ist dies das wichtigste Charakteristikum des Oberen Paläolithikums.

Den faszinierendsten Einblick in die künstlerische Schöpferkraft des Menschen des Oberen Paläolithikums vermitteln jedoch die Höhlenmalereien in Südfrankreich und Nordspanien. Als ich die wundervollen Malereien von Lascaux sah (Abb. 6-3), war ich überwältigt von dem Gefühl, daß diese Künstler eine hochentwickelte Phantasie und ein großartiges Gedächtnis sowie auch ein verfeinertes ästhetisches Empfinden besessen haben müssen. Zweifellos verfügten sie über eine vollständig entwickelte Sprache, so daß sie die verwendeten Techniken und die Ideen, von denen sie sich inspirieren ließen, erörtern konnten. Man gewinnt den Eindruck, der Mensch habe in jener Periode, d. h. um etwa 15 000 v. Chr., in sehr reichem Maße zu der Welt der Kultur beigetragen. Zur gleichen Zeit finden wir das Schnitzen und Modellieren von Tieren und archetypischen Frauenfiguren, die wahrscheinlich Muttergottheiten darstellen sollten. Viele von ihnen würden in Ausstellungen moderner Plastiken Ehre einlegen!

Das darauffolgende *Mesolithikum* brachte die Weiterentwicklung und Vervollkommnung der Jagdverfahren, ebenso der Kleidung und Unterkünfte, künstlerisch gesehen aber war dieses Zeitalter nach den großen Errungenschaften des späteren Paläolithikums enttäuschend.

Diese technische Periode, das Mesolithikum, die um 10 000 bis 8000 v. Chr. einsetzte, war relativ kurz, zumindest in den Frontgebieten des kulturellen Fortschritts, in denen sie vom Neolithikum abgelöst wurde.

6.2.2 Neolithikum

Das Neolithikum war durch seßhafte bäuerliche Gemeinschaften gekennzeichnet, die durch die Domestikation von Tieren und den Pflanzenanbau möglich wurden. Die Bauern lebten in Dörfern, und allmählich entstanden in besonders günstig gelegenen Gegenden an Handelsstraßen die ersten Städte.

Die erste Stadt war Jericho. Sie wurde ungefähr 8000 v. Chr. im äußersten Süden des fruchtbaren Halbmondes gegründet, dessen Sichel sich nach Anatolien hinauf und dann nach Mesopotamien hinunterwölbte. Es war wahrscheinlich die erste von Mauern umgebene Stadt und wurde in darauffolgenden Jahrtausenden viele Male neu aufgebaut, jedes Mal sicherer, mit festen Häusern und Grabstätten für die Toten. Jericho war bemerkenswert wegen der mit Stuck übermodellierten, Gesicht und Kopf darstellenden Schädel um 6000 v. Chr. Es zählte wahrscheinlich nicht mehr als 2000–3000 Einwohner.

Die kürzliche Entdeckung von Çatal Hüyük auf dem anatolischen Hochland ist der nächste Schritt vorwärts. Çatal Hüyük war eine größere Stadt mit bis zu 6000 Einwohnern, sie wurde 6500 v. Chr. gegründet. Auch diese Stadt lag in einer Handelsgegend mit reicher Landwirtschaft – Haustiere und Anbau von Weizen, Gerste, Gemüse, Nüssen und Obst. Die dicht aneinandergrenzenden Häuser besaßen zwei Stockwerke, und es gab zahlreiche Schreine mit Skulpturen sowie Wandmalereien. Die Grabstätten legten Zeugnis ab von einem reichen Gemeinwesen mit Geschmeide, feingewobenen Stoffen und modischen Waffen. Hier war vielleicht das erste kultivierte Gemeinwesen, aber es fehlt uns jeder dokumentarische Nachweis der sozialen und religiösen Organisation dieser kleinen Stadt, die einige Jahrtausende lang existierte.

Wir müssen unsere Aufmerksamkeit nun von diesen ersten zaghaften zivilisatorischen Gehversuchen ab- und nach Mesopotanien hinwenden, wo von 5000 v. Chr. an die erste große Blüte einer Zivilisation zu verzeichnen war, deren Glanz etwa 3000 Jahre lang anhielt. So viel von der Kultur, die wir heute in Ehren halten, hatte seinen Ursprung in jener erstaunlichen Epoche. Die ersten Siedlungen wurden ursprünglich in

Abb. 6-3. Malereien aus der Höhle von Lascaux, Halle der Stiere. Zwischen den Köpfen der beiden Bullen an den Seiten sieht man ein Pferd und unten eine Gruppe von Hirschen

Abb. 6-5. Susa-Becher aus dem 4. Jahrtausend v. Chr. Abdruck mit Genehmigung des Louvre.

Abb. 6-4. Samarra-Keramik aus dem 5. Jahrtausend v. Chr. mit figurativen und abstrakten Ornamenten. Abgedruckt mit Genehmigung der The State Antiquities Organization, Bagdad

den Flußtälern im Norden Mesopotamiens angelegt, z. B. Dscharmo um 6500 v. Chr. Bald zogen die Städte und Dörfer wegen ihrer festen Häuser und der feinen Töpfer- und Webwaren die Aufmerksamkeit auf sich. Diese Entwicklungen wurden möglich aufgrund des erfolgreichen Anbaus von Kulturpflanzen wie Gerste und Weizen und der Zucht von Haustieren, Schafen, Rindern, Ziegen, Schweinen und Hunden. Zudem wurden feine Steinwerkzeuge mit polierten Oberflächen hergestellt. Die Töpferei läßt klar erkennen, daß der Mesopotamier sich vor einem ästhetischen Emfpinden leiten ließ. Die Ornamente von Hassuma und Dscharmo waren zum Teil abstrakt, daneben findet sich jedoch, wie bei der Samarra-Keramik aus dem 5. Jahrtausend v. Chr. (Abb. 6-4), auch eine sehr weit entwickelte Stilisierung von Tierformen zu Mustern, die Zeugnis von einem starken künstlerischen Empfinden ablegen. Diese mesopotamische Keramik ist bemerkenswert wegen der Art, in der sie Nützlichkeit und Eleganz miteinander verbindet. Ihre Schöpfer hatten bereits die Töpferscheibe erfunden. Die kulturelle Evolution war weit vorangeschritten, und die Susa-Keramik (Abb. 6-5) aus dem 4. Jahrtausend v. Chr. verkörpert ihre höchste künstlerische Leistung auf diesem Gebiet.

Ungefähr um 5000 v. Chr. hatte sich die Kultur des Neolithikums von Mesopotamien nach Ägypten ausgebreitet und legt so den Keim für die großen Epochen der ägyptischen Zivilisation. Später griff dieser zentrale Wesenszug der neolithischen Kultur – die Landwirtschaft in seßhaften Gemeinschaften – weit auf Europa und Asien (zuerst auf das Industal und später auf China) über.

6.2.3 Aufstieg der Städte und Blüte der Kultur (Woolley, 1961)

Mesopotamien selbst konnte erst beginnen, als von 5000 v. Chr. an die künstliche Bewässerung entwickelt wurde, um den sagenhaft reichen Boden entlang der Flüsse produktiv nützen zu können. Dieses Speichern des Flußwassers setzte die Existenz großer organisierter Gemeinschaften mit einer fähigen Technik voraus. Zum ersten Mal gab es große Zivilisationszentren auf dem Planeten Erde. Ohne jeden Zweifel war es Mesopotamien, das während der glanzvollen Perioden der sumerischen Zivilisation, die 3500 v. Chr. begann und mehr als ein Jahrtausend währte, die Welt anführte. Das Zeitalter des Neolithikums wich der Kupferzeit um ungefähr 3500 v. Chr., und diese wiederum wurde um 3000 v. Chr. von der Bronzezeit abgelöst. Die Hüttentechnik war in den vielen Werkstätten der Städte hochentwickelt; es wurde einerseits empirisch experimentiert, andererseits wurden Traditionen weitergegeben. Während des 3. Jahrtausends v. Chr. war die Gold-, Silber- und Bronzehandwerkskunst von hohem Rang.

Um 3500 v. Chr. traten die Sumerer an die Stelle der mesopotamischen Obedkultur, und bald zeigten sich großartige Entwicklungen in der Bildhauerei, die Macht, Selbstvertrauen und Eleganz ausstrahlten. Der Warka-Kopf oder, wie ich diese Skulptur lieber nenne, die Dame von Uruk, wird auf 3000 v. Chr. oder sogar noch früher datiert. Hier offenbart sich eine erstaunliche Sensibilität (Abb. 6-6). Die Augen und Brauen waren ursprünglich mit farbigen Materialien eingelegt. Zum ersten Mal ist hier das Geheimnis des ewig Weiblichen abgebildet. In der Vollkommenheit der

Abb. 6-6. Frauenkopf aus weißem Marmor aus Uruk, ungefähr 3000 v. Chr. Abdruck mit Genehmigung der The State Antiquities Organization, Bagdad

Wangen und Lippen können wir den menschlichen Geist fühlen. Mit ihrer Schönheit, die einen nicht losläßt, ist die Dame von Uruk eines der großen Meisterwerke der menschlichen Kultur. Aber die sumerischen Bildhauer schufen auch Götter und Göttinen mit seltsamen Verzerrungen und großen Augen und kleinen Händen (Abb. 6-7). Dies hat symbolische Bedeutung, doch die Gestalten sind stattlich und eindrucksvoll.

In der ersten Hälfte des 3. Jahrtausends v. Chr. offenbaren diese höchst sensiblen und ansprechenden menschlichen Plastiken, daß die Künstler große Kunstfertigkeit und Menschlichkeit besaßen. Doch wie Malraux im Vorwort zu Parrot (1960) bemerkt:

> Ihr Ziel war keineswegs die getreue Nachbildung von Menschen, sondern die Schaffung von Formen, die die Menschen mit den Göttern verbanden. Die Erhabenheit dieses Zieles brachte es mit sich, daß der Künstler nichts von ihm wußte, so wie der Heilige nichts von seiner Heiligkeit weiß.*

---

* Zitiert nach Universum der Kunst. Hrsg. Malraux, A. und Salles, G. Parrot, A.: Sumer, S. XXVIII. München: C. H. Beck 1960, Anm. d. Übers.

Abb. 6-7. Göttin und Gott Abu aus Tell Asmar, ungefähr 2700 v. Chr. Abdruck mit Genehmigung der The State Antiquities Organization, Bagdad

Ich füge dieses Malraux-Zitat ein, um vor einer modernen »künstlerischen« Auffassung der Künstler in den alten Zivilisationen zu warnen. Es war nicht ihre Absicht, ihren Stil zu prägen und Anerkennung zu erringen; vielmehr war es ihr Ziel, im breiten Strom ihrer Zivilisation »eingetaucht« zu sein, mit ihm zu leben und in Harmonie mit ihm zu schaffen. Das galt sogar noch vor gar nicht so langer Zeit, beispielsweise in der mittelalterlichen Zivilisation mit ihren Steinbildhauern und Fresko- und Glasmalern.

In dieser großen Ära waren mehrere hochentwickelte Städte in Mesopotamien entstanden. Hoch über der Stadt ragte die zentrale Zikurrat empor, der Tempel des Gottes, dem die Stadt »gehörte«. Sie war ebenfalls der Sitz der Priester und Schreiber, die den Willen des Gottes auslegten und die Stadt, ebenso wie das gesamte fruchtbare Ackerland, das der Stadt durch den Gott gehörte, zum Wohl der Gemeinschaft verwaltete.

Nach Woolleys (1963) Schätzung betrug die Einwohnerzahl von Ur zu Beginn des 2. Jahrtausends v. Chr. ungefähr 360000. Die Architektur hatte eine Glanzzeit erlebt, aber erstaunlich lange Zeit hindurch gab es immer noch keine Schrift. All die Information, die für die Geschäfte und Verwaltung der Stadt notwendig war, wurde allem Anschein nach in den Gedächtnissen der Beamten, der Kunsthandwerker, der Priester gespeichert und war natürlich in den Objekten selbst verschlüsselt – in

Häusern, Töpfereiwaren, Skulpturen und Figurinen, Geräten, Waffen und technischer Ausrüstung wie der Töpferscheibe und den Gießereien.

Es fällt schwer, uns vorzustellen, wie die mündlich überlieferte Tradition den verwickelten Vorgängen solcher Verwaltungen gewachsen sein konnte. Dieses dringende Bedürfnis war die treibende Kraft, die dazu führte, daß die Sumerer den größten aller ihrer Beiträge zur menschlichen Kultur leisteten – die Entwicklung einer Schrift. Man hatte bereits Piktogramme verwendet, um die Anzahl von Gegenständen aufzuzeichnen – von Schafen, Rindern, Schweinen usw. Doch diese dienten nur der Auflistung von Dingen, sie konnten keine Aussagen übermitteln. Wie Woolley (1963) es glänzend ausdrückt:

> Die bildhafte Darstellung endet und echte Schrift beginnt in dem Moment, in dem zum ersten Mal ein unzweifelhaft linguistisches Element hineinkommt, und das kann erst dann geschehen, wenn die Zeichen einen phonetischen Wert erworben haben. Die Kluft, die das Piktogramm vom Hieroglyphen und letztlich vom phonetischen Zeichen trennt, ist so weit, daß sie sich für die meisten Völker als unüberwindlich erwiesen hat. Es ist das Verdienst der Sumerer, imstande gewesen zu sein, die Kluft zu überbrücken. Und sobald sie dies getan hatten, übernahmen ihre Nachbarn rasch zwar nicht zwangsläufig das sumerische System, aber die sumerische Idee, und es entstand eine Reihe von Schriften, die in ihrer Form völlig anders waren als die der Sumerer, diesen aber die Grundidee verdankten, daß ein Schriftzeichen nicht ein Ding, sondern einen Laut bezeichnen könne. Alles verfügbare archäologische Beweismaterial scheint zu belegen, daß die echte Schrift zum ersten Mal im südlichen Mesopotamien entwickelt wurde.

Das früheste Beispiel davon tritt ungefähr 3300 v. Chr. auf, und bis 3000 v. Chr. war in Uruk ein Zeichensystem entwickelt worden, das bis zu 900 Zeichen umfaßte, von denen die meisten immer noch recht komplizierte Ideogramme waren. Die Verwendung war so schwierig, daß sie auf einen kleinen Kreis von Spezialisten beschränkt war (die Schreiber). Diese vereinfachten die Form der Zeichen fortwährend, so daß die Schrift schließlich völlig abstrakt war, aus verschiedenen Anordnungen spitz zulaufender Zeichen bestand, die mit einem keilförmigen Griffel in weiche Tontafeln eingraviert wurden, daher der Name »Keilschrift« für die erste geschriebene Sprache, die um etwa 2800 v. Chr. vollständig entwickelt war.

Wir müssen der Schrift einen Platz unter den größten Entdeckungen in der menschlichen Geschichte einräumen, denn mit ihrer Hilfe konnte der Mensch die Zeit überdauern. Gedanken, Vorstellungen, Ideen, Einsichten und Erklärungen, die die Menschen eines Zeitalters erlebten und erarbeiteten, können niedergeschrieben werden, um in jenem selben Zeitalter verbreitet oder in späteren Zeitaltern wiederentdeckt zu werden. Die schöpferischen Einsichten eines Menschen brauchen nicht länger mit ihm zu sterben, sondern können, wenn sie in Schriftform verschlüsselt sind, von späteren Menschen neu erfahren werden, die diese zu entschlüsseln imstande sind. Und so betreten wir die geschichtliche Zeit, die Epochen, in denen die verschiedenen Zivilisationen Aufzeichnungen ihrer wirtschaftlichen und politischen Aktivitäten, ihrer Mythen und Legenden, ihrer Dramen, Poesie, Geschichte, Philosophie und Religion hinterlassen haben.

Es mutet uns zweifellos trivial an, wenn wir sehen, welche Verwendungen diese wundervolle Entdeckung zu Beginn erfuhr. Meistenteils wurde sie für Geschäftsunterlagen benutzt, für Verträge, Bestandslisten, Verkaufsurkunden! Aber sie wurde auch für königliche Inschriften verwendet und in einem späteren Stadium zum Aufzeichnen religiöser Texte. Doch selbst diese begrenzte Verwendung beschenkt uns mit den ersten klaren Aussagen über eine frühe Zivilisation: hier endet die Protohistorie der vorangehenden Zivilisation und die Historie tritt an ihre Stelle.

Es liegen hinreichende Beweise dafür vor, daß die sumerische Idee – nicht die Schriftzeichen im einzelnen – von anderen Kulturen entlehnt wurde, so daß diese ebenfalls ihre Schriften entwickelten; in Ägypten war dies die Hieroglyphenschrift, während sie in China im wesentlichen ideographischen Charakter besaß. Dieses Entlehnen muß im ideographischen Stadium der sumerischen Sprache erfolgt sein, d. h. vor dem Stadium des Abstrahierens zur Keilschrift. Nach Meinung einiger Autoritäten sind die ägyptische und die chinesische Schrift unabhängige Erfindungen, die ohne jede Kenntnis Sumers erfolgten. Wenn wir aber bedenken, wie lange Zeit der Mensch sich einer gesprochenen Sprache bediente ohne zu versuchen, sie in eine geschriebene Form umzuwandeln, so scheint es unwahrscheinlich, daß es drei voneinander unabhängige Entdeckungen gegeben haben sollte, von denen zwei etwas später als die sumerische erfolgten. Gewiß dürfte der enge Kontakt zwischen Sumer und Ägypten die Übernahme einer derart wertvollen Idee erleichtert haben.

6.2.4 Die sumerische Technik

Die Sumerer erfanden ebenfalls das Rad, wie aus der »Standarte von Ur« (2600 v. Chr.) im Britischen Museum zu ersehen ist. Auf dieser Standarte erkennen wir das erste bewaffnete Fahrzeug (Abb. 6-8 *oben*) und hier in derselben Bilderfolge haben wir auch die erste Schilderung einer Cocktailparty (Abb. 6-8 *unten*)! Und so kommen wir zu ihrem großen Erfolg mit Metallen – Kupfer, Bronze und Gold, beispielsweise bei den verschiedenen Darstellungen eines sich an einer Blütenstaude aufrichtenden Widders. Die Gold-kannelierte Vase im Museum der Pennsylvania Universität ist als eines der schönsten Metallgegenstände beschrieben worden, das jemals von Menschenhand verfertigt wurde. Aber auch der prachtvolle Bronzekopf des semitischen Eroberers Sargon (2400 v. Chr.) war zu jener Zeit ohnegleichen. Der mustergültige Verwalter jener Zeit war Gudea (Abb. 6-9), Gouverneur von Lagasch, der um 2200 v. Chr. mindestens 15 Jahre lang regierte und Kunst und Literatur liebte. Mehr als 30 Statuen von ihm sind noch vorhanden, im Louvre gibt es einen besonderen Gudea-Raum.

Ich habe einen kurzen Blick auf die kulturelle Evolution in einer ihrer größten und erregendsten Perioden geworfen. Wie rasch doch der Fortschritt kam, nachdem einmal die Sprache vervollkommnet war und man ihr in den schriftlichen Aufzeichnungen eine bleibende Form geben konnte!

6.2.5 Die sumerische Literatur

Es ist schwieriger, der Entwicklung der Literatur nachzuspüren als der der plastischen Künste, da wir, was die Kenntnis der Originalliteratur betrifft, fast völlig auf neue Kopien angewiesen sind. Aber in Sumer und Ägypten kannte man bereits 3000 v. Chr.

Abb. 6-8. Standarte aus Ur, ungefähr 2600 v. Chr. *Oben:* Ausschnitt: Streitwagen; *unten:* Auschnitt: Liberationsszene. Abdruck mit freundlicher Genehmigung der Kuratoren des Britischen Museums

erlesene Poesie und Prosa. Das größte literarische Werk der Sumerer war zweifellos das Gilgamesch-Epos (Sandars, 1973). Geradeso wie die Epen Homers mehr als 1500 Jahre später, war auch das Gilgamesch-Epos wahrscheinlich lange mündlich überliefert worden, bevor es – wenigstens zum Teil – vom Ende des 3. Jahrtausends an auf Tafeln aufgezeichnet wurde. Das meiste wurde in den ersten Jahrhunderten des 2. Jahrtausends aufgeschrieben. Das Epos ist insofern bemerkenswert, als es einen großen menschlichen Helden schildert, der

> als Mensch die Handlung beherrscht. »Die Götter und ihr Tun dienen nur als Hintergrund und Kulisse für die dramatischen Episoden im Leben des Helden. Was diesen Episoden ewige Bedeutung und allgemeinen Anklang gewährt, ist ihr *menschlicher* Charakter. Sie drehen sich um Kräfte und Probleme, die den Menschen überall und in allen Zeiten gemeinsam sind – das

Abb. 6-9. Diorit-Statue des Gudea von Lagasch, 22. Jahrhundert v. Chr. Abdruck mit Genehmigung des Metropolitan Museum of Art

Bedürfnis nach Freundschaft, der Instinkt der Treue, der mächtige Drang nach Ruhm und Berühmtheit, die Liebe zum Abenteuer und zur Leistung, die alles überschattende Angst vor dem Tode und die bezwingende Sehnsucht nach Unsterblichkeit. Das vielfältige Wechselspiel dieser seelischen und geistigen Kräfte im Menschen geben dem Gilgamesch-Epos sein dramatisches Gepräge. Es ist ein Drama, das über die Schranken der Zeit und des Raumes hinausreicht.« (Kramer, 1959*)

Sowohl in Mesopotamien als auch in Ägypten war nach 1800 v. Chr. alle literarische Kreativität praktisch erschöpft. Wie es auch mit so vielen jüngeren Zivilisationen geschah, gingen die Perioden der großen Errungenschaften zu Ende. Aber das kulturelle Werk überlebt in den Aufzeichnungen, die erhalten blieben, den Schriften und plastischen Kunstwerken. Auf diese Weise konnten die Zivilisationen des Mittelalters und der Renaissance einen derart großen Teil der vergessenen klassischen Zivilisation wiederentdecken. Und im vergangenen Jahrhundert sind enorm erfolgreiche Anstrengungen unternommen worden, die Zivilisationen weiter zurückliegender

---

* Zitiert nach der deutschen Ausgabe *Geschichte beginnt mit Sumer,* S. 142. Anm. d. Übers.

Zeiten zu entdecken, wie die sumerische, über die wir oben kurz gesprochen haben. Diese Bemühungen müssen zu den ruhmreichen Leistungen des Menschen gezählt werden, durch die er so Vieles der großen schöpferischen Leistungen früherer Zivilisationen wiederentdeckt, systematisiert und würdigen gelernt, und somit unschätzbar viel zum Inhalt und Reichtum unserer kulturellen Welt beigetragen hat.

6.3 Die kulturelle Evolution und Welt 3

Ich habe das Werk der Sumerer, ihren großen und bleibenden Erfolg beim Aufbau von Welt 3 als zentrales Thema dieser Vorlesung gewählt. Die ägyptische Zivilisation, deren Keim von Mesopotamien aus gelegt wurde, setzte etwas später ein. Sie brachte großartige Schöpfungen hervor, insbesondere in ihren großen steinernen Kunstwerken – den Skulpturen, Tempeln und Pyramiden. Mit einer totalen Unterordnung aller unter den Pharao, den Gott-König, war Ägypten sehr viel konservativer und autoritärer als Sumer mit seinen vielen Stadtstaaten. Während eines großen Teils seiner Geschichte bestand in Sumer eine erstaunlich offene und tolerante Gesellschaft, in der die Rechte des Einzelnen respektiert und sogar etwa 2100 v. Chr. durch den ersten Gesetzeskodex (den Kodex von Ur-Nammu) geschützt wurden. Bedauerlicherweise wurde er zur Zeit der Babylonier durch den davon abgeleiteten, aber sehr viel strengeren Hammurabi-Kodex ersetzt (Hawkes, 1975).

Das Thema meiner Vorlesungen ist die Geschichte des Menschen bis zu unserer heutigen Zeit, ich muß also dem Hauptstrom folgen, der zu unserer herrschenden westlichen Zivilisation führte, und die anderen großen Zivilisationen in Asien, Indien und Zentralamerika beiseite lassen. Das Werk der Sumerer wurde in der babylonischen und später in der assyrischen Zivilisation fortgesetzt. Es erlangte eine weite Verbreitung im Nahen Osten und führte so über das ägyptische Vermächtnis zur minoischen und mykenischen Zivilisation und somit zu Griechenland und von dort nach Rom. Es fand eine Verschmelzung mit der hebräischen Zivilisation statt, deren Wurzeln nach Babylon und sogar bis nach Sumer zurückreichen. Abraham war vermutlich ein Bürger der Stadt Ur um 1800 v. Chr. Und so gelangen wir bis hin zum westlichen Christentum und zu unserer eigenen Zeit.

Wir haben die materielle wie auch die praktische Seite des Lebens in jenen großen schöpferischen Perioden der menschlichen Geschichte betrachtet. Dies ist ein wichtiger Aspekt der Kultur, und er zeigt, daß etwas ganz und gar Einmaliges auf dem Planeten Erde aufgetreten war. Es wurden Strukturen mit zweckmäßiger Formgebung geschaffen, die von schöpferischer Vorstellungskraft Zeugnis ablegten. Dieses zieht eine scharfe Trennlinie zwischen der kulturellen und der biologischen Evolution, die in ihrer offiziellen Form den Zweck nicht als einen die Evolution leitenden Faktor in Betracht ziehen kann.

Die gewaltigen Entwicklungen der Zivilisation während der letzten zwei Jahrtausende sind Teil unseres kulturellen Erbes, und es besteht keine Notwendigkeit, näher auf sie einzugehen. Es mag ausreichen, wenn wir sagen, daß in jedem der verschiedenen Zeitalter mehrere Kulturformen vorgeherrscht haben. Wir sind die Erben nicht nur der kulturellen Leistungen unseres eigenen Zeitalters, sondern auch der kulturellen

Errungenschaften vergangener Epochen, die in irgendeiner verschlüsselten Form verfügbar sind (Abb. 6-1). Die kulturelle Evolution hat uns eine unvorstellbar reiche Welt 3 beschert, so reich, daß jeder von uns in einem ganzen Leben nur einen winzigen Bruchteil davon kennenlernen kann.

6.4 Welt 2: Die Welt des Selbst-Bewußtseins

Wir müssen uns nun wieder der Entwicklungsgeschichte der anderen, in einzigartiger Weise menschlichen Welt zuwenden, der Welt 2 der subjektiven Erfahrung (Abb. 6-1). Gleich zu Beginn müssen wir eine wichtige Unterscheidung treffen. Ich wage mich nicht auf das umstrittene Gebiet des *Bewußtseins,* das sich von Testkriterien so schwer erfassen läßt. Vermutlich besitzen alle Tiere mit hochentwickelten Gehirnen, beispielsweise Säugetiere und Vögel (s. Abb. 5-4), ein Bewußtsein. Beim *Selbst-Bewußtsein* dagegen weiß ich, daß ich weiß, und ich bin mir meiner Existenz als erlebendes Selbst bewußt. Ein anderes Wort dafür ist *Bewußtheit seiner selbst* (self-awareness). Die zahlreichen Komponenten von Welt 2 sind als Schema in Abb. 10-2 dargestellt, die in der letzten Vorlesung im einzelnen erörtert werden wird.

Man könnte meinen, die Hominiden hätten, sobald sie mit der Schaffung von Welt-3-Gegenständen (z. B. fein gestalteter Handkeile) begannen, ein Bewußtsein ihrer Individualität erlangt. Mag sein, daß es so war, aber es muß eine schwache und schattenhafte Erfahrung gewesen sein, und wir müssen uns an weniger weit zurückliegende Zeiten halten, wenn wir die ersten Zeichen von Selbst-Bewußtsein finden wollen. Paradoxerweise erwächst es nicht aus der Anteilnahme an den Lebenden, sondern in erster Linie aus der Sorge um die Toten.

Jacquetta Hawkes (1965) hat dies folgendermaßen beschrieben:

> Der erste Hinweis, den wir dafür haben, daß unsere urzeitlichen Vorfahren von metaphysischer Intuition (so wenig sie auch ins Bewußtsein gedrungen sein mochte) geplagt wurden, findet sich in der sorgfältigen Bestattung der Toten durch den Neandertalmenschen. Die ersten Beispiele solcher Begräbnisse sind wahrscheinlich die bei Wadi el Mughara in Palästina. Hier waren die Körper der neandertalerähnlichen Bewohner in flache, aus dem Höhlenboden ausgehobene Gräber gelegt, und es waren ihnen Nahrung und Feuersteinwaffen beigegeben worden. Diese Bestattungen, von denen einige so kunstvoll waren, daß sie die Beschreibung als zeremonielle Begräbnisse verdienen, deuten mit Sicherheit auf irgendeine Form eines Glaubens an ein Weiterleben nach dem Tode hin.

Wir können ohne allzu großes Risiko den Schluß ziehen, daß der Neandertalmensch gewiß ein Bewußtsein seiner selbst der Art besaß, wie wir es auch erfahren, und daß er die anderen Mitglieder seiner Gemeinschaft als Wesen wie sich selbst auch empfand. So könnten wir sagen, daß unsere Vorfahren vielleicht vor 100 000 Jahren an der Schwelle des Menschseins standen und zu selbst-bewußten Wesen wurden. Möglicherweise werden weitere archäologische Entdeckungen zeremonieller Bestattungen diesen Zeitpunkt in noch frühere Vorneandertalerzeiten zurückverlegen.

Darüber hinaus scheint der Urmensch bemerkenswerte Fortschritte in Zielstrebigkeit, Vorstellungskraft und Beharrlichkeit gemacht zu haben, wovon Formgebung und Herstellung der Werkzeuge Zeugnis ablegen. So zeigt der Fortschritt in der Gestaltung des Faustkeils von der Abbévillien- zur Acheuléenkultur (Abb. 6-2), daß der Handwerker vor etwa 250000 Jahren in dem Gesteinsknollen die endgültige Form vor sich sah und das Abschlagen so plante, daß nach vielen beharrlichen Anstrengungen eben diese Form erzielt wurde. Mit Sicherheit hatte der Mensch zu jener Zeit ein bemerkenswertes Bewußtseinsniveau erlangt, wenn auch vielleicht noch nicht das Selbst-Bewußtsein, das die zeremoniellen Bestattungen etwa 150000 Jahre später erkennen lassen. Doch die etwa 250000 Jahre zurückliegende Werkzeugkultur hat ein derartiges technisches und ästhetisches Niveau, daß wir ihr den Status von Welt 3 zugestehen müssen (vgl. Abb. 6-2A). Ich würde vorschlagen, daß bereits diese Präneandertalmenschen eine ihren Welt 3-Errungenschaften entsprechende Ebene der bewußten Existenz (Welt 2) erklommen hatten. Sie hatten sich in ihrer Evolution bereits weit von ihren Primatenvorfahren entfernt, denn nicht-menschliche Primaten weisen nicht einmal rudimentäre kulturelle Leistungen auf. Ich beziehe mich hier auf das, was sie ohne Hilfestellung leisten, nicht auf die Leistungen, die sie nach einem Training zu erbringen imstande sind. Viele Hinweise (Popper und Eccles, 1977) lassen darauf schließen, daß sich Welt 2 und Welt 3 in einer Art symbiotischer Interaktion miteinander entwickeln. Leider werden wir niemals etwas über die sich entwickelnden Sprachleistungen des Menschen im Laufe seiner Evolution wissen. Dies würde einen weit zuverlässigeren Einblick in seinen Welt-2-Status erlauben als die Werkzeugkultur; aber es scheint wahrscheinlich, daß die Sprachentwicklung den technischen Entwicklungen entsprach.

Wir können die Hypothese aufstellen, der Mensch habe – in dem Maße, wie sein Gehirn sich quantitativ wie auch qualitativ vom Niveau der Australopithecinen zu dem des *H. habilis* und *H. erectus* (wie in der fünften Vorlesung beschrieben) entwickelte – eine Weiterentwicklung der bewußten Erfahrungen, die wir für die höheren Säugetiere postuliert hatten, durchgemacht. Insbesondere dürfte er die Fähigkeit erworben haben, ein Objekt mittels mehrerer Sinnesmodalitäten, z. B. Tasten und Sehen, bewußt zu erkennen. Jerison (1973) hat die wichtige Rolle geistiger Bilder für das Überleben in beschwerlichen Umwelten unterstrichen. Diese geistigen Bilder wären von der Integration der gehörten, ertasteten und kinästhetischen Information in die visuelle Information abhängig, der bei den Anthropoiden mit ihrer binokulären Sehweise bereits eine bevorzugte Stellung zukam. Er stellt fest:

... Die Hominiden neigten zur Errichtung einer Wahrnehmungswelt, in der die Information aus den verschiedenen sensorischen Bereichen zusammengebunden war, um ein zusammenhängendes Bild einer räumlich ausgedehnten Welt zu liefern, die angefüllt war mit Objekten, die sich bewegen und Töne ausstoßen konnten, die berührt, gerochen und gesehen werden konnten, und in der die »Konstanz« der Objekte in der Zeit gewährleistet war. Außerdem wird es eine Welt gewesen sein, in der die Zeit ungeheuer gedehnt werden konnte, um die Integration von Bildern während Sekunden, Minuten oder sogar Zeitspannen zu erlauben. Wenn die Zeit ausgedehnt werden kann, um Geschehnisse der Vergangenheit zu bewahren, warum nicht sie in die Zukunft ausdehnen als Projektion zukünftiger Ereignisse? Eine auf dies-e Weise organisierte Wahrnehmungswelt ist eine uns vertraute Welt. Es ist nicht nur eine Welt, in der wir sehen und hören und berühren können, sondern eine Welt, in der wir uns etwas vorstellen können-. Und Vorstellungen machen wir uns nicht nur von vergangenen, sondern ebenso auch von zukünftigen Ereignissen.

Auf dieser Grundlage gelangen wir zu der Identifizierung und Benennung von Objekten in einer äußeren Welt. So wurde beschreibende Sprache möglich und damit die Erfahrung bewußter Wahrnehmung und gewollten Handelns. Es scheint, als sei das Erwachen des Selbst-Bewußtseins möglicherweise viel später erfolgt als die Entstehung einer primitiven Sprache. Das Selbst-Bewußtsein vermittelt, wie wir wissen, die Erfahrung des Verwunderns, des Schönen, der Erregung und der Begeisterung, es hat aber auch »in seinem Zug düstere Gesellen mitgebracht: Furcht, Angst und Todesbewußtsein« (Dobzhansky, 1967). Und in jenem Stadium seiner Frage nach den letzten Dingen mußte der Mensch bei primitiven Religionen und Ritualen und insbesondere in der Stunde des Todes bei zeremoniellen Bestattungsbräuchen Zuflucht suchen. Damit hatte der Mensch in seiner Entwicklung seine Primatenvorfahren weit hinter sich gelassen. Wir mögen Zweifel daran hegen, ob diese Transzendente Veränderung lediglich ein Resultat der quantitativen und qualitativen Entwicklungen des Gehirns war. Gewiß waren diese Entwicklungen des Hirns notwendig, aber man mag sehr wohl fragen, ob sie auch ausreichten (Eccles, 1970; Popper und Eccles, 1977).

Im Zusammenhang mit dieser Frage stehen die Bedenken, die Wallace, der gleichzeitig mit Darwin im Jahre 1858 die natürliche Auslese entdeckt hatte, zum Ausdruck brachte. Wallace war der Meinung, die menschliche Intelligenz könne nur durch das direkte Eingreifen einer kosmischen Intelligenz erklärt werden. Er wies darauf hin, daß die geistigen Anforderungen im Leben der Urmenschen sehr gering waren. Die natürliche Auslese könne zwar einen Urmenschen mit einem Gehirn ausgestattet haben, das

> ... dem eines Affen nur wenig überlegen [zu sein brauchte]. Doch in Wirklichkeit besitzt er ein Gehirn, das nur wenig hinter dem eines durchschnittlichen Angehörigen unserer gebildeten Gesellschaften zurückbleibt.

Darwin ließ Wallace wissen, er sei über dieses häretische Abweichen von seiner Theorie fürchterlich enttäuscht. Nichtsdestoweniger kam Wallace wiederholt auf dieses Thema zurück. Ich persönlich befinde mich in allgemeiner Übereinstimmung mit Wallace, der aufgeschlossener als Darwin war.

Es ist oben postuliert worden, daß ein einzigartiger Teil von Welt 1, das menschliche Liaison-Gehirn, über die in Abb. 10-2 eingezeichnete Grenze hinweg nicht-materiellen Einflüssen aus Welt 2 offensteht (Popper und Eccles, 1977). Der Evolutionsprozeß hatte Geschöpfe hervorgebracht, deren Gehirne es ihnen gestatteten, die bisher unangefochtene Welt der Energie-Materie zu transzendieren. Welt 1 war nicht mehr völlig geschlossen, und diese folgenschwere Änderung brachte, wie die Geschichte zeigt, eine fortwährende progressive Umgestaltung unseres Planeten Erde mit sich. Wir sind nun auf den Spuren nach dem »Geheimnis Mensch« bis zu dem Punkt vorgedrungen, an dem Fragen über letzte Dinge gestellt werden.

6.5 Die Beziehung zwischen biologischer und kultureller Evolution

Wir müssen zugeben, daß es der biologische Evolutionsprozeß war, der auf die in der vierten und fünften Vorlesung skizzierte Weise das menschliche Gehirn geschaffen hat. Der Bau eines menschlichen Gehirns ist im genetischen Code festgelegt, die kulturelle Evolution jedoch nicht. Wie Dobzhansky (1967) sehr richtig feststellt:

> Die Gene ermöglichen den Ursprung der Kultur, und sie sind für ihre Aufrechterhaltung und Evolution grundlegend wichtig. Aber die Gene bestimmen nicht, welche spezielle Kultur sich wo, wann oder wie entwickelt. Eine analoge Situation haben wir bei Sprache und Sprechen – die Gene ermöglichen dem Menschen Sprache und Sprechen, aber sie bestimmen nicht, was gesagt werden wird. ... das Todesbewußtsein ist weder eine primär unreduzierbare, noch eine einheitliche genetische oder psychologische Entität ... es ist wahrscheinlich eine natürliche Folge und notwendige Begleiterscheinung des Selbst-Bewußtseins. Wenn man sagt, Selbst-Bewußtsein und Todesbewußtsein seien genetisch bedingt, so bedeutet dies jedoch nicht, daß sie einfach genetische Einheiten sind. Es gibt nicht so etwas wie ein Gen für Selbst-Bewußtsein oder für Bewußtheit oder für Ich oder für Geist. Diese grundlegenden menschlichen Eigenschaften haben ihren Ursprung in der Gesamtheit der genetischen Ausstattung des Menschen, nicht in irgendeiner Sorte spezieller Gene.

Dobzhansky führt diesen Gedankengang fort, indem er sagt:

> Das Todesbewußtsein ist in die menschliche Evolution als Artmerkmal eingegangen. Doch dieses Merkmal war und ist möglicherweise nicht in sich adaptiv. Es ist ein integrierter Bestandteil der Gesamtheit menschlicher Fähigkeiten, deren Kern aus dem Selbst-Bewußtsein, der Fähigkeit zu abstraktem Denken, Symbolbildung und Gebrauch der Sprache gebildet wird. ... Indem er sich der Unvermeidlichkeit des Todes bewußt wurde, hat der Mensch die Verbotene Frucht gekostet. Dieses Bewußtsein ist eine der Quellen, möglicherweise die wichtigste, des »letzten Anliegens«.

6.6 Werte – Altruismus

Es ist wesentlich, daß wir die im Entstehen begriffenen Welt 2-Erfahrungen im Hinblick auf das Erscheinen von Werten betrachten. Mehr als durch irgendetwas anderes unterscheidet sich der Mensch vom Tier dadurch, daß sein bewußt geplantes Leben von einem Wertsystem geleitet wird. Wir haben das Erkennen von Werten in der Geschichte der kulturellen Evolution bereits erwähnt. Das Gilgamesch-Epos zum Beispiel ist bemerkenswert wegen des Wertsystems, das der ganzen tragischen Geschichte als wesentlicher Bestandteil innewohnt. Sherrington (1940) hielt den Altruismus für den höchsten aller Werte; er glaubte außerdem, daß ein fortgesetztes Praktizieren des Altruismus für unser Überleben in einer freien und offenen Gesellschaft grundlegend wichtig sei. Angesichts dessen, was man vom Totalitarismus der Rechten und der Linken weiß, sollte es heutzutage nicht nötig sein, davor zu warnen, daß die Barbarei eine stets präsente Drohung ist.

Der Altruismus trat in der biologischen Evolution sehr spät auf. Wenn wir von instinktiven Verhaltensmustern absehen, so sind die Fürsorge und das Gefühl für andere (Mitleid) noch nicht einmal Merkmale des Lebens höherer Tiere. Bei Haustieren könnte anhängliches Verhalten auf Imitation und Unterweisung zurückzuführen sein. In der Wildbahn verhalten sich diese Tiere gänzlich anders. Es gibt anekdotenhafte Berichte über anscheinend mitleidiges Verhalten von Delphinen gegenüber einem verletzten Gefährten, doch zeigen nach Washburn (1969) freilebende Primaten keinerlei Spur von Mitgefühl. Und wir kennen die Geschichte von der Gleichgültigkeit der anderen Schimpansen der Kolonie gegenüber den Leiden des schwerverletzten McGregor, wie sie Jane Goodall (1971) so ergreifend erzählt hat. Aggression verleiht Status, beispiels in bezug auf die Rangfolge beim Fressen. Mit Ausnahme möglicherweise der Schimpansen fressen die Stärkeren zuerst, ohne jeden Gedanken an die Schwächeren und Jüngeren, die mit dem vorlieb nehmen müssen, was übrigbleibt. Im Sozialsystem der Löwen gibt es keine Spur von Mitgefühl (Bertram, 1975).

Die biologische Evolution ist ein Prozeß des unerbittlichen Kampfes ums Überleben, in dem die Auslese durch das Töten anderer Tiere erfolgt, die um dieselbe ökologische Nische konkurrieren. Wie Sherrington (1940, *Man on his Nature*, Kap. 12) realistisch über das untermenschliche Leben sagte:

> Seine Welt stand unter einer Herrschaft des »Macht ist Recht«, die von der Gewalt auferlegt war und vom Leiden getragen wurde. Und doch lag über all dem der Zauber des »Drangs nach Leben«. Wenn wir uns rückblickend jenes Leben vorstellen, soweit wir das können, so stehen wir staunend und beglückt vor der Tatsache, daß wir davongekommen sind.
> Der Konkurrenzkampf zwischen Geist-begabten Lebewesen und jener zwischen den sogenannten geistlosen Wesen, von denen wir sprechen, ist im Ursprung eins. Er überschneidet sich mit ihm und ist eng mit ihm verstrickt und setzt ihn auf einer neuen Ebene fort. Er ist zudem, da ein Kampf ums Leben, im wesentlichen ein Kampf auf den Tod.

Es gibt keine Überlebenden der Hominiden, unserer Vorfahren. Die Australopithecinen und *H. habilis* starben vor etwa 1 Mio. Jahren aus, *H. erectus* wahrscheinlich vor 300 000 Jahren, der Neandertaler vor 40 000 Jahren. Schließlich bildete sich mit wachsendem Selbst-Bewußtsein aus dieser rein aggressiven Beziehung die Zusammenarbeit zwischen einzelnen Individuen heraus, eine Zusammenarbeit, die wahrscheinlich auf einer reicher gewordenen sprachlichen Verständigung beruhte, die mehr geworden war als ein System von Signalen. Familien und Stämme wurden zum Wohle aller zusammengeschweißt, bei der Jagd, beim Teilen der Nahrung und beim Widerstand gegen Feinde.

Der erste Nachweis für mitfühlendes Verhalten in der menschlichen Vorgeschichte (vor 60 000 Jahren) ist vor kurzem von Solecki (1971) an den Skeletten von zwei Neandertalern entdeckt worden, die durch schwere Verletzungen zu Krüppeln geworden waren. Doch wie die Knochen zeigten, waren diese schwer behinderten Geschöpfe bis zwei Jahre lang am Leben erhalten worden, was nur möglich war, wenn sie von anderen Individuen des Stammes versorgt worden waren. Mitleidige Empfindungen lassen sich auch aus der bemerkenswerten Entdeckung ableiten, daß die Toten in der Shanidar-Höhle zu jener Zeit mit Blumen bestreut bestattet wurden, wie sich aus der Pollenanalyse ergab (Solecki, 1977). Wir können also die frühesten bekannten Zeichen von Altruismus in der menschlichen Vorgeschichte auf vor 60 000 Jahren datieren. Man könnte hoffen, daß sie möglicherweise noch weiter in die Vergangenheit zurückreichen, denn die Neandertaler, deren Gehirne ebenso groß waren wie die unsrigen, lebten schon vor mindestens 100 000 Jahren.

6.7 Die Zukunft der biologischen und der kulturellen Evolution

Heute, wo dem Menschen Wissenschaft und Technologie zu Gebote stehen, ist er in der Lage, biologische Veränderungen bei Tieren und Pflanzen zu programmieren und zu kontrollieren. Geplante genetische Manipulation tritt heute an die Stelle des natürlichen Prozesses der biologischen Mutation durch Zufall. Und auch die »natürliche Auslese« oder das »Überleben der Geeignetsten« ist heute nicht mehr der Schiedsrichter, der über den biologischen Erfolg der Mutation entscheidet. Allzu üppig gedeihende Arten beschwören einen vernichtenden technischen Angriff auf sich herab. Die enormen Fortschritte in den Naturwissenschaften, in der Biologie, Chemie und Physik, haben eine Technologie zur Folge, die dem Menschen fortschreitend mehr Macht verleiht, die biologische Welt auf der Landoberfläche zu kontrollieren und auszunutzen. Bei den Ozeanen ist bisher lediglich eine begrenzte Ausbeutung möglich, aber es läßt sich bezweifeln, daß dort irgendeine bedeutsame biologische Evolution stattfinden kann, ehe der Mensch mit Techniken für ein erbarmungsloses Abernten der Ozeane die Sache in die Hand nimmt. Wir sind bereits Zeugen der fast völligen Ausrottung einiger Walarten, und wertvolle Fischarten sind durch zu intensiven Fischfang schwer bedroht.

Es ist auf jeden Fall wichtig, sich darüber klar zu sein, daß der wunderbare Vorgang der Evolution in seiner biologischen Erfindungsgabe möglicherweise die Grenze der Erschöpfung erreicht hat. In den frühen Epochen der Geschichte der Evolution gab es große Reservoirs relativ undifferenzierter Arten, die sozusagen einen Hauptstrom bildeten, aus dem die Differenzierung evolutive Neuheiten schaffen konnte. Es gibt in der Evolution keinen Weg zurück. Die Differenzierung führt dazu, daß Lebensformen fortwährend immer mehr ihrer anfänglich reichen latenten Möglichkeiten verlieren. Beispielsweise wurde im Verlauf des Evolutionsprozesses das primitive fünfzehige Säugetier zu einem ein- oder zweizehigen Pflanzenfresser spezialisiert. Dieser Zehenverlust war eine »Einbahnstraße«. Der Pflanzenfresser kann sich niemals so entwickeln, daß er seine verlorenen Zehen zurückbekommt. Wir Menschen sind mit jenem höchst wunderbaren Gebilde ausgestattet, unserer Hand, weil unsere Säugetiervorfahren die zugrundeliegende fünfzehige Form nicht gegen irgendwelche unmittelbaren Vorteile bei der Fortbewegung »eintauschten«, wie ein Huf oder eine Tatze boten.

Wir können verallgemeinernd sagen, daß der Mensch die Kontrolle über die biologischen Prozesse der Differenzierung, der Vermehrung und des Überlebens in die Hand genommen hat. Die Biologie ist am Ende der evolutionären Ära nicht völlig erstarrt. Sie ist vielmehr heute für die Zwecke des Menschen versklavt worden. Das bedeutet, daß nützliche Arten durch Genchirurgie absichtlich verändert werden, um noch vorteilhafter ausgenutzt werden zu können. Was aber können wir dann für den Menschen als biologischen Organismus voraussagen? Wird es der Genchirurgie gelingen, einen fortlaufenden Evolutionsprozeß in Richtung auf »bessere« oder »erfolgreichere« Menschen in Gang zu setzen? Es besteht kein Zweifel daran, daß dies möglich wäre, ebenso wie es bei Haustieren möglich war. Wenn ein Tyrannenstaat, der Jahrhunderte hindurch ein gleichbleibendes Ziel verfolgt, eine versklavte Bevölkerung erbarmungslos als Haustiere behandeln wollte, so könnte eine »Herrenrasse«

entwickelt werden. Aber wir mögen fragen: welche Eigenschaften würden einer solchen »Herrenrasse« angezüchtet werden? Und würden die aufeinanderfolgenden despotischen Herrscher dieses Ziel während der langen Zeiträume konstant halten, die für eine signifikante Änderung erforderlich wären? Ich bin glücklich zu glauben, daß wir diesen alptraumhaften Plan zur Erzeugung »menschlichen Viehs« in unserer gegenwärtigen freien Gesellschaft als Science Fiction abtun können. Abgesehen davon müssen wir uns darüber klar sein, daß der Wohlfahrtsstaat der biologischen Evolution des Menschen ein Ende gesetzt hat (s. fünfte Vorlesung).

Werfen wir nun einen Blick auf die Zukunft der kulturellen Evolution. Meine These lautet, daß diese kulturelle Evolution dem Menschen auf den vielen reichen Gebieten von Welt 3 praktisch unbegrenzte Möglichkeiten eröffnen wird. Sogar vor den großen und wegbereitenden kulturellen Errungenschaften der sumerischen Zivilisation waren die schlummernden Möglichkeiten des menschlichen Gehirns vermutlich bereits bis zum Niveau des modernen Menschen entwickelt. Seit jener Zeit hat die biologische Evolution der kulturellen Evolution Platz gemacht. Und wenn wir die jüngere Geschichte des Menschen überblicken, Jahrhundert um Jahrhundert, so können wir feststellen, daß in dem einen oder anderen Bereich der Kultur gewaltige Errungenschaften erzielt worden sind. Nicht alle Bereiche verzeichnen einen kontinuierlichen Fortschritt. Große schöpferische Entdeckungen und anspornende Führung durch geniale Menschen hatten zur Folge, daß einmal der eine große kulturelle Bereich eine Blüte erlebte, das andere Mal ein anderer. Zu einer Zeit war es die Literatur, zu einer anderen die Philosophie, die bildenden Künste, die Musik oder Naturwissenschaft und Technik. Das klassische Altertum der Griechen zum Beispiel war bemerkenswert wegen seiner Architektur, Bildhauerei, Literatur und Philosophie. Die Renaissance brachte große Entwicklungen in der Architektur, der Malerei, Bildhauerei und Literatur; später kamen die Musik, die Philosophie, die Kosmologie und die Naturwissenschaften. Es dürfte allgemein Übereinstimmung darüber bestehen, daß seit mehr als einem Jahrhundert die großen kulturellen Leistungen des Menschen in den Naturwissenschaften und in der Technik erzielt worden sind.

Ich möchte nun meine These rekapitulieren. Es ist argumentiert worden, der Mensch unterscheide sich *in der Sache radikal* von den anderen Tieren. Als eine Transzendenz im Evolutionsprozeß erschien ein Tier, das sich von anderen Tieren grundlegend unterschied, denn es hatte eine deskriptive und argumentierende Sprache, abstraktes Denken und Selbst-Bewußtsein erworben, alles Zeichen dafür, daß ein Wesen von transzendenter Neuartigkeit auf der Welt erschienen war – Geschöpfe, die nicht in Welt 1 existierten, sondern ihr Dasein in der Welt des Selbst-Bewußtseins verwirklichten und somit nach religiöser Auffassung Seelen besaßen. Zur gleichen Zeit begannen diese Menschengeschöpfe ihre Welt 2-Erfahrungen dazu zu benutzen, um sehr erfolgreich eine weitere Welt zu schaffen, die dritte Welt des objektiven Geistes. Diese Welt 3 liefert die Instrumente, mit deren Hilfe die schöpferischen Bemühungen der Menschen als Vermächtnis für alle zukünftigen Menschen weiterleben, und sie baut damit die großartigen Kulturen und Zivilisationen auf, die in der Geschichte der Menschheit verzeichnet sind. Übertreffen Rätsel und Wunder dieser Geschichte unseres Ursprungs und unserer Natur nicht die Mythen, mit denen der Mensch in der Vergangenheit seinen Ursprung und sein Schicksal zu erklären versucht hat?

Sollen wir an diesem Zeugnis menschlicher Größe in Welt 3 weiterbauen? Dafür brauchen wir eine freie Gesellschaft, denn nur unter solchen Bedingungen kann es ein ungehindertes Gedeihen der schöpferischen Kräfte des Menschen in den Natur- und Geisteswissenschaften geben. Aber wie können wir die Zukunft der menschlichen Existenz in der ungeheuren Zeit betrachten, in der unsere Erde sich ihres gegenwärtigen angenehmen Zustandes erfreuen wird – mehr als 1 Milliarde Jahre, wie wir in der dritten Vorlesung gesehen haben? In dieser Vorlesung haben wir gehört, daß unsere großartige Zivilisation vor nicht mehr als 5000 Jahren in Sumer begann und daß die Naturwissenschaft erst in den letzten 100 Jahren wirksam in der Technik, der Medizin, der Landwirtschaft, der Kommunikation – und in der Kriegsführung – eingesetzt worden ist! Es ist schwer, sich die wissenschaftlichen, technologischen und kulturellen Errungenschaften auch nur der nächsten 100 Jahre vorzustellen. Verlängern wir jene Zeit auf 1000, 10000, 100000, 1 Million – und immer noch sind wir der mehr als 1 Milliarde Jahre, während denen unsere Sonne den Planeten Erde noch mit einem wohltuenden Licht- und Wärmeniveau versorgen wird, kaum einen Schritt nähergekommen. Schicksal und Bedeutung der Zivilisation (Welt 3) ist ein verlockendes Thema für die Natürliche Theologie.

7. Vorlesung

Vom Allgemeinen zum Besonderen:
Die Schaffung eines Selbst

Zusammenfassung und Einführung

Diese Vorlesung kann als der Höhepunkt dieser Vorlesungsreihe über das »Rätsel Mensch« angesehen werden. Sie enthält eine vereinfachte Darstellung des Baus eines menschlichen Gehirns, der bei der Geburt fast abgeschlossen ist. Dennoch ist ein neugeborenes Baby, was seine Leistung betrifft, ein sehr begrenzter Organismus. Wir werden hören, auf welche Weise in den ersten Lebensjahren die motorische Kontrolle erlernt wird. Spezielle Probleme treten auf beim Erlernen von Bewegungen in Beziehung zur Umwelt und beim Erlernen mittels visueller und kinästhetischer Erfahrungen des Empfindens für Raumverhältnisse und andere Merkmale der umgebenden Welt. Das wichtigste Lernen besteht in sprachlicher Kommunikation. Die beim Sprechen wirksam werdenden Gehirnmechanismen werden erörtert. Das Erlernen der ersten Sprache während der Kindheit ist von dem »Eingetauchtsein« in einen kontinuierlichen sprachlichen Austausch abhängig. Es werden Beispiele angeführt, in denen dieser kontinuierliche sprachliche Austausch fehlte, um zu zeigen, daß die Entwicklung eines Menschen durchkreuzt oder sogar negiert wird, wenn dieser Austausch durch sensorische Deprivation oder extreme Isolation ausgeschlossen ist. Es gibt mehrere anekdotenhafte Fälle; ein jedoch gut dokumentiertes Beispiel für den ersteren Zustand ist Helen Keller, für den letzteren Genie. In diesem noch nicht lange zurückliegenden Fall verhinderte extreme Isolation die menschliche Entwicklung eines Mädchens, bevor dieses vor ungefähr sieben Jahren im Alter von fast 14 Jahren gerettet wurde. Es hat bemerkenswert, aber nicht völlig aufgeholt.

Es folgt eine allgemeine Darstellung darüber, welche Rolle Welt 3 bei der Erzeugung der nächsten Generation von Menschen in einer Gesellschaft spielt und wie sie diejenigen, die mit der entsprechenden Kreativität ausgestattet sind, in die Lage versetzt, zur Bereicherung von Welt 3 beizutragen. Auf diese Weise kann die Schaffung eines kultivierten, von Werten geleiteten und seiner selbst bewußten Menschen in wenigen Jahren vollbracht werden. Doch hat es, nachdem die biologische Evolution das Gehirn in voller Größe entwickelt hatte, mindestens 50 000 Jahre gedauert, bis eine hohe Zivilisation geschaffen war. Tausende von Generationen hindurch mußte Welt 3 von der ununterbrochenen schöpferischen Tätigkeit des Menschen aufgebaut werden, während wir sie heute fertig vorfinden. Bei der Schaffung des Selbst ist es völlig rätselhaft, auf welche Weise jeder von uns mit einer einzigartigen Eigenpersönlichkeit, mit seiner eigenen Individualität ausgestattet wird. Wir werden argumentieren, daß es keine materialistische Erklärung gibt. Es ist ein Thema für die Natürliche Theologie.

Wir haben nunmehr den Höhepunkt unserer Geschichte vom Rätsel Mensch erreicht. Wir sind der Kette der Zufallsbedingtheiten, die schließlich bis zu uns führte, nachgegangen, zunächst im kosmischen Bereich, dann auf dem Planeten Erde, danach bei der Entstehung des Lebens und dem großen Baum der Evolution, dann beim Ursprung des Menschen aus seinen Primatenvorfahren, nachdem er die Übergangsformen der Hominiden durchlaufen hatte, und kamen somit endlich zu der wunderbaren kulturellen Evolution, die uns die Umwelteinflüsse schenkte, welche unser Erwachsenwerden zu formen imstande waren. Alles was vorher war, ist in gewissem Sinne lediglich Hintergrundkontingenz. Materialistisch gesehen, begann unsere Existenz ungefähr 266 Tage vor unserer Geburt mit der Befruchtung eines Eis durch den Samen. Die auf diese Weise gebildete Zygote ist, wie ich in dieser Vorlesung kurz beschreiben will, für den Bau unseres Körpers und unseres Gehirns verantwortlich. Das ist Mysterium genug. Aber noch wunderbarer und im höchsten Grade rätselhaft ist die Entstehung der einzigartigen Individualität, des einmaligen Selbst, das jeder von uns ist. Bevor ich mich den verschiedenen Aspekten dieser Geschichte zuwende, möchte ich kurz aus Sherrington (1940) zitieren:

> Im Anfangsstadium ist jedes von uns Individuen eine einfache Zelle. Wir sind uns darüber einig, daß in keiner einzelnen Zelle, die wir jemals vorfinden, Geist erkennbar ist. Und wer soll ihn auch entdecken in dem bißchen »Maulbeer«-Masse, die kurz nach dem Ein-Zellen-Stadium für jeden von uns unser All bedeutet; oder selbst noch in Fernels 40 Tage altem Embryo? Doch wer wird ihn verneinen in dem Kind, das der Embryo in wenigen Monaten sein wird? Auch hier wieder scheint Geist aus Nicht-Geist hervorzugehen. Und so scheint er umgekehrt beim Tode in Nicht-Geist zurückzukehren.

Wir werden das Entstehen des Selbst unter dem Blickwinkel dreier Disziplinen erörtern – der strukturellen, der funktionalen und der kulturellen.

7.1 Das Anlegen der Struktur

Bei dem Befruchtungsprozeß, ungefähr 266 Tage vor unserer Geburt, verschmolzen die $22 + X$ mütterlichen mit den $22 + X$ oder Y väterlichen Chromosomen zu der vollen Menge des chromosomalen genetischen Materials, das einzig und allein uns gehört: $44 + 2X$ den Frauen, $44 + X + Y$ den Männern. Wie in der vierten Vorlesung erwähnt, nimmt die in diesen Chromosomen kodierte Information die Form von Nucleotidsequenzen an, die entlang dem aus insgesamt $3,5 \times 10^9$ Nucleotidpaaren bestehen Doppelstrang der DNS aufgereiht sind. Diese DNS-Struktur ist so einzigartig für jeden von uns, daß es sie niemals wieder geben wird und daß es sie auch niemals, weder in der Vergangenheit noch in der Gegenwart, in irgendeinem anderen Menschen gegeben hat, es sei denn, jemand hat einen eineiigen Zwilling. Sie ist unser evolutionäres Erbe. Sie verkörpert in der Tat das gesamte schöpferische Vermächtnis, das in der langen Kette der Zufälligkeiten, die zu jedem von uns hinführte, durch den Evolutionsvorgang zusammengetragen worden ist. Sie enthält die grundlegenden Anweisungen für den Bau unseres Körpers und unseres Gehirns.

Das befruchtete Ei beginnt, sich unablässig zu teilen. Nach 30 Stunden haben wir zwei Zellen, nach 40 Stunden vier, nach 55 Stunden acht, nach 70 Stunden 16; das ist das bißchen »Maulbeer«-Masse, die Sherrington erwähnt. Unaufhaltsam geht die Zellfurchung weiter, und nach 6 Tagen sind die Zellen in Form einer hohlen Kugel angeordnet, der *Keimblase,* deren eine Seite dicker ist und zum Embryo werden soll. Abb. 7-1 zeigt Wachstum und Entwicklung des menschlichen Embryo im Alter von 14 Tagen bis zu 15 Wochen. Für unser Thema in dieser Vorlesung reicht es aus, wenn wir uns auf die Entwicklung des Gehirns beschränken. Im Abb. 7-1 werden die menschlichen Züge im Alter von 40 Tagen erkennbar, wie Fernel bemerkte. Doch der Embryo ist immer noch winzig klein. Mit 60 Tagen ist der Feotus erst 3 cm lang, mit 90

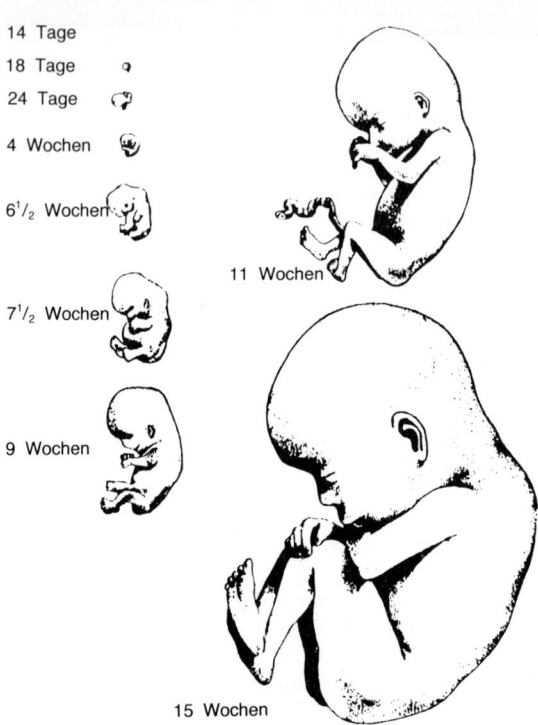

14 Tage

18 Tage

24 Tage

4 Wochen

6¹/₂ Wochen

11 Wochen

7¹/₂ Wochen

9 Wochen

15 Wochen

Abb. 7-1. Unterschiedlich weit entwickelte menschliche Embryos. Das Alter ist jeweils angegeben, der Maßstab in allen Fällen gleich. Entnommen aus *Biology today,* 2. Auflage, mit Erlaubnis der CRM Books, a Division of Random House, Inc.

Tagen 7,5 cm und sein Gewicht beträgt nicht mehr als 14 g, und mit 120 Tagen ist er etwa 19 cm lang und wiegt 150 g; das entspricht der größten Zeichnung in Abb. 7-1.

Im frühesten Stadium läßt sich das zukünftige Zentralnervensystem auf der Oberfläche des Keimbläschens als eine in die Länge gezogene Neuralplatte erkennen, die sich bereits von dem sie umgebenden äußeren Keimblatt abhebt, da sie durch die Verlängerung der Nervenepithelzellen, aus denen sie besteht und die sich quer über die Platte erstrecken, verdickt ist. Bald führt die rasche Vermehrung dieser Zellen dazu, daß sich (im Alter von 24 Tagen) die Ränder der Platte nach innen wölben, auf diese Weise wird die Neuralplatte im Alter von 26 Tagen zum Neuralrohr. Dieses liegt unter der Epidermis, welche sich über ihm geschlossen hat. Die *Neuroepithelzellen* erstrecken sich somit zwischen einer inneren ventrikulären und einer äußeren, mit dem Mesoderm verbundenen Schicht, die schließlich zur Pia mater wird (Abb. 7-2A). In den Frühstadien vermehren sich die Neuroepithelzellen durch einfache Zellteilung

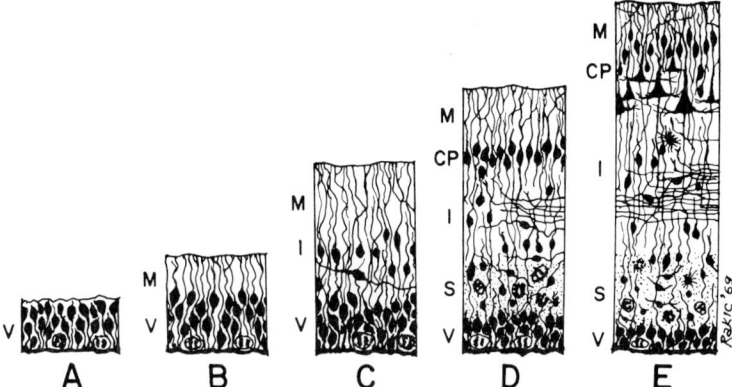

Abb. 7-2 A-E. Halbschematische Darstellung der Entwicklung der wichtigsten embryonalen Zonen und der Rindenplatte: *CP* = Rindenplatte, *I* = Zwischenzone, *M* = Grenzzone, *S* = subventrikuläre Zone, *V* = ventrikuläre Zone. Weitere Beschreibung im Text. Sidman, R. L., Rakic, P.: Neuronal migration with special reference to developing human brain: A review. Brain Res. *62*, 1-36 (1973)

ohne Differenzierung und produzieren somit eine gewaltige Population dieser primitiven Keimzellen (Abb. 7-2B). Diese »klonische Vermehrung« wird bald durch das ersetzt, was man als *differenzierende Mitose*bezeichnet. Eine Keimzelle teilt sich und läßt damit primitive Nervenzellen entstehen, die allmählich zu ausgewachsenen Nervenzellen heranreifen.

Die primitiven Nervenzellen teilen sich niemals wieder, aber sie tragen, hauptsächlich in ihren Zellkernen, die genetischen Anweisungen, nach denen sie sich in die ihnen zugewiesenen Rollen im Nervensystem hineinentwickeln. Sie beginnen damit, zunächst ein *Axon* und dann *Dendriten* wachsen zu lassen. Diese Äste scheinen zu wissen, wo sie hinwollen, als ob sie von einer »Intelligenz« und einer »Kenntnis« der endgültigen Anlage des Gehirns geleitet würden, das sie bauen helfen. Es ist ein wunderbarer, sich selbst organisierender, aus sich selbst entwickelnder Vorgang. Diese biologische Leistung der Konstruktion eines Gehirns stellt eins der herausforderndsten wissenschaftlichen Probleme dar, mit denen wir uns nicht nur jetzt, sondern auch noch in der Zukunft auseinandersetzen müssen. In den dreißiger Jahren unseres Jahrhunderts postulierte man, das Gehirn werde als eine mehr oder wenig willkürlich organisierte Struktur gebaut und erwerbe anschließend durch Gebrauch die geeigneten Verbindungen. Daß diese Hypothese falsch war, ist inzwischen durch die vielen experimentellen Befunde bewiesen worden, die gezeigt haben, daß das Nervensystem bereits vor Benutzung in seiner detaillierten Vernetzung fertig vorliegt. Ebenso wenig wird es jedoch von irgendeinem Programmierer konstruiert, der nach einem Hauptplan vorgeht und jede Einzelheit streng kontrolliert. Wir haben es mit einem einfachen, sich selbst organisierenden Vorgang zu tun. Jede Phase führt aufgrund ihrer anfänglichen Konstitution und der Umwelteinflüsse, z. B. durch benachbarte Zellen und chemische Induktoren, zum nächsten Schritt. Gegenwärtig verfügen wir über nicht mehr als ein allgemeines Verständnis der Prinzipien dieser aufeinanderfolgenden Induktion. Ich möchte jetzt eine vereinfachte Darstellung vom Aufbau der Großhirnrinde geben, da diese, wie wir bereits in der fünften Vorlesung angedeutet haben, von überragender Bedeutung ist, wenn es um die Phänomene des bewußten Selbst geht.

In Abb. 7-2 sind die frühen Entwicklungsstadien des menschlichen *Neocortex* (Sidman und Rakic, 1973) schematisch dargestellt. A ist knapp unter 6 Wochen alt und in B, 6–8 Wochen alt, machen einige Neuroepithelzellen (Schicht V) eine differenzierende Mitose durch und werden damit zu unreifen Nervenzellen. Sie wandern aufwärts und bilden in C (Alter 8–10 Wochen) die Zwischenschicht (*I*). In D (Alter 10–11 Wochen) dauern die differenzierenden Mitosen weiter an, die so erzeugten unreifen Nervenzellen wandern und bilden die Rindenplatte (*CP*). Die Rindenplatte mit ihren sich bildenden Nervenzellen ist in E (Alter 11–12 Wochen) zu erkennen.

Nach Sidman und Rakic (1973) wird die Endposition der Neuronen von der Interaktion mit anderen Neuronenprozessen und sogar der Entwicklung afferenter Fasern diktiert, die, wahrscheinlich vom Thalamus aus (siehe achte Vorlesung), bereits in den Cortex hineingewachsen sind. Das senkrechte Hochwandern der unreifen Neuronen zu ihren endgültigen Plätzen in der Großhirnrinde bildet die Entwicklungsgrundlage für die säulenförmige Anordnung der Großhirnrinde, die in Abb. 8-4, 8-7 und 8-8 gezeigt ist. Die horizontalen Gliederungen von Dendriten und Axonverzweigungen entwickeln sich in einem viel späteren Stadium.

Abb. 7-3 zeigt das cerebrale Ende des Neuralrohrs eines Affenfoetus in einem fortgeschrittenen Entwicklungsstadium. In diesem Querschnitt ist die Wand des Neuralrohrs etwa 4 mm dick. Der weiße Streifen zwischen den Pfeilspitzen zeigt das Stück, das herausgeschnitten wurde und in viel stärkerer Vergrößerung in B gezeigt ist; die äußere Schicht ist oben. Diese Abbildung veranschaulicht den vertikalen Aufbau des unreifen Cortex, der den langen, die Wanderung der Nervenzellen lenkenden Gliafasern zuzuschreiben ist (Sidman und Rakic, 1973). Die obere Zone des Cortex ist bereits mit einer gewaltigen Neuronenzahl bevölkert, während sich in dem unteren Teil (der ventrikulären Schicht von Abb. 7-2E) immer noch Keimzellen befinden, die die differenzierende Mitose fortsetzen, um weitere Neuronen zu erzeugen.

Nachdem die unreifen Neuronen ihre endgültige Stellung eingenommen haben, beginnt eine relativ lange Periode, in der sich die Dendriten zu ihrer ausgereiften Form entwickeln. Die Anfangsphase der Dendritenentwicklung ist in Abb. 7-2E (Alter 11–12 Wochen) zu sehen, die vollständige strukturelle Ausbildung der menschlichen Großhirnrinde wird jedoch erst lange nach der Geburt erreicht. Das Wachstum der Dendriten wird in seinen frühen Phasen von internen Faktoren des Neurons bestimmt, in späteren Stadien steht der Einfluß der umgebenden Gewebe (Gliazellen und anderer Neuronen) an erster Stelle. Eine bei weitem intensivere und systematischere Erforschung der Einzelheiten der corticalen Entwicklung bei den höheren Primaten, als sie bisher durchgeführt worden ist, ist nötig.

In der fünften Vorlesung haben wir gesehen, daß das menschliche Gehirn im Laufe der Evolution des Menschen von seinen Primatenvorfahren nicht nur im Bereich des Neocortex stark zugenommen hat, sondern daß auch große Zonen entstanden sind, die

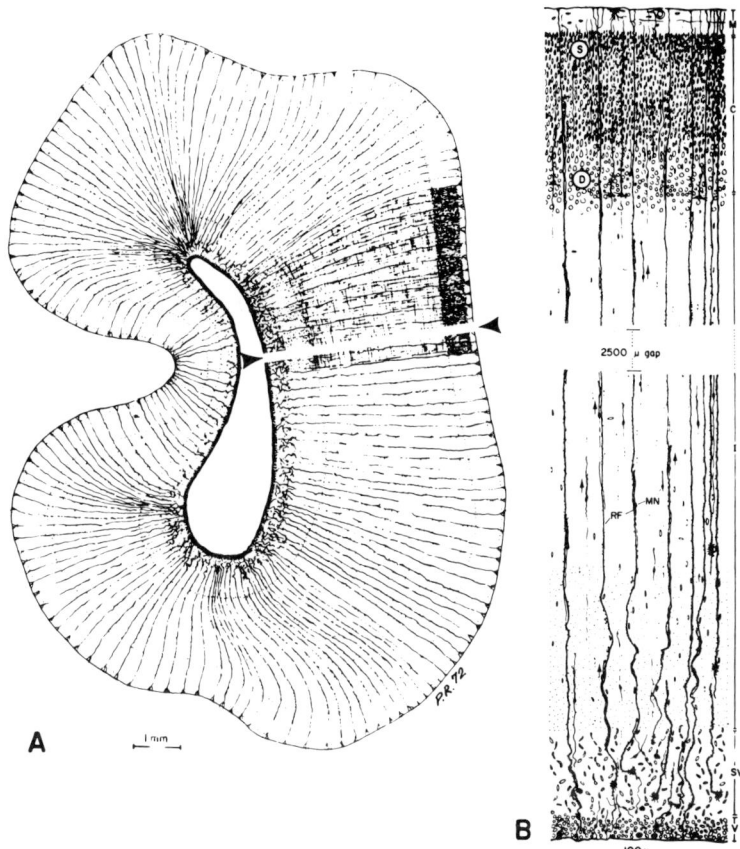

Abb. 7-3 A, B. Lichtmikroskopische Zeichnungen eines Querschnitts des Telencephalons eines 97 Tage alten Affenfoetus. **A.** Auf der parietooccipitalen Ebene. Die Fläche des weißen Streifens zwischen den *Pfeilspitzen* ist in **B** in stärkerer Vergrößerung dargestellt. Man beachte die Maßstäbe. Die mittleren 2500 μm sind ausgelassen worden; *M* = Randschicht, *C* = Rindenplatte, *I* = Zwischenzone, *SV* = Subventrikuläre Zone, *V* = ventrikuläre Zone, *S* = oberflächliche Rindenzellen, *D* = tiefliegende Rindenzellen, *MN* = wandernde Zellen, *RF* = radiale Gliafasern. Rakic, P.: Mode of cell migration to the superficial layers of fetal monkey neocortex. J. comp. Neurol. *145*, 61–84 (1972)

auf den Brodmannschen Karten selbst eines Menschenaffen (Abb. 5-12) nur minimal vertreten waren. Diese neuen Felder, (39 und 40) sind, wie Abb. 7-4 zeigt, wichtige Bestandteile des hinteren Sprachzentrums von Wernicke. Bei 95% der erwachsenen Menschen befindet sich das Sprachzentrum auf der linken Seite und entsprechend

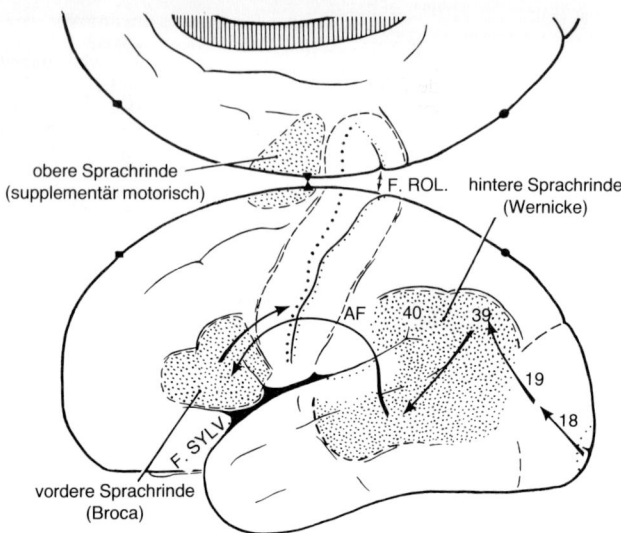

Abb. 7-4. Corticale Sprachzentren der dominanten (linken) Hemisphäre. Man beachte, daß es sich um die linke Hemisphäre sowohl in lateraler als auch medialer Sicht handelt. *F. Rol,* Fissura Rolandi. *F. Sylv.,* Fissura Sylvii. Gyrus angularis und gyrus supramarginalis sind als Brodmann-sche Felder 39 und 40 (s. Abb. 5-10) bezeichnet. Durch Pfeile bezeichnet ist ebenso die Bahn von Feld 17 zu 18, 19 zu 39 (Gyrus angularis) zum Wernicke'schen Sprachzentrum, von dort über das Bogenbündel *(AF)* zum Broca'schen Zentrum und weiter zum motorischen Sprachzentrum. In abgeänderter Form entnommen aus: Penfield, W., Roberts, L.: Speech and brain mechanisms. Princeton, N. J. Princeton University Press 1959

existiert bei 65% der menschlichen Gehirne eine Vergrößerung einer zentralen Zone der Sprachrinde, des planum temporale, auf der linken Seite (Geschwind, 1972). Diese Asymmetrie ist bei der Geburt und sogar beim 29 Wochen alten Foetus (Wada et al., 1975) erkennbar. Es liegt also ein anatomischer Beweis dafür vor, daß die Sprachzentren im menschlichen Gehirn mehr als ein Jahr vor Benutzung bereits ausgebildet sind.

Doch ist der eigentliche Ablauf der Sprachrepräsentation im Gehirn im jungen Alter eher zögernder Natur. Wie Untersuchungen von Hirnläsionen bei Kleinkindern und Kindern gezeigt haben, sind anfänglich beide Hemisphären an der Sprache beteiligt (Basser, 1962). Gewöhnlich übernimmt die linke Hemisphäre allmählich die Führung bei der Sprachleistung, und zwar sowohl was Interpretation als auch was Ausdruck betrifft. Der Grund ist vermutlich ihre überlegene neurologische Ausstattung. Unterdessen läßt die andere Hemisphäre, gewöhnlich die rechte, in bezug auf die Spracherzeugung nach, behält aber eine gewisse Verständnisfähigkeit. Dieser Prozeß der Sprachverlagerung ist normalerweise im Alter von 4 oder 5 Jahren abgeschlossen (Kimura, 1967).

Bisher geht unser Verständnis der im Gehirn ablaufenden Sprachmechanismen nicht über ein sehr primitives Niveau hinaus. Die Pfeile in Abb. 7-4 bezeichnen die Nervenbahnen, die mit dem lauten Lesen zu tun haben. Vermutlich muß es sehr spezialisierte neuronale Schaltmuster in den Sprachzentren geben, bisher jedoch sind nur vorläufige Untersuchungen der Struktur und Funktionsweise dieser Zonen durchgeführt worden. In der achten Vorlesung werden wir uns mit der Mikrostruktur des Primaten-Neocortex befassen. Wir können uns noch nicht einmal eine Vorstellung davon machen, welche Veränderungen eintreten mußten, um die ungeheuer komplexen Nervenmechanismen zu schaffen, die mit der Sprachfähigkeit des menschlichen Gehirns zu tun haben.

7.2 Die Entwicklung der funktionalen Leistungsfähigkeit des menschlichen Gehirns

Bei seiner Geburt ist ein Kind ein äußerst begrenzter Organismus. Es besitzt ein beachtliches Reflexrepertoire, das für sein Überleben bei sorgfältiger Pflege und Ernährung hinreichend ist, und natürlich einen großen Spielraum automatischer Reaktionen. Das Gehirn ist bereits hochentwickelt, seine Neuronenausstattung ist fast vollständig. Aber die Neuronen-Schaltungen haben bei weitem noch nicht ihre endgültige Komplexität erreicht.

Meine Aufgabe ist es darzustellen, auf welche Weise aus diesem bei seiner Geburt fast hilflosen Organismus in wenigen Jahren ein menschliches Selbst wird. Dies ist ein Weg, den jeder von uns zurückgelegt hat, aber ein Gutteil dieses großartigen Abenteuers ist unwiderruflich vergessen. Bestenfalls besitzen wir ein paar Photos von unseren ersten Lebensjahren. Das neugeborene Baby mit einem Bewußtsein, das vermutlich dem eines Tieres entspricht, macht eine Verwandlung durch, aus der es als ein sich völlig seiner selbst bewußtes Menschenwesen mit seiner einzigartigen Individualität hervorgeht. Wir werden kurze Beschreibungen des normalen Entwicklungsverlaufes durch Hinweis auf Deprivationsexperimente analysieren. Selbstverständlich ist es nicht möglich, derartige Experimente mit Menschenbabies zu machen, es sind jedoch einige Untersuchungen über die Auswirkungen bereicherter Umweltbedingungen durchgeführt worden. Was das Erlernen der Bewegungskontrolle betrifft, so reicht es vermutlich aus, Deprivationen an höheren Säugetieren wie Katzen oder Primaten zu untersuchen. Solche Studien mögen sogar bei einigen Typen des kognitiven Lernens wertvoll sein. Die höheren menschlichen Funktionen, wie sie in die Welten 2 und 3 von Abb. 6-1 gehören, können jedoch nur am Menschen erforscht werden. Tragische Umstände haben zu Fällen von Deprivation geführt, die wir ebenso beschreiben werden wie eindrucksvolle Restitutionen, die erreicht wurden.

7.2.1 Erlernen der motorischen Kontrolle

White et al. (1964) haben eine gründliche Studie über das Erlernen der Hand- und Armbewegungen während der ersten Lebensmonate bei 34 Säuglingen vorgelegt. In den meisten Beziehungen entsprechen ihre Beobachtungen früheren Berichten von

Piaget (1953) über drei Säuglinge. Im Alter von 1–1½ Monaten kann ein Baby einem glänzenden Gegenstand mit einer Bewegung der Augen und des Kopfes folgen. Objekt-orientierte Armbewegungen erfolgen jedoch erst mit zwei Monaten. Von dieser Zeit an fixiert der Säugling häufig den Blick auf seine Hand, und dieses »Hand-Anschauen« wird während der folgenden Monate sehr häufig und anhaltend. Offensichtlich findet ein fortlaufendes Erlernen der visuell-kinästhetischen Integration statt. Im Alter von knapp über zwei Monaten sind die ersten Reaktionen eine ungenaue Greifbewegung auf den Testgegenstand zu. Mit fünf Monaten sind Greifreaktionen von Hand und Arm völlig erlernt worden. Der Säugling kann die Hand nach dem Testgegenstand ausstrecken und ihn mit einer schnellen direkten Bewegung in einer erwachsenenähnlichen Reaktion erfolgreich ergreifen.

Die Hypothese, daß das Erlernen der motorischen Kontrolle einer visuellen Lenkung bedarf, ist an jungen Katzen (Hein und Held, 1967) und an Affenbabys (Held und Bauer, 1967) getestet worden. In beiden Fällen wurden die Tiere während der Stunden, in denen sie sich in beleuchteter Umgebung befanden, daran gehindert, ihre Gliedmaßen und ihren Körper zu betrachten. Den Rest des Tages verbrachten sie jeweils im Dunkeln. Die Kätzchen wurden vier Wochen lang im Dunkeln aufgezogen, anschließend bewegten sie sich 12 Tage lang in einer beleuchteten, strukturierten Umgebung, bekamen aber eine leichte Plastikhalskrause um, so daß sie wieder ihre Glieder und ihren Leib nicht sehen konnten. Tests am Ende dieser Periode ergaben, daß sie mit ihren Vorderpfoten nicht in der Lage waren, gezielt nach einem visuell wahrgenommenen Objekt zu greifen. Nach achtzehn Stunden normaler Freiheit hatten sie ihre sich bewegenden Gliedmaßen ausgiebig genug beobachtet, um visuell gelenkte Bewegungen erlernt zu haben. Bei ähnlichen Experimenten wurden Affenbabys nach ihrer Geburt 34 Tage lang in einem Apparat gehalten, der es ihnen nicht erlaubte, ihre Glieder oder ihren Leib zu sehen. Am 35. Tag durfte der Affe während Testperioden von einer Stunde pro Tag einen Arm sehen. Geradeso wie bei jungen Menschenbabys waren die Testperioden Tag für Tag hauptsächlich mit dem Anschauen der Hand ausgefüllt, dann ging dies allmählich zurück und das Greifen nach dem Testgegenstand wurde häufiger und kontrollierter. Nachdem diese Tests 20 Tage lang durchgeführt worden waren, hatten beide Affen das visuell gesteuerte Greifen und Ergreifen vollständig gelernt. Nun wurde der andere Arm dem Blick freigegeben, doch war der gleiche langsame Prozeß erforderlich, bis auch dieser Arm visuell gelenkte Bewegungen gelernt hatte.

Diese Tierversuche zeigen, daß die visuelle Erfahrung der Beobachtung des sich bewegenden Gliedes für das Erlernen der Kontrolle seiner Bewegungen notwendig ist. Wir können also postulieren, das Anschauen der Hand durch das Kind sei eine notwendige Vorbedingung für die Steuerung seiner Armbewegungen in bezug auf visuell wahrgenommene Gegenstände. Wie lernen dann blinde Kinder die motorische Kontrolle? Die Antwort lautet: sie lernen diese Kontrolle in bezug auf die mit dem Tastsinn wahrgenommene Welt. Diese Lenkung durch den Tastsinn würde natürlich auch bei normalen Kindern vorkommen, aber wir dürfen annehmen, daß sie durch den beherrschenden visuellen Input überschattet ist.

Wenn das Baby das Kinderbettchen verläßt und sich in der Welt herumbewegt, zuerst durch Krabbeln, dann durch Gehen, strömt über visuelle, taktile und propriorezeptive Kanäle eine gewaltige Skala neuer sensorischer Eindrücke in das Gehirn hinein. Durch dieses Explorieren baut das Kind auf der Korrelation seiner Bewegungen mit seinen visuellen Erfahrungen eine dreidimensionale Konstruktion der es umgebenden Welt auf. Sein größtes Interesse gilt lebenden Körpern – Personen oder Tieren mit ihren vielfältigen Bewegungen – und von zweitrangigem Interesse sind die mehr starren Strukturen wie Spielsachen, Gebrauchsgegenstände, Möbel, die sich gewöhnlich nur bewegen, wenn man sie manipuliert. Wichtig ist, sich darüber klar zu werden, daß das explorierende Lernen eines Kindes von seinen aktiven Bewegungen abhängig ist. Ein Kind im Kinderwagen beispielsweise lernt nichts über die Raumverhältnisse der Welt, durch die es gefahren wird.

Das eleganteste und hübscheste Beispiel für die Rolle der Aktivität im visuellen Lernprozeß liefern die Experimente von Held und Hein (1963). Kätzchen aus demselben Wurf wurden 8–12 Wochen lang im Dunkeln aufgezogen und verbrachten dann mehrere Stunden pro Tag in einem Apparat (Abb. 7-5), der dem einen Kätzchen fast völlige Freiheit läßt, seine Umgebung wie ein normales Kätzchen aktiv zu erkunden, während das andere passiv in einer Gondel sitzt, die durch einen einfachen Mechanismus von dem explorierenden Kätzchen desselben Wurfs in alle Richtungen bewegt wird. Auf diese Weise erlebt der Passagier in der Gondel dasselbe Spektrum visueller Bilder wie das aktive Kätzchen, allerdings geht nichts von dieser Aktivität vom Passagier aus. Seine visuelle Welt wird ihm vorgesetzt, genauso wie wir eine visuelle Welt auf dem Fernsehschirm vorgesetzt bekommen. Wenn die Kätzchen nicht in diesem Apparat waren, wurden sie mit ihrer Mutter zusammen im Dunkeln gehalten. Nach einigen Wochen zeigen Tests, daß das aktive Kätzchen gelernt hat, seine Blickfelder zum Erlangen eines endgültigen Bildes von der Außenwelt zu benutzen, so daß es sich ebenso gut wie ein normales Kätzchen bewegen kann, wogegen der Gondelpassagier nichts gelernt hat. Ein einfaches Beispiel für diesen Unterschied

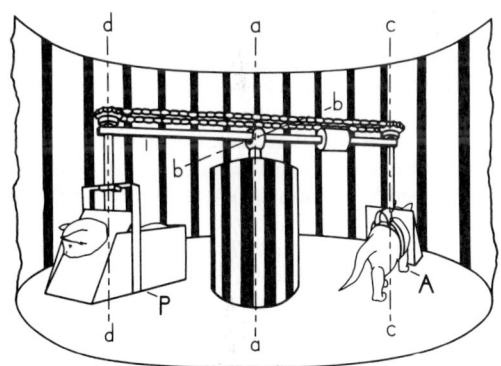

Abb. 7-5. Apparat für den Ausgleich von Bewegung und resultierender visueller Rückkoppelung zwischen einer sich aktiv bewegenden *(A)* und einer passiv bewegten Katze *(P)*. Held, R., Hein, A.: Movement-produced stimulation in the development of visually guided behaviour. J. comp. physiol. Psychol. *56*, 872–876 (1963)

erhalten wir, wenn wir die Kätzchen auf ein schmales Bord setzen, das sie entweder auf der einen Seite mit einem kleinen Sprung oder auf der anderen mit einem angsterregenden Fall verlassen können. Allerdings schützt ein durchsichtiges Bord vor unerwünschtem Schaden beim Herunterspringen auf der gefährlichen Seite. Das aktiv trainierte Kätzchen wählt immer die leichte Seite, das passive willkürlich mal die eine, mal die andere Seite.

7.2.2 »Teilnehmendes« Lernen

Eine große Vielzahl experimenteller Tests an Tieren und Menschen, wie sie sowohl von Held und Mitarbeitern als auch von anderen durchgeführt worden sind, erhärtet den Schluß, daß zum Erlernen sowohl motorischer Fertigkeiten als auch der Topographie der Umwelt aktiv Bewegungen erzeugt werden müssen. Passive Bewegungen, beispielsweise solche, die von dem Experimentator oder von zu diesem Zweck erfundenen Apparaten ausgehen, führen, wie bei dem Kätzchen in der Gondel (Abb. 7-5), zu einem kompletten Mißerfolg.

Als gut geübtem Erwachsenen fällt es mir schwer zu begreifen, daß mein erstes Lernen im Kinderbettchen durch die visuelle Beobachtung der Bewegungen meiner Glieder erfolgte; danach wurde das Feld meiner kinästhetischen und visuellen Erziehung durch Krabbeln, Gehen und noch andere Arten der Fortbewegung erweitert, so daß meine Beobachtungssphäre fortwährend vergrößert wurde. Ich kenne also die Dimensionen eines visuell beobachteten Raumes deshalb, weil ich während verschiedener Stadien meines Lebens ähnliche Räume nach allen Seiten durchkrabbelt habe, in ihnen herumgetappt und gegangen bin, sie erfühlt, und auf diese Weise meine visuellen Eindrücke auf diesen kinästhetischen Erfahrungen aufgebaut habe. Dies gilt natürlich auch für den Leser. Ich beurteile Entfernung und Raum als Entfernung und Richtung, die zurückgelegt werden können, wenn ich dies wollte; und so orientiere ich die Welt um mich herum. Daher ist meine dreidimensionale Wahrnehmungswelt im wesentlichen eine »kinästhetische Welt«. Sie war am Anfang vom Kinderbett begrenzt, ist aber danach in Umfang wie auch Subtilität enorm erweitert worden. Die Lernprozesse der frühen Kindheit sind weitgehend unserem Gedächtnis entfallen, aber ich kann mich an viele frühe Versuche erinnern, Entfernungen und Größen abzuschätzen, und an die Fehler, die mir dabei unterliefen, wenn ich mich fremden Landschaften oder gar dem Meer gegenübersah, wo vertraute Anhaltspunkte fehlten.

Glücklicherweise brauche ich mich nicht nur auf Erinnerungen aus der Kindheit zu verlassen, denn von Senden (1960) zitiert in seinem Buch *Space and Sight* gut dokumentierte Berichte von Erwachsenen, die nach der Entfernung angeborener Katarakte zum ersten Mal strukturierte Bilder sahen. Sie berichteten, ihre anfänglichen visuellen Erlebnisse seien bedeutungslos gewesen und hätten in keinerlei Beziehung zu der räumlichen Welt gestanden, die sie sich durch Tasten und Bewegung aufgebaut hatten. Es bedurfte mehrerer Wochen und sogar Monate ununterbrochener Anstrengungen, um aus visuellen Erfahrungen eine Wahrnehmungswelt aufzubauen, die mit ihrer kinästhetischen Welt übereinstimmte und in der sie sich folglich sicher bewegen konnten.

Eine weitere Illustration dafür, auf welche Weise die Interpretation visueller Informationen durch Lernen umgestaltet werden kann, liefern die von Stratton (1897) durchgeführten Experimente. Bei diesen Versuchen wurde vor seinem einen Auge ein Linsensystem so angebracht (das andere war abgedeckt), daß das Bild auf der Retina umgekehrt zur normalen Richtung erschien. Mehrere Tage lang war seine visuelle Welt hoffnungslos durcheinander. Da sie invertiert war, vermittelte sie einen Eindruck von Unwirklichkeit und war für das Ergreifen und Manipulieren von Gegenständen unbrauchbar. Doch nach 8 Tagen ständiger Anstrengungen konnte er die visuelle Welt wieder korrekt erfühlen. Sie wurde damit erneut zu einer verläßlichen Richtschnur für Manipulationen und Bewegungen. Es gibt mehrere experimentelle Bestätigungen für Strattons bemerkenswerte Befunde und viele zusätzliche Beobachtungen, insbesondere von Kohler (1951). Versuchspersonen mit invertierten Retinabildern haben sogar Skifahren gelernt, was eine sehr genaue Korrelation visueller und kinästhetischer Erfahrungen erfordert. Diese und viele andere ähnliche Beobachtungen stellen außer Frage, daß infolge eines aktiven oder auf Versuch und Irrtum aufbauenden Lernprozesses die durch die von der Retina kommende Sinnesinformation hervorgerufenen Abläufe im Gehirn so interpretiert werden, daß sie ein gültiges Bild der äußeren, durch Berührung und Bewegung erfahrenen Welt liefern. Das heißt, meine visuelle Wahrnehmungswelt wird zu einer Welt, in der ich mich effektiv bewegen kann. Zweifelsohne besitzt das Gehirn eine bemerkenswerte Plastizität bei der Verarbeitung visueller Daten.

Ich habe mich etwas ausführlicher mit dem Erlernen der Bewegungskontrolle befaßt, da dies für das heranwachsende Kind, das an seinen motorischen Fertigkeiten seine helle Freude hat, ungeheuer wichtig ist. Unaufhörlich experimentiert das Kind mit neuen Bewegungen und freut sich an vestibulo-kinästhetischen Erfahrungen aller Art.

Piaget (1973) berichtet von seinen Befunden an 7–10jährigen Kindern, die noch keine klaren Vorstellungen von Volumen und Gewicht verschiedenartiger, aus einem Stück Ton gebildeter Formen haben, wenn dieses Stück Ton zum Beispiel von einem Ball zu einer Wurst umgeformt wird. Erst im Alter von 12 Jahren, so findet er, haben Kinder eine genaue Vorstellung von Gewicht und Volumen. Ich habe den Verdacht, daß es sich hier um unerfahrene Kinder gehandelt hat und daß sie solch einfache Tatsachen viel früher gelernt hätten, wenn sie durch Spielen mit dem Ton und dadurch, daß sie ihn in alle möglichen Formen pressten, selbst beteiligt gewesen wären. Als ein weiteres Beispiel des »teilnehmenden« Lernens kann ich die Erfahrungen anführen, die wir alle schon gemacht haben: wenn wir eine neue Art der Fortbewegung erproben, wenn wir z. B. vom Gehen zum Fahrradfahren oder Ski- oder Schlittschuhlaufen übergehen, so müssen wir die sich uns verändert darstellende Umwelt zu interpretieren lernen. Eine korrekte Einschätzung ist für das Überleben wichtig!

7.3 Teilnahme an der Kultur: Der Einfluß von Welt 3

7.3.1 Erlernen der Sprache

Wie wir alle wissen, übt ein Baby selbst schon in den ersten Lebensmonaten unaufhörlich seine Stimmwerkzeuge und beginnt auf diese Weise, diese komplizierteste aller motorischen Koordinationen zu erlernen. Es ist eine weitere Spielart des motorischen Lernens, doch kommt diesmal die Rückkoppelung nicht vom Sehen, sondern vom Hören. Natürlich spielt das Hören auch beim Erlernen von Handbewegungen eine Rolle; die Freude, die Babys an Spielsachen haben, welche beim Schütteln Töne von sich geben, legt Zeugnis davon ab. Das Unterscheidungsvermögen des Gehörs bildet sich sehr früh heraus, lange vor dem visuellen Unterscheidungsvermögen. Ein eine Woche altes Baby kann bereits die Stimme seiner Mutter unter anderen Stimmen erkennen. Das Sprechenlernen wird durch das Hören gelenkt und ist zunächst Nachahmung gehörter Töne. Dies führt weiter zu den einfachsten Wortformen wie dada, Papa, Mama, die im Alter von ungefähr einem Jahr hervorgebracht werden. Es ist wichtig, sich klarzumachen, daß die Sprache von der Rückkoppelung durch Hören der gesprochenen Wörter abhängig ist. Der Taube ist stumm. Bei der Sprachentwicklung ist das Erkennen wichtiger als das Sich-Ausdrücken. Ein Kind hat einen wahren Heißhunger nach Wörtern, es fragt nach Namen und übt unaufhörlich, selbst wenn es allein ist. Es hat den Mut, Fehler zu machen, die aus seinen eigenen Regeln entspringen, z. B. bei den unregelmäßigen Pluralbildungen von Substantiven. Sprache entsteht nicht durch einfache Imitation. Das Kind abstrahiert aus dem, was es hört, Regelmäßigkeiten und Beziehungen und wendet diese Prinzipien beim Aufbau seiner sprachlichen Äußerungen an.

Lenneberg (1969) hat höchst interessante Beobachtungen an »hörenden« Kindern gemacht, deren beide Eltern von Geburt an taub waren. Die Kinder hörten von ihnen keine Sprache, und ihre eigenen Vokalisationen führten nicht dazu, von ihren Eltern zu bekommen, was sie wollten. Und dennoch begannen diese Kinder zur üblichen Zeit zu sprechen und zeigten eine normale Sprachentwicklung. Dies geschah vermutlich deshalb, weil die zufälligen Begegnungen außer Haus als Leitlinien für das Lernen ausreichten. Aufgrund dieser und damit verbundener Beobachtungen kam Lenneberg (1969) zu dem Schluß

> ...daß die Sprachfähigkeit ihrer eigenen natürlichen Geschichte folgt. Das Kind kann sich dieser Fähigkeit bedienen, wenn die Umwelt ein Minimum an Anreiz und Gelegenheit bietet. Die Intensität seiner sprachlichen Betätigung kann zwar von den Umweltbedingungen, unter denen es lebt, eingeschränkt werden, die zugrundeliegende Fähigkeit ist jedoch nicht leicht zu unterbinden.

Sprechen zu können, selbst wenn wir nur ein Minimum an sprachlichem Kontakt erfahren, ist ein Teil unseres biologischen Erbes. Diese Gabe hat eine genetische Grundlage, aber Lenneberg stimmt mit Dobzhansky (1967) darin überein, daß man nicht von Genen für Sprache sprechen kann. Andererseits sind die Gene tatsächlich Träger der Instruktionen für den Aufbau der speziellen, für das Sprechen zuständigen Areale der Großhirnrinde sowie aller für den verbalen Ausdruck zuständigen

Hilfsstrukturen. Tabelle 7-1 (Lenneberg, 1969) zeigt die Korrelation der motorischen und der sprachlichen Entwicklung während der frühen Kinderjahre.

Es ist nicht meine Aufgabe, die ungeheuren Schwierigkeiten darzustellen, die beim Lernen der korrekten syntaktischen Konstruktion von Sätzen überwunden werden müssen. Mein Interesse gilt der Frage, auf welche Weise die sprachliche Kommunikation eine entscheidende Rolle bei der Entwicklung des menschlichen Individuums spielt. Sie macht den Weg frei für die Teilnahme an den immensen Reichtümern von Welt 3, zunächst an Kindergeschichten und -liedern, dann an zunehmend anspruchsvolleren Büchern und Bildern. Das Verstehen des Fernsehens verlangt beträchtliche sprachliche Kompetenz und fördert zweifellos das Erlernen der Sprache, um die Bilder auf dem Bildschirm zu verstehen. Dennoch ist das Kind im wesentlichen ein passiver Zuschauer, nicht ein »Beteiligter«, daher ist das Fernsehen ein schlechter Erzieher, bietet es doch keine Gelegenheiten für »teilnehmendes« Lernen.

Tab. 7–1. Verkettung der motorischen und sprachlichen Entwicklung (Lenneberg, 1969)*

Alter (Jahre)	Meilensteine in der motorischen Entwicklung	Meilensteine in der sprachlichen Entwicklung
0,5	Sitzt, gebraucht die Hände zum Abstützen; einseitiges Greifen	Das Gurren geht durch Einführen von konsonantischen Lauten in Lallen über.
1	Steht; geht, wenn es an einer Hand gehalten wird.	Verdoppelung von Silben; deutliche Zeichen des Verstehens einiger Wörter; wendet einige Laute regelmäßig an, um Personen oder Gegenstände zu bezeichnen, d. h. die ersten Wörter
1,5	Greifen, Erfassen und Loslassen voll entwickelt; Gang vorwärtsdrängend; kriecht rückwärts treppab	Repertoire von 3 bis 50 Wörtern, die noch nicht zu Ausdrücken verbunden werden; Lautsequenzen und Intonationsstrukturen, die wie eine Unterhaltung klingen; gute Fortschritte im Verstehen
2	Läuft (mit Hinfallen); geht treppauf oder treppab, setzt aber immer nur einen Fuß vor.	Mehr als 50 Wörter; benutzt sehr häufig Ausdrücke aus zwei Wörtern; stärkeres Interesse an verbaler Kommunikation; kein Lallen mehr
2,5	Springt mit beiden Füßen in die Luft; steht 1 Sekunde lang auf einem Fuß; baut Turm aus sechs Würfeln	Jeden Tag kommen neue Wörter hinzu; Äußerungen bestehen aus drei oder mehr Wörtern; scheint fast alles zu verstehen, was man ihm sagt; noch viele Abweichungen in der Grammatik
3	Geht 2,7 Meter auf Zehenspitzen; geht treppauf und treppab, indem es die Füße abwechselnd vorsetzt; springt 30 cm	Vokabular von mehr als 1000 Wörtern; ungefähr 80% der Äußerungen sind verständlich; die Grammatik der Äußerungen entspricht etwa derjenigen der umgangssprachlichen Erwachsenensprache; syntaktische Fehler weniger vielfältig, systematisch, vorhersagbar
4,5	Springt über ein Seil; hüpft auf einem Fuß; kann auf einer Linie gehen	Die Sprache ist gut entwickelt; grammatische Abweichungen von der Norm der Erwachsenensprache sind auf entweder ungewöhnliche Konstruktionen oder mehr literarische Aspekte des Gesprächs beschränkt

* Deutscher Text in Anlehnung an Lenneberg, E. H.: Biologische Grundlagen der Sprache, S. 161–163. Frankfurt/Main: Suhrkamp Verlag 1972. A nm. d. Übers.

7.3.2 Auswirkung der Deprivation von Inputs aus Welt 3

Diese Darstellung der bei der normalen Sprachentwicklung mitwirkenden Faktoren läßt sich überprüfen, wenn man zum Vergleich die Auswirkungen verschiedener Arten und Grade von Deprivation auf die sprachliche Entwicklung heranzieht. Wie wohlbekannt ist, lernen Kinder, die taub geboren oder in sehr jungem Lebensalter taub wurden, niemals sprechen. Wenn diese Taubheit nicht vollständig ist, so kann der Ausgleich durch speziell konstruierte Hilfsgeräte für Taube sonst taub-stummen Kindern mit beträchtlichem Erfolg eine Sprache geben. In Australien konnte N. E. Murray auf diese Weise ungefähr 90% der taub geborenen Kinder retten, die nach der Rötelnepidemie des Jahres 1940 in Australien zur Welt kamen. Es gibt anekdotenhafte, ja sogar legendäre Berichte über Experimente, die Aufschluß darüber geben sollten, ob normale Kinder sprechen lernen, wenn sie keine Sprache hören. Die Experimente, die der ägyptische Pharaoh Psammentichus, Friedrich II von Hohenstaufen, James IV von Schottland und der Kaiser Akbar von Indien durchgeführt haben sollen, hatten einen ähnlichen Zweck, nämlich die Isolation kleiner Kinder mit taubstummen Pflegerinnen oder mit Kinderfrauen, denen es verboten war, zu sprechen. Im allgemeinen sprachen die Kinder nicht, verständigten sich jedoch mit Gebärden, wie man sie von taub geborenen, d. h. unter ähnlichen Umständen lebenden Kindern, erwarten würde. Diese Kinder kompensieren das Fehlen der Sprache durch das Lernen einer Zeichensprache. Es ist bemerkenswert, wie erfolgreich taube Kinder mit solchen Zeichen kommunizieren lernen; wie wir später sehen werden, erwerben sie Zugang zu Welt 3 mit den wunderbaren Konsequenzen, die dies hat. Wichtig ist, daß wir uns darüber klar sind, daß alle Zeichensprachen genauso wie die gesprochene oder die geschriebene Sprache in den Sprachzentren verarbeitet werden. Akustische, optische und taktile Reize gelangen durch die wohlbekannten corticalen Assoziations- und Kommissurenbahnen, mit denen wir uns in der nächsten Vorlesung beschäftigen wollen, in die Sprachzentren.

Kommt zur Taubheit noch Blindheit hinzu, dann ist dem von diesen Leiden betroffenen Menschen sowohl die Sprache als auch die visuelle Zeichensprache verschlossen. Es gibt gut dokumentierte Berichte von zwei Mädchen, die unter dieser ungeheuren Deprivation litten und heldenhafte Anstrengungen unternahmen, um mit diesem tragischen Mangel fertigzuwerden. Sowohl Laura Bridgman als auch Helen Keller erkrankten an völliger Blindheit und Taubheit, bevor sie zwei Jahre alt waren, d. h. bevor sie mehr als nur eine minimale Spracherfahrung erworben hatten. Helen Keller z. B. erkrankte im Alter von 20 Monaten. Sie konnte damals einige wenige Worte sagen, die jedoch bald im lautlosen Dunkel verlorengingen. Sie lebte in der Familie, wurde liebevoll umsorgt, aber ihre Sinneserfahrungen waren auf Berührung, Geruch und Geschmack begrenzt. Sie war kräftig und temperamentvoll, aber ungezügelt. Niemand machte den Versuch, sich auf subtile Art mit ihr zu verständigen, bis Anne Sullivan als Lehrerin zu ihr kam, als sie 6 Jahre und 9 Monate alt war. Anne Sullivan lehrte Helen Wörter, indem sie sie Buchstabe für Buchstabe auf Helens Hand schrieb. Als eines Tages Wasser über ihre eine Hand floß und auf der anderen »Wasser« geschrieben wurde, drang die Botschaft durch zu der jungen Schülerin, erst langsam, dann schneller. Es war eine wahre Offenbarung. Helen erkannte das Geheimnis der

Sprache und begann unverzüglich eine Vielzahl von Wörtern und ihren Gebrauch zu lernen. Mit herrlichem Enthusiasmus und hoher Intelligenz erwarb sie eine vorzügliche Bildung und wurde eine großartige Schriftstellerin und ein wunderbarer Mensch. Wir haben das Glück, ausführliches dokumentarisches Material sowohl von Helens Lehrerin Anne Sullivan als auch von Helen selbst (Keller, 1968) zu besitzen. So gelang es Helen Keller, obwohl ihr die Welt der Sprache bis zum Alter von fast sieben Jahren verschlossen gewesen war, die gewaltigen Handicaps ihrer sensorischen Behinderung zu überwinden und Zugang zu Welt 3 zu erlangen, insbesondere zur Literatur. Sie las die Klassiker im Original und erwarb ihren Doktorgrad in den Geisteswissenschaften über englische, deutsche und französische Literatur. Die große Bedeutung dieses Falles für das Thema, das wir hier behandeln, liegt in dem Wandel, den die Teilnahme an Welt 3 in diesem Kind hervorgebracht hat.

Es gibt anekdotenartige Berichte über Kinder, die während einer wichtigen Periode ihrer Entwicklung in der Wildnis aufgewachsen und allem Anschein nach von wilden Tieren betreut worden waren. Am besten verbürgt sind die Fälle Caspar Hauser, der 1723 in der Nähe von Hannover gefunden wurde, Viktor, das 1799 in Südfrankreich gefundene »Wolfskind von Aveyron« und Amala und Kamala, die 1920 in Midnapur in Indien gefunden wurden. Aus den Unterlagen geht hervor, daß diese Kinder nicht sprechen konnten, als sie gerettet wurden. Die meisten befanden sich in bedenklichem Gesundheitszustand und starben bald. Die an ihnen gemachten Beobachtungen sind fragmentarisch und für unsere Zwecke wertlos. Doch können wir den Schluß ziehen, daß sich ein Mensch nur dann normal entwickelt, wenn er eingebettet in einer guten menschlichen Kultur, Welt 3, aufwächst. Die Kultur hat Vorrang vor der Natur.

Auch mehrere neuere Fälle gibt es, in denen Kinder praktisch von allen kulturellen Kontakten ferngehalten wurden; mit einer einzigen Ausnahme war die Zeit der Isolation jedoch jeweils relativ kurz und wurde in relativ jungem Alter beendet. Die eine Ausnahme ist das Mädchen Genie, das auf dem gesamten Gebiet der Kindesentwicklung einzigartig ist (Fromkin et al.; 1974, Curtiss, 1977). Der letztere Literaturhinweis bezieht sich auf eine umfangreiche Monographie, die der ausführlichen Diskussion linguistischer Untersuchungen gewidmet ist. Dort finden wir auch einen Bericht über Dr. Curtiss' Bemühungen, Genie zu einem umgänglichen Menschenkind zu machen.

Genie wurde am 4. November 1970 entdeckt und zur Behandlung in ein Krankenhaus eingewiesen. Sie war übel unterernährt, wog nur 25 kg und war 1,35 m groß. Sie war damals 13 Jahre und 7 Monate alt. Seit dem Alter von 20 Monaten war sie von ihrem psychotischen Vater unter entsetzlichen Bedingungen in einem kleinen Zimmer eingesperrt gehalten worden, ohne jemals die Außenwelt zu sehen. Sie wurde an ein Kinderstühlchen oder in einem Kinderbett angeschirrt, mit Säuglingsnahrung gefüttert und erhielt nur ein Minimum an Pflege. Sie wurde bestraft, wenn sie irgendein Geräusch machte, und niemals sprach jemand mit ihr. Als sie befreit wurde, konnte sie weder aufrecht stehen noch Speise kauen. Sie war abgezehrt und stumm. Seitdem sie aus ihrem Gefängnis erlöst wurde, hat sie jede nur mögliche aufmerksame und liebevolle Pflege erfahren und die bestmögliche Chance erhalten, sich von den schrecklichen Entbehrungen während all der Jahre zu erholen, in denen normale Kinder sich körperlich wie auch geistig zu vollausgebildeten Menschen entwickeln.

Genie hat sich seit November 1970, als ihr Menschenleben begann, in bemerkenswerter Weise entwickelt, aber immer noch weisen ihre Leistungen erschütternde Begrenzungen auf, vor allem in der Sprache, die wahrscheinlich niemals mehr überwunden werden können.

Die jüngsten Berichte fassen Genies Fortschritte während der ersten 4–5 Jahre zusammen:

Sie drückt jetzt Liebe, Freude und Ärger aus; sie lacht und weint, sie hat viele soziale Fertigkeiten erlernt; sie kann mit Besteck essen, ihre Nahrung kauen, sich anziehen, die Zähne putzen, das Haar waschen und ihre Schuhe zubinden. Sie fährt mit einem Bus zur Schule und näht auf einer Nähmaschine. Sie läuft und springt und wirft Basketbälle. Und sie spricht und versteht – wenn auch fehlerhaft. Dieses Experiment, das im wirklichen Leben stattfindet, ist noch nicht abgeschlossen. Wir kennen das Ausmaß des Schadens noch nicht, den Isolation und sensorische Deprivation heraufbeschworen haben. Sie ist immer noch dabei, zu lernen, sich zu entwickeln (Curtiss et al., 1974).

Genies Sprache ist alles andere als normal. Wichtiger jedoch und über die spezifischen Ähnlichkeiten und Unterschiede hinaus, die zwischen Genies Sprache und der Sprache normaler Kinder bestehen, müssen wir immer im Gedächtnis behalten, daß Genies Sprache von Regeln beherrschtes Verhalten ist und daß sie von einer begrenzten Reihe willkürlicher sprachlicher Elemente ausgehend neuartige Ausdrücke erfinden kann und dies auch tut, denen theoretisch keine obere Grenze gesetzt ist. Dies sind die Aspekte der menschlichen Sprache, durch die diese sich von allen anderen tierischen Kommunikationssystemen unterscheidet. Ungeachtet aller Abnormalitäten besitzt Genie daher in höchst fundamentalem und kritischem Sinne eine Sprache (Curtiss, 1977).

Von großem Interesse ist, daß Genie, obschon Rechtshänder, die rechte Hemisphäre zum Sprechen benutzt. Wie bereits erwähnt, ist bei sehr kleinen Kindern die Sprache beidseitig vertreten (Basser, 1962), normalerweise übernimmt dann aber die linke Hirnhälfte allmählich die Führung, und im Alter von 4–5 Jahren ist die Sprache völlig lateralisiert (Kimura, 1967), und zwar bei 95% der Menschen in der linken Hemisphäre. Die rechte Hemisphäre bewahrt sich jedoch auch weiterhin ihre Kompetenz des Verständnisses, wie aus neueren Untersuchungen an Split-Brain-Patienten* (Zaidel, 1976) hervorgeht. Vermutlich erlitten die Sprachzentren in Genies linker Hemisphäre eine funktionale Atrophie, als sie während all jener Jahre, in denen sie hätten voll entwickelt werden sollen, nicht benutzt wurden. Als Genie in dem sehr späten Alter von fast 14 Jahren sprechen gelehrt wurde, mußte folglich die rechte Hemisphäre tun, was sie konnte. Aber die syntaktischen Schwächen sind groß. Beispielsweise hat Genie in all den Jahren niemals eine Frage gestellt, obwohl sie Fragen recht gut versteht und beantwortet. Ebenso hatte sie während der ersten drei Jahre Schwierigkeiten mit den Verneinungen »klein« oder »nicht«, die sie stets an den Anfang eines Satzes stellte. Sie spricht wenig und mühsam, vermutlich deshalb, weil die äußerst komplizierten Bewegungen, die für das Sprechen erforderlich sind, in all jenen Jahren der aufgezwungenen stummen Isolation nicht geübt wurden. Mehrere Jahre lang zeigte sie keinerlei Interesse am Lese- und Schreibunterricht, aber jetzt weist sie bei diesen Tätigkeiten endlich begrenzte Leistungen auf.

---

* Patienten, bei denen die die beiden Großhirnhälften verbindenden Kommissurenfasern des Corpus callosum operativ durchtrennt wurden. Anm. d. Übers.

Im Gegensatz zu ihren sprachlichen Unzulänglichkeiten ist Genie außerordentlich tüchtig bei Funktionen, für die normalerweise die rechte Hemisphäre dominant ist, beispielsweise beim Erkennen von Gestaltmustern und bei der räumlichen Wahrnehmung. Zum Beispiel schnitt sie bei Versuchen, wo Gesichter erkannt werden sollten, bei weitem besser ab als normale Kinder oder Erwachsene. Es sieht also so aus, als habe Genie eine äußerst leistungsfähige rechte Hemisphäre, wogegen die Funktionen der linken Hemisphäre stark herabgemindert sind oder völlig fehlen. Wie Curtiss (1977) schreibt:

> Die Tatsache, daß Genie eine in der rechten Hirnhälfte angelegte Sprache spricht, mag eine unmittelbare Folge des Umstandes sein, daß sie nicht während der »kritischen Periode« (vor der Pubertät) sprechen lernte. Sie läßt vermuten, daß die linke Hemisphäre nach der kritischen Periode möglicherweise nicht mehr imstande ist, ihre Funktion des Spracherwerbs auszuüben, und daß somit die rechte Hemisphäre übrigbleibt, um die Führung zu übernehmen. Der Fall Genie stützt daher die von Lenneberg (1967) aufgestellte Hypothese der »kritischen Periode«.

Bei Abbildung 7-6 handelt es sich um eine Zeichnung, die Curtiss (1977) sehr bewegend kommentiert:

> Diese Zeichnung ist ein Zeugnis für die Bedeutung und Stärke der Mutter-Kind-Beziehung für alle Menschen sowie für Genies Bedürfnis nach einem Sinn ihrer eigenen Geschichte.
> Erfüllt von Einsamkeit und Sehnsucht, zeichnete Genie dieses Bild (Abb. 7-6) im Frühjahr 1977. Zuerst zeichnete sie nur das Bild ihrer Mutter und schrieb darunter »ich vermiße Mama«. Dann begann sie plötzlich mehr zu zeichnen. Kaum war sie fertig, nahm sie meine Hand, führte sie zu dem hin, was sie gerade erst gezeichnet hatte, bedeutete mir durch einen Wink, zu schreiben, und sagte »Baby Genie«. Dann zeigte sie unter ihre Zeichnung und sagte »Mama Hand«. Ich diktierte alle Buchstaben. Zufrieden lehnte sie sich zurück und sah das Bild mit großen Augen an. Da war sie, ein Baby in den Armen ihrer Mutter. Sie hatte ihre eigene Wirklichkeit geschaffen.

Wir können zustimmen, daß sich Genie zu einem empfindsamen Menschenkind entwickelt hat, und das ist eine wunderbare Veränderung gegenüber der mitleiderregenden Kreatur, die sie im November 1970 war. Dies ist ein zutiefst überzeugendes Beispiel für den schöpferischen Einfluß von Welt 3, der selbst nach diesen vielen Jahren der Deprivation immer noch zu wirken imstande war. Es veranschaulicht auf einzigartige Weise die Elastizität und Plastizität des menschlichen Gehirns in seiner Beziehung zum menschlichen Geist.

7.4 Wechselwirkung von Welt 2 und Welt 3 bei der Schaffung des Selbst

Bei der Entwicklung eines Kindes zu einem menschlichen Selbst ist die sprachliche Verständigung von allergrößter Wichtigkeit. In Ermangelung einer solchen Kommunikation verblieb selbst die hochbegabte Helen Keller auf einem kaum menschlichen Niveau, und Genie war kein menschliches Ich, als sie im Alter von fast 14 Jahren entdeckt wurde. Sie besaß, wenn es hochkommt, nicht mehr als ein oder zwei bruchstückhafte Erinnerungen aus diesen langen Jahren. Doch die sprachliche Kommunikation machte Helen Keller zu einem wundervoll reichen und empfindsamen Menschen. Genie war viel länger und viel strikter aller Welt 3-Einflüsse beraubt, dazu gehörte ein völliges Fehlen jeglichen Spracherlebens. Die daraus resultierende

Abb. 7-6. Von Genie angefertigte Zeichnung. Ausführliche Beschreibung im Text. Curtiss, S.: Genie: A psycholinguistic study of a modern-day »Wild-Child«, S. 288. New York: Academic Press 1977

Schädigung ihrer linken Hirnhälfte ist ein schweres Handicap für ihre Wiederherstellung, die wahrscheinlich niemals vollständig sein wird. Nichtsdestoweniger hat sie sich in erstaunlicher Weise erholt und ist heute ein menschliches Selbst mit einem ansehnlichen Spielraum an Gefühlen und Fertigkeiten. Diese wohl dokumentierten Fälle von Deprivation illustrieren in überzeugender Weise, wie notwendig der Input aus einer Welt 3-Umgebung und vor allem die Sprache für die Entwicklung eines normalen menschlichen Selbst ist.

Große Bedeutung kommt der Wechselbeziehung zwischen Mutter und Baby während der ersten Lebensmonate des Säuglings zu. Doch ich möchte jetzt ein späteres Entwicklungsstadium betrachten, in dem das Kind allmählich das zu erkennen lernt, was wir seine persönliche Existenz nennen können. Dieses Erkennen erwächst aus einem anfänglichen Solipsismus, und zwar in dem Maße, wie das Kind seine eigenen Existenz und die Existenz anderer Ichs, wie es selbst eins ist, zu erkennen beginnt. Zunächst zeigt das Kind eine animistische Tendenz, es stattet unbelebte Gegenstände aller Art, insbesondere Puppen und Spieltiere, mit einer Individualität aus. Haustiere als Freunde und Spielkameraden spielen in dieser Hinsicht eine besondere Rolle, aber schließlich erkennt das Kind, daß sie anders sind als Menschen. In diesem Prozeß der geistigen Entwicklung ist die Sprache von der größten Bedeutung, bewirkt sie doch das Wachstum von Vorstellungskraft und Darstellungsfähigkeit und führt später zur Argumentation mit ihrer logischen Grundlage.

Popper schreibt (Popper und Eccles, 1977, Teil 1, Abschn. 42):

> In allen diesen Fragen ist es die Verankerung des Selbst in Welt 3, die entscheidend ist. Ihre Grundlage ist die menschliche Sprache, die es uns ermöglicht, nicht nur Subjekte zu sein, Aktionszentren, sondern auch Objekte unseres eigenen kritischen Denkens, unseres eigenen kritischen Urteilsvermögens. Ermöglicht wird dies durch den sozialen Charakter der Sprache; durch die Tatsache, daß wir über andere Menschen sprechen können, und daß wir sie verstehen können, wenn sie über uns sprechen.
>
> Der soziale Charakter der Sprache sowie die Tatsache, daß wir unseren Status als Selbst – unsere Menschlichkeit, unsere Vernunft – der Sprache, und somit anderen, verdanken, scheint mir wichtig. Als Selbst, als Menschen sind wir alle Produkte von Welt 3, die ihrerseits ein Erzeugnis unzähliger menschlicher Geister ist.
>
> Ich habe Welt 3 als aus den Produkten des menschlichen Geistes bestehend beschrieben. Aber der menschliche Geist reagiert seinerseits wieder auf diese Produkte: es besteht eine Rückkoppelung. Der Geist eines Malers zum Beispiel oder eines Ingenieurs wird stark von den Objekten selbst beeinflußt, an denen er arbeitet. Und er wird ebenfalls von dem Werk anderer, Vorgänger wie Zeitgenossen, beeinflußt. Dieser Einfluß ist sowohl bewußt wie auch unbewußt. Er hat zu tun mit Erwartungen, mit Vorlieben, mit Programmen. Insofern als wir das Produkt anderer Geister und unseres eigenen Geistes sind, kann man sagen, daß wir selbst Welt 3 angehören.

Das Entstehen und die Entwicklung des Selbst-Bewußtseins (Welt 2) durch die ständige Interaktion mit Welt 3 ist ein in höchstem Maße geheimnisvoller Vorgang. Man kann ihn mit einer leiterähnlichen Konstruktion (Abb. 7-7) vergleichen, die durch

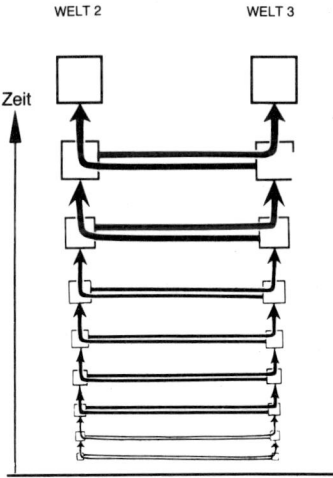

Abb. 7-7. Diagrammartige Darstellung der wechselseitigen Beziehung der Entwicklung des Selbst-Bewußtseins (Welt 2) und der Kultur (Welt 3) in der Zeit – durch Pfeile angedeutet. Genaue Erläuterung im Text

die wirksamen Querverbindungen aufsteigt und wächst. Die senkrecht nach oben weisenden Pfeile bezeichnen die Zeit, die von den frühesten Erfahrungen des Kindes bis hin zur vollständigen Entwicklung zum Menschen verstreicht. Von jeder Sprosse in Welt 2 führt ein Pfeil über Welt 3 derselben Ebene zu einer höheren, breiteren Sprosse, was symbolisch eine Zunahme der Kultur dieses Individuums darstellt. Umgekehrt besteht eine Rückwirkung der Welt 3-Ressourcen des Selbst, die wiederum eine höhere, breitere Bewußtseinsebene jenes Selbst (Welt 2) erzeugt. Und so hat jeder von uns sich fortschreitend entwickelt, sich fortschreitend selbst geschaffen. Je größer die Welt 3-Ressourcen eines Individuums, um so größer das Welt 2-Selbstbewußtsein, das es gewinnt. Was wir sind, hängt ab von der Welt 3, in die wir eingebettet waren, und davon, wie wirksam wir die uns gebotenen Gelegenheiten genutzt haben, das Beste aus den Fähigkeiten unseres Gehirns zu machen.

Das Gehirn ist notwendig für die Existenz und das Erleben von Welt 2, aber es reicht nicht aus, wie Abb. 10-2 (Popper und Eccles, 1977) erkennen läßt. Diese Abbildung ist ein Schema dualistischer Wechselbeziehungen, in dem der Informationsfluß über die Grenzfläche zwischen dem Gehirn in Welt 1 und dem bewußten Ich in Welt 2 hinweg durch Pfeile angedeutet ist. Diese wichtige Graphik wird in der zehnten Vorlesung ausführlich behandelt.

Das Auftreten des Selbst-Bewußtseins bei einem Menschen läßt sich mit dem Erscheinen des Selbst-Bewußtseins im Laufe des biologischen Vorgangs vergleichen, durch den die Evolution den Menschen hervorgebracht hat. In diesem Sinne rekapituliert die Ontogenese die Phylogenese. Aber das Menschenbaby kann in wenigen Jahren vollbringen, wozu der evoluierende Mensch Hunderttausende von Jahren gebraucht hat. Die Erklärung liegt weitgehend in der gewaltig bereicherten Welt 3-Umwelt. Wie wir bei Genie gesehen haben, entwickelt sich ein Kind nicht, wenn es von Welt 3 isoliert ist. Und wir wissen genau, daß in einer stark verarmten kulturellen Umwelt Babys zu Teilnehmern an jener schweren Beschränkungen unterworfenen Kultur heranreifen, ohne je zu wissen, was sie entbehren. Werden sie aber in ein reiches Welt 3-Milieu hineinversetzt, so sind die Kinder primitiver Völker in der Lage, sich so zu entwickeln, daß sie uneingeschränkt an jener reichen Kultur der Welt 3 teilnehmen.

An diesem Punkt sollten wir nun Bilanz ziehen, wie weit wir mit dem Thema dieser Vorlesungsreihe – mit dem Geheimnis Mensch – vorangekommen sind. Wie weit ist es uns gelungen, dieses tiefgreifende Problem zu erhellen? In der vierten und fünften Vorlesung befaßten wir uns mit dem biologischen Evolutionsprozeß, durch den Zufall (genetische Mutation) und natürliche Auslese alle die wunderbar entwickelten und adaptierten Lebensformen hervorgebracht haben. Und daneben, speziell auf unser Vorhaben ausgerichtet, galt unsere Aufmerksamkeit der Evolutionslinie, die über die Hominiden zum *H. sapiens* mit seiner großartigen cerebralen Ausstattung geführt hat. Wegen dieser Ausstattung war der *H. sapiens* imstande, etwas radikal Neues und völlig Unvorhersagbares ins Leben zu rufen, nämlich die Welt der Kultur und Zivilisation, die wir in der sechsten Vorlesung beschrieben haben und die zusammenfassend als Welt 3 bezeichnet wird.

Zwischen kultureller und biologischer Evolution muß deutlich und streng unterschieden werden. Die biologische Evolution war nötig, damit sich Gehirne mit der intellektuellen Leistungsfähigkeit entwickelten, wie sie für die Kultur erforderlich sind.

Die aus der Kultur entstehenden Fertigkeiten, beispielsweise der Gebrauch der Sprache oder der Werkzeuge und Waffen, waren für die biologische Evolution der Linie der Hominiden von größter Wichtigkeit, verliehen sie ihr doch einen überwältigenden Vorteil über alle anderen biologischen Arten. Nichtsdestoweniger muß scharf unterschieden werden. Die biologische Evolution ist genetisch codiert und wird somit vererbt. Die kulturelle Evolution wird nicht vererbt, aber auch nicht im geringsten. Jeder Mensch baut als Kind seine Kultur von Null an auf und gibt im biologischen Reproduktionsprozeß wiederum Null an Kultur an seine Nachkommen weiter. Es gibt keine Vererbung erworbener Merkmale. Der Lamarckismus ist tot.

Man könnte meinen, ich hätte mich auf eine rein materialistische Position zurückgezogen und überließ es der biologischen Evolution einerseits und der kultruellen Evolution andererseits, eine vollständige Erklärung des menschlichen Selbst zu liefern. Ein Blick auf Abb. 7-7 zeigt jedoch, daß Welt 2, die Welt der Bewußtseinszustände, eine Schlüsselrolle bei der Schaffung des Selbst bildet, und Welt 2 ist (wie Abb. 6-1 und 10-2 zeigen) die nicht-materielle Welt des Geistes. Das Gehirn in Welt 1 und die Welt der Kultur in Welt 3 sind notwendig, damit das bewußte Selbst in Welt 2 sich entwickelt, aber sie reichen nicht aus. Jeder von uns weiß, wie einzigartig sein persönliches Selbst ist. Das Entstehen jeder einzelnen einzigartigen Individualität liegt jenseits des Bereichs, der der wissenschaftlichen Forschung zugänglich ist (s. Eccles, 1970, Kap. V und X). Meine These lautet: wir müssen die einzigartige Individualität als das Resultat einer übernatürlichen Schöpfung von etwas anerkennen, das im religiösen Sinne Seele genannt wird. Sehr viel mehr über dieses Thema wird in der zweiten Lecture-Reihe zu sagen sein.

8. Vorlesung

Der Aufbau des Neocortex –
Bewußte Wahrnehmung

Zusammenfassung

Bei unseren Betrachtungen in den drei vorangegangenen Vorlesungen sind wir stillschweigend davon ausgegangen, daß das Gehirn den Kern des Geheimnisses Mensch darstellt. Wir haben gesehen, daß das Gehirn durch die biologische Evolution bis zu seiner vollen Größe entwickelt worden ist und daß diese Entwicklung mit der kulturellen Evolution verknüpft war – mit Sprache, Kunst und Literatur. Wichtiger noch: die transzendentale Erfahrung des Selbst-Bewußtseins entstand, als sich mit dem Neandertaler das Gehirn zu seiner vollen menschlichen Größe entwickelt hatte. Bisher haben wir dem Aufbau des Gehirns kaum mehr Aufmerksamkeit zugewandt, als handele es sich um eine »black box«, einen »schwarzen Kasten«. Nun müssen wir uns in diese »black box« hineinbegeben und etwas näher untersuchen, was in dem vorgeht, was wir die Nervenmaschinerie nennen können. Zweifellos ergeben sich ihre Eigenschaften sowohl aus ihrer Struktur mit der Vernetzung von 10 Milliarden Neuronen im Neocortex als auch aus den Wirkungsprinzipien dieser ungeheuer komplizierten Neuronenmaschine. Unser Verständnis dieser Maschine ist heute so weit fortgeschritten, daß wir die Hypothesen, die in dieser und den beiden folgenden Vorlesungen formuliert werden sollen, darauf aufbauen können.

Was gibt uns die bewußte Wahrnehmung? Sie vermittelt uns erstens ein symbolisches Abbild der Außenwelt und unserer selbst in Beziehung zu dieser Welt. Zweitens vergegenwärtigt sie uns unsere inneren Zustände, unsere Muskelkontraktionen und Körperstellungen und inneren Empfindungen von Schmerz, Hunger und Durst. Was das Sehen betrifft, so haben wir die unfaßbare Umformung elektromagnetischer Wellen oder Photone in Empfindungen von Licht und Farbe. Wir werden über umfassende Untersuchungen aller Phasen dieses Vorganges, vom umgekehrten Netzhautbild bis hin zur Codierung mit Hilfe von Nervenimpulsentladungen und der anschließenden Verarbeitung dieser codierten Information in den höheren Gehirnzentren berichten. Doch die Umwandlung dieser ungeheuer komplexen neuralen Geschehnisse in das wahrgenommene Bild bleibt völliges Geheimnis. Die Umformung neuraler Vorgänge zum wahrgenommenen Bild muß erlernt werden, und zwar nicht nur in räumlicher Beziehung, wie ein flaches Bild, sondern auch in bezug auf Merkmale wie Farben- und Tiefenwahrnehmung sowie auf alle Feinheiten der Wahrnehmung, die einer ästhetischen Wertung vorausgehen. Das visuelle Lernen ist von der Wechselbeziehung mit anderen Empfindungen abhängig, insbesondere mit somatoästhetischen Empfindungen (Berührung und Bewegung). In jedem Augenblick besteht eine Einheit unserer Wahrnehmungen nicht nur aus sensorischen Inputs, sondern auch mit Obertönen aus Gefühlen und Erinnerungen.

8.1 Die Struktur des Neocortex

Bei allem, was wir in den drei vorangehenden Vorlesungen erörtert haben, sind wir stillschweigend davon ausgegangen, daß das Gehirn den Kern des Geheimnisses Mensch bildet. Wir haben gesehen, daß das Gehirn durch die biologische Evolution bis

zu seiner vollen Größe entwickelt worden ist und daß diese Entwicklung in ihren
späteren Phasen mit der kulturellen Evolution Hand in Hand ging – mit Sprache,
Kunst, Wissenschaft, Literatur und Technik. Wichtiger noch: die transzendentale
Erfahrung des Selbst-Bewußtseins entstand, als sich mit dem Neandertaler das Gehirn
zu seiner vollen menschlichen Größe entwickelt hatte. Bisher haben wir den Aufbau
des Gehirns mit kaum mehr Aufmerksamkeit behandelt, als handele es sich um eine
»black box«. Nunmehr müssen wir uns in diese »black box« hineinbegeben und die
Nervenmaschinerie – sowohl ihre Struktur als auch ihre Wirkungsweise – etwas
genauer untersuchen. Wir werden uns vor allem mit dem cerebralen Neocortex
befassen, da allgemeines Einverständnis darüber herrscht, daß dieser für die geistigen
Fähigkeiten des Menschen – und diese bilden das Hauptthema dieser letzten drei
Vorlesungen – von überragender Bedeutung ist.

Die Großhirnrinde ist eine den Säugetieren eigene Struktur und stellt zweifellos die
höchste Stufe der evolutionären Entwicklung des Nervensystems dar. Es liegen
zuverlässige Beweise dafür vor, daß sie sich im Laufe der Evolution aus dem äußeren
Striatum, das die höchste Stufe des Reptiliengehirns darstellt, entwickelt hat (Nauta
und Karten, 1970). Die besonderen Merkmale des Neocortex ergeben sich aus einer
radikalen Neuorganisation von ursprünglich den Zellen des äußeren Striatums (vgl.
Abb. 7-3) vergleichbaren Nervenzellen. Diese Neuanordnung bewirkte einen ge-
schichteten Aufbau des Säugetier-Neocortex. Dieser Schichtenaufbau ist relativ
einheitlich, d. h. dieselben generellen Merkmale lassen sich an den Großhirnrinden
aller Säugetiere, von den Insektenfressern bis hin zu den Primaten, beobachten. Es
könnte daher so aussehen, als sei die menschliche Überlegenheit in bezug auf geistige
Funktionen auf die Quantität und nicht die Qualität des menschlichen Neocortex
zurückzuführen. Doch dies wäre ein Irrtum, wie wir bereits in der fünften Vorlesung
erkannt haben. Dort sahen wir, daß besondere Bereiche des menschlichen Neocortex,
zum Beispiel die Rindenfelder 39 und 40 und ebenso die vorderen Stirnlappen, eine
starke Entwicklung erfahren haben (s. Abb. 5-10, 5-12). Dementsprechend nehmen
die primär sensorischen und motorischen Rindenfelder (Abb. 5-10 bis 5-12) einen viel
geringeren Raum des Neocortex ein.

8.1.1 Allgemeine anatomische Merkmale

Die wichtigsten anatomischen Merkmale des menschlichen Gehirns sind die zwei
Hirnhälften, die ungefähr symmetrisch und durch eine große kommissurale Struktur,
den Balken (oder Corpus callosum), miteinander verknüpft sind. Die Hemisphären
sind durch enorme Nervenfaserstränge aufs engste mit den nächstniedrigeren Ebenen
des Hirns verbunden, den mächtigen Nervenkomplexen des Thalamus und der
Basalganglien (Diencephalon). Große auf- und abwärtssteigende, aus Millionen von
Nervenfasern bestehende Trakte verbinden cerebrale Hemisphären und Thalamus mit
noch niedrigeren Ebenen, mit Mesencephalon, Pons, Kleinhirn (Cerebellum), Medulla
oblongata und Rückenmark. Eine detaillierte Beschreibung dieser Bahnen wäre hier
fehl am Platze, auf einige von ihnen werden wir aber in den entsprechenden

Abschnitten über Wahrnehmung und die Kontrolle von Bewegungen in dieser wie auch in der zehnten Vorlesung noch zu sprechen kommen.

Die Hemisphären des Großhirns sind der jüngste im Laufe der Evolution entstandene Teil des Vorderhirns, daher die Bezeichnung Neocortex für die große sie bedeckende Hirnrinde. Wie in Abb. 8-1 dargestellt, ist der Neocortex jeder Hemisphäre ziemlich willkürlich in vier Lappen unterteilt, den Stirn-, Scheitel-, Schläfen- und Hinterhauptslappen. Ursprünglich bestand eine spezifische Beziehung zwischen den älteren Teilen des Vorderhirns (Archi- und Paläocortex) und dem Geruchssinn. Diese älteren Cortices besitzen einzigartige strukturelle Merkmale und Verbindungen; auf ihre speziellen Funktionen werden wir später noch zu sprechen kommen. Zum Beispiel ist da die mnemonische Rolle des Hippocampus (9. Vorlesung), des wichtigsten Teils des Archicortex, sowie die Rolle anderer Strukturen des limbischen Systems, die mit Stimmungen und Emotionen zu tun haben (8. Vorlesung). Im Augenblick richten wir unsere Aufmerksamkeit jedoch auf den Aufbau des Neocortex. Die cerebralen Hemisphären bestehen aus der gewundenen Hülle, der

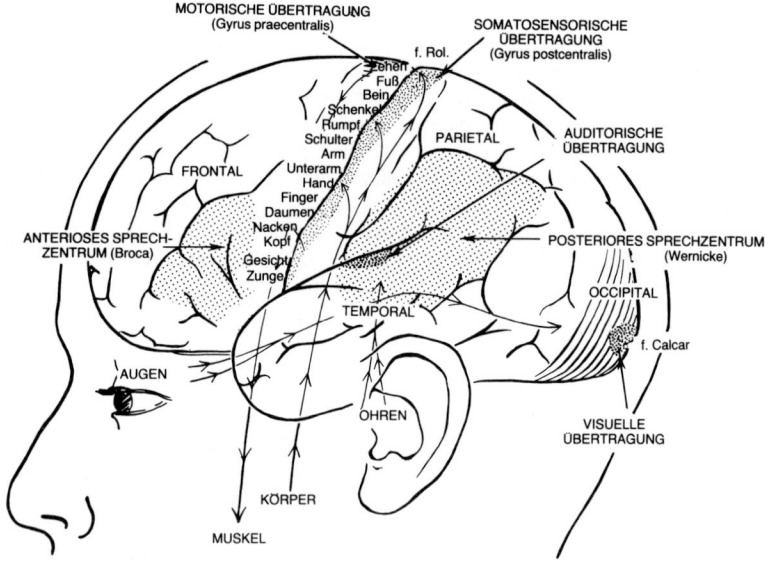

Abb. 8-1. Die motorischen und sensorischen Übertragungsbezirke der Großhirnrinde. Die ungefähre Landkarte der motorischen Übertragungsbezirke wird im Gyrus präcentralis gezeigt, während die Bezirke für den somatisch sensorischen Input (*vgl.* Abb. 8-9) sich auf einer ähnlichen Landkarte im Gyrus postcentralis befinden. Von anderen primär sensorischen Bezirken sind der visuelle und der auditorische gezeigt, aber sie liegen weitgehend in Zonen, die in dieser Seitenansicht nicht zu sehen sind. Stirn-, Scheitel-, Hinterhaupts- und Schläfenlappen sind eingezeichnet, ebenso das Broca'sche und das Wernicke'sche Sprachzentrum.

Großhirnrinde, die die gesamte gefaltete Oberfläche bedeckt und insgesamt die beachtliche Fläche von etwa 1200 cm^2 pro Hemisphäre besitzt. Der Neocortex ist ungefähr 3 mm dick und stellt eine massive Ansammlung von ungefähr 10 Milliarden Neuronen dar. Wie aus Abb. 8-1 zu ersehen ist, sind bestimmte Bereiche des menschlichen Neocortex spezialisierte Empfangsstationen für von den Rezeptoren einlaufende Informationen (inputs) bzw. zuständige Zentren für ausgehende Informationen (outputs) an den Bewegungsapparat. Diese Felder machen einen sehr kleinen Anteil (etwa 5%) des gesamten Neocortex des menschlichen Gehirns aus. Die sensorischen Inputs werden später in dieser Vorlesung behandelt, die Outputs in der zehnten Vorlesung. Im Augenblick gilt unser Interesse den restlichen 95% des Neocortex.

Die Neuronen des cerebralen Cortex sind derart dicht gepackt, daß in histologischen Schnitten das einzelne Neuron nur dann erkennbar ist, wenn es mit Hilfe des von Golgi entdeckten, außerordentlich erfolgreichen Färbeverfahrens herausgehoben wird. Zum Beispiel wurden in Abb. 8-2A nur etwa 1% der Neuronen gefärbt, und es sind mehrere individuelle Neuronen mit ihren sich baumartig ausfächernden Dendriten und dem dünnen, vom Zentrum des Soma oder Körpers nach unten zeigenden Axons (Nervenfaser) zu erkennen. B zeigt eine derartige Pyramidenzelle mit kurzen Dornen (s) auf den Dendriten, aber nicht auf dem Soma (p) oder dem Axon (ax). Die Dendriten sind gestutzt. Es gibt sie, wie man sieht, in zwei Spielarten; einmal jene, die von dem apikalen Dentriten (b) der Pyramidenzelle ausgehen, und dann diejenigen, die unmittelbar vom Soma (p) ausstrahlen.

Gegen Ende des 19. Jahrhunderts stellte der große spanische Neuroanatom Ramón y Cajal als erster die These auf, das Nervensystem bestehe aus Neuronen, d. h. individuellen Zellen, die nicht zu einem Synzytium verschmolzen seien, sondern von denen jede ihr biologisches Leben unabhängig von den anderen lebe. Dieses Konzept wird die Neuronentheorie genannt. Auf welche Weise erhält dann aber ein Neuron Informationen von anderen Nervenzellen? Dies geschieht mit Hilfe feiner Verästelungen der Axone der anderen Neuronen, die den Kontakt mit seiner Oberfläche herstellen und in kleinen, überall über seinen Körper und seine Dendriten verteilten Knöpfchen enden, wie Abb. 8-2C zeigt. Auch Sherrington vertrat, ebenfalls Ende des 19. Jahrhunderts, die Vorstellung, diese Kontaktzonen seien spezialisierte Kommunikationsstellen, die er Synapsen nannte, von dem griechischen Wort *synapto* (= Verbindung) (Eccles, 1964, Kap. 1).

Dank der Elektronenmikroskopie weiß man heute, daß das Neuron durch die es umschließende Membran völlig von anderen Neuronen abgeschlossen ist. An der Synapse besteht ein enger Kontakt mit Trennung durch einen synaptischen Spalt von etwa 200 Å wie in Abb. 8-2C dargestellt. Bei elektrischen Überträger-Synapsen befinden sich präsynaptische und postsynaptische Membranen fast in unmittelbarem Kontakt; nichtsdestoweniger bleibt die Integrität der Nervenmembran gewahrt, es findet keine zytoplasmatische Verschmelzung statt.

Die Leitung im Nervensystem geschieht mit Hilfe von zwei völlig verschiedenen Mechanismen. Erstens haben wir die kurzen elektrischen Wellen, die Impulse, die auf eine »Alles-oder-nichts«-Weise die Nervenfasern entlanglaufen, häufig mit großer Geschwindigkeit. Zweitens haben wir die Weiterleitung über die Synapsen hinweg. (Es

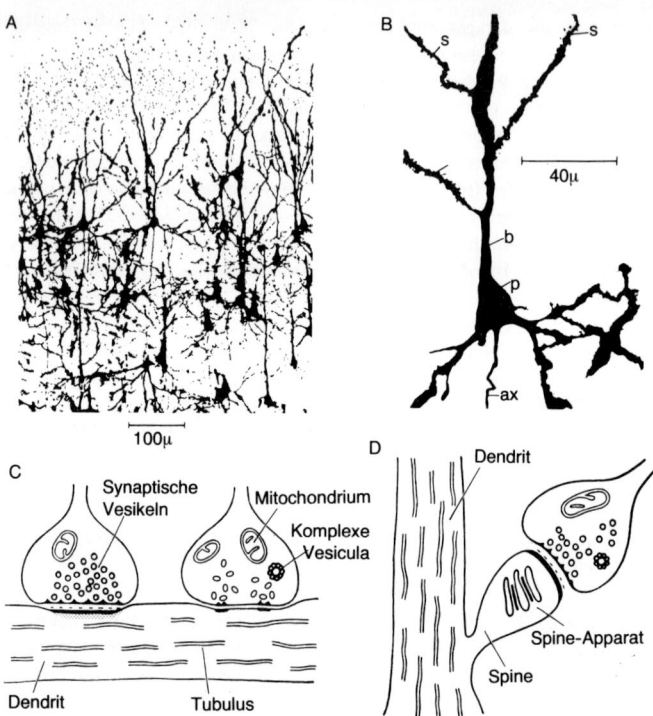

Abb. 8-2 A-D. Neuronen und Synapsen. **A.** Pyramiden- und Sternzellen der Sehrinde einer Katze. **B** Golgi-Präparat eines Neurons des cerebralen Cortex einer Katze. Die apikalen und basalen Dendriten sind mit Dornen *(s)* bedeckt, nicht so jedoch Soma *(p)*, Axon *(ax)* oder Dendritenstümpfe *(b)*. **C** Synapsen vom Typ 1 und Typ 2 auf einem Dendriten mit den im Text beschriebenen typischen Merkmalen. *D* Dendriten-Spine einer neocorticalen Pyramidenzelle, mit Spine-Apparat und anschließender Synapse vom Typ 1. Whittaker, V. P., Gray E. G.: The synapse: Biology and Morphology. Br. Med. Bull *18*, 223–229 (1962)

gibt auch noch eine abschwächende Leitung, die über kurze Entfernungen kabelartig entlang der Nervenfaser erfolgt.)

Wird ein Neuron über eine Synapse in ausreichend große Erregung versetzt, so erzeugt es Impulse und entlädt diese entlang seinem Axon. Der Impuls pflanzt sich das Axon oder die Nervenfaser und alle seine Verästelungen entlang fort und erreicht schließlich synaptische Knoten, die den axonalen Kontakte mit den Zellkörpern und Dendriten anderer Neuronen bilden. Abbildung 8-2C zeigt zwei Arten von Synapsen, links die excitatorische oder erregende und rechts die inhibitorische oder hemmende (Whittacker und Gray, 1962). Die ersteren wirken, indem sie das rezipierende Neuron dazu veranlassen, einen Impuls sein Axon entlang abzufeuern; die letzteren dienen dazu, diese Entladung zu verhindern. Es gibt auch zwei Arten von Neuronen: einmal diejenigen, deren Axone erregende Synapsen bilden, und dann die anderen, die hemmende Synapsen erzeugen. Ambivalente Neuronen gibt es nicht. Für eine einfache Darstellung der Funktionsweise von Synapsen verweise ich auf Kapitel 3 meines Buches *Das Gehirn des Menschen* (1976). Abb. 8-2D zeigt eine Synapse auf dem Dendritendorn (Spine) einer Pyramidenzelle (*vgl. s* in Abb. 8-2D). Es liegen keine überzeugenden Beweise dafür vor, daß alle Dorn-Synapsen excitatorisch sind.

Eine andere vielversprechende Methode bei der Erforschung der Synapsen ist die Aufzeichnung mit Hilfe feiner Mikroelektroden, die in die Nervenzellen eingeführt werden. Dies hat nicht nur Aufschluß über die elektrische Unabhängigkeit der Neuronen gegeben, sondern auch über die Arbeitsweise der Synapsen. Jedes Neuron hat auf seiner Oberfläche Hunderte oder sogar Tausende von Synapsen und es entlädt nur dann Impulse, wenn die synaptische Erregung viel stärker als die Hemmung ist.

Unter der Großhirnrinde liegt die weiße Substanz, die vorwiegend aus den markhaltigen Nervenfasern besteht, welche die zu den cerebralen Cortices hin- und von ihnen fortführenden Bahnen bilden. Sie verbinden jeden Hirnrindenabschnitt mit niedrigeren Ebenen des ZNS (wie oben angeführt) oder mit anderen Abschnitten derselben Hemisphäre (Assoziationsfasern) und der gegenüberliegenden Hemisphäre (Kommissurenfasern). Der Balken (Corpus Callosum), das bei weitem größte System, das die beiden Hirnhälften verbindet, enthält etwa 200 Mio. Kommissurenfasern. Alle Teile des Neocortex haben die gleiche geschichtete Neuronen-Grundstruktur, im allgemeinen 6 Schichten, wie Abb. 8-3 zeigt; dennoch sind strukturelle Unterschiede vorhanden, die die Unterteilung der menschlichen Hirnhälfte in mehr als 40 voneinander unterscheidbare Abschnitte, die sog. Brodmann'schen Felder, erlauben. Sie sind in Abb. 5-10 A + B in lateraler bzw. medialer Sicht dargestellt. Brodmann stützte seine Strukturanalyse auf bestimmte Merkmale, die im mittleren und rechten Streifen von Abb. 8-3 gezeigt sind. Es gibt zahlreiche Unterteilungen der sechs Schichten und sie variieren erheblich in den verschiedenen Brodmann'schen Abschnitten. Diese Unterteilung in Brodmann'sche Felder hat eine funktionale Entsprechung, denn viele der Felder besitzen spezifische physiologische Eigenschaften, wie wir in späteren Kapiteln noch sehen werden. Das limbische System ist auf der medialen Hemisphärenfläche (Abb. 5-10B) zu erkennen. Die Felder 23–35 werden entweder dem limbischen System zugerechnet oder als para-limbisch klassifiziert.

8.1.2 Säulenartige Anordnung und Modul-Konzept des cerebralen Cortex

8.1.2.1 Durch Assoziations- und Callosumfasern definierte Module

In Abb. 8-4 stellte Szentágothai (1978a) schematisch dar, auf welche Weise die gewaltige neocorticale Hülle »in ein Mosaik fast-diskreter Raumeinheiten« unterteilt ist. Diese Raumeinheiten stellen die anatomischen Grundelemente in dem funktionalen Bau des Neocortex dar. Links in Abb. 8-4 sind die dicht gepackten Pyramidenzellen in einem solchen Modul oder einer solchen Säule mit einer Breite von ungefähr 250 µm

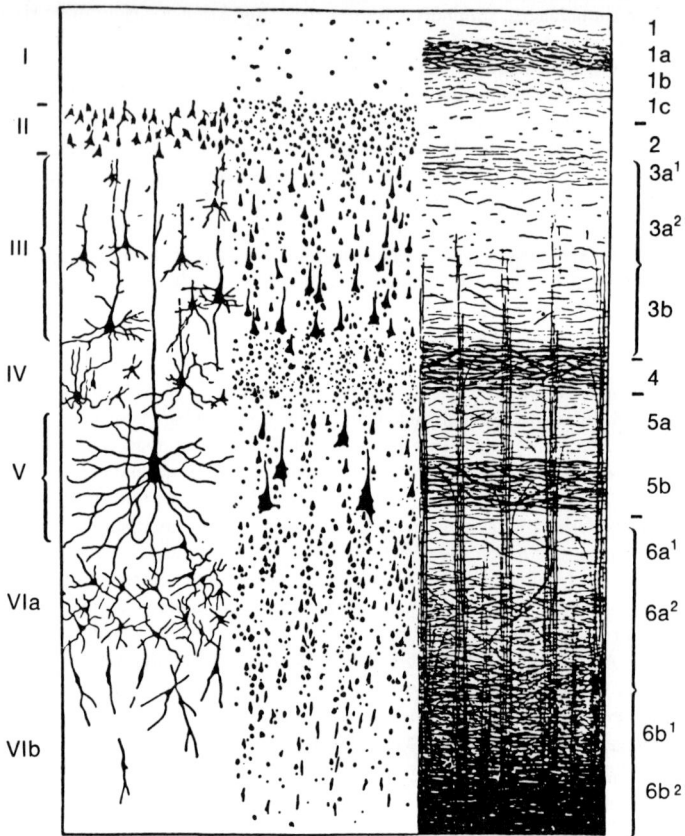

Abb. 8-3. Schematische Darstellung der Struktur des Cortex cerebri. Links von einem Golgi-Präparat, Mitte von einem Nissl-Präparat, rechts von einem Myelinscheiden-Präparat. *I*,Lamina zonalis; *II* Lamina granularis externa; *III* Lamina pyramidalis; *IV*Lamina granularis interna; *V* Lamina ganglionaris; *VI* Lamina multiformis. Brodmann, K.: Vergleichende Lokalisationslehre der Großhirnrinde. Leipzig: J. A. Barth 1909

gezeigt. Die von diesen Pyramidenzellen ausstrahlenden Axone projizieren zu drei anderen Modulen derselben Hemisphäre und über das Corpus Callosum hinweg zu zwei Modulen der anderen Hemisphäre. Wir haben also auf einfache Weise die Assoziations- und Callosumprojektionen der Pyramidenzellen eines Moduls veranschaulicht.

Abb. 8-4 weist mehrere bedeutsame Merkmale auf, die wir festhalten sollten. Diese Abbildung beruht auf den hübschen Experimenten, die Goldman und Nauta (1977)

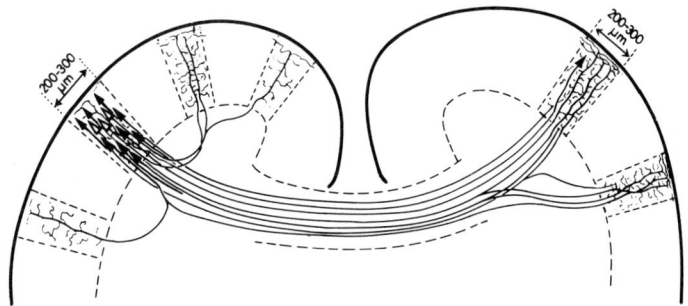

Abb. 8-4. Das allgemeine Prinzip der cortico-corticalen Vermaschung in einem aufgeklappten Hirn. Die Verbindungen werden in Form höchst spezifischer Schaltmuster zwischen senkrechten Säulen mit einem Durchmesser von 200–300 μm in beiden Hemisphären hergestellt. Ipsilaterale Schaltungen gehen hauptsächlich von in Schicht III gelegenen Zellen aus (links *im Umriß*angedeutete Zellen), während contralaterale Verbindungen *(schwarz ausgefüllte* Zellen) aus allen Schichten II bis IV stammen. Nicht berücksichtigt ist das Zusammenlaufen von aus unterschiedlichen Teilen des Cortex ausgehenden Afferenzen in denselben Säulen. Szentágothai, J.: The neuron network of the cerebral cortex: A functional interpretation. Proc. R. Soc. (Lond.) B, *201,* 219–248 (1978a)

mit radioaktiver Markierung durchführten. Erstens: mehrere Pyramidenzellen eines Moduls können völlig deckungsgleich zu anderen derart definierten und ebenfalls etwa 250 μm im Durchmesser messenden Modulen *projiziert werden.* In Abb. 8-4 ist diese Dimension bereits mit der Projektion von Ästen einer einzelnen Assoziationsfaser in 2 Module wiedergegeben, und die Überlappung ist für 2 Assoziationsfasern und für 4 und 5 Callosumfasern eingezeichnet. Zweitens: die Projektion über das Corpus Callosum hinweg erfolgt zum großen Teil, aber nicht ausschließlich, zu symmetrischen Modulen auf der contralateralen Seite. Drittens: Die Verbindung symmetrischer Module über den Balken hinweg ist reziprok.

Um einen gewissen Einblick in die Funktionsweise dieser Neuronenmaschine zu gewinnen, müssen wir uns darüber im klaren sein, daß Abb. 8-4 stark vereinfacht ist. Zunächst einmal gibt es in einem Modul mit einem Durchmesser von 250 μm ungefähr 2500 Neuronen, von denen mindestens 1000 Pyramidenzellen sind. Wenn man davon ausgeht, daß das Corpus Callosum aus etwa 200 Mio. Fasern besteht, 100 Mio. in jeder Richtung, dann würden von einem Modul annähernd 50 Pyramidenzellen kommissurale Afferenzen zur anderen Seite projizieren, und nicht 6, wie in Abb. 8-4. Bei schätzungsweise zehnmal so viel Assoziations – wie Callosumfasern würden (statt der 3 in Abb. 8-4) 500 Pyramidenzellen Assoziationsfasern projizieren. Es bestünde ein sehr viel stärkeres Zusammenlaufen von Inputs aus jedem einzelnen Modul als in Abb. 8-4, und wahrscheinlich auch eine Verteilung auf eine viel größere Zahl von Modulen.

Doch selbst wenn wir Abb. 8-4 in dieser Weise gewaltig ergänzen würden, würde das Schema dennoch die Vermaschungssituation lediglich während eines Augenblicks wiedergeben. Nehmen wir an, das primäre Modul in Abb. 8-4 würde stark erregt und demzufolge würden die Pyramidenzellen, aus denen es besteht, plötzlich eine große Menge von Impulsen abfeuern, dann würden über die Projektionen der Assoziations- und Callosumfasern innerhalb weniger Millisekunden starke excitatorische Inputs zu vielen anderen Modulen weitergeleitet. Einige dieser sekundären Module würden ihrerseits stark genug erregt werden, um Impulse an tertiäre Module zu entladen, und diese wiederum zu viertrangigen. So haben wir es in Wirklichkeit mit einem Verteilungsmuster der Erregung zu tun, das nicht willkürlich ist, sondern streng durch die aufeinanderfolgenden Projektionen der sekundären, tertiären usw. Module in diesem speziellen Moment bestimmt ist. Der menschliche Neocortex besteht aus etwa 4 Mio. Modulen, d. h. die Möglichkeiten der Herausbildung räumlich-zeitlicher Muster sind immens, selbst wenn man von der einfachen Annahme ausgeht, daß jedes Modul in bezug auf Rezeption und Projektion als Einheit fungiert. Es gibt jedoch mit Sicherheit eine Abstufung in den Reaktionen der Pyramidenzellen eines Moduls, wie der von vielen Forschern geschilderte breite Spielraum ihrer Entladungsfrequenzen zeigt.

8.1.2.2 Spezifische afferente Fasern vom Thalamus

Verlassen wir nunmehr diesen Versuch einer imaginären Beschreibung der aufeinanderfolgenden Muster, mit denen der Neocortex auf ein stark erregtes Modul antwortet, und wenden uns dem viel besser erforschten Input spezifischer (vom Thalamus ausgehender) Afferenzen aus dem sensorischen System zu. In Abb. 8-5 stellt Szentágothai (1978b) auf sehr einfache Weise schematisch dar, wie eine spezifische afferente Faser in Schicht IV ausfächert und erregende synaptische Kontakte auf den basalen Dendriten einer Pyramidenzelle und einer bedornten Sternzelle bildet. Zelle *Sst* ihrerseits erzeugt auf den apikalen Dendriten von zwei Pyramidenzellen eine starke excitatorische Synapse speziellen Typs, indem sie (oben in der Abbildung) ein höchst interessantes synaptisches Organ für eine starke Erregung bildet, das als Cartridge (= Patronengurt) bezeichnet wird. In der nächsten Vorlesung werden wir noch vieles zu Synapsen vom Cartridge-Typ zu sagen haben (Abb. 9-8). Ebenfalls eingezeichnet (in schwarz) sind zwei hemmende Interneuronen, die in Abb. 8-7 und 8-8 noch ausführlicher dargestellt werden. Für unseren gegenwärtigen Zweck zeigt Abb. 8-5, daß sich die spezifische afferente Faser in Schicht IV vielfältig verzweigt und viele Synapsen bildet, jedoch keine auf hemmenden Interneuronen.

In Abb. 8-6 stellt Szentágothai (1978a) die beiden Arten neocorticaler Inputs einander gegenüber. Da ist zunächst die ASS. KOMM. AFF. (*vgl.* Abb. 8-4), die sich in allen Schichten außer in Schicht IV verzweigt und innerhalb ihres Moduls viele synaptische Kontakte herstellt. Schließlich gabelt sie sich in Schicht I und bildet eine lange, parallel zur Oberfläche verlaufende Faser, die bis zu 3 mm in jeder Richtung lang sein und zahlreiche synaptische Kontakte auf den sich verzweigenden apikalen Dendriten von Pyramidenzellen herstellen kann (*vgl.* Abb. 8-8 und 8-9). Im Gegensatz dazu verzweigt sich SPEZ. AFF. reichlich in Schicht IV und bildet erregende Synapsen auf Zelle SS2 (wie Sst in Abb. 8-5), welche einen »Cartridge« von 30 μm Durchmesser bildet, der die apikalen Dendriten von Pyramidenzellen umschließen würde (Abb. 8-5, 9-8). Abgesehen davon erregt die SPEZ. AFF. ein Neuron SS1, das die Erregung

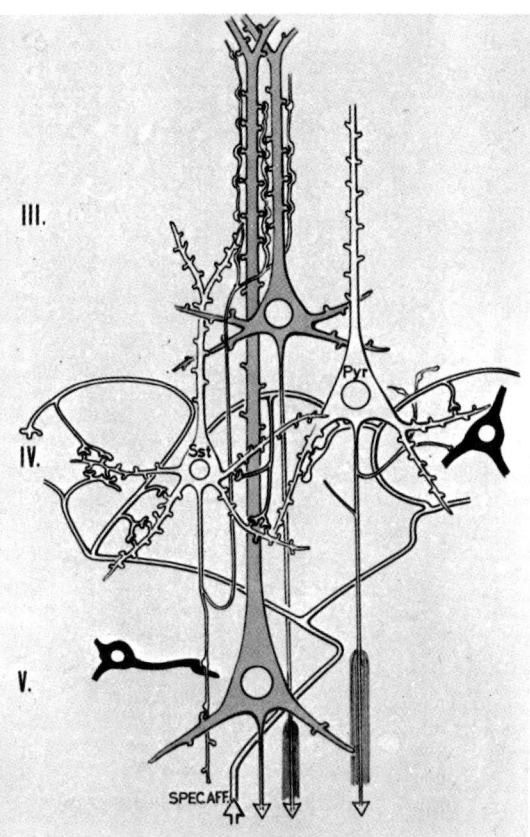

Abb. 8-5. Der direkte excitatorische Neuronenschaltkreis der spezifischen (sensorischen) Afferenzen *(Spez. Aff.),* wie er aus dem bisher vorliegenden Material abgeleitet werden kann. Sowohl dornenbesetzte Sternzellen *(Sst,* mit aufwärtszeigendem Hauptaxon) als auch echte Pyramidenzellen *(Pyr)* sind monosynaptisch verbunden. Kontakte mit inhibitorischen Interneuronen *(schwarz)* können nur di-synaptisch über die Axonkollateralen der monosynaptischen Zielzellen hergestellt werden. Die apikalen Dendriten von in Schicht III und V lokalisierten Pyramidenzellen *(gepunktet)* bilden wahrscheinlich das Hauptziel (über multiple Patronengurt-Synapsen) der aufsteigenden Axone der dornenbesetzten Stern-Cartridge-Zellen. Szentágothai, J.: Local neuron circuits of the neocortex. In: The Neurosciences: 4th Study Program. Cambridge (Mass.): MIT Press 1978b

seinerseits an eine CDB-Zelle (cellule a double bouquet) weitergeleitet, ebenfalls über eine Art Cartridge-Synapse, während CDB einen langen doppelten »pferdeschwanzähnlichen« Satz von Fasern mit einem Durchmesser von ca. 10 µm erzeugt. Eine

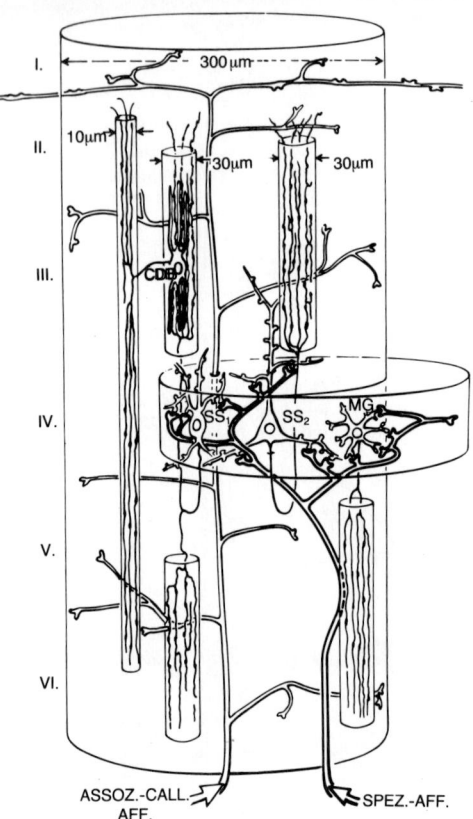

Abb. 8-6. Die Modularanordnung excitatorischer Verbindungen und angenommener excitatorischer Interneuronen. Der große Zylinder mit einem Durchmesser von 300 μm entspricht dem Bereich, in dem eine cortico-corticale (ipsilaterale Assocziations- oder contralaterale Kallosum-) Afferenz endet; abgesehen von Schicht I, in der die horizontale Ausbreitung der Endzweige erheblich größer sein kann. Der flache Zylinder gleichen Durchmessers würde dem Endpunkt einer spezifischen (sensorischen) Afferenz entsprechen. Zwei verschiedene Typen von dornenbesetzten Sternzellen sind als monosynaptische Zielzellen der spezifischen Afferenzen eingezeichnet: *ss* besitzt sowohl einen aufwärts- als auch einen abwärtsreichenden axonalen Strang, während ss_2 nur ein aufwärtsweisendes Axon hat. Zellen vom Neurogliform-Typ *(MG)* haben im allgemeinen eher abwärtsreichende axonale Stränge mit ähnlichem Durchmesser (ca. 30 μm). Eine typische »cellule a double bouquet« *(CDB)* nach Ramón y Cajal finden wir oben links, sie strahlt einen langen senkrechten axonalen Strang von sogar noch kleinerem Durchmesser aus. Das Schema versucht zu veranschaulichen, durch welchen Mechanismus möglicherweise die Selektion individueller Pyramidenzellen aus dem relativ weit gestreuten afferenten Input erfolgt, und zwar über ihre apikalen Dendriten, die in den axonalen Endigungen excitatorischer Interneuronen eingebettet sind. Szentágothai, J.: The neuron network of the cerebral cortex: A functional interpretation. Proc. R. Soc. (Lond.) B, *201*, 219–248 (1978a)

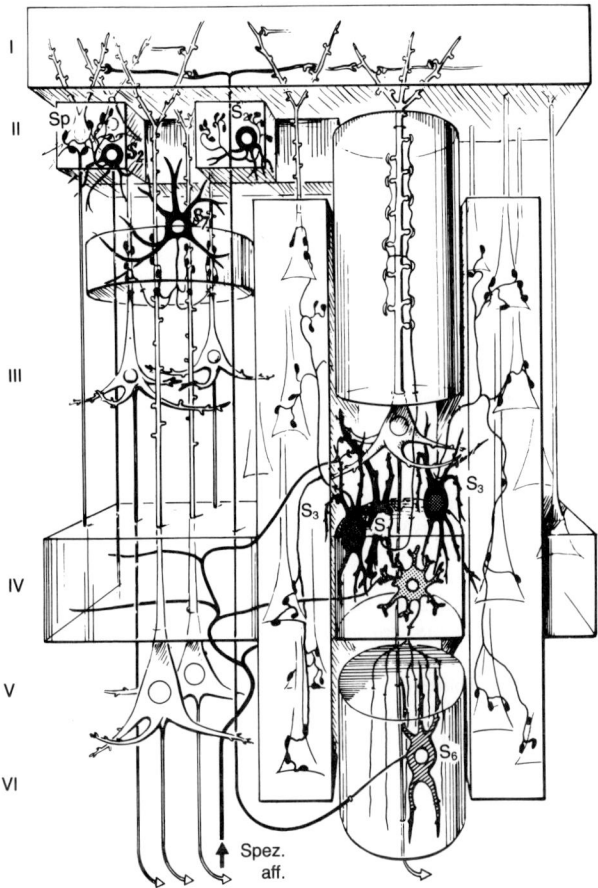

Abb. 8-7. Dreidimensionales Modell, in dem die verschiedenen Typen corticaler Neuronen und der Endigungen einer spezifischen afferenten Faser (wie in Abb. 8-5) dargestellt sind. In Schicht V erkennen wir zwei Pyramidenzellen und in Schicht III drei, eine davon ist im Detail in einer Säule gezeigt. In dieser Säule befinden sich zwei hemmende Zellen *(S₃)*, deren Axone korbähnliche Synapsen auf angedeuteten Pyramidenzellen in zwei benachbarten, perspektivisch eingezeichneten Rindenplatten bilden. In Schicht II erkennen wir zwei sternförmige Pyramidenzellen *(Sp)* und zwei kleine hemmende Zellen *(S₂)*. S_1 ist eine dornenbesetzte Sternzelle, deren Axon eine Synapse vom Cartridge-Typ um den apikalen Dendriten der Pyramidenzelle herum bildet *(vgl.* Abb. 8-5). Direkt unter S_1 liegt eine Zelle vom Neurogliform-Typ *(MG* aus Abb. 8-6), von der ein Axon zu der Martinottizelle *(S₆)* hinunterreicht, deren Axon aufwärtssteigt und sich in Schicht I gabelt. S_7 ist eine »Kronleuchterzelle« mit inhibitorischen Endigungen auf apikalen Dendriten von Pyramidenzellen. Szentágothai, J.: The Module-concept in cerebral cortex architecture. Brain Res. *95,* 475–496 (1975)

weitere Zelle *MG* (eine neuroglioforme Zelle) bildet ebenfalls ein abwärtsführendes Faserbündel aus. Abb. 8-6 soll zeigen, daß die Synapsen der SPEZ. AFF. in einer Scheibe in Schicht IV liegen, daß jedoch bei der nächsten synaptischen Umschaltung der Input der SPEZ. AFF. in starke excitatorische Einflüsse umgewandelt wird, die in einer Säule oder einem Modul wirksam werden, das mit Ausnahme von Schicht I über alle Schichten hinwegreicht. Wir müssen also das Modul verstehen als etwas, das für eine Verstärkung des Erregungsinputs, für Energie, angelegt ist. Abb. 8-6 zeigt außerdem, daß die Scheibe der SPEZ. AFF. in Schicht IV nicht unbedingt mit der Säule der ASSOZ. KOMM. AFF. Register halten muß. Dieser Punkt ist bisher noch nicht ausreichend dokumentiert. Allerdings würden die operationalen Überlegungen vereinfacht, wenn die beiden Arten von Rindenmodulen in der Tat annähernd registerartig übereinanderpassen würden. Sie besitzen weitgehend die gleiche Querschnittsfläche, obwohl beim primären visuellen Cortex die Rindeneinheit für den Input der spezifischen Afferenz eher die Form einer flachen Platte und nicht einer Säule hat (Abb. 8-13).

8.1.2.3 Corticale Inhibition

Die dem modularen Muster quasi-diskreter Raumeinheiten zugrundeliegenden Schaltungen sind die synaptischen Erregungsaktionen. Diese können entweder durch primären Input in dieses Rindenelement induziert werden, wie z. B. bei den Assoziations-Kommissuren-Modulen (Abb. 8-4), oder durch sekundäre und tertiäre Erregungsimpulse des spezifisch afferenten Inputs (Abb. 8-6). Einen wichtigen zusätzlichen Einfluß üben die hemmenden Interneuronen aus, deren Wirkung dahin geht, die erregende Aktion der Synapsen einzuschränken. Sie sind zum Teil auf Pyramidenzellen benachbarter Module verteilt; sie dürften daher eine gestaltgebende Aufgabe haben, indem sie darauf hinwirken, die Grenzen eines Moduls deutlicher hervortreten zu lassen. Einige jedoch üben feiner unterscheidende Einflüsse im Innern des Moduls aus. Zum Beispiel bilden in Abb. 8-7 die Axone zweier inhibitorischer Neronen mit der Bezeichnung S3-Synapsen auf den Körpern der Pyramidenzellen, die jener (mit einer von der bedornten Sternzelle S1 auf ihrem apikalen Dendriten gebildeten Patronengurt-Synapse) vollständig dargestellten Pyramidenzelle benachbart sind. Es sind noch andere hemmende Neuronen (S2 in Schicht II) vorhanden, die eine stärker lokalisierte Wirkung ausüben, möglicherweise indem sie den Modulreaktionen der sternförmigen Pyramidenzellen Sp in Schicht II eine feinere Körnung verleihen. Noch ein anderes interessantes hemmendes Interneuron ist S7, dessen Axon in einer Vielzahl von Synapsen auf den apikalen Dendriten von Pyramidenzellen endet.

Nebenbei wollen wir festhalten, daß die neuroglioforme Zelle in Schicht IV ein vielfach verzweigtes Axon besitzt (*vgl.* MG in Abb. 8-6), das zahlreiche Synapsen auf der Martinottizelle (S6) bildet, deren Axon sich herumbiegt und zu Schicht I aufsteigt, wo es sich gabelt. Die beiden Äste verlaufen parallel zur Oberfläche und stellen, ebenso wie die zweiästigen Axone der Assoziations- und Callosumfasern (Abb. 8-6, 8-8, 9-8), synaptische Kontakte mit den gegabelten Endigungen der apikalen Dendriten der Pyramidenzellen her.

8.1.3 Zusammenfassende Darstellung der Rindenmodule

In Abb. 8-8 sind die wichtigsten Komponenten des Neocortex sowie der excitatorischen und inhibitorischen Synapsenverbindungen in Diagrammform zusammengefaßt. Die excitatorischen Synapsenverbindungen sind auf der rechten, die inhibitorischen auf der linken Seite gezeigt. In der Mitte ist das von den Ästen der cortico-corticalen (Assoz. Call.) Afferenz gebildete Modul zu sehen; es definiert ein säulenförmiges Modul von ca. 300 µm Durchmesser (vgl. Abb. 8-6). Auf beiden Seiten sind in Schicht IV zwei Scheiben zu erkennen. Sie werden von den Endigungen der beiden spezifischen afferenten Fasern gebildet, die nicht genau mit dem cortico-corticalen Modul zusammenfallen und mittels sekundärer excitatorischer Aktion von Schicht IV bis Schicht II reichende Module aufbauen, wie dies auch in Abb. 8-6 dargestellt ist.

Bei der Diskussion über die funktionale Arbeitsweise des Neocortex wird gern das dichte Maschenwerk horizontaler Fasern in Schicht I und im oberen Teil von Schicht II außer acht gelassen (vgl. Mountcastle, 1978). Wie wir gesehen haben (vgl. Abb. 9-8), sind diese Fasern dreierlei Ursprungs; es sind die sich gabelnden Endigungen einmal der Assoziationsfasern, zum anderen der Kommissurenfasern (Abb. 8-6, 8-8) und drittens der Axone der Martinottizellen (Abb. 8-7). Erstere übermitteln eine breite Skala von Inputs aus beiden Hirnhälften, letztere einen Input von den lokalen Modulen. Da die durchschnittliche Länge dieser Fasern mindestens 5 mm beträgt, stellen sie einen Mechanismus für eine breite Streuung des Inputs zu den apikalen Dendriten der Pyramidenzellen jedes beliebigen Moduls dar. Zwar wird die synaptische Erregungselektrizität bei Synapsen, die so weit von den wahrscheinlich in Soma und Hauptstamm des apikalen Dendriten befindlichen Ausgangspunkten der Impulse entfernt liegen, nicht sehr stark sein, doch besteht die Möglichkeit einer großen Konvergenz zu den auf einer einzelnen Pyramidenzelle in Schicht I und II liegenden ungefähr 2000 Synapsen (Szentágothai, 1975). In jedem Fall liegt die Aufgabe dieser Synapsen nicht darin, Impulse zu erzeugen. Ihre Funktion ist vielmehr die, auf eine subtilere Art und Weise die Entladungsfrequenz der Pyramidenzelle zu modulieren. Dieser Gedanke wird in der zehnten Vorlesung vorgebracht.

Hinsichtlich der möglichen Unterteilung der in Abb. 8-4, 8-6 und 8-8 abgebildeten grundlegenden Module hat es einige Spekulationen gegeben. Mountcastle beispielsweise postuliert eine viel kleinere Einheit, eine Minisäule mit ca. 30 µm Durchmesser, und von Szentágothai (1978a) stammt der Vorschlag, es gäbe eine letzte Verfeinerung eines Moduls durch gegenseitige Beeinflussung seiner inneren erregenden und hemmenden Interneuronen, die selbst bei einer einzelnen Pyramidenzelle einen hohen Grad an Individualität des Outputs zur Folge hat. Ich selbst ziehe es vor, das ganze Modul als eine Verarbeitungseinheit mit vielen parallellaufenden Output-Linien zu betrachten, so daß eine wirksame synaptische Erregung der Module, zu denen es projiziert, erzielt wird (vgl. Abb. 8-4).

Es ist bereits vorgeschlagen worden, ein Modul als ein Kraftwerk anzusehen. Sein Daseinszweck ist der, auf Kosten seiner Nachbarn Elektrizität aufzubauen. Unserer Ansicht nach funktioniert das Nervensystem immer aufgrund von Konflikten – in diesem Fall aufgrund der Konflikte jedes einzelnen Moduls mit den benachbarten Modulen. Jedes versucht, das andere zu überrunden, indem es einmal mit Hilfe der

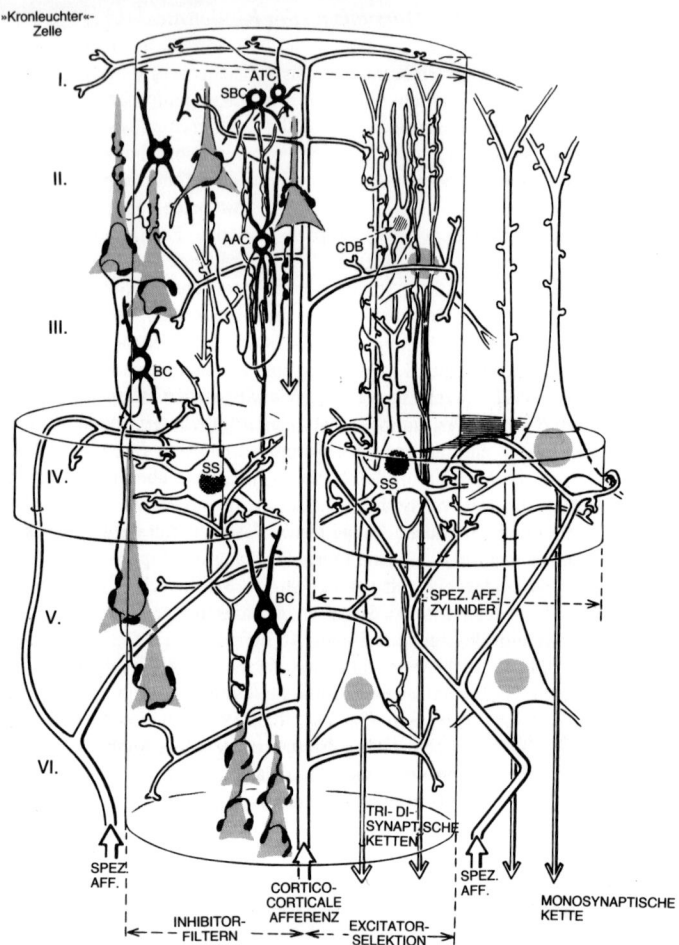

Abb. 8-8. Schematische Darstellung einer einzelnen cortico-corticalen Säule und zweier spezifischer subcorticaler Afferenzen, die sich jeweils in einem Zylinder baumartig auffächern. Die Schichten sind am linken Rand angegeben. Die rechte Hälfte der Graphik zeigt die Impulsverarbeitung über excitatorische Neuronenketten, während in der linken Hälfte verschiedene Typen hemmender Interneuronen *(schwarz ausgefüllt)* wiedergegeben sind. Weitere Erklärung im Text. Szentágothai, J.: The local neuronal apparatus of the cerebral cortex. In. Cerebral correlates of conscious experience. Buser, P., Buser A. (eds.), S. 131–138. Amsterdam. Elsevier Press 1978 c

senkrechten, zuerst von Ramón y Cajal und Lorente de Nó beschriebenen Verschaltungen seine eigene Elektrizität aufbaut und zum anderen hemmende Impulse an die benachbarten Module aussendet (Szentágothai, 1969, Marin-Padilla, 1970). Tatsächlich ist es diese funktional diskriminierende Wirkungsweise, die das Modul ausmacht. Ein Modul ist eine Einheit, da es ein System interner Elektrizitätserzeugung besitzt und seine Abgrenzung durch seine hemmende Aktion gegenüber den anliegenden Modulen sichergestellt ist. Natürlich besitzt jedes dieser Module wiederum seine eigene, ihm innewohnende Elektrizität, und wehrt sich mit einer Gegen-Inhibition gegen die es umgebenden Module. Nirgendwo gibt es unkontrollierte Erregung. Es herrscht eine gewaltige Interaktion erregender und hemmender Impulse. In dieser Form fortwährender gegenseitiger Beeinflussung haben wir uns die Subtilität dieser ganzen Neuronenmaschine der menschlichen Hirnrinde vorzustellen, die vielleicht aus ungefähr 6 Millionen Modulen besteht, von denen jedes wiederum etwa 2500 Neuronen enthält. Wir haben nur eine vage Vorstellung davon, was in der Hirnrinde des Menschen, ja sogar in den Cortices der höheren Säugetiere vor sich geht, auf jeden Fall vollzieht es sich auf einer Ebene der Komplexität, dynamischer Komplexität, die unvorstellbar größer ist als alles, was jemals irgendwo im Universum entdeckt oder in der Computertechnik geschaffen worden ist.

Dieser Konflikt zwischen Erregung und Hemmung ergibt in der Tat die ganze Leistungsvielfalt von einem Augenblick zum anderen, und überlagert wird das Ganze auf der Ebene der Schichten I und II von dem feineren Inhibitionsgefüge (Abb. 8-7). Feineres Gefüge deshalb, weil die hemmenden Zellen kürzere Axone haben und somit nur dicht benachbarte Zellen hemmen, d. h. nicht die weiterreichende hemmende Wirkung der inhibitorischen Zellen der tieferen Schichten ausüben, die zu benachbarten Modulen projizieren (Abb. 8-7). Abgesehen von diesem feineren inhibitorischen Gefüge ist die synaptische Aktion sehr viel subtiler, da die synaptische Erregungsenergie in Schicht I und II sehr niedrig, andererseits aber weit gestreut ist. Hier muß es viel Konvergenz geben, da die excitatorischen Synapsen über die Dornen der sich verzweigenden apikalen Dendriten verstreut sind, die weit von den Impulse erzeugenden Stellen in Somata oder angrenzenden Dendriten und Axonen entfernt liegen (vgl. Szentágothai, 1972, 1974). Wir haben hier nicht diese starke Synapse vom Cartridge-Typ entlang den apikalen Dendriten der Pyramidenzelle, die ein solch auffallendes Merkmal der tieferliegenden Schichten ist. So betrachten wir die synaptischen Einflüsse der Schichten I und II als etwas, das auf subtilere und sanftere Weise modulierend wirkt. Von großer Wichtigkeit ist, daß dieser vorgeschlagene modulierende Einfluß hauptsächlich von den afferenten Assoziations- und Callosumfasern ausgeübt wird. Diese Afferenzen kommen von den Pyramidenzellen anderer relativ entfernt liegender Module (Abb. 8-4), und so kann man sich vorstellen, daß auf dieser subtilen Stufe andere Module auf das Modul einwirken, und dieses auf derselben Stufe seinerseits wieder auf sie rückwirkt (vgl. zehnte Vorlesung).

Diese sanfte und subtile Ebene der synaptischen Aktion in den Schichten I und II eröffnet, wie in der zehnten Vorlesung vorgeschlagen wird, die Möglichkeit, daß sich der Einfluß des selbst-bewußten Geistes Ausdruck verschafft, indem er leichte Veränderungen in den Pyramidenzellen-Impulsentladungsmustern herbeiführt. Inzwischen können wir nicht genug staunen über den wunderbaren Prozeß der biologischen

Evolution, der das Gehirn des *H. sapiens* mit einer Struktur von solch phantastischer Empfindlichkeit ausgestattet hat, daß es die Geschlossenheit von Welt 1 überwindet und somit für die Welt der bewußten Erfahrung offen ist. Dies wird unsere Hypothese in der zehnten Vorlesung sein.

8.2 Bewußte Wahrnehmung

Beginnen wir mit der Frage: Was gibt uns die bewußte Wahrnehmung? Sie vermittelt uns erstens ein symbolisches Abbild der Außenwelt und unserer Selbst im Verhältnis zu dieser Welt. Qualitäten wie Licht, Farbe, Entfernung, räumliche Beziehungen, Laute und Gerüche sind an diesem symbolischen Abbild beteiligt. Zweitens zeigt sie uns unsere inneren Zustände, unsere Muskelkontraktionen mit Gelenkpositionen und unsere inneren Empfindungen wie Schmerz, Sex, Hunger und Durst. Beim Sehen haben wir die wunderbare Umwandlung elektromagnetischer Wellen oder Photonen in die Empfindungen von Licht und Farbe. Beim Hören werden Druckwellen in der Atmosphäre in Laute, Sprache und Melodie, umgeformt. Ich möchte zunächst eine allgemeine wissenschaftliche Darstellung geben, bevor wir uns den philosophischen Betrachtungen über unser Thema, das Mysterium Mensch, zuwenden.

Es gibt bestimmte Prinzipien, die den nervösen Geschehnissen, welche zur Wahrnehmung der verschiedenen Sinneserfahrungen führen, zugrundeliegen. Tast- und Gesichtssinn sind am gründlichsten erforscht; es besteht aber guter Grund zu der Annahme, daß alle anderen Sinneserfahrungen von ähnlichen neuronalen Mechanismen abhängig sind. Natürlich müssen die entscheidenden experimentellen Untersuchungen von Sinnesempfindungen notwendigerweise am bewußten menschlichen Subjekt vorgenommen werden, doch sind sowohl Anordnung als auch Interpretation dieser Experimente durch die phantastischen Erfolge bedingt, die die Erforschung der sensorischen Systeme der Tiere, insbesondere der Affen, in den letzten Jahrzehnten erzielt haben. Ebenbürtig neben den leistungsfähigen, der Präzision und Selektivität der Stimulation dienenden Techniken, steht heute die Mikroelektrodenaufzeichnung aus dem Innern einzelner Neuronen. Doch ebenso wichtig war die durch präzise anatomische Forschung erzielte, erfolgreiche Definition der Nervenbahnen von den Rezeptoren der Sinnesorgane zur Hirnrinde und innerhalb des cerebralen Cortex.

Es gibt eine große Vielfalt dieser Rezeptoren, deren »eingebaute« Eigenschaften es ihnen erlauben, auf hochgradig selektive Art und Weise eine bestimmte Umweltveränderung in eine Entladung von Nervenimpulsen zu verschlüsseln. Im allgemeinen kann man sagen, daß die Stärke des Reizes als Frequenz der Impulsentladung codiert ist. Auf diese Weise leiten die Rezeptoren Signale zu den höheren Ebenen des Zentralnervensystems weiter, die die bewußten Erfahrungen z. B. des Sehens, Hörens und Fühlens entstehen lassen. Eine Einführung in das Problem der bewußten Wahrnehmung läßt sich am besten am Tastsinn der Haut geben. In der Haut befinden sich Rezeptoren, die darauf spezialisiert sind, einen mechanischen Reiz, z. B. eine Berührung oder einen leichten Schlag, in Impulsentladungen in Nervenfasern umzusetzen.

Die Bahnen von den Rezeptoren zum Gehirn verlaufen niemals direkt. Immer finden an jeder einzelnen von mehreren Relaisstationen synaptische Verbindungen von Neuron zu Neuron statt. An jeder dieser Stationen besteht die Möglichkeit einer Abänderung der Codierung der von den sensorischen Rezeptoren kommenden »Botschaften«. Selbst die einfachsten Reize wie ein Lichtblitz oder ein Klaps auf die Haut werden dem entsprechenden primären rezeptiven Feld in der Hirnrinde in Form eines Codes von Nervenimpulsen in verschiedenen zeitlichen Sequenzen und zahlreichen parallelverlaufenden Fasern signalisiert.

Unser besonderes Interesse gilt den neuralen Vorgängen, die nötig sind, damit eine bewußte Erfahrung entsteht. Man ist sich heute allgemein einig darin, daß nicht sofort eine bewußte Empfindung aufleuchtet, wenn Impulse in irgendeiner Bahn die primären sensorischen Felder in der Hemisphäre erreichen. Die Reaktion auf einen kurzen peripheren Reiz ist zunächst eine abrupte Potentialveränderung, die provozierte Reaktion, im zugehörigen primären Rindenbereich. Unmittelbar danach tritt eine Änderung in der Ausgangsabfeuerungsfrequenz von zahlreichen Neuronen in diesem Bereich auf – eine Zunahme oder eine Abnahme oder eine komplizierte zeitliche Aufeinanderfolge von beiden. Unser Problem hier ist, einen Einblick in die neuralen Vorgänge zu gewinnen, die eine notwendige Beziehung zur bewußten Erfahrung haben.

8.2.1 Cutane Wahrnehmung (Somästhesis)

Abb. 8-9 ist eine schematische Darstellung der einfachsten Bahn von den Rezeptoren in der Haut zur Hirnrinde. Eine Berührung der Haut beispielsweise veranlaßt einen Rezeptor, Impulse abzufeuern. Diese laufen die Hinterstränge des Rückenmarks (den Tractus cuneatus für Hand und Arm) hinauf, und nach seiner synaptischen Umschaltung im Nucleus cuneatus der Medulla oblongata und einer weiteren im Thalamus, erreicht die Nervenbahn dann die Hirnrinde. Auf dem Weg liegen nur zwei Synapsen, und man könnte fragen: warum gibt es überhaupt welche? Warum gibt es keine direkte Linie? Der springende Punkt ist, daß jede dieser Relaisstationen Gelegenheit für eine hemmende Aktion bietet, die die neuronalen Signale dadurch verschärft, daß sie alle schwächeren excitatorischen Aktionen ausschaltet, wie sie z. B. auftreten würden, wenn die Haut einen unscharfen Rand berührt. Auf diese Weise läuft schließlich ein sehr viel deutlicher definiertes Signal im Cortex ein, und auch dort findet wieder das gleiche inhibitorische Herausmeißeln des Signals durch die modulare Wechselwirkung statt (vgl. Abb. 8-7, 8-8). Die Folge ist, daß Berührungsreize präziser lokalisiert und bewertet werden können. In der Tat ist aufgrund dieser Inhibition ein starker cutaner Reiz häufig von einer Hautzone mit reduzierter Empfindlichkeit umgeben.

Ebenfalls in Abb. 8-9 angegeben sind die Bahnen von der Hirnrinde abwärts zu diesen beiden Relais auf der Hautbahn. Auf diese Weise, d. h. durch Ausübung präsynaptischer und postsynaptischer Hemmung, kann die Hirnrinde diese Synapsen blockieren und sich vor Belästigung durch Hautreize, die vernachlässigt werden können, schützen. Natürlich ist es das, was eintritt, wenn man sehr beschäftigt ist, wenn man z. B. gerade intensiv etwas tut, erlebt oder denkt. In solchen Situationen kann es vorkommen, daß man selbst starke Reize nicht zur Kenntnis nimmt. In der Hitze eines Kampfes beispielsweise können sogar schwere Verletzungen ignoriert werden. Auf

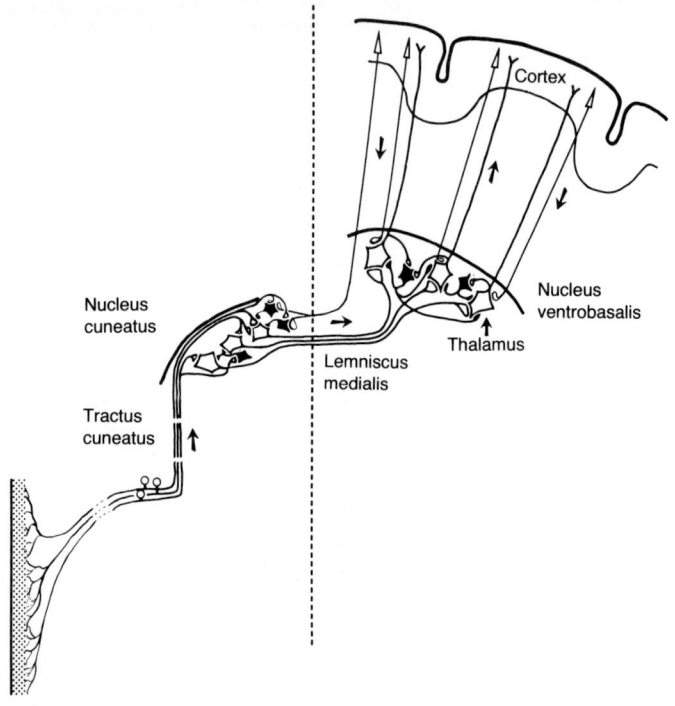

Abb. 8-9. Bahnverlauf von den cutanen Fasern der oberen Extremität zur senso-motorischen Rinde. Man beachte die inhibitorischen Zellen (schwarz gezeichnet) sowohl im Nucleus cuneatus als auch im Ventrobasalkern des Thalamus. Die inhibitorische Bahn im Nucleus cuneatus gehört zum feed-forward Typ, die im Thalamus zum feed-back Typ. Ebenfalls gezeigt ist eine präsynaptische inhibitorische Bahn zu einer excitatorischen Synapse einer Faser im Tractus cuneatus. Es sind efferente Bahnen von der senso-motorischen Rinde dargestellt, die die thalamo-corticalen Relaiszellen und sowohl postsynaptische als auch präsynaptische inhibitorische Neuronen im Nucleus cuneatus erregen.

einer weniger ernsten Ebene ist Schmerzlinderung durch Erzeugung von Gegenreiz seit langem üblich. Vermutlich wird auf diese Weise eine inhibitorische Unterdrückung der Schmerzbahn zum Gehirn bewerkstelligt. So können wir die durch Hypnose, Joga oder Akupunktur hervorgerufene afferente Anästhesie dadurch erklären, daß cerebrale und andere Bahnen die Hautbahn zum Gehirn hemmen. In all diesen Fällen üben Entladungen von der Hirnrinde die Pyramidenbahn und andere Bahnen hinunter eine inhibitorische Blockade an den Relais in den spinocorticalen Bahnen (zum Beispiel den in Abb. 8-9 dargestellten) aus. Diese Fähigkeit der Hirnrinde ist wichtig, denn es ist unerwünscht, daß die Entladungen aller Rezeptoren ununterbrochen von unserem Körper ins Gehirn hineinfluten. Das Konstruktionsmuster aufeinanderfolgender synaptischer Relais, von denen jedes mehrere zentrale und periphere hemmende Inputs erhält, schafft die Möglichkeit, je nach den Erfordernissen der Situation Inputs auszuschalten.

Herkömmliche Untersuchungen an Tieren und am Menschen haben den Rindenbereich definiert, der hauptsächlich an der Reaktion auf den Hautsinn beteiligt ist, die Körperfühlsphäre. Wie in Abb. 8-1 gezeigt, ist dieser Bereich im wesentlichen als eine lange, streifenförmige Landkarte im Gyrus postcentralis angelegt. Dieser Gyrus besteht aus drei Arealen (den Brodmannschen Feldern 3, 1 und 2 in Abb. 5-10), die sich durch ihre unterschiedliche Struktur voneinander abheben. Alle Bereiche der Körperoberfläche vom äußersten caudalen zum äußersten cranialen Ende liegen in linearer Reihenfolge entlang dem Gyrus postcentralis, von seinem dorso-medialen Ende über die konvexe Oberfläche der cerebralen Hemisphären. Feld 3b ist spezialisiert auf leichte Berührung, Feld 1 und 2 auf starke Reize, Hautdruck und Gelenkbewegung, während Feld 3a für den Muskelsinn zuständig ist (Jones und Powell, 1973).

Bisher haben wir uns mit der Projektion der afferenten Fasern im primären sensorischen Cortex (Abb. 8-1) befaßt, die über die spezifischen Afferenzen der Abb. 8-5 bis 8-8 erfolgt. Die heftige excitatorische Verstärkung in den Modulen führt zu der Entladung von Pyramidenzellen, die zu Modulen in anderen Teilen des ipsilateralen Neocortex projizieren (siehe Abb. 8-4). Bei cutanen Inputs erfolgt die erste Umschaltung vom primären sensorischen Cortex (Brodmannsche Felder 3, 1, 2) zu Feld 5 und dann zu Feld 7 (vgl. Abb. 8-1), wo mehr integrierte Reaktionen hervorgerufen werden (Mountcastle et al., 1975).

Die Reaktionen der meisten Neuronen hängen mit der Erzeugung von Bewegungen auf eine ganzheitliche Art und Weise zusammen, wobei die Einzelheiten der Bewegungen den motorischen Feldern überlassen bleiben, wie wir in der zehnten Vorlesung noch hören werden. Die Neuronenmaschinerie des 5. Feldes enthält ein Neuronen-Abbild der Stellung und Bewegungen der Glieder im Raum, das fortwährend auf den neuesten Stand gebracht wird. Komplexe Reizmuster, die zahlreiche Gelenk- und Hautbereiche mit einbeziehen, lösen Reaktionen von Neuronen aus. Diese sind vermutlich für die integrierte Empfindung verantwortlich, die beim Betasten eines Gegenstandes auftritt. Beim Betasten haben wir zuerst das Formen der Hand zum Greifen eines Gegenstandes und zweitens das aktiv erkundende Gleiten der Hand über die Oberfläche des Gegenstandes. Auf diese Weise führt die cutane Empfindung zum Gestalterkennen, das dem visuellen Gestalterkennen im Gyrus temporalis inferior (wie unten beschrieben) entspricht. Feld 7 hat ebenfalls mit visuellen Inputs zu tun (Mountcastle et al., 1975).

In Abb. 8-10A sind in Diagrammform die wichtigsten aufeinanderfolgenden Projektionen für das somatosensorische System gezeigt. Die Zahlen beziehen sich auf die Brodmannschen Felder, wie in Abb. 5-10. Diese Projektionen erfolgen von Modul zu Modul, wie in Abb. 8-4. Auf diese Weise wird ein sensorischer Input weit gestreut und erzeugt spezifische Muster im Neocortex, die mittels Verschaltungen über den Balken hinweg auch in der contralateralen Hemisphäre abgebildet werden. Die Projektionen zum limbischen System, in Abb. 8-10A, und zum frontalen Cortex (46 und OF) sind für das Gedächtnis von Bedeutung, wie in der neunten Vorlesung noch geschildert werden wird.

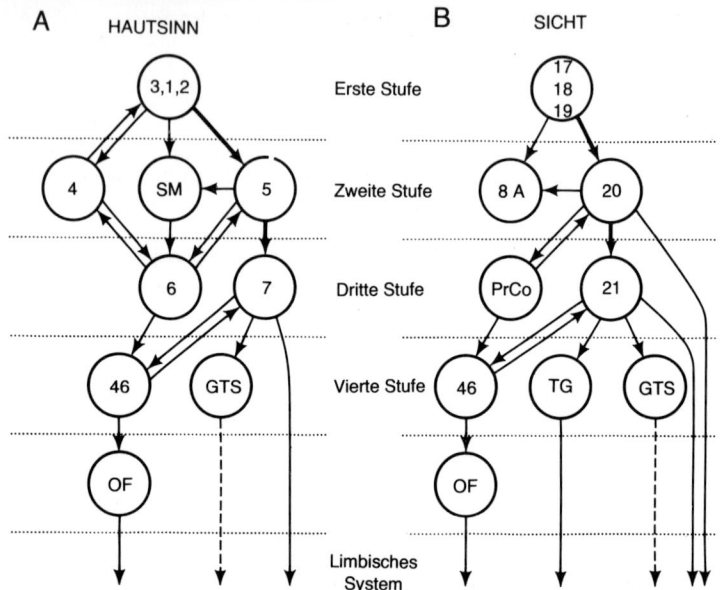

Abb. 8-10 A, B. Graphische Darstellung einer Kaskade von Verschaltungen für das somästhetische **(A)** und das visuelle **(B)** System in Cerebrum. Die Zahlen beziehen sich auf die Brodmannschen Felder (Abb. 5-10); die anderen Zonen sind: *SM* supplementär motorische Rinde, *GTS* Gyrus temporalis superior, *PrCr* Area frontailis agranularis, *TG* Temporaler Pol, *OF* Orbitalfläche des Lobus frontalis (*vgl.* Jones und Powell, 1970)

8.2.2 Visuelle Wahrnehmung

Auf allen Stufen der visuellen Bahnen sind höchst komplizierte und äußerst empfindlich konstruierte Strukturen beteiligt. Das optische System des menschlichen Auges entwirft ein Bild auf der Netzhaut (Retina), einer Hülle aus dichtgepackten Rezeptoren (etwa 10^7 Zapfen und 10^8 Stäbchen), die das komplex organisierte Neuronensystem der Retina speisen. Die erste Stufe bei der visuellen Wahrnehmung ist daher eine radikale Fragmentierung des Netzhautbildes in die unabhängig voneinander erfolgenden Reaktionen einer Myriade von punktförmigen Elementen, der Stäbchen und Zapfen. Auf eine ziemlich mysteriöse Weise erscheint das Netzhautbild in der bewußten Wahrnehmung, doch lassen sich irgendwo im Gehirn Neuronen finden, die spezifisch auf eine, und sei es auch noch so kleine, Zone des Netzhautbildes oder des beobachteten Bildes reagieren. Man hat gezeigt, daß die Neuronenmaschinerie des visuellen Systems des Gehirns eine nur sehr unbefriedigende Rekonstitution erzielt, der man in vielen aufeinanderfolgenden Stufen nachspüren kann.

Die erste Stufe der Rekonstitution des Bildes vollzieht sich im komplexen Nervensystem der Netzhaut. Infolge dieses Synthesemechanismus der Retina ist das, was an die ungefähr eine Million Nervenfasern in jedem Sehnerv weitergegeben wird, nicht eine einfache Übersetzung des Netzhautbildes in ein entsprechendes Muster von Impulsentladungen, die zum primären Sehzentrum des Gehirns, dem Brodmannschen Feld 17, laufen (Abb. 5-10 und 8-11). Bereits im Nervensystem der Netzhaut hat das Abstrahieren von dem reichhaltig strukturierten Reaktionsmosaik der Netzhautrezeptoren in Strukturelemente, die wir »Teile« (features) nennen können, begonnen, und diese Abstraktion wird in den vielen aufeinanderfolgenden Stufen, die man heute in den visuellen Zentren des Gehirns (Abb. 8-10B) kennt, fortgesetzt.

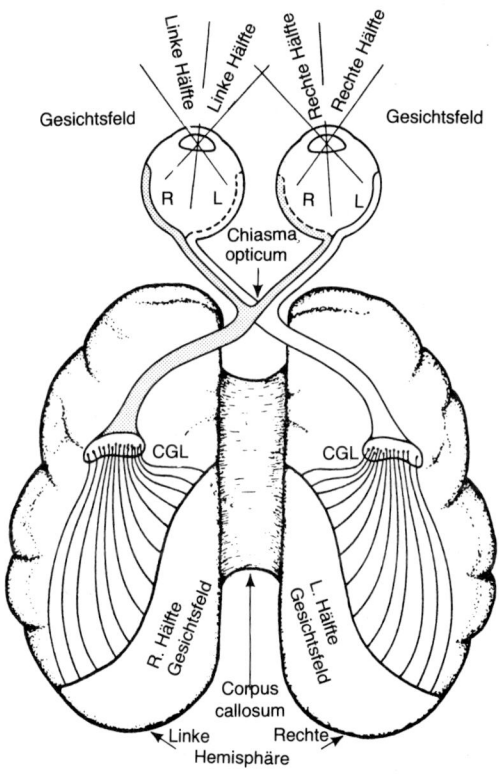

Abb. 8-11. Schema der visuellen Bahnen, in dem die linken und rechten Gesichtsfeldhälften mit den Netzhautbildern und der partiellen Kreuzung im Chiasma opticum gezeigt sind; entsprechend gelangt, nach Umschaltung im Corpus geniculatum laterale *(CGL)*, die rechte Hälfte des Gesichtsfeldes beider Augen zur linken Sehrinde und entsprechend umgekehrt die linken Gesichtsfeldhälften zur rechten Sehrinde.

Die komplexen Wechselbeziehungen im Nervensystem der Netzhaut werden schließlich von den retinalen Ganglienzellen zum Ausdruck gebracht, die Impulse entlang den Sehnervenfasern und somit zum Gehirn abfeuern. Diese Zellen reagieren insbesondere auf räumliche und zeitliche Veränderungen in der Helligkeit des Netzhautbildes, und zwar mittels zweier neuronaler Subsysteme, die Helligkeit bzw. Dunkelheit signalisieren. Die Helligkeitskontraste des Netzhautbildes werden über mehrere neuronale Stufen der Informationsverarbeitung in umrissene Konturen umgewandelt. Ein Typ von Ganglienzellen wird durch einen auf die Netzhaut über ihm applizierten Lichtpunkt erregt und durch Licht, das auf die benachbarten Netzhautstellen fällt, gehemmt. Der andere Typ reagiert umgekehrt: Inhibition durch auf das Zentrum einfallendes Licht und Erregung durch die Umgebung. Die kombinierten Reaktionen dieser beiden neuronalen Untersysteme führen zu einer konturenhaften Abstraktion des Netzhautbildes im visuellen Cortex. Daher ist das, was das Auge dem Gehirn über die Millionen von Fasern des Sehnervs mitteilt, eine Abstraktion von Helligkeits- und Farbkontrasten.

Wie in Abb. 8-11 gezeigt, treffen sich die Sehnerven beider Augen im Chiasma opticum, wo eine partielle Überkreuzung stattfindet. Die Sehnervenprojektionen der Retinahälften beider Augen (nasaler Retinateil des rechten und temporaler Retinateil des linken Auges), die das Bild des rechten Gesichtsfeldes (R) empfangen, werden im Chiasma in derartiger Weise neugeordnet, daß sie gemeinsam die Bahn zum linken visuellen Cortex bilden, und entsprechend umgekehrt für das linke Gesichtsfeld (L), das zur rechten Sehrinde projiziert. So gelangen also, mit Ausnahme eines schmalen senkrechten (meridionalen) Streifens des Gesichtsfeldes, das unmittelbar in der Sichtlinie liegt, die visuellen Abbilder des rechten Feldes zur linken Sehrinde und entsprechend umgekehrt das visuelle Abbild des linken Feldes zur rechten Sehrinde (Abb. 8-11) und bilden auf diese Weise eine geordnete Landkarte, weitgehend wie bei der Rindenkarte für den Hautsinn (Abb. 8-1). Natürlich besteht eine topographische Verzerrung. Das feine visuelle Empfinden im Zentrum des Gesichtsfeldes ergibt sich aus einem sehr viel stärker vergrößerten corticalen Projektionsbereich als ihn die Netzhautperipherie aufzuweisen hat.

Die visuellen Systeme von Säugetieren, wie Katze und Affe, sind in den letzten 20 Jahren einer Vielzahl ausgeklügelter elektrophysiologischer Untersuchungen und Verhaltensstudien unterzogen worden. Eine kurze Beschreibung dieser Befunde ist nötig, bevor wir den Versuch machen zu verstehen, auf welche Weise unser Gehirn uns visuelle Wahrnehmungen vermittelt. Im Corpus geniculatum laterale (CGL in Abb. 8-11) findet nur wenig weiteres Sortieren oder Synthetisieren statt. Zum Beispiel wird ein im Gesichtsfeld auftauchender Lichtstrahl als eine lineare Anordnung erregter Neuronen codiert, die zu den Sternzellen in Schicht IV des primären rezeptiven Feldes der Sehrinde (Feld 17) projiziert. Diese Neuronen (die als einfache Zellen bezeichnet werden) stellen die erste corticale Stufe bei der Rekonstitution des Netzhautbildes dar. Sie reagieren auf einen Lichtstrahl im Netzhautbild und sind in bezug auf die Richtung dieses Strahls selektiv. Wandernde Lichtstrahlen sind besonders wirkungsvoll.

In 8-12A feuert eine einfache Zelle, die von einer in die primäre Sehrinde eines Affen eingeführten Mikroelektrode »aufgefunden« worden ist, Impulse ab. Der Stichkanal ist in Abb. 8-12B z. B. als die schräge Linie mit kurzen (die Lage vieler

Richtungsgebundene Antworten eines Neurons in der Sehrinde

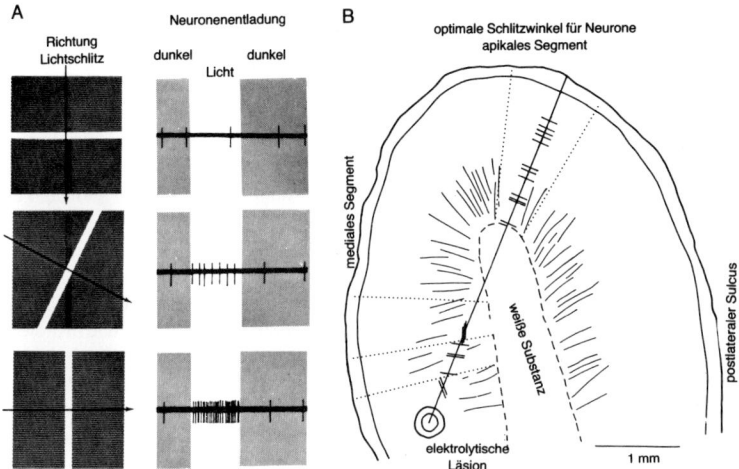

Abb. 8-12 A, B. Richtungsgebundene Neuronenantworten in der primären Sehrinde der Katze. Ausführliche Beschreibung im Text. Hubel, D. H., Wiesel, T. N.: Receptive fields, binocular interaction and functional architecture in the cat's visual cortex. J. Physiol. (Lond.) *160*, 106–154 (1962)

Neuronen entlang dieses Kanals andeutenden) Querstrichen gezeigt. Mit der Mikroelektrode kann man, wenn man sie sorgfältig plaziert, die Impulsentladungen einer einzelnen Zelle außen aufzeichnen. Die Zelle besitzt eine langsame Hintergrundentladung (obere Kurve von Abb. 8-12A); wenn man jedoch, wie im linken Diagramm dargestellt, einen Lichtstrahl über die Retina hinwegstreichen läßt, so kommt es zu einer intensiven Entladung dieser Zelle, wenn das Licht über eine bestimmte Zone der Retina hinweggleitet. Die Entladung hört sofort auf, sobald der Lichtstrahl die Zone wieder verläßt (unterste Kurve von Abb. 8-12A). Dreht man die Ebene, in der der Strahl sich bewegt, so feuert die Zelle nur wenige Impulse ab, wie in der mittleren Kurve. Bewegt sich der Lichtstrahl schließlich im rechten Winkel zu der günstigsten Ausrichtungsebene, so hat er überhaupt keinen Effekt (oberste Kurve). Dies ist ein Zeichen dafür, daß diese spezielle Zelle höchst empfindlich für Bewegungen des Lichtstreifens in einer bestimmten Ebene und völlig unempfindlich für Bewegungen im rechten Winkel dazu ist. Wie durch die Richtung der den Mikroelektrodenstichkanal kreuzenden Striche in Abb. 8-12B veranschaulicht ist, besitzen alle Zellen entlang des Kanals dieselbe Richtungsempfindlichkeit. Dies zeigt sich, wenn der Kanal entlang einer orthogonal zur Oberfläche liegenden Zellsäule verläuft, wie bei der oberen Gruppe von 12 Zellen. In Abb. 8-12B setzte sich der Kanal jedoch fort, durchquerte die zentrale weiße Substanz und zog dann durch drei Zellgruppen mit ganz unterschiedlichen Richtungsempfindlichkeiten.

In der Sehrinde tendieren Neuronen mit ähnlicher Richtungsempfindlichkeit dazu, sich in Säulen zu organisieren, die orthogonal zur Rindenfläche verlaufen. Man kann sich also vorstellen, daß in der großen Zone der menschlichen primären Sehrinde die Population von etwa 400 Mio. Neuronen in Form eines Säulenmosaiks angeordnet ist, wobei jede Säule aus einigen tausend Neuronen mit derselben Richtungsempfindlichkeit besteht (Hubel und Wiesel, 1963; Hubel, 1963). Diese Anordnung kann man als die erste Stufe bei der Rekonstitution des Netzhautbildes ansehen. Wir sind uns natürlich darüber im klaren, daß diese Richtungslandkarte von der retinalen Feldlandkarte überlagert ist, so daß jede Zone dieses Feldes aus Säulen besteht, die gemeinsam alle Richtungen heller Linien oder Grenzlinien zwischen Hell und Dunkel repräsentieren.

Wir haben schon in Abb. 8-11 gezeigt, daß auf dem Wege zur Sehrinde sowohl das ipsilaterale als auch das contralaterale Auge zum Corpus geniculatum laterale projiziert. Die Umschaltung dieser Projektionen findet beim Primaten jedoch in unterschiedlichen Schichten statt, in dreien für das ipsilaterale (2i, 3i, 5i) und in dreien für das contralaterale Auge (1c, 4c, 6c) (Abb. 8-13). Die Projektion zu den Säulen in Feld 17 ist stark schematisiert in Abb. 8-13 wiedergegeben (Hubel und Wiesel, 1972, 1974). Wir erkennen, daß die ipsilateralen und contralateralen Schichten des Corpus geniculatum generale zu alternierenden »Augendominanzsäulen« projizieren. Orthogonal sind die Säulen durch die Orientierungsspezifitäten (wie in Abb. 8-12 angedeutet) definiert, und diese wechseln entsprechend (s. Abb. 8-13) auf der oberen Fläche des Cortex ab. In Wirklichkeit sind die Säulenelemente natürlich sehr viel weniger streng angeordnet, als es in diesem Schema für die Affenrinde gezeigt ist.

Auf der nächsten Stufe der Bild-Rekonstitution haben wir es mit Neuronen auf anderen Ebenen in Feld 17 und den angrenzenden sekundären und tertiären Sehzentren (Brodmannsche Felder 18 und 19, Abb. 5-10A, B) zu tun. Hier treffen wir auf Neuronen, die eine spezielle Empfindlichkeit für die Länge und Dicke heller oder dunkler Linien wie auch für ihre Orientierung und sogar für zwei in einem Winkel zusammenlaufende Linien besitzen. Diese sogenannten »komplexen« und »hyperkomplexen« Neuronen (Hubel und Wiesel, 1963, 1965) stellen eine weitere Stufe der Gestaltwahrnehmung dar. Man glaubt, daß diese komplexen und hyperkomplexen Neuronen ihre spezifischen Eigenschaften mit Hilfe einer Synthese der neuronalen Schaltungen erwerben, die durch »einfache« Zellen aktiviert werden, wobei diese Schaltungen sowohl hemmende als auch erregende Komponenten wie in Abb. 8-7 und 8-8 enthalten (Hubel und Wiesel, 1965; Wiesel, 1971). Abb. 8-13 bringt ein Beispiel zweier komplexer Zellen in der oberen Schicht, die beide von zwei einfachen Zellen aus Säulen mit unterschiedlicher Augendominanz empfangen.

Soweit sind die Dinge relativ klar, und die für die verschiedenen Integrationsaufgaben erforderlichen Neuronen im visuellen Cortex sind identifizierbar. Diese Darstellung ist natürlich viel zu stark vereinfacht. Nicht erwähnt haben wir zum Beispiel die neuralen Ereignisse, die für die verschiedenen Kontrastphänomene und die Dunkelwahrnehmung, welche vielen optischen Täuschungen zugrundeliegen, verantwortlich sind. Das Farbensehen ist vom Codieren mittels eines trichromatischen Vorganges in der Retina abhängig, der mit roten, grünen und blauen Zapfentypen beginnt, deren Signale auf relativ unabhängigen Wegen in den primären visuellen Cortex gelangen (De Valois,

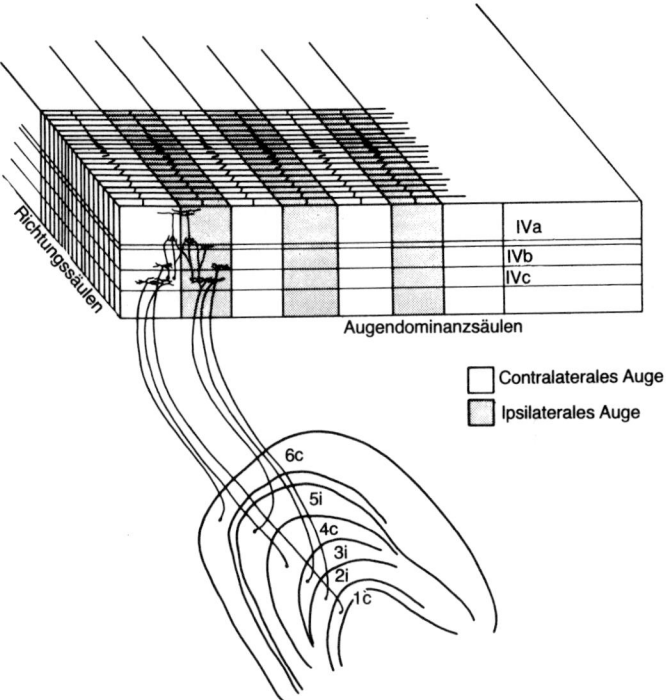

IVa

IVb

IVc

Richtungssäulen

Augendominanzsäulen

☐ Contralaterales Auge

▨ Ipsilaterales Auge

6c

5i

4c

3i

2i

1c

Abb. 8-13. Idealisierte schematische Darstellung der Projektion vom Corpus geniculatum laterale (CGL) zur Sehrinde (Feld 17) beim Affen. Die sechs Schichten des Corpus geniculatum laterale sind mit i oder c bezeichnet, je nachdem, ob sie mit dem ipsilateralen oder contralateralen Auge assoziiert sind. Diese i- und c-Schichten projizieren zu spezifischen Zonen und bilden so die Zellsäulen, für die jeweils das ipsilaterale bzw. das contralaterale Auge dominant ist. Die gestapelten plattenähnlichen Säulen des visuellen Cortex sind durch die Kriterien der Augendominanz in einer Richtung und Orientierung (an der oberen Oberfläche gezeigt, *vgl.* Abb. 8-12 in der anderen Richtung) definiert. Hubel, D. H., Wiesel, T. N.: Sequence regularity and geometry of orientation columns in the monkey striate cortex. J. Comp. Neurol. *158*, 267–294 (1974)

1973). Auf dieser Stufe sind verschiedene Synthesemechanismen wirksam, aber wir sind noch weit davon entfernt, die beim Farbensehen beteiligten neuronalen Mechanismen zu verstehen.

Da die komplexen und hyperkomplexen Zellen ihre Inputs aus verschiedenen Gruppierungen einfacher Zellen erhalten, sollte man erwarten, daß sie Inputs aus einem ausgedehnten Gesichtsfeld empfangen. Das ist in der Tat der Fall, allerdings ist der Verlust der Feldspezifität größer, als man erwarten würde. Dies wirft die bisher unbeantwortete Frage auf, wie die Feldspezifität auf den weiteren Stufen der Rekonstitution des Gesichtsfeldes wiederhergestellt werden kann.

Eine weitere Stufe der Synthese visueller Informationen ist in jüngster Zeit physiologisch untersucht worden (Gross, 1973). Die Projektion von den Sehbereichen 17, 18 und 19 verläuft hauptsächlich zu den Feldern 20 und 21 im Gyrus temporalis inferior (Abb. 8-10B, *vgl.* Abb. 5-10). Viele Neuronen in den Abschnitten 20 und 21 verlangen eine stärkere Stimulierung als durch die Linien und Winkel, die für die komplexen und hyperkomplexen Neuronen der Abschnitte 17, 18 und 19 richtig waren. Beispielsweise können bestimmte Neuronen nur durch Rechtecke, nicht aber Scheiben, im Gesichtsfeld erregt werden oder durch Sterne, nicht aber durch Kreise. Offenbar haben einige dieser Neuronen eine bemerkenswerte Neigung zur Gestalt-wahrnehmung. Bei diesen Neuronen der Felder 20 und 21 wird die visuelle Kartographierung in noch größerem Maße als bei den Neuronen der Felder 18 und 19 der Gestaltwahrnehmung geopfert. Große Bereiche des Gesichtsfeldes können ein Neuron wirkungsvoll beeinflussen, und die Topographie für jedes »Gestaltwahrneh-mungs-Neuron« (feature-detection-neurone) schließt stets das Sehzentrum ein. Wieder kann man sich vorstellen, daß diese spezifische Reaktion auf geometrische Formen wie Quadrate, Rechtecke, Dreiecke, Sterne von der geordneten Projektion abhängig ist, die von komplexen und hyperkomplexen Neuronen mit spezieller Empfindlichkeit für helle oder dunkle, bestimmte Richtung und Länge aufweisende und unter bestimmten Winkeln zusammentreffende Linien oder Ränder zu diesen Gestaltwahrnehmungsneuronen erfolgt. Beispielsweise wäre die Gestaltwahrnehmung eines Dreiecks die Eigenschaft eines Neurons, das Inputs von Neuronen in der außerhalb des Striatum gelegenen Sehrinde empfängt, die auf Winkel- und Linien-orientierungen zum Zusammensetzen des Dreiecks reagieren.

Weiskrantz (1974) hat demonstriert, auf welche Weise Affen ein in ihrer Erinnerung enthaltenes dreidimensionales Modell eines Gegenstandes aufbauen können, der wiederholt unter nur einem einzigen Winkel untersucht wurde. Diese Fähigkeit wird durch Läsionen des Sulcus temporalis inferior (Felder 20, 21) beeinträchtigt. Weiskrantz postuliert daher, daß dieser Sulcus mit dem Aufbau von Modellen und Kategorien zu tun hat und somit maßgeblich am visuellen Denken und an der visuellen Vorstellung beteiligt ist.

Man kann sich jede Stufe der visuellen Informationsverarbeitung, von der Retina bis hin zu den Rindenfeldern 20 und 21, als Teil einer hierarchischen Ordnung mit folgender Merkmalssequenz vorstellen:

1) Das Gesichtsfeld wird zunehmend weniger spezifisch. Diese wachsende Generali-sierung führt zu einer fovealen Repräsentation für alle Neuronen der Felder 20 und 21. Außerdem empfangen alle Neuronen auf dieser Stufe Signale beider Gesichts-feldhälften einschließlich der Fovea. Die Inputs gelangen über das Splenium corporis callosi in beide Hinterhauptslappen.

2) Es besteht eine zunehmende Spezifizität des adäquaten Reizes von einem Punkt zu einer hellen Linie oder Kante mit besonderer Orientierung, dann zu Linien von spezifizierter Breite und Länge und häufig mit einer Spezifizität für die Bewegungs-richtung und schließlich zu der komplexeren Gestaltwahrnehmung einiger Neuro-nen der Felder 20 und 21.

3) Es liegen auch Hinweise dafür vor, daß Neuronen der Felder 20 und 21 ein zusätzliches Reaktionsmerkmal (response feature) besitzen, nämlich die Signifikanz

der Reaktion für das Tier, genauso wie dies für Neuronen der Felder 5 und 7 des somästhetischen Systems entdeckt worden ist (Mountcastle, 1975, Mountcastle et al., 1975).

8.2.3 Das wahrgenommene Bild

So wunderbar diese Tierversuche auch sind, geben sie doch immer noch keinen Hinweis darauf, wie ein vollständiges visuelles Bild von der Neuronenmaschinerie des Hirns rekonstituiert werden kann. Mountcastle (1978) schlägt vor, die modularen Tätigkeiten seien in einer gestaffelten, parallel und reihenweise geordneten Anordnung miteinander verbunden und bildeten so ein verteiltes System, das einen objektiven Mechanismus zur Erzeugung bewußter Wahrnehmung darstellen könne. Doch er macht keinerlei Vorschlag, auf welche Weise dies erfolgen könnte. Solche verteilten Systeme sind seit langem bekannt und sogar schematisch dargestellt worden (Eccles, 1977, Abb. 6-6, Popper und Eccles, 1977, Abb. E7-3 und E 7-4). Dennoch hat man keine Vorstellung davon, wie die Aktivitäten der Module eines verteilten Systems im Bewußtsein derart zusammengesetzt werden können, daß sie ein vollständiges visuelles Bild ergeben. Vermutlich gründet Mountcastle seine Hypothese auf die psychophysikalische Identitätstheorie von Feigl (1967). Gegen diese Theorie ist jedoch ernstzunehmende Kritik erhoben worden (Polten, 1973, Popper und Eccles, 1977), sie sollte daher erst dann benutzt werden, wenn diese kritischen Einwände beantwortet oder zumindest zur Kenntnis genommen worden sind.

In der zehnten Vorlesung werden wir eine radikale Hypothese (*vgl.* Popper und Eccles, 1977, Kap. E 7) der Wechselbeziehung von Gehirn und Geist darstellen. Unter dem Blickwinkel jener Hypothese ist die Rekonstitution des wahrgenommenen Bildes dem selbstbewußten Geist zu verdanken, der die geeigneten Gestaltwahrnehmungs-Module der Sehzentren abtastet und abliest. Diese Module rekonstituieren das visuelle Bild lediglich bruchstückhaft, ihr verteiltes System trägt jedoch zum Ablesen durch den selbstbewußten Geist bei. Man muß sich darüber klar sein, daß das auf die Retina geblendete Bild im Gehirn niemals wieder erscheint. Es wird in die codierte Form von Impulsentladungen in den Sehbahnen und Sehzentren umgewandelt. Eine gewisse Rekonstitution findet, wie oben beschrieben, in den Gestaltwahrnehmungszellen statt, aber man kann nicht hoffen, jemals Zellen zu finden, die derart spezialisiert sind, daß irgendeine von ihnen selektiv auf ein ganzes Bild reagiert. Dies ist die fiktive Situation, die man ironisch als »Großmutterzellen« bezeichnet. Die Rekonstitution des Netzhautbildes in Form eines wahrgenommenes Bildes erfordert also irgendeinen synthetischen Vorgang, bei dem von den Modulen abgelesen und das Bild wieder aufgebaut wird. Das Bild wird im Geist wahrgenommen. Es ist ein Fehler anzunehmen, es könne daher im Gehirn ausfindig gemacht werden, wo stattdessen lediglich die codierte Information in Form unzähliger Neuronenentladungen zu finden ist.

8.2.4 Auditorische Wahrnehmung

Die Schnecke (Cochlea) verfügt über einen hochspezialisierten Transduktionsmecha-nismus. Dort findet, durch einen wunderbar konstruierten Resonanzmechanismus, eine Frequenzanalyse der komplexen Schallwellenmuster und eine Umformung in Neuronenentladungen statt, die sich zum Gehirn fortsetzen. Nach mehreren synapti-schen Umschaltungen erreicht die codierte Information die primäre Hörrinde (Heschl'scher Gyrus) im Sulcus temporalis superior (*vgl.* Abb. 8-1). Die rechte Schnecke projiziert hauptsächlich zum linken primären Hörzentrum, und die linke Schnecke entsprechend umgekehrt. Die somatotopische Verteilung ist linear: die höchsten Hörfrequenzen liegen so weit wie möglich medial in der Heschl'schen Windung, die niedrigsten am weitesten lateral. Es ist uns immer noch rätselhaft, wie eine Reihe aufeinanderfolgender Töne eine neue Synthese, eine Melodie, entstehen läßt. Es gibt Parallelen zu den kaskadenförmigen Verbindungen, wie sie in Abb. 8-10 für Somästhesis und Sehen gezeigt sind. Die Projektionen aller drei Systeme zur präfrontalen Region wie auch zum limbischen System werden in einem späteren Abschnitt erörtert werden.

8.2.5 Geruchswahrnehmung

Bei den meisten niederen Säugetieren ist der Geruch der vorherrschende sensorische Input in das Vorderhirn, doch ist im Laufe der Evolution der Primaten zum Menschen der Geruchssinn dem Gesichts- und Gehörsinn und sogar der Somästhesis untergeord-net worden, vor allem als diese letztere bei den manuellen Fertigkeiten größte Bedeutung erlangte. Die chemische Wahrnehmung in der Riechschleimhaut erfolgt durch Riechzellen, d. h. spezialisierte Neuronen, deren Axone zum Bulbus olfactorius ziehen, wo die Information durch ein komplexes Nervensystem, weitgehend wie in der Retina, verarbeitet wird. Vom Bulbus olfactorius führt der Tractus olfactorius laterialis zum Gehirn, wo er einem sehr komplexen Verteilungsmuster folgt, von dem nur ein Teil in Abb. 8-14 veranschaulicht ist. Wichtigster Endpunkt ist der Lobus piriformis, ein primitiver Rindenbereich. Von dort führen viele Verbindungen zum limbischen Lappen, einige sind in Abb. 8-14 angedeutet. Die Verbindung zum primären receptiven Feld des Neocortex (der Area orbitofrontalis) wird erst nach verschiedenen Umschaltungen im limbischen System hergestellt und erfolgt nur zum Teil über den medio-dorsalen Thalamus (Tanabe et al., 1975). Somit unterscheiden sich die Geruchsverbindungen recht erheblich von dem somästhetischen, dem visuellen und dem auditorischen System, wo die Verbindungen zunächst zum Neocortex laufen, und das limbische System erst nach einigen Umschaltungen erreichen (Abb. 8-10).

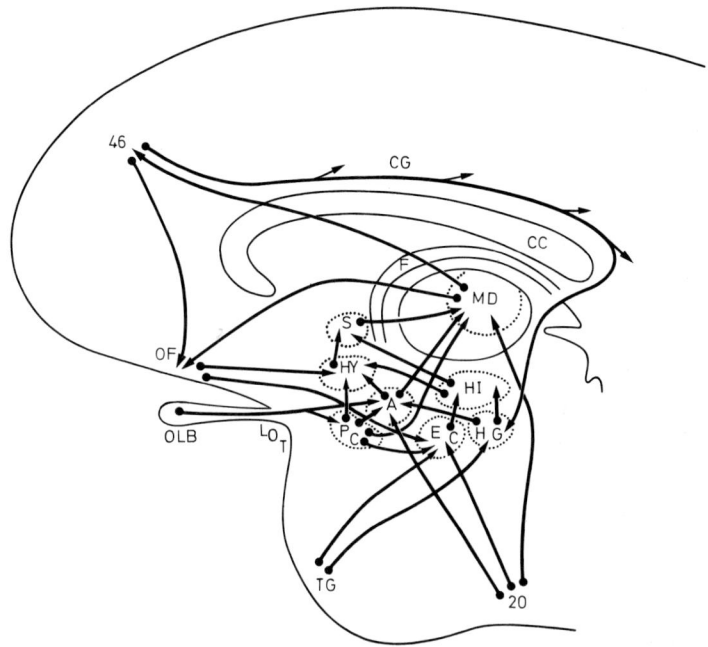

Abb. 8-14. Schematische Zeichen der Verbindungen vom Neocortex zum medio-dorsalen Thalamus *(MD)* und zum limbischen System, und umgekehrt. *OF,* Orbitalfläche des Frontallappens; *TG,* Temporaler Pol; *HG,* Gyrus hippocampi; *HI,* Hippocampus; *S,* Septum; *F,* Fornix; *CC,* Corpus callosum; *OLB,* Bulbus olfactorius; *LOT,* Tractus olfactorius lateralis; *PC,* Lobus piriformis; *EC,* Cortex entorhinalis; *A,* Mandel *HY,* Hypothalamus; *CG* Gyrus cinguli.

8.2.6 Schmerz

Die Schmerzempfindung ist deshalb bemerkenswert, weil sie im Gegensatz zu den oben betrachteten Sinnen kein materielles Gegenstück besitzt. Sie kann nicht objektiviert werden. Doch obwohl wir den Schmerz für uns allein fühlen, stellt die Kommunikation mit anderen Menschen für jeden von uns außer Zweifel, daß Schmerz etwas Reales ist und keine Illusion. Alle anderen machen ähnliche Erfahrungen. Es gibt eine umfangreiche wissenschaftliche Literatur über den Schmerz, von dem es viele Qualitäten gibt: den scharfen von der Haut kommenden Schmerz eines Nadelstichs; den pochenden Schmerz einer Entzündung; den quälenden Schmerz einer Störung der Eingeweide (ein Beispiel einer schweren Störung ist die Kolik); Zahnschmerzen, die nicht beschrieben zu werden brauchen, und so weiter. Die Rezeptoren sind gewöhnlich bloße Nervenfasern ohne besondere strukturelle Veränderungen. Die Information wird, wie bei anderen Sinnen, in Form wiederholter Impulsentladungen codiert.

Höchst verschiedene Bahnen leiten die Information zu höheren Zentren weiter, zum Thalamus, Hypothalamus und Neocortex. Schmerzempfindungen sind häufig mit anderen Empfindungen, die angenehme Erfahrungen vermitteln, vermischt: das Empfinden von Hitze im Unterschied zu Wärme entsteht aus Schmerz plus Wärme, der scharfe Geschmack von Gewürzen geht zurück auf Schmerz und Geschmack, und Kratzen und Reiben führt zur Erregung von Schmerz- und Berührungsrezeptoren.

8.2.7 Emotionale Färbung bewußter Wahrnehmungen

Es ist eine allgemeine Erfahrung, daß die von einem gewöhnlichen sensorischen Input herrührende Wahrnehmung in großem Maße durch Emotionen, Gefühle und Antriebe modifiziert wird. Wenn ich z. B. hungrig bin, so vermittelt mir der Anblick von Nahrung eine stark triebgefärbte Erfahrung! Nauta (1971) vermutet, daß der Zustand des inneren Milieus eines Organismus (Hunger, Durst, Sexuelle Appetenz, Angst, Zorn, Freude) vom Hypothalamus, von den Septumkernen und von verschiedenen Teilen des limbischen Systems (z. B. Hippocampus und Mandelkerngebiet) zu den Frontallappen signalisiert wird! Die Bahn würde hauptsächlich durch den medio-dorsalen Thalamus zu den Frontallappen verlaufen (Abb. 8-14). Durch ihre Projektionen zu den Lobi frontales verändern Hypothalamus und limbisches System also die aus sensorischen Inputs herrührenden bewußten Wahrnehmungen, färben sie mit Emotionen und überlagern sie mit motivierenden Antrieben. In keinem anderen Teil des Neocortex ist diese enge Beziehung zum Hypothalamus vorhanden.

Abb. 8-10 zeigt, welche Vielzahl von Projektionen für das somästhetische und das visuelle System von den primären sensorischen Zentren und den wichtigsten sekundären und tertiären Arealen zu den Frontallappen verläuft. Gleichzeitig projizieren diese Bereiche zum limbischen System, und in Abb. 8-14 finden wir darüber hinaus Projektionen vom Frontallappen (Feld 46 und OF) zum limbischen System. Von den verschiedenen sensorischen Inputs verlaufen also komplizierte Schaltbahnen zum limbischen System und zurück zum Frontallappen, mit weiteren Schaltungen von diesem Lobus zum limbischen System und wieder zurück (Nauta, 1971). Aus den Verknüpfungen in Abb. 8-14 geht hervor, daß das frontale und das limbische System in einer reziproken Beziehung zueinander stehen und das Potential einer kontinuierlichen Schleifeninteraktion besitzen. Daher kann das Subjekt mit Hilfe der präfrontalen Region einen regelnden Einfluß auf die vom limbischen System erzeugten Emotionen ausüben. Ein weiterer sensorischer Input (Geruch) gelangt direkt in das limbische System zur Weiterleitung über die Kreuzungsmodule zu den anderen Sinnen und trägt somit zum Reichtum und zur Vielfalt der Wahrnehmungserlebnisse bei. Beispielsweise projizieren die neocorticalen sensorischen Systeme über die Felder 46, OF, 20 und TG zum Hypothalamus, zur Regio entorhinalis und zum Gyrus parahippocampalis und damit zum Hippocampus, zu den Septumkernen und zum medio-dorsalen Thalamus, während der olfactorische Input nach Übertragung im Lobus piriformis und dem Mandelkerngebiet ebenfalls zum Hypothalamus, den Septumkernen und dem medio-dorsalen Thalamus läuft. Auf diese Weise ist der medio-dorsale Nucleus die Empfangsstation für alle Inputs, die er wiederum zu den orbitalen und konvexen Oberflächen der präfrontalen Region projiziert. Man kann sich also den Frontallappen als die Region vorstellen, in der eine Synthese aller gefühlsmäßigen Informationen mit Eingängen aus dem somästhetischen, visuellen und auditorischen System stattfindet, um so dem Subjekt bewußte Erfahrungen zu vermitteln und es zu einem angemessenen Verhalten zu veranlassen, wie wir in der zehnten Vorlesung noch hören werden. Dort wird die Vermutung aufgestellt, daß die bewußten Erfahrungen aus räumlich-zeitlichen Mustern der Neuronenaktivität in besonderen Modulen des Neocortex abgeleitet werden.

8.2.8 Zusammenfassung der bewußten Wahrnehmung

Bei der bewußten Wahrnehmung versuchen wir, von den gesamten, in jedem Moment einlaufenden sensorischen Reizen so zu abstrahieren, daß wir – je nach Interesse und Aufmerksamkeit – zu einer sinnvollen Bewertung der Lage gelangen, in der wir uns befinden. Insbesondere ergibt sich der Sinn aus einer Synthese nicht nur innerhalb einer Modalität, sondern auch über mehrere Modalitäten hinweg. Berührung, Sehen und Hören beispielsweise. Die Sinneseindrücke aus diesen drei Modalitäten projizieren zum Sulcus temporalis superior (GTS in Abb. 8-10), und dies eröffnet vermutlich die Möglichkeit einer sinnvollen Synthese. Es wäre verhängnisvoll, eine Synthese aller über die Millionen von afferenten Fasern in das Gehirn einströmenden Sinnesinformationen vornehmen zu wollen. Auf eine – nicht verstandene – Art und Weise wählen wir aus diesem überwältigenden Schwall aus, um daraus Wahrnehmungen zu entnehmen, die interessant und sinnvoll sind. In jedem Augenblick besteht überdies eine Einheit im Wahrnehmungserlebnis, woraus sich etwas ergibt, was man als geistige Einzigartigkeit (mental singleness) bezeichnet hat (Bremer, 1966).

In Abb. 8-4 sind die Vernetzung von Modul zu Modul durch Assoziations- und Kommissurenfasern dargestellt. In einer anderen Form ist dies in Abb. 8-15 schematisch gezeigt. Dort sind die Module (wie von der Rindenoberfläche aus gesehen) als Zellhaufen eingezeichnet. Die Projektionen sind stark vereinfacht, es ist maximal die Gabelung einer modularen Projektion in zwei Äste angegeben. Gezeigt ist auch eine auf den Eingang zurückgeführte Schleife. Was aber für unseren gegenwärtigen Zweck wichtig ist: es besteht Konvergenz zweier verschiedener Modalitäten, A und B, zu Modulen, die nun in regelmäßiger Folge A + B signalisieren. Dies ist das neurale Gegenstück zu der Übertragung über Kreuzungsmodule hinweg. Die cerebrale Basis dieses Geschehens ist in Abb. 8-10A und B gezeigt, wo somästhetische und visuelle Projektionen zu den Rindenfeldern STS und 46 konvergieren. Wir können solche Konvergenzen als Stadien auf dem Weg zu einer Synthese von somästhetischen und visuellen Inputs bezeichnen, wie wenn wir mit den Händen einen Gegenstand, den wir sehen, untersuchen, um ihn besser zu objektivieren. Doch in unserem Verständnis der rätselhaften Transformation, die im Wahrnehmungsprozeß stattfindet, bringt uns diese Untersuchung der neuralen Bahnen nicht weiter. In Abb. 10-2 ist ein kleines Element des cerebralen Cortex mit seinen Modulen schematisch dargestellt. Die aufwärts zu dem Kasten mit der Bezeichnung »Wahrnehmung« weisenden Pfeile übermitteln, so wird vermutet, Informationen aus vielen aktiven Modulen im

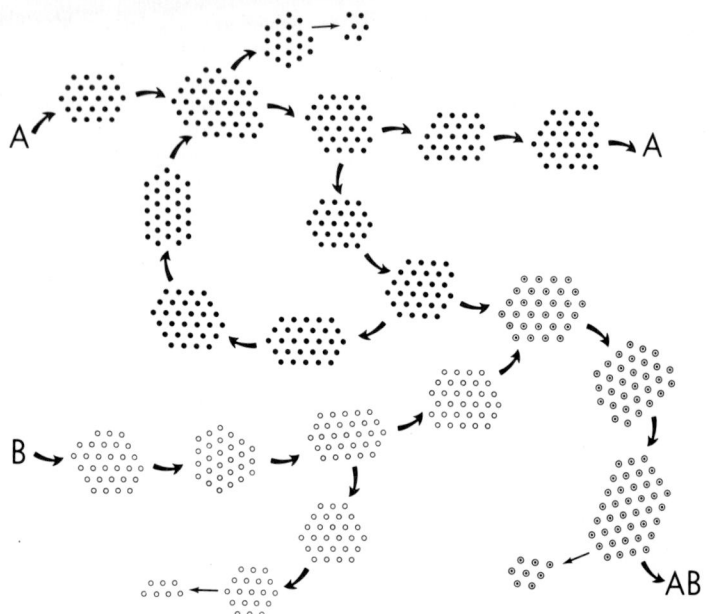

Abb. 8-15. In diesem Schema des cerebralen Cortex (von oben gesehen) sind die großen Pyramidenzellen als (volle oder offene) *Kreise* dargestellt, die in Haufen angeordnet sind. Jeder Haufen entspricht einem Modul, wie es in Abb. 8-4 und 8-8 schematisch gezeigt ist, wobei allerdings dort von den Hunderten in einem Modul enthaltenen großen projizierenden Pyramidenzellen nur vier eingezeichnet sind. Die *großen Pfeile* symbolisieren Impulsentladungen entlang Hunderten von parallelen Linien, d. h. die Art und Weise, wie excitatorische Kommunikation von Modul zu Modul stattfindet (s. Abb. 8-4). Es sind zwei Inputs, A und B, und zwei Outputs, A und AB, gezeigt. Weitere Beschreibung im Text.

Neocortex, und wir sehen oben eine Reihe von Wahrnehmungserlebnissen, Licht, Farbe, Klang, Schmerz, Berührung, Geruch, Geschmack. Es gibt keine Möglichkeit, diese Umwandlung in die Erfahrung von z. B. Farbe oder Berührung durch eine Erforschung der neuronalen Leistungen in den Modulen zu erklären, obwohl natürlich einige Module für eine Art der sinnlichen Wahrnehmung, andere für andere Arten codiert sind. Es gibt keine Farbe in der materiellen Welt, nur die Aussendung elektromagnetischer Wellen unterschiedlicher Spektralzusammensetzung. Es gibt keine Farbe als solche im Gehirn, nur Module, die mit ihren codierten Reaktionen selektiv auf visuelle Signale unterschiedlicher Spektraleigenschaften antworten (*vgl.* Zeki, 1977). Farbe wird geschaffen, wenn der selbst-bewußte Geist die Reaktionen dieser »Farb-codierten« Module abliest. Farbe ist somit zunächst eine rein subjektive Erfahrung, allerdings wird die Objektivität durch die (in einem langen Lernprozeß erworbene) Kommunikation der Subjekte untereinander erreicht. Untersuchungen an

Versuchspersonen mit verschiedenen Arten von Farbenblindheit haben zur Entdeckung höchst interessanter Varianten beim Farbensehen geführt.

Diese außerordentliche Dichotomie zwischen den codierten Leistungen unserer Rindenmodule einerseits und den Wahrnehmungserlebnissen andererseits offenbart uns das Geheimnis Mensch. Man muß sich darüber klar sein, daß unser Erkennen der äußeren Welt in allen ihren Manifestationen von dieser Umformung der Aktivitäten des cerebralen Cortex in Welt 1 in die Erfahrungen von Welt 2 (Abb. 10-2) abhängig ist. Außerdem gilt dieses Erkennen nicht nur für die Masse-Energie-Welt (Welt 1 in Abb. 6-1), sondern auch für die Welt der Kultur (Welt 3 in Abb. 6-1), die in materiellen Substraten verschlüsselt ist und daher nur über Sinnesorgane und die von diesen erzeugten Modulaktivitäten ins Bewußtsein eindringen kann. Wir wollen in der zehnten Vorlesung auf dieses Thema zurückkommen.

Lernen und Gedächtnis

Zusammenfassung und Einführung

Ohne Gedächtnis könnte es kein Wissen um die Existenz geben. Das Gedächtnis verbindet die Erfahrungen, die wir in jedem Moment machen, zu einem Strang, der in der Zeit zurückläuft und jene existentielle Einheit ergibt – das Selbst, das jeder von uns kennt. Dieses Speichern von Erfahrungen zum Abspielen oder Abrufen geschieht auf zweierlei Weise. Das eine ist das motorische Lernen und motorische Gedächtnis, d. h. das Lernen aller geschickten Bewegungen. Das zweite ist das, was wir kognitives Lernen und Gedächtnis nennen. Auf der einfachsten Ebene ist es die Fähigkeit, sich eine wahrgenommene Empfindung ins Gedächtnis zu rufen, aber es können alle Ebenen beteiligt sein, beispielsweise das Erinnern von Gesichtern, Namen, Szenen, Bildern, musikalischen Themen. Dann, auf einer höheren Ebene, haben wir das Lernen der Sprache, das Lernen von Geschichten und der Inhalte von Fachdisziplinen, von den einfachsten Techniken bis hin zu den vergeistigsten akademischen Studien in den Geistes- und Naturwissenschaften. Die beiden Arten von Gedächtnis mögen eng miteinander verbunden sein, sie haben aber mit unterschiedlichen Regionen des Gehirns zu tun. Für unseren gegenwärtigen Zweck ist das motorische Gedächtnis nicht von zentralem Interesse, da es keine tiefgreifenden philosophischen Implikationen in bezug auf das Geheimnis Mensch hat.

Wir werden uns eingehend mit den verschiedenen Aspekten des kognitiven Lernens und Gedächtnisses befassen und ebenso mit der Neuronenmaschinerie, die für die Aufzeichnung von Gedächtnisspuren, wie sie genannt werden, und für ihr Ablesen, wenn eine Erinnerung abgerufen wird, verantwortlich ist. Es besteht eine scharfe Trennung zwischen dem Kurzzeitgedächtnis (das ein paar Sekunden anhält) und dem Langzeitgedächtnis (das von einigen Minuten bis zu einer ganzen Lebenszeit dauert). Man ist sich allgemein darüber einig, daß das Kurzzeitgedächtnis auf das ununterbrochene Kreisen von Erregungen in positiv rückgekoppelten neuronalen Schaltungen zurückgeht. Unser Wissen über die am Langzeitgedächtnis beteiligte Neuronenmaschinerie hat durch die Untersuchung von Gedächtnisausfällen infolge Hirnläsionen große Fortschritte erzielt. Besonders behandelt werden die Rolle des Hippocampus und der präfrontalen Regionen des Neocortex sowie die damit zusammenhängenden neuronalen Bahnen. Nichtsdestoweniger haben wir es mit viel mehr zu tun als mit der Tätigkeit einer Neuronenmaschine, die in ihren veränderten Verknüpfungen das materielle Substrat der gespeicherten Erinnerung trägt. Der Abruf einer bewußten Erinnerung impliziert eine wechselseitige Transaktion zwischen dem selbst-bewußten Geist einerseits und den »Liaison«-Zonen des Gehirns andererseits. Wir kehren somit wieder zur zentralen Rolle des Hirn-Geist-Problems bei unserer Erforschung des Geheimnisses Mensch zurück.

Eine höchst bedeutende Rolle bei der Speicherung von Erinnerungen spielt die Motivation. Darüber hinaus ist bei dem Versuch, eine Erinnerung wieder hervorzuholen, eine absichtliche geistige Anstrengung erforderlich. Diese Anstrengung kann ziemlich schwer sein und lange anhalten, wie die anschauliche Redensart, daß jemand sich »das Hirn zermartert« erkennen läßt. Außerdem ist auch bei geistiger Konzentration eine bewußte Anstrengung notwendig, ebenso bei der Auswahl der unmittelbar für uns interessanten oder uns betreffenden Erfahrungen aus der großen zusammengewürfelten Menge neuronaler Geschehnisse, die sich in jedem einzelnen Moment in unserem Gehirn abspielen.

Ohne Gedächtnis könnte es kein Wissen um die Existenz geben. Das Gedächtnis verbindet die Erfahrungen, die wir in jedem einzelnen Augenblick machen, zu einem Strang, der in der Zeit zurückläuft und jene existentielle Einheit ergibt – das Selbst, das jeder von uns kennt. Ohne bewußtes Gedächtnis könnten wir nicht um das Geheimnis Mensch wissen. Ohne Gedächtnis würden wir nichts anderes tun, als in jedem einzelnen Moment auf genormte, stereotype Weise entsprechend dem aus der Umwelt kommenden Input reagieren.

Es gibt keine großartigere und notwendigere Funktion des Gehirns als seine Fähigkeit zu *lernen* und das, was gelernt wurde, im *Gedächtnisprozeß* wieder hervorzuholen. Für jeden von uns ist das Wertvollste, was wir während unserer Lebenszeit tun, das Speichern von Erinnerungen, die auf diese Weise zu einzig und allein unseren Erfahrungen werden insofern, als sie uns zum *Wiederabspielen* oder *Abruf* im Gedächtnisprozeß zur Verfügung stehen. Ich habe diese beiden Worte gewählt, weil es zwei Haupttypen von Lernen und Gedächtnis gibt, wenngleich diese in vielen Situationen eng miteinander verknüpft sind. Das eine ist das motorische Lernen und Erinnern, d. h. das Erlernen aller geschickten Bewegungen. Das Repertoire ist gewaltig: das Spielen aller Musikinstrumente und Spiele sowie das Erlernen sämtlicher Handwerke, Gewerbe und Techniken. Außerdem gehören dazu alle etwas ausdrückenden Bewegungen wie beim Sprechen, Tanzen, Singen und Schreiben. Das zweite ist das, was wir kognitives Lernen und Erinnern nennen können. Auf der einfachsten Ebene ist es die Fähigkeit, sich eine wahrgenommene Empfindung ins Gedächtnis zu rufen, aber es können alle Ebenen beteiligt sein, z. B. das Erinnern von Gesichtern, Namen, Szenen, Bildern, musikalischen Themen. Dann, auf einer höheren Ebene, haben wir das Lernen der Sprache, das Lernen von Geschichten und Inhalten von Fachgebieten, von den einfachsten Techniken bis hin zu den hochgeistigsten akademischen Studien in den Geistes- und Naturwissenschaften.

Es ist eine uns allen vertraute Beobachtung, daß es ein bleibendes kognitives Erinnerungsvermögen an eine einzelne stark emotionale Erfahrung geben kann. Andererseits bedarf das motorische Gedächtnis der Verstärkung durch fortwährendes Training, wenn es auf einem hohen Geschicklichkeitsniveau gehalten werden soll. Völlig verschiedene Teile des Gehirns sind für diese zwei Typen von Gedächtnis zuständig. Nichtsdestoweniger dürfte wahrscheinlich dieselbe Art von neutralem Mechanismus beteiligt sein.

In den letzten dreißig Jahren hat man, was das Verständnis vieler Aktivitäten des Hirns betrifft, große Fortschritte gemacht. Das gilt sowohl auf elementarer Ebene, beispielsweise für die Fortleitung von Nervenimpulsen in Nervenfasern und die Erzeugung dieser Impulse durch synaptische Aktion auf Neuronen, als auch, auf komplexeren Ebenen, beispielsweise für die Funktionsweise der in den vielen sensorischen Systemen (wie sie in der achten Vorlesung zur Sprache kamen) und im motorischen System beteiligten neuronalen Bahnen. Auf all diesen Gebieten besteht ein großes Maß an Übereinstimmung. Im Gegensatz dazu gehen die Ansichten über die Natur der beim Lernen und Speichern von Erinnerungen beteiligten neuronalen Mechanismen auseinander und sind in vielen Fällen sogar völlig unvereinbar. Meine Aufgabe ist daher nicht, über eine gut gesicherte Darstellung der Arbeitsweise der Neuronenmaschine im Lern- und Gedächtnisprozeß zu referieren, sondern mich der viel schwierigeren und interessanteren Herausforderung zu stellen, aus vielen verschiedenen Beobachtungsreihen eine kohärente Geschichte zu konstruieren. Ich möchte meine Darstellung auf das kognitive Gedächtnis im weitesten Sinne beschränken, weil es für das Geheimnis Mensch von besonderer Bedeutung ist und weil sich dieser Bericht darüber hinaus auf Beobachtungen an menschlichen Subjekten, mit nur beiläufiger Bezugnahme auf Experimente an nicht-menschlichen Primaten, aufbauen läßt.

Ich möchte versuchen, eine Antwort zu geben auf die Frage: wie können wir irgendwelche Ereignisse oder irgendeine einfache Testsituation, z. B. eine Zahlen- oder Wortfolge, »wieder hervorholen« oder wiedererleben? Wir werden erkennen, daß wir es mit zwei verschiedenen Problemen zu tun haben – mit der Speicherung und der Wiedergabe oder, im Zusammenhang mit unserem Problem des bewußten Gedächtnisses, mit Lernen und Erinnern. Ich schlage vor, dieses Problem auf zwei Ebenen zu behandeln.

Zuerst betrachten wir es als ein Problem der Neurobiologie, d. h. wir befassen uns mit den strukturellen und funktionellen Veränderungen, die die Grundlage des Gedächtnisses bilden. Man nimmt allgemein an, daß der Abruf einer Erinnerung mit dem Wiederabspielen in sehr ähnlicher Weise der neuronalen Ereignisse zu tun hat, die ursprünglich für die Erfahrung, die erinnert wird, verantwortlich waren. Das wenige Sekunden während Kurzzeitgedächtnis stellt kein besonders großes Problem dar. Man kann vermuten, daß es durch die neuronalen Ereignisse zustandekommt, die sich während des verbalen oder bildlichen Übens fortsetzen. Die spezifischen modularen Aktivitätsmuster, wie sie in Abb. 8-15 vorgeschlagen wurden, werden auf diese Weise für die gesamte Dauer dieser kurzen Erinnerungen in kreisender Erregung festgehalten und stehen zum Ablesen zur Verfügung. Was andererseits die von Minuten bis zu Jahren während Erinnerungen betrifft, so muß man herausfinden, auf welche Weise die neuronalen Verknüpfungen verändert werden, so daß sich eine gewisse Tendenz zum Wiederabspielen der bei der ursprünglichen Erfahrung aufgetretenen und inzwischen abgeflauten räumlich-zeitlichen modularen Aktivitätsmuster zu stabilisieren sucht.

Zweitens ist die Rolle des selbst-bewußten Geistes zu erwägen. In der zehnten Vorlesung werden wir die Vermutung äußern, daß eine bewußte Erfahrung dann entsteht, wenn der selbst-bewußte Geist mit bestimmten aktivierten Modulen – »offenen« Modulen – in der Hirnrinde in eine effektive Beziehung tritt. Beim willentlichen Abruf einer Erinnerung muß der selbstbewußte Geist wiederum in Beziehung zu einem Muster modularer Reaktionen treten, die den ursprünglichen, von dem zu erinnernden Ereignis hervorgerufenen Reaktionen ähneln, so daß ein Ablesen annähernd derselben Erfahrung stattfindet. Wir müssen darüber nachdenken, wie der selbst-bewußte Geist daran beteiligt ist, die modularen Ereignisse auszulösen, die sozusagen auf Verlangen die erinnerte Erfahrung ergeben. Darüber hinaus fungiert der selbst-bewußte Geist als Schiedsmann und Richter in bezug auf die Richtigkeit oder Relevanz der auf Verlangen freigegebenen Erinnerung. Beispielsweise kann der selbst-bewußte Geist den Namen oder die Zahl als nicht richtig erkennen, und einen weiteren Abrufvorgang einleiten und so weiter. So umfaßt der Rückruf einer Erinnerung zwei verschiedene Vorgänge im selbst-bewußten Geist: erstens das

Einleiten eines Abrufs aus den Datenbanken im Gehirn, und zweitens das »erkennende Gedächtnis« (recognition memory), das seine Richtigkeit beurteilt.

9.1 Strukturelle und funktionelle Veränderungen als mögliche Grundlagen des Gedächtnisses

Wenn wir allgemein Sherrington, Adrian, Lashley und Szentágothai folgen, so müssen wir vermuten, Langzeiterinnerungen seien auf irgendeine Weise in den Neuronenmustern des Hirns verschlüsselt. Wir sehen uns daher zu der Mutmaßung veranlaßt, daß die strukturelle Grundlage des Gedächtnisses in den bleibenden Veränderungen von Synapsen liegt. Bei den Säugetieren gibt es keine Anhaltspunkte für ein Wachstum oder eine Veränderung der wichtigsten Nervenbahnen im Gehirn, nachdem sie einmal ausgebildet sind. Es ist nicht möglich, wichtige Hirnbahnen auf einer solch groben Ebene zu konstruieren oder rekonstruieren. Doch dürfte es möglich sein, die notwendigen Veränderungen im neuronalen Netzwerk durch mikrostrukturelle Veränderungen in Synapsen sicherzustellen. Diese können beispielsweise hypertrophiert sein oder zusätzliche Synapsen ausbilden oder aber umgekehrt, regressiv sein. Da man erwarten würde, daß die vergrößerte synaptische Leistungsfähigkeit aus einer stark konditionierenden synaptischen Aktivierung entstehen würde, wurden bei verschiedenen Synapsentypen Versuche durchgeführt, wie sie in Abb. 9-1 veranschaulicht sind.

Abb. 9-1 zeigt die Nervenbahnen bei in jüngster Zeit von Sarvey et al. (1978) durchgeführten Untersuchungen über die Auswirkungen wiederholter Stimulierung von Synapsen in einem primitiven Hirnteil, dem Hippocampus. Die Ableitung erfolgt mit einer Mikroelektrode in der CA3-Zone. In dieser Zone befinden sich Pyramidenzellen, die (wie gezeigt) auf ihren apikalen Dendriten von zwei verschiedenen afferenten Bahnen synaptisch erregt werden und deren Axonkollaterale darüber hinaus in enger Beziehung zu diesen beiden afferenten Bahnen projizieren. Um eine selektive Erregung jeder dieser Bahnen zu erreichen, wurde je eine stimulierende Elektrode eingeführt. Die eine ist mit Sch bezeichnet, denn sie stimulierte die von Axonen der CA3-Pyramidenzellen ausgehenden Schaffer-Kollateralen; die andere mit mf, da sie die afferente Bahn erregte, welche auf denselben Pyramidenzellen Moosfasersynapsen bildeten. Wie gezeigt, sind die Moosfasern die Axone von Körnerzellen der fascia dentata.

In Abb. 9-1B erzeugten sowohl mf- als auch Sch-Stimulationen in den extrazellulären Ableitungen ein doppeltes negatives Spike-Potential, wovon das kleinere, früher eintretende (N_1) auf die antidrome Stimulation von CA3-Zellen zurückzuführen ist, während das größere, später eintretende (N_2) durch die synaptische Erregung derselben Zellen erzeugt wurde. Diese Interpretation gründet sich auf sorgfältig durchdachte Kontrollexperimente. In C führte wiederholte Stimulierung (300/sec während 5 sec) der mf-Bahn zu den CA3-Zellen zu einer Potenzierung der synaptischen Antwort (N_2-Spike) jener Zellen auf sowohl mf- als auch Sch-Inputs; abgeleitet wurde 20 min nach der Reizung. In D haben wir eine graphische Darstellung der relativen Größen der Reaktionen, die in Intervallen bis zu 185 min nach dem

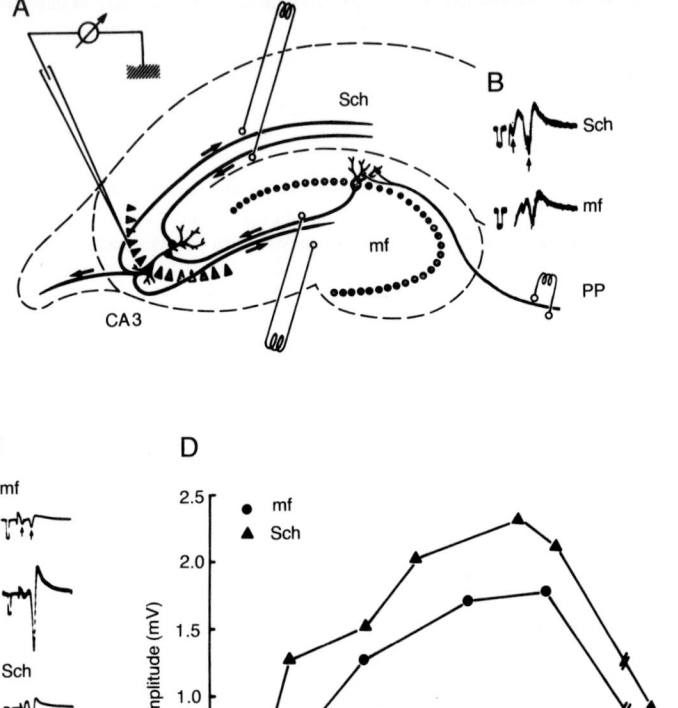

Abb. 9-1. A Bahnen in einer Lamelle des Hippocampus. Stimulierende Elektroden sind für die Schaffer-Kollateralen *(Sch)*, die Moosfasern *(mf)* und auf der perforierenden Bahn *(PP)* vom entorhinalen Cortex gezeigt. Eine ableitende Elektrode ist für die CA3-Pyramidenzellen eingezeichnet. **B** Extrazelluläre Ableitungen von Populations-Spike-Potentialen, die durch Reize bei *Sch* und *mf* erzeugt wurden. Die *Pfeile* weisen auf die zwei negativen Spikes hin, von denen der erste antidrom, der zweite monosynaptisch ist. **C** Anfängliche Kontrollableitungen *(a)* und die Reaktion *(b)* 20 min nach einem konditionierenden Tetanus durch die mf-Elektrode (300/sec über 5 sec). **D** Relative Größen der N_2-Spitzen vor und nach dem konditionierenden Tetanus. Sarvey, J. M., Misgeld, U., Klee, M. R.: Long-lasting heterosynaptic post-activation potentiation (PAP) of CA3 neurons in guinea pig hippocampal slice. Fed. Proc. **37**, 251 (1978)

konditionierenden Tetanus beobachtet wurden. Nach einem anfänglichen Absinken zeigte sich eine Potenzierung, die bis 60 min lang zunahm und dann viele Stunden lang auf einem hohen Niveau bestehenblieb. Bei einer weniger starken Reizung (z. B. 15/sec über 10 sec) war die Potenzierung schwächer, besaß aber eine ähnlich lange Dauer von bis zu 5 Stunden. Eine ähnliche homosynaptische wie auch heterosynaptische Potenzierung entstand durch wiederholte Sch-Stimulierung.

Bemerkenswert war, daß die nicht stimulierten Synapsen ebenso stark und für ebenso lange Zeit potenziert wurden wie die Synapsen, die der konditionierenden Reizung ausgesetzt waren (Abb. 9-1D). Dies deutet darauf hin, daß die effektiven Veränderungen auf der postsynaptischen Seite der Synapsen stattfanden. Man würde erwarten, daß die postsynaptischen Elemente entsprechend dieser Potenzierung an Größe zunehmen würden. Eine weitere synaptische Bahn im Hippocampus verläuft vom Tractus perforans (PP) zu Synapsen auf den Körnerzellen (Abb. 9-1A). Wiederholte Reizung dieser Bahn ergibt ebenfalls eine viele Stunden andauernde Potenzierung (Bliss und Lmo, 1973). Fifková und van Harreveld (1977) haben gezeigt, daß entsprechend eine lang anhaltende Zunahme (mehr als 23 Stunden) in der Größe der Dornen (der postsynaptischen Elemente, *vgl.* Abb. 8-2 D) dieser stimulierten Synapsen auftritt. Die größenmäßige Zunahme der Dornen (S) gegenüber der (in Abb. 9-2A gezeigten) Kontrollgröße im nicht-stimulierten Zustand ist in Abb. 9-2B zu sehen. Viele Tausende von Dornen wurden gemessen. Die mittlere Zunahme lag bei fast 40 % und war hochgradig signifikant. Die präsynaptische Komponente der Synapse (Abb. 8-2D) nahm ebenfalls an Größe zu, jedoch nicht signifikant. Hochinteressant war, daß der verlängerte Zeitablauf der Synapsenschwellung mit der in Abb. 9-1D und ebenfalls von Bliss und Lmo (1973) beobachteten lang anhaltenden Potenzierung übereinstimmte. Abb. 9-1 und 9-2 liefern den besten bisher vorliegenden Beweis zur Stützung der Vermutung, daß die auf wiederholte Reizung folgende lang anhaltende Potenzierung auf eine Schwellung der Synapsen zurückgeht, die folglich modifizierbare Synapsen genannt werden können.

Physiologische Experimente haben also gezeigt, daß es sich bei den modifizierbaren Synapsen, die für das Gedächtnis verantwortlich sein könnten, um excitatorische Synapsen handelt, und daß diese besonders in den höheren Hirnebenen auffallen. Wie Abb. 8-2D und 8-5 zeigen, liegt in der Hirnrinde die große Mehrheit der excitatorischen Pyramidenzellensynapsen auf den dendritischen Dornen dieser Zellen. Viel Belegmaterial von Valverde (1968) und anderen liegt ebenfalls dafür vor, daß sich diese Dornensynapsen bei Nichtgebrauch zurückbilden (*vgl.* Eccles, 1970). Man vermutet daher, daß es sich bei diesen Dornensynapsen auf den Dendriten solcher Neurone wie den Pyramidenzellen der Hirnrinde und des Hippocampus um die für das Lernen zuständigen modifizierbaren Synapsen handelt. Dies wären die Synapsen mit unbegrenzt lang andauernder Potenzierung, die in Abb. 9-1D zu sehen sind. Man kann sich vorstellen, daß die größere Leistungsfähigkeit dieser Synapsen deshalb unbegrenzt verlängert worden ist, weil sich in den dendritischen Dornen ein Wachstumsprozeß herausgebildet hat, der eine strukturelle Änderung herbeiführte, die von großer Dauer sein konnte. Außerdem kann man dieses Wachstum heute in elektronenmikroskopischen Aufnahmen (Abb. 9-2; Fifková und van Harreveld, 1977) überzeugend nachweisen. Die Veränderungen sind in Abb. 9-3 schematisch darge-

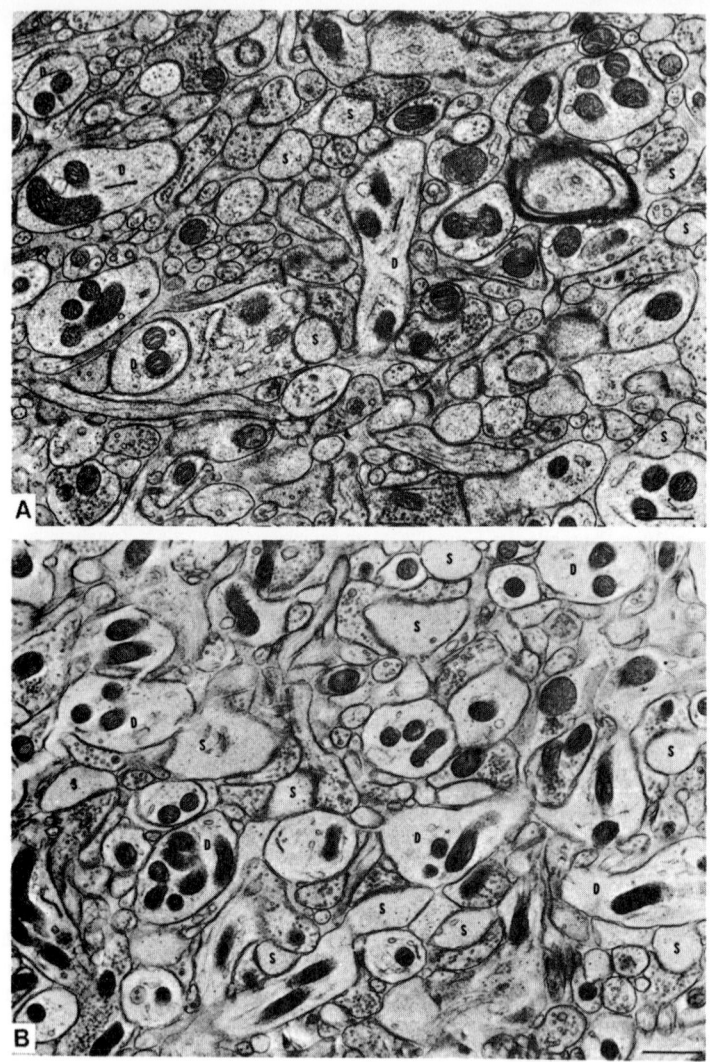

Abb. 9-2. A Elektronenmikroskopisches Bild des distalen Drittels der fascia dentata molecularis in einem Kontrollpräparat. **B** Elektronenmikroskopische Aufnahme bei gleicher Vergrößerung der fascia dentata molecularis in einem Präparat, in dem der entorhinale Cortex 30 sec lang mit 30/sec gereizt wurde und dann 23 Stunden lang überlebte, bevor er fixiert wurde. Die Striche entsprechen 0,5 µm. *S*, Dornen (Spines), *D*, Dendriten. Fifkova, E., van Harreveld, A.: Long-lasting morphological changes in dendritic spines of dentate granular cells following stimulation of the entorhinal area. J. Neurocytology *6*, 211–230 (1970). Abdruck mit Erlaubnis von Chapman & Hall Ltd.

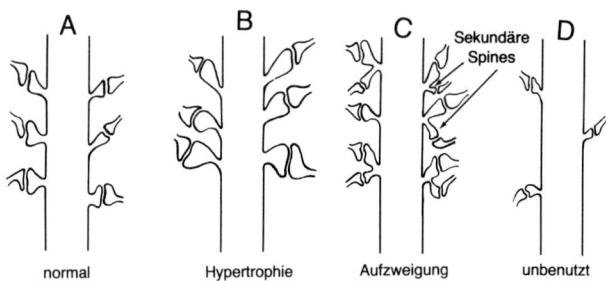

Abb. 9-3 A-D. Plastizität von dendritischen Spinesynapsen. Die Zeichnungen sollen die plastischen Veränderungen an Spinesynapsen zeigen, deren Auftreten bei Wachstum in **B** und **C** und bei Regression in **D** postuliert wird. Weitere Beschreibung im Text.

stellt: A zeigt den Normalzustand, B und C hypertrophische Zustände. Eine Alternative zur synaptischen Dornenhypertrophie der Abb. 9-3B ist in C illustriert, wo die Aufzweigung der Dornen zur Bildung sekundärer Dornensynapsen eine Zunahme an synaptischer Potenz sicherstellt, wie Szentágothai berichtet.

Es gibt auch histologische Beweise dafür, daß Nichtgebrauch sich in einer Regression und Verödung von Dornensynapsen auswirkt (Abb. 9-3D). Dies ist auf elegante Weise von Valverde (1967) an den Dendriten der Pyramidenzellen in der Sehrinde von Mäusen demonstriert worden, die in visueller Deprivation aufgezogen wurden. Tatsächlich sind ähnliche Demonstrationen auch an anderen Dornensynapsen durchgeführt worden. So kann man annehmen, daß normaler Gebrauch eine Erhaltung der dendritischen Dornensynapsen auf dem normalen Niveau von Abb. 9-3A bewirkt. Man kann daraus schließen, daß die excitatorischen Dornensynapsen wahrscheinlich die für das Gedächtnis verantwortlichen modifizierbaren Synapsen sind.

Wenn für das Lernen synaptisches Wachstum erforderlich ist, so muß eine Zunahme besonderer Art im Stoffwechsel des Gehirns stattfinden, der mit der Erzeugung von Proteinen und anderen für die Zunahme an Membranen und chemischen Übertragungsmechanismen erforderlichen Makromolekülen zu tun hat. Die Spezifitäten wären in der Struktur, speziell in den synaptischen Verbindungen der Nervenzellen codiert, die in dem unvorstellbar komplexen Muster angeordnet sind, das schon während der Entwicklung herausgebildet wurde. Von da an ist für die funktionale Reorganisation, die, wie man vermutet, das neuronale Substrat des Gedächtnisses darstellt, nichts anderes nötig, als lediglich das Mikrowachstum bereits bestehender synaptischer Verbindungen, wie in Abb. 9-3B und C, die als Modelle von Dornensynapsen auf Pyramidenzellen angesehen werden können.

Der Impulsstrom von Rezeptoren zum Nervensystem (*vgl.* achte Vorlesung) resultiert in der Aktivierung spezifischer räumlich-zeitlicher Muster von Modulen, die durch aufeinanderfolgende Impulsentladungen miteinander verbunden sind (*vgl.* Abb. 8-15). Die derart aktivierten Synapsen entwickeln sich zu größerer Wirksamkeit und senden sogar Äste zur Bildung sekundärer Synapsen aus; je öfter daher ein spezielles räumlich-zeitliches Muster modularer Aktivität im Cortex abgespielt wird, um so leistungsfähiger werden seine Synapsen im Vergleich zu anderen. Dank dieser synaptischen Effizienz werden später ähnliche sensorische Reize die Tendenz haben, dieselben modularen Bahnen entlangzulaufen und daher die gleichen offenkundigen wie auch psychischen Reaktionen hervorzurufen wie der ursprüngliche Reiz.

9.2 Die Rolle des selbst-bewußten Geistes beim Kurzzeitgedächtnis

Denken wir uns irgendeine einfache und einzigartige Wahrnehmungserfahrung, beispielsweise den ersten Anblick eines uns bisher unbekannten Vogels oder einer uns bisher fremden Blume oder eines neuen Automodells. Zunächst haben wir die vielen Stufen der verschlüsselten Weiterleitung vom Netzhautbild bis hin zu den verschiedenen Ebenen des visuellen Cortex, wovon die Gestaltwahrnehmung (wie in der achten Vorlesung beschrieben) die höchste bis heute bekannte Interpretationsebene ist. In einer späteren Phase postulieren wir die Aktivierung von Modulen des »Liaison«-Hirns, die »offen« sind für Welt 2 (zehnte Vorlesung), und das darauffolgende Ablesen durch den selbst-bewußten Geist, welches das Wahrnehmungserlebnis mit seinem ganzen sinnlichen Reichtum ergibt. Dieses Ablesen durch den selbst-bewußten Geist schließt die Integration der spezifischen Aktivitäten vieler Module zu einer einheitlichen Erfahrung ein, eine Integration, die der Erfahrung ihre geschilderte Einzigartigkeit verleiht (achte Vorlesung). Außerdem verläuft diese Tätigkeit in zwei Richtungen: einerseits modifiziert der selbst-bewußte Geist die Modulaktivität, während er andererseits gleichzeitig von ihr beeinflußt wird und sie möglicherweise anhand von Testverfahren in Input-Output-Manier bewertet. Man muß darüber hinaus vermuten, daß eine intensive strukturierte Interaktion der offenen Module untereinander sowie zwischen offenen und geschlossenen Modulen stattfindet, bestehen doch zu diesem Zweck die immens vielen von Assoziations- und Kommissurenfasern gebildeten Verknüpfungen (*vgl.* Abb. 8-4), die wir in der achten Vorlesung beschrieben haben.

Abgesehen davon müssen wir in diesen fortlaufenden modularen Interaktionsmustern geschlossene, sich selbst wieder erregende Ketten postulieren (*vgl.* Abb. 8-15). Auf diese Weise besteht eine Fortsetzung der dynamischen strukturierten Aktivität in der Zeit.

Solange die Modulaktivitäten in dieser spezifischen strukturierten Interaktion fortdauern, ist der selbst-bewußte Geist vermutlich ununterbrochen imstande, sie je nach Interesse und Aufmerksamkeit abzulesen. Wir können sagen, daß auf diese Weise die neue Erfahrung in Erinnerung behalten wird – wie wenn wir zum Beispiel in der Zeit zwischen Nachsehen und Wählen eine Telefonnummer zu behalten versuchen.

Wir postulieren, daß durch fortwährendes aktives Eingreifen oder Verstärken seitens des selbst-bewußten Geistes die ununterbrochene Aktivität der Module sichergestellt werden kann. Auf diese Weise können die Module mittels Vorgängen, die wir als entweder verbales oder nicht-verbales (z. B. bildliches oder musikalisches) Üben erleben und bezeichnen, Erinnerungen speichern. Sobald sich der selbst-bewußte Geist mit einer anderen Aufgabe befaßt, hört diese Verstärkung auf, jenes spezifische neuronale Aktivitätsmuster flaut ab und die Kurzzeiterinnerung ist verloren. Der Rückruf wird jetzt von Gedächtnisprozessen mit längerer Dauer abhängig.

9.3 Neuronale Bahnen zum Aufzeichnen von Langzeiterinnerungen

Es ist noch nicht möglich, auf irgendeine sinnvolle Weise die sich tatsächlich abspielenden neuralen Ereignisse zu erforschen, die beim Aufzeichnen einer Erinnerung von entscheidender Bedeutung sind. Experimente der Art, wie sie in den Abb. 9-1 und 9-2 illustriert sind, zeigen die synaptischen Ereignisse, die wahrscheinlich für das Langzeitgedächtnis zuständig sind, aber sie definieren nicht das neuronale Netzwerk. Die erfolgversprechendste Methode, dieses Problem anzugehen, ist das Studium der Gehirne von Patienten, die die Fähigkeit, neue Erinnerungen zu speichern, weitgehend verloren haben. Die geschädigten Regionen dürften wichtige Anhaltspunkte für die neuronalen Netzwerke liefern.

9.3.1 Der Verlust des Langzeitgedächtnisses

Der eindeutig durch Gedächtnisverlust gekennzeichnete klinische Zustand, die Amnesie, wird gewöhnlich Korsakoff'sches Syndrom genannt, nach seinem Entdecker, der es im Jahre 1887 als erster beschrieb. Solche Patienten haben ein gutes Gedächtnis für ihre Erlebnisse vor dem Einsetzen der Krankheit und sie besitzen ebenfalls ein Gedächtnis für Dinge, die in den gerade vorangegangenen Sekunden geschahen, also ein Kurzzeitgedächtnis. Beim normalen Gespräch macht sich ihre Störung möglicherweise gar nicht sehr bemerkbar. Ihre Erinnerungsfähigkeit versagt jedoch sofort, wenn sie durch eine neue Situation abgelenkt werden. Ein geeigneter klinischer Test ist z. B. der, den Patienten zu bitten, sich einfache Informationseinheiten, etwa den Namen des Arztes, das Datum oder die Tageszeit zu merken. Der Patient versagt bei einem solchen Test, selbst wenn er die Antworten zuvor unter Anleitung Hunderte von Male wiederholt hatte. Aber die Störung gilt natürlich für jede neue Erfahrung des Patienten. Er ist nicht imstande, sich an Namen, Gegenstände, Vorkommnisse zu erinnern; tatsächlich vergißt er alles, was er liest, sieht oder hört. Die Erinnerung an die weit zurückliegende Vergangenheit, Jahre vor dem Einsetzen der Krankheit, bleibt jedoch erhalten. Nichtsdestoweniger wird die gut erinnerte Vergangenheit nicht scharf von der späteren amnestischen Periode getrennt. Dazwischen bestehen bruchstückhafte Erinnerungen, die häufig in falscher zeitlicher Reihenfolge und mit unterschiedlichen Graden von Genauigkeit wiedergegeben werden. Seltsamerweise erkennen die Patienten die Schwere ihres Gedächtnisversagens nicht oder merken sogar gar nichts von seiner Existenz. Oft ist es durch Konfabulation verdeckt, bei der der Patient Erlebnisse und Ereignisse erfindet. Ein ans Bett gefesselter Patient behauptet vielleicht, er sei gerade von einem Spaziergang im Garten zurückgekommen, und beschreibt seine Erlebnisse dort!

Das klassische amnestische Syndrom, wie es von Korsakoff beschrieben wurde, war die Folge von Alkoholismus, aber man weiß heute, daß es durch viele andere Krankheiten verursacht werden kann. Die vielleicht häufigsten Fälle von Gedächtnisausfällen verschiedener Schweregrade sind eine Folge von seniler Demenz. Viele Meinungsverschiedenheiten hat es in bezug auf den Ort der kausalen Läsion gegeben. Victor und Mitarbeiter (1971) haben einen umfassenden Überblick über die Hirnverletzungen gegeben; sie stützten sich dabei auf ein sorgfältiges Studium einer großen Reihe von Gehirnen. Bedauerlicherweise waren die degenerierten Areale so weit gestreut und die Unterschiede von Patient zu Patient derart groß, daß kein klares Bild der für Lernen und Gedächtnis zuständigen cerebralen Regionen entsteht. Wichtig ist aber, daß in allen Fällen der medio-dorsale Thalamuskern in Mitleidenschaft gezogen war, und die mediale Zone des Pulvinar und der Corpora mamilaria, ebenso auch wie der Hippocampus, stark betroffen waren.

Wenn wir mehr davon verstehen wollen, auf welche Art und Weise Erinnerungen durch den Lernprozeß im Gehirn gespeichert werden, so ist klar, daß selbst die sorgfältigste Studie der cerebralen Läsionen beim Korsakoff'schen Syndrom nur von geringem Nutzen sein wird. Vermutlich besteht bei vielen Verletzungen keine Beziehung zum Gedächtnisverlust. Von unschätzbarem Wert müßten die sehr viel schärfer abgegrenzten Läsionen sein, die bei chirurgischen Exzisionen entstehen, und ihnen wollen wir uns nun zuwenden.

Wir verfügen über beachtliches Beweismaterial (Milner, 1966, 1972), das die Vorstellung, der Hippocampus spiele eine Schlüsselrolle beim kognitiven Gedächtnis des Menschen, bestätigt. Möglicherweise stoße ich auf Skepsis, wenn ich behaupte, daß der wirlich überzeugende Beweis aus Untersuchungen an einem Patienten (H. M.) stammt, an dem 1953 eine bilaterale operative Exzision des Hippocampus und des angrenzenden medialen Schläfenlappens vorgenommen wurde (s. Abb. 9-4). Die Operation sollte eine Erleichterung der epileptischen Anfälle bringen, die so schwer waren, daß sie den Patienten arbeitsunfähig machten, und die auch durch maximale antikonvulsive Medikation nicht unter Kontrolle gebracht werden konnten. Therapeutisch gesehen war die Operation ein Erfolg, da sie die Anfälle linderte; sie führte allerdings zu einem extremen amnestischen Syndrom, das dem Korsakoff'schen Syndrom ähnelte, allerdings schwerer war. Diese Operation wird natürlich niemals wieder ausgeführt werden, so daß H. M. und drei andere für alle Zeiten einzigartige Fälle bleiben werden.

Trotz seiner schweren Amnesie ist H. M. ein bemerkenswert toleranter und kooperativer Mensch mit relativ hoher Intelligenz. Tatsächlich ist er seit mehr als zwanzig Jahren eine ideale Versuchsperson; er ist wahrscheinlich eingehender erforscht worden als jeder andere neurologische Patient in der Geschichte. Sehen wir uns nun Einige der Befunde an diesem einzigartigen Patienten an. H. M. lebt ausschließlich mit Kurzzeiterinnerungen von wenigen Sekunden Dauer und mit den Erinnerungen, die aus der Zeit vor der Operation bewahrt blieben. Milner (1966) gibt eine anschauliche Darstellung seines Gedächtnisverlustes:

Seine Mutter beobachtet, daß er Tag für Tag dasselbe Puzzle legt, ohne daß sich irgendein Übungseffekt bemerkbar macht, und daß er immer wieder dieselben Zeitschriften liest, ohne daß ihm ihr Inhalt jemals bekannt vorkäme. Die gleiche Vergeßlichkeit gilt für die Menschen, die er seit der Operation kennengelernt hat. Seine anfängliche emotionale Reaktion mag

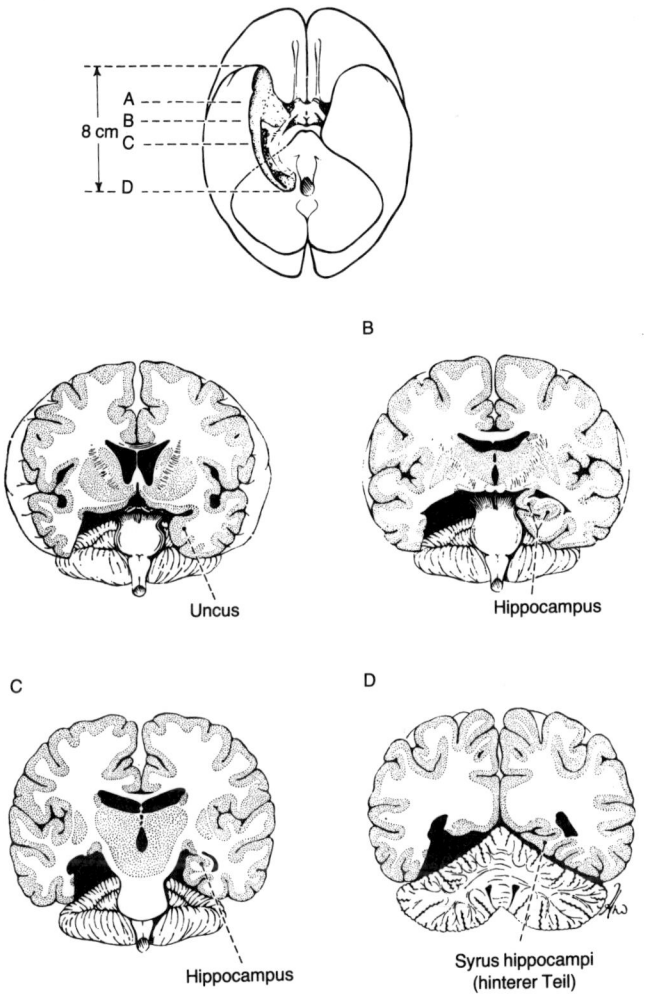

Abb. 9-4 A-D. Schematische Darstellung von Querschnitten des menschlichen Hirns. Eingezeichnet ist das geschätzte Ausmaß der bei der Scovill'schen medial temporalen ablatio entfernten Gebiete, wie in dem im Text diskutierten Fall. Die anterior-posteriore Ausdehnung des Hippocampus ist in der oberen Zeichnung dargestellt, wobei A, B, C und D die Ebene der unteren Querschnitte bezeichnen. Um der größeren Anschaulichkeit willen ist die ablatio nur auf der linken Seite gezeigt, aber die Entfernung wurde auf beiden Seiten in einer einzigen Operation vorgenommen. Milner, B.: The memory defect in bilateral hippocampal lesions. Psychiat. Res. Rep. Amer. Psychiat. Ass. *II*, 43–52 (1959)

intensiv sein, aber sie ist kurzlebig, da der Vorfall, der sie hervorgerufen hat, bald vergessen wird. So war er äußerst verstört, als er vom Tod seines Onkels hörte, den er sehr gern gehabt hatte, aber dann schien er die ganze Angelegenheit zu vergessen und fragte später von Zeit zu Zeit, wann sein Onkel sie denn besuchen käme; jedes Mal, wenn er wieder vom Tod des Onkels hörte, zeigte er die gleiche tiefe Verzweiflung, ohne irgendein Zeichen der Gewöhnung.

Solange er nicht abgelenkt wird, kann er laufende Ereignisse behalten. Beispielsweise ist es ihm gelungen, eine dreistellige Zahl wie 584 bis zu 15 min lang zu behalten, indem er sie sich ständig vorsagte. Wird er aber abgelenkt, so wird jede Spur dessen, was er nur ein paar Sekunden vorher getan hat, restlos ausgelöscht. H. M. ist ein einmaliges Beispiel von Kurzzeitgedächtnis in der reinsten Form. Milner (1966) faßt dies mit folgenden Worten zusammen:

> Beobachtungen wie diese lassen vermuten, daß dieser Patient neue Information nur auf eine einzige Art und Weise festhalten kann, nämlich durch ständiges verbales Üben, und daß Vergessen eintritt, sobald dieses Üben durch irgendeine neue, seine Aufmerksamkeit erfordernde Aktivität verhindert wird. Da sich im täglichen Leben die Aufmerksamkeit notwendigerweise ständig verlagert, zeigt ein solcher Patient eine anhaltende anterograde Amnesie. Anhand der Bermerkungen, die der Patient selbst während einer kürzlichen Untersuchung in Abständen wiederholte, bekommt man eine Vorstellung davon, wie ein solcher amnestischer Zustand sein muß. Zwischen den Tests sah er plötzlich auf und sagte ziemlich beunruhigt: »Gerade eben frage ich mich. Habe ich etwas verkehrt gemacht oder gesagt? Sehen Sie, in diesem Augenblick scheint mir alles klar, aber was ist gerade vorher passiert? Das ist's, was mich quält. Es ist, als ob man aus einem Traum erwacht, ich erinnere mich einfach nicht.«

Es gibt Aufzeichnungen über drei andere Fälle, in denen die Zerstörung beider Hippocampi zu einer vergleichbar schweren anterograden Amnesie (Amnesie für alle Ereignisse nach der Operation) führte (Milner, 1966). In diesen Fällen war selbst nach 11 Jahren kaum eine Besserung zu verzeichnen. Die veränderliche retrograde Amnesie, d. h. die Erinnerungsfähigkeit an Ereignisse vor der Zerstörung des Hippocampus, zeigt jedoch in allen Fällen, einschließlich des Falles H. M., eine kontinuierliche Besserung. Es liegen Berichte von zwei anderen Fällen vor (Penfield und Milner, 1958), in denen die operative Entfernung einer Seite des Hippocampus zu einer vergleichbaren anterograden Amnesie führte, doch waren Anzeichen dafür vorhanden, daß der überlebende Hippocampus schwer beschädigt war. Wir können den Schluß ziehen, daß die schwere anterograde Amnesie nur bei schwerer bilateraler Defizienz des Hippocampus auftritt. Dies ist durch Fälle unilateraler Hippocampectomie bestätigt worden (Milner, 1966), in denen der verbleibende Hippocampus und die Hirnhälfte auf jener Seite durch die kurze Anästhesie mit einer Sodiumamytalinjektion in die Halsschlagader (Wadatest) vorübergehend ausgeschaltet waren. Dies rief eine schwere anterograde Amnesie hervor, die länger anhielt als die vorübergehende Anästhesie. Eine unilaterale Hippocompectomie führt zu einer begrenzten Amnesie, für Wörter und Zahlen bei Entfernung des linken, und für Muster und Formen bei Entfernung des rechten Hippocampus. Da dies jedoch nicht zu übermäßiger Beeinträchtigung führt, wird diese Operation häufig vorgenommen. Grundlegend wichtig ist jedoch, zuvor mit dem Wadatest zu überprüfen, ob der andere Hippocampus normal ist. Die Fähigkeit eines Hippocampus, schwere Anmesie bei Aktivitäten der contralateralen Hirnrinde zu verhindern, kann den cerebralen Kommissuren – dem Corpus Callosum und den Hippocampuskommissuren – zugeschrieben werden.

Es ist wichtig, sich darüber klar zu sein, daß der Hippocampus nicht der Sitz der Gedächtnisspuren ist. Mit Ausnahme der Zeitspanne retrograder Amnesie werden Erinnerungen aus der Zeit vor der Hippocampectomie gut behalten und ohne Schwierigkeiten abgerufen. Der Hippocampus ist lediglich das Instrument, das für das Aufzeichnen der Gedächtnisspur oder des Engramms verantwortlich ist, welches vermutlich zu einem sehr großen Teil in den geeigneten Zonen der Hirnrinde lokalisiert ist. Bei diesen Patienten besteht trotz des akuten Gedächtnisversagens keine offenkundige Beeinträchtigung des Intellekts oder der Persönlichkeit. In der Tat leben sie entweder in der unmittelbaren Gegenwart oder mit erinnerten Erfahrungen aus der Zeit vor der Operation. Marlen-Wilson und Teuber (1975) haben vor kurzem durch ein auf Reizung (prompting) beruhendes Testverfahren gezeigt, daß eine minimale Speicherung bildlicher Information selbst für Erlebnisse nach der Operation stattfindet, die allerdings für den Patienten nicht von Nutzen ist, da er selbst die Reizung nicht erzeugen kann.

Ein wenig erleichtert wird die Situation durch die Besonderheit, daß diese Patienten immer noch imstande sind, motorische Fertigkeiten zu erlernen. Zum Beispiel können sie Geschicklichkeit bei motorischen Leistungen entwickeln; sie können etwa in dem schmalen Raum zwischen den beiden Strichen eines mit doppelten Linien gezeichneten 5strahligen Sterns eine Linie ziehen, wobei sie zu diesem Zweck durch nichts anderes gelenkt werden als durch das Spiegelbild ihrer Hand und des Doppelsterns; aber sie haben keine Erinnerung daran, wie sie diese Fertigkeit gelernt haben!

Die chirurgische Exzision bei H. M. war natürlich nicht auf den Hippocampus beschränkt. Wie Abb. 9-4 zeigt, wurden ebenfalls der Gyrus parahippocampalis und, wie gewöhnlich, auch Uncus und Nucleus amygdala entfernt. Man ist sich jedoch allgemein darin einig, daß die bilaterale Exzision von Uncus und Mandelkerngebiet an sich nicht zum amnestischen Syndrom führte. Es besteht keinerlei Zweifel daran, daß die bilaterale Hippocampectomie für die anterograde Amnesie verantwortlich ist, und daß, wie oben festgestellt, der Hippocampus für das Aufzeichnen der Erinnerungen verantwortlich ist, aber nicht selbst den Speicherplatz darstellt. Dieses Ergebnis stimmt allgemein mit den Befunden beim Korsakoff'schen Syndrom überein, wo die Erinnerungen an die weit zurückliegende Vergangenheit viel besser bewahrt werden als die für kürzliche Ereignisse. Viele der neuronalen Läsionen, von denen im Zusammenhang mit der Korsakoff'schen Amnesie berichtet wird, werden erklärt werden, wenn wir daran gehen zu erörtern, über welche Bahnen der Hippocampus im wesentlichen seinen Einfluß auf die Speicherung von Erinnerungen ausübt.

Wir können diesen kurzen Überblick über Gedächtnisausfälle im Zusammenhang mit Verletzungen des Hippocampus mit drei Feststellungen abschließen, die mit den von Kornhuber (1973) entwickelten Vorstellungen im Einklang stehen: (1) Beim Abruf der Erinnerung an ein Ereignis, die nicht ununterbrochen im Kurzzeitgedächtnisprozeß geübt wird, ist der selbst-bewußte Geist von einem Konsolidierungs- und Speichervorgang abhängig, der durch die Tätigkeit des Hippocampus zustandegebracht wird. (2) Der Hippocampus als solcher ist nicht der Ort der Speicherung. (3) Wir vermuten, daß die Beteiligung des Hippocampus am Konsolidierungsprozeß von neuronalen Bahnen abhängig ist, die von den Modulen der Assoziationsrinde zum Hippocampus und von dort zurück zum Lobus frontalis transmittieren.

9.3.2 Nervenbahnen zum Aufzeichnen von Langzeit-Erinnerungen

In der achten Vorlesung kamen wir kurz auf die verschiedenen Bahnen zu sprechen, über welche die primären sensorischen Zentren für Körperfühlen und Sehen zum limbischen System projizieren. Die Hauptwege wurden in Abb. 8-10 schematisch dargestellt, und zwar auf der Grundlage der von Jones und Powell (1970) durchgeführten Serienschnitt-Untersuchungen. In beiden Fällen verläuft ein direkter Weg zum limbischen System und ein zweiter über den orbitalen Cortex (OF) zur präfrontalen Region. Im limbischen System können diese verschiedenen Eingänge schließlich bis zum Hippocampus vordringen (HI in Abb. 8-14). Angesichts der oben angeführten Beweise für die Schlüsselrolle des Hippocampus bei der Konsolidierung von Gedächtnisspuren, ist dies ein Befund von größter Wichtigkeit. Ähnliche Bahnen hat man auch für das weniger erforschte Hörsystem gefunden. Das Geruchssystem nimmt eine besonders privilegierte Stellung ein, da es unmittelbar in das limbische System projiziert.

Die postulierte Rolle des Hippocampus bei der Konsolidierung des Gedächtnisses erfordert, daß ebenfalls zurücklaufende Verbindungen vom Hippocampus zum Neocortex existieren. Ein wohlbekannter Schaltkreis verläuft vom Hippocampus zum MD-Thalamus und von dort zur orbitalen Fläche (OF) und zur Konvexität der präfrontalen Region (Akert, 1964; Nauta, 1971; Abb. 9-5). Eine andere große, vom Hippocampus ausgehende Output-Linie zieht zum vorderen Thalamuskern (in Abb. 9-5 nicht eingezeichnet), von dort die Assoziationsfasern entlang via Gyrus cinguli (Felder 24 und 23 in Abb. 5-10B) zu den großen Flächen des Neocortex (Brodal, 1969). Um eine zuverlässige Interpretation der klinischen Befunde bei Verletzungen des Hippocampus und verwandten Strukturen zu ermöglichen, ist ein gründlicheres Studium dieser Bahnen an Primaten notwendig.

Die hier für die Rolle des Hippocampus bei der Gedächtniskonsolidierung vorgeschlagene Theorie gründet sich auf die Theorie von Kornhuber, die sehr schematisch in Abb. 9-6 veranschaulicht ist. Alle eingezeichneten Bahnen sind anatomisch identifiziert worden. Man muß sich dabei darüber klar sein, daß jede der eingetragenen Bahnen aus Hunderttausenden oder sogar Millionen von Nervenfasern besteht. Oben rechts ist ein sensorischer Input gezeigt, der sich auf konventionelle Weise zu den vielen sensorischen Assoziationsfeldern, insbesondere im Scheitel- und Schläfenlappen, fortsetzt. Dort gabelt sich die Linie in eine Assoziationsbahn zum Lobus frontalis und eine Bahn zum limbischen System und Hippocampus, weitgehend den Gyrus cinguli entlang. Ein Teil des Hippocampus-Outputs gelangt, wie wir sehen, über den medio-dorsalen Thalamus zum Lobus frontalis, während ein anderer Teil in einer Schleife verläuft, der Papez-Schleife, über die der Hippocampus-Output via Strukturen wie den Corpora mamillaria, den vorderen Thalamus und den Gyrus cinguli wieder zum Hippocampus zurückgeführt wird.

Der Kasten mit der Bezeichnung »sensorische Assoziationsfelder« in Abb. 9-6 sowie die Output-Bahnen zum Cortex frontalis und zum limbischen System läßt sich in Form des schematischen Diagramms in Abb. 9-7 entwickeln. Dieses Schema wurde von Kornhuber (1973) weitgehend anhand von Daten aus Degenerationsstudien am Affenhirn aufgestellt. Es zeigt deutlich die Eingänge aus den frontalen, temporalen und

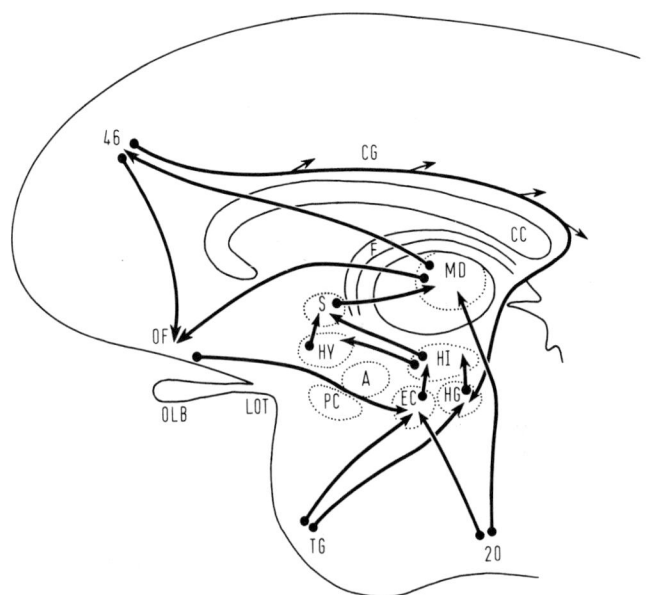

Abb. 9-5. Schematische Darstellung (vereinfacht gegenüber Abb. 8-14) der Verbindungen vom Neocortex zum medio-dorsalen Thalamus *(MD)* und zurück. *OF,* orbitale Fläche des präfrontalen Cortex; *TG,* temporaler Pol; *HG,* Gyrus hippocampi; *HI,*Hippocampus; *S,* Septum; *F,* Fornix; *CC,* Corpus callosum; *OLB,* Bulbus olfactorius; *LOT,* Tractus olfactorius lateralis; *PC,* Lobus piriformis; *EC*Cortex entorhinalis; *A* Mandel; *HY,* Hypothalamus; *CG,* Gyrus cinguli.

parietalen corticalen Assoziationsfeldern über den Gyrus cinguli zum Hippocampus. Der Output vom Hippocampus verläuft über den MD-Thalamus zur Außenfläche des Frontallappens, genauso wie in Abb. 9-5 und 9-6. Das gleiche gilt für die reziproke Verbindung von der frontalen Außenfläche zu den Scheitel- und Schläfenlappen. Beide Abbildungen sind stark vereinfachte Darstellungen der Verknüpfungen, insbesondere im limbischen System (Pandya und Kuypers, 1969).

In Abb. 9-6 und 9-7 sind zwei im frontalen Cortex konvergierenden Bahnen gezeigt; einmal diejenige, die von den sensorischen Assoziationsfeldern direkt dort einläuft, und dann die andere, die über einen Umweg durch das limbische System und den MD-Thalamus dorthin führt. Im frontalen Cortex, würden wir postulieren, erfolgt der indirekte Input über die nicht-spezifischen thalamischen Afferenzen von MD-Thalamus, der die (Synapsen vom *Patronengurt-Typ* bildenden; vgl. Abb. 8-5, 8-6 und 9-8) bedornten Sternzellen erregt, während der direkte Eingang von den Assoziationsfasern kommt, die als *horizontale Fasern* in Schicht 1 und 2 enden und in Abb. 9-8 besonders gut zu erkennen sind. Analog zur Lerntheorie für das Kleinhirn (Eccles, 1977) wird postuliert, daß die Synapse vom Patronengurttyp auf einer Pyramidenzelle

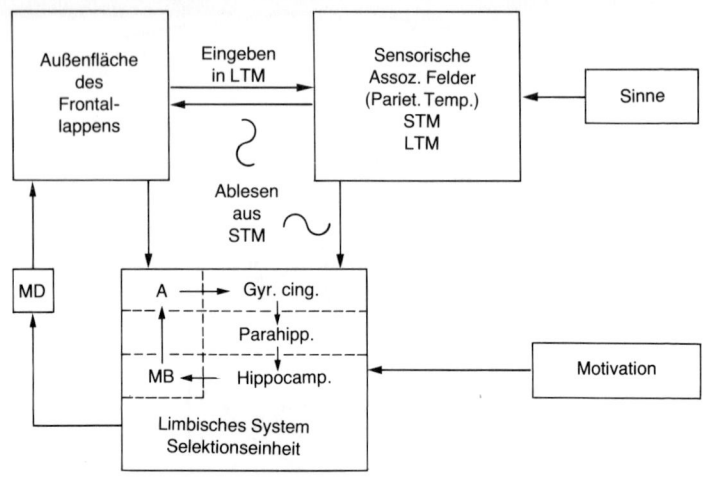

Abb. 9-6. Schema der anatomischen Strukturen, die an der Informationsauslese zwischen Kurzzeit *(STM)*- und Langzeit-Gedächtnis *(LTM)* beteiligt sind. *MB,* Corpora geniculata; *A,* vorderer Thalamuskern; *MD,* medio-dorsaler Thalamuskern. Kornhuber, H. H.: Neural control of input into long term memory: limbic system and amnestic syndrome in man. In: Memory and transfer of Information. Zippel, H. P. (ed.), S. 1–22. New York: Plenum Press 1973.

ähnlich funktioniert wie die Kletterfasern, d. h., daß sie aus den Eingängen von ungefähr 2000 horizontalen Fasern auf den apikalen Dendriten jener selben Pyramidenzellen auswählt. Diese Auslese wäre abhängig von der Konjunktion der beiden Inputs in einer spezifischen Zeitbeziehung, die bisher noch nicht definiert ist, und würde zu einer dauerhaften Potenzierung der ausgewählten Synapsen auf dem apikalen Dendriten führen. Man nimmt an, daß aus den 2000 Fasern verschiedene Assoziations-, Kommissural- und Martinottizellen ausgewählt werden würden, um den Kontext der patronengurt-synaptischen Aktivität auf jener Pyramidenzelle darzustellen (Marr, 1970; Eccles, 1978). Somit ist Aktivität des Patronengurtsystems die *Anweisung,* nach der jene, in der geeigneten zeitlichen Konjunktion aktivierten, horizontalen Fasersynapsen zur Potenzierung *ausgewählt* werden. Wie in Abb. 9-8 angedeutet, schlägt Szentágothai (1970) vor, ein einzelnes Patronengurtsystem umfasse die apikalen Dendriten von etwa drei Pyramidenzellen, die somit ein einheitliches Auslesesystem bilden. Für weitere quantitative Überlegungen, siehe Eccles (1978). Möglicherweise funktioniert die Papez-Schleife (vgl. Abb. 9-6) in der Weise, daß sie für die positiv rückgekoppelte Erregung des Hippocampus sorgt, dessen CA3-Output (wie in Abb. 9-9 dargestellt) durch den Septumkern zum MD-Thalamus verläuft.

Bevor wir uns weiter mit dem vorgeschlagenen Modus der selektiven Tätigkeit des Hippocampus-Output in bezug auf das ungeheuer komplexe neuronale Netzwerk im Assoziationscortex *(vgl.* Abb. 8-4) befassen, sollten wir die neuronale Vernetzung des

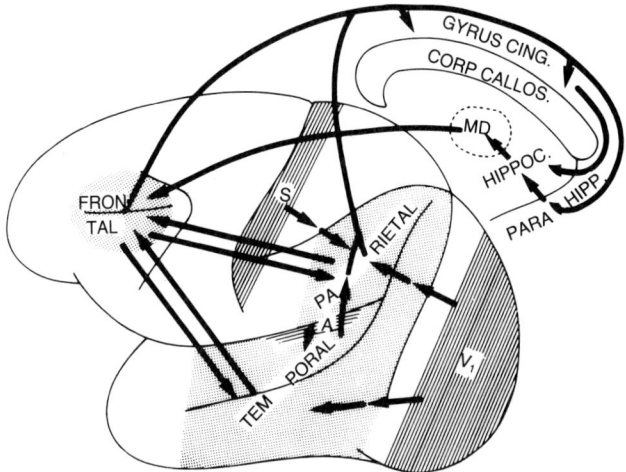

Abb. 9-7. Schema der Bahnen im Affenhirn, die am Informationsfluß von den primären sensorischen Zonen über die sensorischen Assoziationsfelder des Schläfen- und Scheitellappens und der Rinde der frontalen Konvexität zum limbischen System, und dann an der rücklaufenden Schleife über den medio-dorsalen Thalamuskern *(MD)* und den frontalen Cortex hin zu den temporalen und parietalen Bereichen zur langfristigen Speicherung beteiligt sind. Primäre sensorische Felder: *Vi,* visuell, *A,* auditorisch, *S,* somatosensorisch; die vestibuläre Zone liegt im unteren Teil von S. Kornhuber, H. H.: Neural control of input into long term memory: limbic system and amnestic syndrome in man. In: Memory and transfer of information. Zippel, H. P. (ed.), S. 1-22. New York: Plenum Press 1973

Hippocampus untersuchen, um festzustellen, ob sie so gebaut ist, daß sie in bezug auf die vom Neocortex einlaufenden Inputs hochgradig selektiv arbeiten kann. Diese Selektivität ist notwendig, wenn die vom Hippocampus zum präfrontalen Neocortex laufenden Inputs als »Lehrer« fungieren sollen, die einen kleinen Bruchteil aller von den horizontalen Fasern in Schicht 1 und 2 hergestellten excitatorischen Synapsen für Hypertrophie auswählen. Neuere Untersuchungen von Andersen und Mitarbeitern (1971, 1973) haben in erstaunlichem Maße gezeigt, daß der Hippocampus in der Tat in Form einer Reihe schmaler Querlamellen angeordnet ist, die durch die gesamte komplexe Vernetzung hindurch unabhängig funktionieren (*vgl.* Abb. 9-1A). Diese Diskriminierung wird in der Outputlinie der Pyramidenzellen durch eine strikte Trennung der CA3-Axone je nach Lage der Fimbria hippocampi aufrechterhalten: die mehr rostralen liegen medial, und die mehr caudalen lateral. Man kann vermuten, daß diese Trennung sich in einer Trennung im Septumkern fortsetzt. Andersen et al. (1971) fassen ihre Ergebnisse folgendermaßen zusammen:

Eine punktförmige Quelle entorhinaler Aktivität projiziert ihre Impulse durch die 4gliedrige Bahn entlang einer Scheibe oder Lamelle aus Hippocampusgewebe, das im rechten Winkel zur Alvearum-Fläche und nahezu sagittal im dorsalen Teil der Hippocampusstruktur ausgerichtet ist.

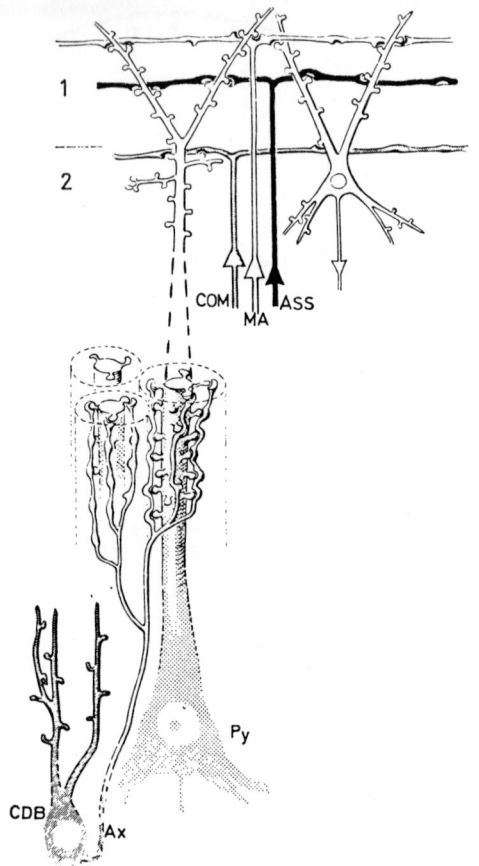

Abb. 9-8. Vereinfachtes Diagramm der Verbindungen im Neocortex (*vgl.* Abb. 8-6 bis 8-8). In Schicht 1 und 2 sind horizontale Fasern zu sehen, die aus der Gabelung von Axonen von Kommissuren- *(COM)* und Assoziationsfasern *(ASS)* sowie Martinottizellen *(MA)* entstehen. Die horizontalen Fasern bilden Synapsen mit den apikalen Dendriten einer Pyramidenzelle und einer Stern-Pyramidenzelle. Weiter unten ist eine dornenbesetzte Sternzelle *(CDB)* eingezeichnet, deren Axon *(Ax)* Synapsen vom Patronengurttyp mit den Stämmen apikaler Pyramidenzellendendriten herstellen. Szentágothai, J.: Les circuits neutronaux de l' écorce cérébrale. Bull. Acad. R. Med. Belg. *7, 10,* 475–492 (1970)

Das Diagramm in Abb. 9-9 verleiht dem von Andersen et al. (1973) entdeckten grundlegenden Konstruktionsmerkmal, daß nämlich die CA3- und CA1-Pyramidenzellen des Hippocampus durch ihre spezifischen Projektionen (s. Abb. 9-9) deutlich unterschieden sind, große Bedeutung. Eine der synaptischen Verbindungen in den

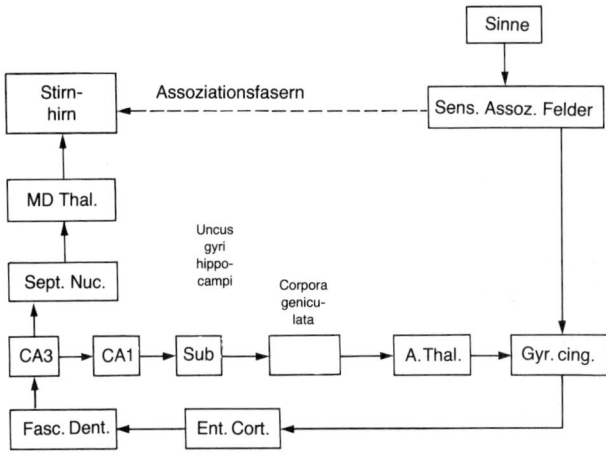

Abb. 9-9. Schematische Darstellung der an den für das cerebrale Lernen zuständigen Schaltkreisen beteiligten Strukturen. Dies ist eine Umzeichnung von Abb. 9-6, damit die beiden von den CA3 und CA1-Pyramidenzellen des Hippocampus ausgehenden Schaltkreise gezeigt werden können. Die Verbindungen innerhalb des Hippocampus sehen folgendermaßen aus: entorhinaler Cortex durch die perforierende Bahn zur Fascia dentata; Körnerzellen der fascia dentata über Moosfasern zu CA3-Pyramidenzellen; Axonkollaterale der CA3-Pyramidenzellen (Schaffer-Kollaterale) zu CA1-Pyramidenzellen; CA1 zum Subiculum *(Sub)* zu Corpora geniculata; CA3 über die Fimbriae hippocampi zum Septalkern zum medio-dorsalen Thalamus.

Schaltkreisen von Abb. 9-9 (entorhinaler Cortex zu den Körnerzellen der Fascia dentata) zeigt bemerkenswerte Reaktionen auf wiederholte Reizung, was ihr in einer positiv rückgekoppelten Schleife (wie sie z. B. für die Papez-Verbindung in Abb. 9-6 und 9-9 vor geschlagen wurde) eine große Leistungsfähigkeit verleihen würde. Bei wiederholter Reizung von 10/sec entsteht eine starke Potenzierung (Bliss und Lmo, 1973) und bei wiederholten kurzen Episoden findet ein fortlaufendes Aufbauen einer Potenzierung statt, die stundenlang erhalten bleibt. Von sogar noch größerer Bedeutung ist, daß die Synapsen auf CA3- und CA1-Pyramidenzellen diese starke und anhaltende Potenzierung aufweisen (vgl. Abb. 9-1). Diese synaptische Übertragung würde während des Wirkens der positiv rückgekoppelten Schaltkreise mit stark vergrößerter Potenz operieren. Wie aus Abb. 9-9 hervorgeht, würde diese Potenzierung auch für die Schaltkreise von CA3-Neuronen zur präfrontalen Region gelten und daher insofern wichtig sein, als sie ein progressives Einschwingen in der Aktivierung der Patronengurtsynapsen verursacht.

Es wird postuliert, daß durch die Konjunktion im präfrontalen Cortex in Abb. 9-6 und 9-9 eine dauerhafte Potenzierung einiger der Synapsen stattfindet, die die von den afferenten Assoziations- und Callosumfasern ausstrahlenden horizontalen Fasern auf den Pyramidenzellen bilden. Also würde eine Tendenz zur Herausbildung desselben räumlich-zeitlichen Modulaktivitätsmuster wie beim ursprünglichen Input bestehen.

Dieses modulare Wiederabspielen würde die neurale Grundlage für die Erinnerung liefern, die im Geist erfahren wird. Interessant ist, daß Kornhubers Schaltplan (Abb. 9-6) eine Motivation einschließt. Dies impliziert Aufmerksamkeit oder Interesse an den Erfahrungen, die in den Neuronenaktivitäten des Assoziationscortex codiert sind und gespeichert werden sollen. Es impliziert eine Geist-Hirn-Wechselbeziehung. Wir wissen alle, daß wir keine Erinnerungen speichern, die uns nicht interessieren und denen wir keine Aufmerksamkeit schenken. Es ist eine vertraute Feststellung, daß man sich ein Leben lang an eine einzelne heftige Erfahrung erinnert, doch wird dabei die Tatsache übersehen, daß unmittelbar nach der ursprünglichen, stark emotional geladenen Erfahrung die intensive emotionale Beteiligung unaufhörlich immer wieder neu erfahren wirs. Offensichtlich hat eine lange Folge von »Wiederabspielungen« der mit der ursprünglichen Erfahrung verbundenen corticalen Aktivitätsmuster stattgefunden, und diese Aktivität dürfte, wie die starken emotionalen Obertöne andeuten, insbesondere das limbische System einbeziehen. Es muß also in die Neuronenmaschinerie des Cortex die Neigung zum Aufbau positiv rückgekoppelter Schaltkreise eingebaut sein, die die synaptische Potenzierung hervorrufen würde, welche das Gedächtnis ergibt. Wenn wir unsere Hypothese über das bewußte Langzeitgedächtnis weiterentwickeln, würden wir postulieren, das der selbst-bewußte Geist auf zweierlei Weise in diese Transaktion zwischen den Modulen des Liaison-Hirns und des Hippocampus eingreift: erstens, indem er durch die allgemeine Einwirkung von Interesse oder Aufmerksamkeit (das Motivationssystem von Kornhuber, 1973) die Modulaktivität aufrechterhält, so daß die hippocampale Schaltung ständig verstärkt wird; zweitens auf eine mehr konzentrierte Weise, indem er die geeigneten Module sondiert, um ihre Speicherung abzulesen und diese, wenn nötig, durch direkte Einwirkung auf die betroffenen Module zu verstärken oder zu modifizieren. Diese vorgeschlagenen Vorgänge verlaufen beide vom selbst-bewußten Geist zu jenen Modulen, die die spezielle Eigenschaft haben, für ihn offen zu sein. Doch kann der selbst-bewußte Geist, wie in der zehnten Vorlesung vorgeschlagen werden wird, durch seine direkte Einwirkung auf offene Module eine indirekte Beeinflussung auch derjenigen geschlossenen Module erzielen, die Impulse von den offenen Modulen erhalten.

Obwohl die Konjunktionstheorie in bezug auf den präfrontalen Cortex entwickelt worden ist, ist daraus nicht abzuleiten, daß andere Regionen des Neocortex nicht ebenfalls an gelernten Antworten beteiligt seien. Weitere experimentelle Beweise sind nötig, insbesondere über die Verbindungen vom Hippocampus. Gegenwärtig kann man lediglich behaupten, daß die präfrontalen Regionen wahrscheinlich der Hauptsitz der Gedächtnisspeicherung sind. Vor mehr als 40 Jahren zeigte Jacobson (1936), daß eine einfache Gedächtnisantwort (der verzögerte Reaktionstest) durch bilaterale Exzision der Stirnlappen von Schimpansen völlig beseitigt wurde. Außerdem sind mehrere Varianten dieses Tests entwickelt worden, und auch nach operativer Entfernung der frontalen Lobi ist Gedächtnisverlust eingetreten (*vgl.* Eccles, 1978).

9.3.3 Speichern von Erinnerungen

Am Ende dieser ziemlich komplizierten Beschreibung neuraler Ereignisse, die mit dem Speichern von Erinnerungen zu tun haben, ist es nur recht, mit einigen vereinfachten Feststellungen abzuschließen.

Die hier vorgebrachte Darstellung des Lernens ist ein Sonderfall der allgemein akzeptierten Wachstumstheorie des Lernens, nach der einige Synapsen durch Aktivität potenziert werden. Auf diese Weise wird ein spezielles Raum-Zeit-Muster neuronaler Aktivität durch Gebrauch schließlich so stabilisiert, daß sein Wiederablaufen in der Neuronenmaschine des Cortex ausgelöst und es damit im Geist erinnert werden kann. Man kann vermuten, daß buchstäblich Millionen von Neuronen am Aufbau des spezifischen Musters oder Engramms beteiligt sind, das dem Geist eine bestimmte Erinnerung vermittelt. Wir sind weit entfernt davon zu verstehen, auf welche Weise derartige Muster aus elementaren Komponenten (wie sie z. B. in Abb. 9-8 dargestellt sind) durch die selektive Hypertrophie der von jener Assoziationsfaser auf den apikalen Dendriten jener Pyramidenzelle hergestellten Synapsen aufgebaut werden können. Aber es gibt keine rivalisierende Theorie der für das kognitive Lernen verantwortlichen neuronalen Mechanismen. Es gibt lediglich vage Mutmaßungen, die bisher auch nicht in Form spezifischer, denen in Abb. 9-6 und 9-9 vergleichbarer, Schemata formuliert worden sind.

Wichtig ist zu erkennen, daß die postulierte synaptische Hypertrophie eine komplexe Stoffwechselreaktion erfordern würde, bei der eine Reihe von Makromolekülen synthetisiert würden, die für die Bildung zusätzlicher Membranen und all der wesentlichen prä- und postsynaptischen Komponenten, z. B. synaptischer Blasen und spezifischer postsynaptischer Rezeptororte, verantwortlich sind. Es ist bekannt, daß durch Vergiftung der an diesen Stoffwechselvorgängen beteiligten Enzyme ein Lernen verhindert wird. Darüber hinaus kennen wir das von Libet und Mitarbeitern (1975) entdeckte Modell für eine Konjunktionswirkung in einer sympathischen Ganglienzelle, wo der Input durch dopaminergische Synapsen eine langanhaltende Verstärkung der cholinergischen Synapsen auf derselben Zelle zur Folge hat. Diese Potenzierung durch Konjunktion wird durch ein interzelluläres Stoffwechselsystem vermittelt, das sich des zyklischen Adenosin-Monophosphats (AMP) bedient.

Abb. 9-10 ist ein Diagramm der Module des Neocortex, von oben gesehen (*vgl.* Abb. 8-15). Aus Gründen der leichteren schematischen Darstellung sind die Module deutlich getrennt gezeichnet. Es wird versucht zu zeigen, wie starke Aktivierung ein Modul dazu veranlaßt, über die Projektionen seiner Pyramidenzellenaxone (*vgl.* Abb. 8-4) verstreute Module zu erregen. Diese wiederum geben, wenn sie genügend erregt werden, Erregung an andere Module weiter, und so fort. Die Reihenfolge der beteiligten Module ist mit Zahlen bezeichnet, und die Pfeile geben die excitatorischen Bahnen via Pyramidenzellaxone an. Das einzige, was in einem solchen Diagramm gezeigt werden kann, ist die typisierte Art und Weise, in der von einem stark erregten Modul und von den Projektionsbahnen von Modul zu Modul ausgehend ein Modulmuster aufgebaut wird. Dieses Diagramm bedeutet in mehrerer Hinsicht eine Herausforderung an unsere Vorstellungskraft; wir müssen uns nämlich vergegenwärtigen, daß (1) die gesamte modulare Anordnung statt der hier dargestellten 63 ungefähr

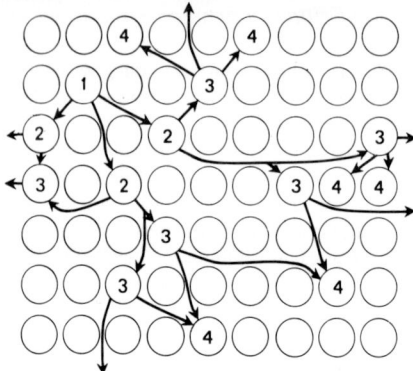

Abb. 9-10. Diagrammartige Darstellung der corticalen Module, von oben gesehen wie in Abb. 8-15. Um die Einzeichnung der Transmissionsbahnen von Modul zu Modul zu erlauben, sind die Module deutlich getrennt dargestellt und nicht so eng beieinanderliegend, wie es tatsächlich der Fall ist. Starke Aktivierung von Modul 1 wie in Abb. 8-4 führt zu einer wirksamen Impulsweiterleitung an die mit (2) bezeichneten Module, diese leiten wiederum zu den mit (3) markierten Modulen weiter, diese zu den Modulen (4). Weitere Beschreibung im Text.

4 Mio. Module umfaßt, daß (2) zu Beginn vielleicht 100 Module aktiv sind, nicht nur lediglich eins, wie hier dargestellt, und daß sich (3) das Muster über nicht weniger als 100 modulare Relais entwickelt mit allen Arten von Rückkoppelungen in der Art der einen, die in Abb. 8-15 gezeigt ist.

9.4 Abruf der Erinnerung

Beim Abruf einer Erinnerung müssen wir darüber hinaus vermuten, daß der selbst-bewußte Geist unabläßig Erinnerungen (z. B. Wörter, Wortverbindungen, Sätze, Ideen, Ereignisse, Bilder) wiederzugewinnen sucht, indem er wirksam das ganze Modulnetz abtastet (*vgl.* Abb. 10-2 auf der rechten Seite), und daß er durch Einwirkung auf die bevorzugten offenen Module die vollständige Neuralmusteropera-tion heraufzubeschwören sucht, die er als eine erkennbare, an emotionalem und/oder intellektuellem Gehalt reiche Erinnerung ablesen kann. Dies könnte weitgehend ein Versuch-und-Irrtum-Vorgang sein. Wir wissen alle, wie leicht oder schwierig der Abruf der einen oder anderen Erinnerung sein kann, und welche Strategien wir lernen, um uns an Namen zu erinnern, die sich aus irgendeinem unbekannten Grund dem Abgerufenwerden widersetzen. Wir können uns vorstellen, daß unser selbst-bewußter Geist sich ständig herausgefordert sieht, die gewünschte Erinnerung rückzurufen, indem er den geeigneten Zugang zu der Moduloperation entdeckt, die durch Entwicklung die richtige strukturierte Modulanordnung ergeben würde. Das Schema in Abb. 10-2 ist höchst unzulänglich. Selbst bei dem Rückruf einer einfachen Erinnerung würden wahrscheinlich zu Beginn Hunderte von Modulen auszuwählen sein, um die Spezifität der Erinnerung zu definieren, und Tausende von Modulen bei der Antwort, die die vollständig ausgeformte Erinnerung ergibt.

Postuliert wird die Existenz von zwei unterschiedlichen Arten bewußter Erinnerung. Die Datenbank-Erinnerung wird im Gehirn gespeichert, und ihr Abruf vom Gehirn geschieht häufig durch einen willentlichen geistigen Akt. Dann kommt ein anderer Gedächtnisprozeß ins Spiel – wir können ihn »erkennendes Gedächtnis« (recognition memory) nennen. Der Rückruf von den Datenspeichern wird im Geist kritisch geprüft. Es mag sein, daß er als falsch erkannt wird – vielleicht ein geringfügiger Irrtum bei einem Namen oder einer Zahlenfolge. Dies führt zu einem erneuten Abrufversuch, dessen Ergebnis möglicherweise wieder für falsch gehalten wird – und so weiter, bis der Rückruf als richtig akzeptiert oder aber der Versuch aufgegeben wird. Man vermutet daher, daß es unterschiedliche Typen von Gedächtnis gibt, (1) das »Gehirnspeichergedächtnis«, bei dem die Gedächtnisinhalte in den Datenspeichern des Gehirns, insbesondere im cerebralen Cortex, aufbewahrt werden (2) das erkennende Gedächtnis, das vom selbst-bewußten Geist eingesetzt wird, um die Abrufe aus dem Gehirnspeichergedächtnis zu überprüfen. Eine weitere Erörterung des Abrufs von Gedächtnisinhalten findet sich in einem kürzlich erschienenen Buch (Popper und Eccles, 1977).

Penfield und Perot (1963) gaben eine höchst aufschlußreiche Darstellung der Erlebnisreaktionen, die bei 53 Patienten im Verlauf von unter Lokalanästhesie durchgeführten Operationen durch Reizung der cerebralen Hemisphäre hervorgerufen wurden. Diese Reaktionen unterschieden sich insofern von den durch Stimulierung der primären sensorischen Bereiche erzeugten Antworten, die aus bloßen Lichtblitzen oder Berührungen und Parästhesie bestanden (achte Vorlesung), als die Patienten Erlebnisse hatten, die Träumen ähnelten, die sogenannten Traumzustände. Während der fortgesetzten leisen elektrischen Reizung von Stellen auf der exponierten Hirnoberfläche berichteten die Patienten von Erfahrungen, die sie häufig als Rückrufe langvergessener Erinnerungen erkannten. Es ist, wie Penfield feststellt, als werde während dieser elektrischen Stimulierung ein vergangener Bewußtseinsstrom »zurückgeholt«. Die häufigsten Erlebnisse waren visueller oder auditorischer Art, aber es gab auch viele Fälle kombinierter visueller und auditorischer Empfindungen. Der Abruf von Musik und Gesang vermittelte sowohl dem Patienten als auch dem Neurochirurgen höchst verblüffende Erfahrungen. Alle diese Ergebnisse erzielte man von den Gehirnen von Patienten mit einer epileptischen Krankengeschichte. Abb. 9-11 zeigt die Orte, deren Reizung bei der ganzen Reihe von Patienten Erlebnisreaktionen heraufbeschwor. Bemerkenswerterweise waren die Scheitellappen die bevorzugten Stellen und erwies sich die unterlegene Hemisphäre als leistungsfähiger als die dominante. Außerdem wird der Leser bemerken, daß keine Reizung der primären sensorischen Bereiche erfolgte.

Zusammenfassend wird zu diesen hochinteressanten Untersuchungen festgestellt, daß der Patient bei diesen Erlebnissen genauso wie beim Träumen eher Zuschauer, nicht Beteiligter ist.

Die am häufigsten herbeizitierten Zeiten sind kurz gesagt folgende: die Zeiten, in denen das Handeln und Sprechen anderer beobachtet oder gehört wird und Zeiten des Musikhörens. Bestimmte Arten von Erlebnissen scheinen zu fehlen. Nicht in den Aufzeichnungen erscheinen

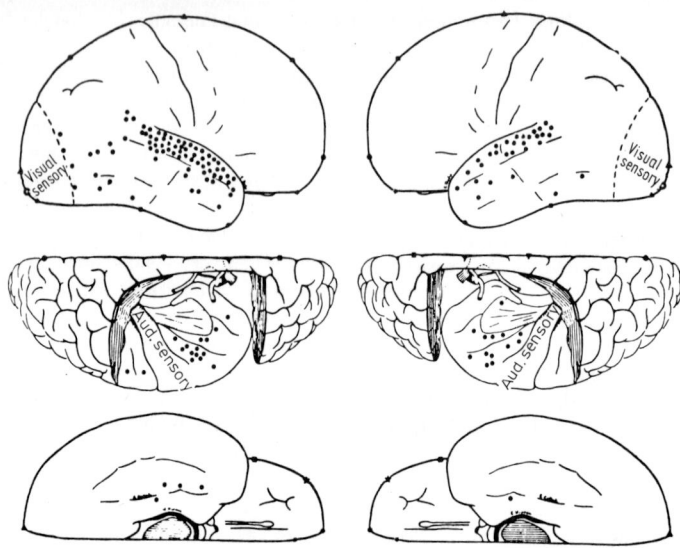

Abb. 9-11. Zeichnungen des menschlichen Gehirns, in denen die Stellen markiert sind, an denen durch elektrische Reizung in der gesamten Versuchsreihe Erlebnisreaktionen erzeugt wurden. In der oberen Reihe sind linke und rechte Hemisphäre in lateraler Sicht gezeigt. In der mittleren Reihe sind die Hemisphären von oben gesehen, dabei sind Hinterhaupts- und Stirnlappen entfernt, um eine Aufsicht auf die Schläfenlappen zu erlauben. In der untersten Reihe sind die Hemisphären von unten gesehen. Penfield, W., Perot, P.: The brain's record of auditory and visual experience. Brain *86*, 596–696 (1963)

zum Beispiel die Zeiten, in denen man sich entscheidet, dieses oder jenes zu tun. Zeiten, in denen geschickte Tätigkeiten ausgeführt werden, in denen gesprochen oder dies und jenes gesagt wird, oder in denen Botschaften geschrieben und Zahlen addiert werden – diese Dinge werden nicht aufgezeichnet. Zeiten des Essens oder Speisekostens, Zeiten der sexuellen Erregung oder Erfahrung – diese Dinge fehlten ebenso wie Perioden quälenden Leidens oder Weinens. Bescheidenheit ist keine Erklärung für dieses Schweigen. (Penfield und Perot, 1963).

Abschließend kann man sagen, daß die Reizung wie eine Abruftechnik vergangener Erlebnisse funktioniert. Wir können dies als ein Instrument zur Wiedergewinnung von Erinnerungen ansehen. Der Gedanke ist naheliegend, daß die Speicherung dieser Erinnerungen wahrscheinlich in den Hirnbereichen nahe der effektiven stimulierten Stellen erfolgt. Man muß sich aber darüber klar sein, daß die Erlebnisabrufe aus Zonen in der Region der sich durch die epileptischen Anfälle manifestierenden gestörten Hirnfunktion provoziert werden. Es ist vorstellbar, daß es sich bei den effektiven Stellen um abnormale Zonen handelt, die dadurch imstande sind, über Assoziationsbahnen auf die viel größeren Areale des cerebralen Cortex, die die tatsächlichen Speicherplätze für Erinnerungen sind, zu wirken.

9.5 Gedächtnisdauer

Eine Analyse der Dauer der verschiedenen am Gedächtnis beteiligten Prozesse liefert Anhaltspunkte für die Existenz von drei verschiedenen Gedächtnisprozessen (*vgl.* McGaugh, 1969). Wir haben bereits Beweise für das gewöhnlich ein paar Sekunden dauernde Kurzzeitgedächtnis angeführt; dieses Gedächtnis läßt sich auf die ununterbrochene Aktivität in neuralen Netzwerken zurückführen, die den Gedächtnisinhalt in einem dynamischen Muster zirkulierender Impulse bewahrt. Patienten mit beidseitiger Hippocampectomie besitzen fast kein anderes Gedächtnis. Zweitens gibt es das Langzeitgedächtnis, dessen Dauer von Tagen bis zu Jahren reicht. Nach der Wachstumstheorie des Lernens wird dieses Gedächtnis (oder diese Gedächtnisspur) in der gesteigerten Leistungsfähigkeit von Synapsen codiert, die während und nach dem ursprünglichen Ereignis, das erinnert wird, hyperaktiv waren. In dem uns hier beschäftigenden Kontext des bewußten Gedächtnisses kann man vermuten, daß dieses synaptische Wachstum in strukturierter Anordnung bei einer Vielzahl von Synapsen in denjenigen Modulen erfolgen würde, die heftig auf die ursprüngliche Episode reagieren, welche das Kreisen von Erregungen durch den Hippocampus in Bewegung setzt.

Infolge dieses synaptischen Wachstums wäre der selbst-bewußte Geist in der Lage, Strategien zu entwickeln, die das Wiederabspielen von Modulen in einem dem der ursprünglichen Episode ähnelnden Muster veranlassen, daher das Erinnerungserlebnis. Darüber hinaus wäre dieses Wiederablaufen von einer erneuten, der ursprünglichen ähnlichen, erregenden Rückkopplung durch den Hippocampus begleitet, mit der sich daraus ergebenden Festigung der Gedächtnisspur.

Doch stellt sich uns das drängende Problem der Überbrückung der Zeitlücke zwischen dem Sekunden währenden Kurzzeitgedächtnis und den für das synaptische Wachstum des Langzeitgedächtnisses erforderlichen Stunden. Barondes (1970) gibt einen Überblick über die Experimente, bei denen die Wirkungsdauer bestimmter Substanzen (z. B. des Zykloheximids) getestet wurde, die die Proteinsynthese im Gerhirn verhindern, das gleichzeitig unfähig ist zu lernen. Es sieht so aus, als benötige das für das Langzeitgedächtnis erforderliche synaptische Wachstum eine Zeitspanne von etwa 30 Minuten bis zu 3 Stunden. McGaugh (1969) hat ein Gedächtnis von dazwischenliegender Dauer vorgeschlagen, das die Lücke von Sekunden zu Stunden zwischen dem Ende des Kurzzeitgedächtnisses und der vollen Ausbildung des das Langzeitgedächtnis ergebenen Synapsenwachstums überbrücken soll, wie in Abb. 9-12 schematisch dargestellt ist. Wir würden vorschlagen, daß die posttetanische Potenzierung für die Überbrückung dieser Spanne bestens geeignet ist. Sie würde durch die wiederholten synaptischen Aktivierungen des Kurzzeitgedächtnisses induziert und unmittelbar auf jene Aktionen folgen, wobei sie die gleiche hippocampale Schleife benutzt, wie sie für das Langzeitgedächtnis zutrifft. Sie wäre auf die aktivierten Synapsen beschränkt und würde entsprechend der Aktivität dieser Synapsen abgestuft. In Abb. 9-1 folgten stundenlang andauernde posttetanische Potenzierungen auf relativ leichte wiederholte Reizung von Hippocampussynapsen. In dem Maße, wie der physiologische Prozeß der synaptischen Potenzierung nachläßt, überwiegt das vom Stoffwechsel induzierte Synapsenwachstum (*vgl.* Abb. 9-2) als bleibende Grundlage für das strategische Ablesen durch den selbst-bewußten Geist.

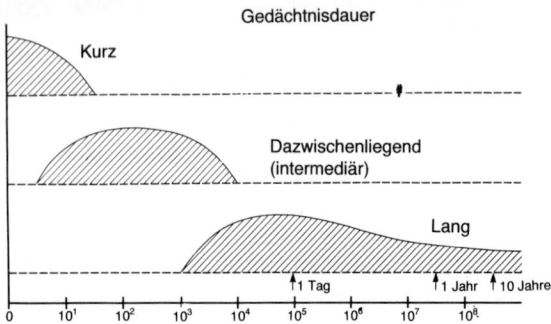

Abb. 9-12. Diagrammartige Darstellung der Dauer der drei im Text beschriebenen Gedächtnisse. Man beachte den logarithmischen Maßstab und den vermuteten Anstieg und Abfall der Gedächtnisse in der Zeit.

9.6 Retrograde Amnesie

Es ist eine allgemeine Beobachtung, daß der Verlust des Gedächtnisses durch ein schweres Gehirntrauma, z. B. durch zu Bewußtlosigkeit führende mechanische Schädigung (Gehirnerschütterung) oder durch die krampfartigen Anfälle bei Elektroschocktherapie, verursacht wird. Die retrograde Amnesie ist gewöhnlich total für Ereignisse unmittelbar vor dem Trauma und wird zunehmend schwächer für Erinnerungen an frühere und noch weiter zurückliegende Ereignisse. Je nach der Schwere des Traumas kann sich die retrograde Amnesie über Minuten, Stunden oder Tage erstrecken.

Bei Tierversuchen sind die durch Trainingsverfahren aufgebauten Gedächtnisse dazu benutzt worden, um die retrograde Amnesie zu untersuchen, die durch zu verschiedenen Zeitpunkten nach dem Training einwirkende Traumata erzeugt wird. Das Trauma konnte durch Elektroschocks oder verschiedene chemische Substanzen erzeugt werden. Die Experimente deuten darauf hin, daß der Speicherungsprozeß von Erinnerungen während sechs Stunden nach der Trainingsperiode konsolidiert wird. Bei kürzeren Zeiten sind die Erinnerungen zunehmend stärker anfällig auf Traumata. Man kann sich vorstellen, daß das Wachstum von Synapsen, welches die Grundlage des Gedächtnisses bildet (*vgl.* Abb. 9-2, 9-3B, C) viele Stunden lang sehr empfindlich auf Traumata reagiert, vermutlich solange, bis der gesamte Wachstumsprozeß abgeschlossen ist (*vgl.* McGaugh, 1969; Barondes, 1970).

Im Anschluß an die Hippocampectomie trat nicht nur die schwere anterograde Amnesie für Ereignisse nach der Operation auf, sondern auch eine schwere retrograde Amnesie, d. h. für Ereignisse, die Stunden oder Tage vor der Operation lagen (Milner, 1972). Diese retrograde Amnesie wurde offenbar durch das Trauma der Operation verursacht; sie ließ im Laufe der Zeit nach, d. h. die Erinnerungsfähigkeit an vor der Operation liegende Ereignisse besserte sich.

9.7 Schlußbemerkungen

Die Lernfähigkeit trat bereits sehr früh in der Evolution des Nervensystems auf. Es gibt bemerkenswerte Untersuchungen über die Lernprozesse von Wirbellosen und niederen Wirbeltieren. In vielen Nervensystemen wurden modifizierbare Synapsen identifiziert. Wie bereits erwähnt, sind am motorischen Lernen ganz andere Teile des Gehirns beteiligt. Unser Anliegen in diesen Vorlesungen war es, dem Evolutionsvorgang bis hin zum Höhepunkt seiner Leistung im menschlichen Hirn nachzuspüren. Und das kognitive Gedächtnis muß an der Spitze der menschlichen Gedächtnisprozesse rangieren, da es mit dem Speichern und Abrufen bewußter Erlebnisse zu tun hat.

Natürlich ist ein Großteil unseres Erinnerungsvermögens implizit und verleiht so jedem von uns seinen Charakter im weitesten Sinne. Es ist beteiligt an unserer Persönlichkeitsbildung, vom ersten Lernen in der Kindheit an bis hin zum gegenwärtigen Augenblick. Beispielsweise ändern wir uns, sehen die Dinge anders und reagieren anders, aber wir erkennen dies nicht bewußt oder nur sehr verschwommen. Das Thema des *impliziten Gedächtnisses* wird in Popper und Eccles (1977) erörtert.

Diese Vorlesung galt dem viel besser erkennbaren *ecpliziten Gedächtnis*. Was dieses Gedächtnis betrifft, ist der *Homo sapiens* unübertroffen. Das Fassungsvermögen seines Gedächtnisses ist unglaublich groß. Wir besitzen gewaltige »Datenbanken« mit buchstäblich Millionen von gespeicherten Erinnerungen. Die Schwierigkeit liegt im Abruf, der mit dem Alter – zumindest zum Teil wegen der zunehmend größeren Speicherung – ständig schwieriger wird.

Ich habe darüber hinaus ein anderes Gedächtnis postuliert, das in Welt 2 liegt und nicht im Gehirn, wie im rechten Kasten von Abb. 10-2 gezeigt ist. Es tritt zunächst bei dem Versuch in Aktion, eine Erinnerung abzurufen. Dies muß ein aktiver, auf Rindenmodule ausgeübter Auswahlvorgang sein. Zweitens besitzt dieses Gedächtnis eine erkenndende Funktion, d. h. es beurteilt die Richtigkeit der abgerufenen Erinnerung, wie sie bewußt erfahren wird, z. B. eines Namens oder einer Zahl. Kommt es zu dem Ergebnis, daß das Ableseresultat aus den Datenbanken falsch ist, kann es die Suche neu beginnen lassen.

Die für das kognitive Gedächtnis (Abb. 9-6, 9-8 und 9-9) postulierten cerebralen Mechanismen sind als Versuch anzusehen, eine erklärende Hypothese aufzustellen, die mit unserem heutigen Wissen in Einklang steht und experimentelle Überprüfung herausfordert. Wie schon dargelegt wurde (Eccles, 1978), ist diese Selektionstheorie des cerebralen Gedächtnisses mit der Hypothese des cerebellaren Gedächtnisses für motorisches Lernen (Eccles, 1977) vergleichbar. Beide sind von Jernes (1967) Selektionstheorie der Immunität abgeleitet.

Zweifellos sind die Hypothesen über die Hirn-Geist-Interaktion beim Speichern und Abrufen von Erinnerungen noch keineswegs endgültig. Insbesondere stellt das Hirn-Geist-Problem den Kernpunkt des Problems des kognitiven Gedächtnisses dar und ist, wie wir in der zehnten Vorlesung sehen werden, die Kernfrage des Rätsels Mensch überhaupt. Völlig rätselhaft ist, daß das menschliche Gehirn zum Überleben in einer primitiven Gesellschaft entwickelt wurde und dennoch im kognitiven Gedächtnis eine gewaltige und großartige Leistungsfähigkeit erwarb. Man stelle nur die Armseligkeit der Fähigkeiten des Schimpansen dem Reichtum der menschlichen Leistung gegenüber.

10. Vorlesung

Das Geist-Gehirn-Problem:
Experimenteller Beweis und Hypothese

Zusammenfassung und Einleitung

In dieser Vorlesung werden die verschiedenen Hypothesen, die zur Erklärung der mit vielen Hirntätigkeiten verbundenen bewußten Erlebnisse verbunden worden sind, einer kritischen Bewertung unterzogen. Dies führt weiter zur Formulierung einer starken dualistisch-interaktionistischen Hypothese. Dann folgt eine Darstellung dreier verschiedener experimenteller Beweisführungen im Zusammenhang mit dieser Hypothese.

Als erstes werden Versuche zur Erforschung der Frage der willkürlichen Aktion beschrieben. Diese Experimente werfen gewaltige Probleme auf, denn sie beweisen, daß das Wollen einer Bewegung neuronale Systeme des Gehirns aktiviert. Über die zwischen dem selbst-bewußten Geist und seinem Wollen einerseits und den für die schließlich erfolgende Aktivierung der richtigen, die gewünschte Bewegung hervorbringenden, motorischen Pyramidenzellen verantwortlichen neuronalen Systemen andererseits bestehende Grenzfläche hinweg hat eine Aktion stattgefunden. Als zweites werfen Untersuchungen an Split-Brain-Patienten Licht auf viele Aspekte des Geist-Hirn-Problems. Als drittes liefern Untersuchungen über die Zeitrelation zwischen Gehirn und Geist beim bewußten Erleben ebenfalls bedeutendes Beweismaterial.

Auf der Grundlage der in dieser und den beiden vorangehenden Vorlesungen angeführten experimentellen Beweise formulieren wir etwas ausführlicher eine starke dualistisch-interaktionistische Hypothese. Diese Hypothese gründet sich auf neue Einsichten in die Funktionsweise des Gehirns, die sich aus neueren Entdeckungen seiner modularen Struktur ableiten.

So schließe ich diese Vorlesungsreihe ab, indem ich mich mit dem geheimnisvollsten aller Phänomene beschäftige – der Wechselwirkung geistiger Vorgänge, Gedanken, Wünsche, Absichten usw. mit Hirn-Ereignissen. Diese Wechselwirkung vollzieht sich in einem Prozeß, bei dem Information in beiden Richtungen über die Grenze zwischen dem selbst-bewußten Geist einerseits und den Liaison-Bereichen des Gehirns andererseits hinwegfließt. Die zweite Reihe der Gifford Lectures wird zu einem großen Teil diesen gewaltigen Problemen gewidmet sein, die den Kern des Rätsels Mensch ausmachen.

In Kapitel P3 unseres kürzlich erschienenen Buches (Popper und Eccles, 1977) unterzieht Popper die verschiedenen materialistischen oder physikalistischen Theorien des Geistes einer kritischen Bewertung. Für unseren gegenwärtigen Zweck ist es nützlich, die Frage mit Hilfe eines erläuternden Diagramms (Abb. 10-1) der wichtigsten Theorien klarzustellen; dies erlaubt eine Gegenüberstellung der materialistischen Theorien mit der hier vorgeschlagenen Theorie des dualistischen Interaktionismus. In Abb. 10-1 sind Welt 1 und Welt 2 in allgemeinen Begriffen definiert, weitgehend wie in Abb. 6-1. Für Diskussions- und Vergleichszwecke läßt sich Welt 1 in Welt 1_p und Welt 1_M unterteilen. Allgemein gesehen sind materialistische Theorien solche, die der Aussage zustimmen, geistige Ereignisse könnten keine *effektive* Auswirkung auf die Gehirn-Ereignisse in Welt 1 haben. Entsprechend der Schreibweise, der wir uns hier bedienen wollen, können wir also die verschiedenen Typen materialistischer Theorien, wie in Abb. 10-1 angegeben, ausdrücken. Ihnen allen gemeinsam ist die Behauptung, Welt 1 sei geschlossen. Der Erste Hauptsatz der Thermodynamik wird nicht verletzt. Es gibt keine *effektive* Einwirkung auf die Welt 1-Geschehnisse im Gehirn durch irgendwelche Vorgänge außerhalb von Welt 1, wie dies z. B. vom dualistischen Interaktionismus postuliert wird. Diese Geschlossenheit von Welt 1 ist, wie Abb. 10-1 veranschaulicht, auf vier verschiedene Arten sichergestellt.

Welt 1,	die gesamte materielle oder physikalische Welt einschließlich der Gehirne
Welt 2,	alle subjektiven oder geistigen Erlebnisse
Welt 1_p,	die gesamte materielle Welt, die keine Geisteszustände enthält
Welt 1_M,	jener winzige Bruchteil der materiellen Welt, der mit Geisteszuständen assoziiert ist

Radikaler Materialismus: Welt 1 = Welt 1_p; Welt 1_M = 0; Welt 2 = 0

Panpsychismus: Alles ist Welt 1–2, weder Welt 1 noch Welt 2 bestehen allein

Epiphänomenalismus: Welt 1 = Welt 1_p + Welt 1_M
Welt $1_M \rightarrow$ Welt 2

Identitätstheorie: Welt 1 = Welt 1_p + Welt 1_M
Welt 1_M = Welt 2 (die Identität)

Dualistischer Interaktionismus: Welt 1 = Welt 1_p + Welt 1_M
Welt $1_M \leftrightarrows$ Welt 2, diese Interaktion findet im Liaisonhirn statt, LH = Welt 1_M.
Somit Welt 1 = Welt 1_p + Welt 1_{LH}, und
Welt $1_{LH} \leftrightarrows$ Welt 2

Abb. 10-1. Diagrammartige Darstellung der Gehirn-Geist-Theorien.

1. *Radikaler Materialismus.* Behauptet wird, alles sei Welt 1. Die Existenz geistiger Ereignisse wird geleugnet oder zurückgewiesen. Sie sind einfach Illusion. Das Geist-Hirn-Problem ist ein Nicht-Problem!
2. *Panpsychismus.* Behauptet wird, alle Materie besäße einen inneren geistigen oder proto-psychischen Zustand. Da dieser Zustand ein integrierter Bestandteil der Materie sei, könne er nicht auf sie einwirken. Die Geschlossenheit von Welt 1 ist sichergestellt.
3. *Epiphänomenalismus.* Geisteszustände existieren im Zusammenhang mit einigen materiellen Geschehnissen, sind aber kausal völlig irrelevant. Wiederum ist die Geschlossenheit von Welt 1 gewährleistet.
4. *Identitätstheorie* oder *Theorie des zentralen Zustandes.* Geisteszustände existieren als innerer Aspekt einiger materieller Strukturen, die in heutigen Formulierungen auf

Hirnstrukturen (wie z. B. Nervenzellen) beschränkt sind. Es mag so aussehen, als verleihe diese postulierte »Identität« den Geisteszuständen einen effektiven Einfluß, gerade so wie die »identischen« Nervenzellen einen effektiven Einfluß haben. Das Ergebnis der Transaktion ist jedoch, daß die rein materiellen Ereignisse neuraler Aktion an sich für alle Geist-Hirn-Reaktionen *ausreichend* sind, so daß die Geschlossenheit von Welt 1 bewahrt bleibt.

Diesen materialistischen oder »parallelistischen« Theorien stehen die Theorien einer *dualistischen Interaktion* gegenüber, wie sie in Abb. 10-1 unten dargestellt sind. Das wesentliche Merkmal dieser Theorien ist, daß Geist und Hirn unabhängige Wesenheiten sind, wobei das Hirn Welt 1 und der Geist Welt 2 angehört (Abb. 6-1), und daß sie auf irgendeine Weise in Wechselbeziehung zueinander stehen, wie die Pfeile in Abb. 10-2 veranschaulichen. Es besteht also eine (in Abb. 10-2 eingezeichnete) Grenze, und über diese Grenze hinweg findet Wechselwirkung in beiden Richtungen statt. Man kann sich diese Interaktion als einen Informationsfluß, nicht als einen Energiefluß, vorstellen. So haben wir die außerordentliche Doktrin, daß die Materie-Energie-Welt (Welt 1) nicht völlig abgeschlossen ist – was ein Grunddogma der Physik darstellt –, sondern daß es kleine »Risse« in der ansonsten völlig geschlossenen Welt 1 gibt. Im Gegensatz dazu ist in allen materialistischen Theorien des Geistes die Geschlossenheit von Welt 1 mit großer Erfindungsgabe gesichert worden. Ich werde jedoch argumentieren, daß dies nicht ihre Stärke, sondern vielmehr ihre fatale Schwäche ist (Popper und Eccles, 1977).

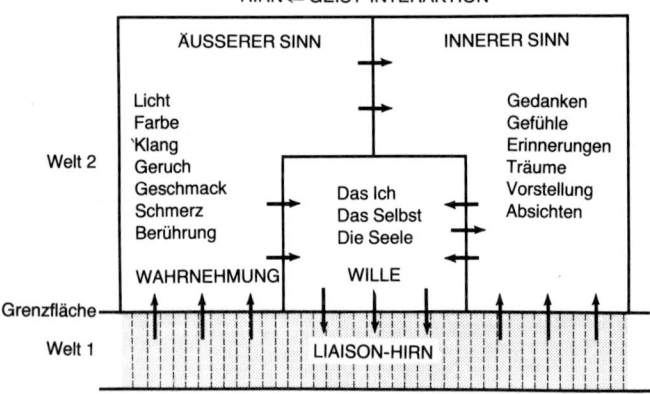

Abb. 10-2. Diagramm des Informationsflusses bei Gehirn-Geist-Interaktion. Die drei Komponenten von Welt 2: äußerer Sinn, innerer Sinn und das Ego oder Selbst sind mit ihren Verknüpfungen dargestellt. Ebenso gezeigt sind die Kommunikationslinien über die Grenzfläche zwischen Welt 1 und Welt 2 hinweg, d. h. vom Liaison-Hirn zu diesen Bestandteilen von Welt 2 und umgekehrt. Im Verbindungshirn ist die Säulenanordnung angedeutet (*vgl.* Abb. 8-4, 8-6 und 8-8). Man muß sich vorstellen, daß der Bereich des Verbindungshirns gewaltig groß ist, die Zahl der offenen Module (*vgl.* Abb. 10-10) beläuft sich wahrscheinlich auf bis zu 1 Mio. und nicht die hier eingezeichneten 40.

Natürlich wirft dieses Postulat einer unabhängigen Existenz geistiger Ereignisse und ihrer Wechselbeziehung zum Gehirn immense Probleme auf. Ihre Erörterung wird einen Großteil dieser Vorlesung ausmachen.

Historisch gesehen war Descartes der Erste, der deutlich eine dualistische Theorie formulierte, doch litt diese unter den primitiven und falschen zeitgenössischen Theorien der Nerventätigkeit. Sherrington (1940) entwickelte eine sehr viel komplexere dualistische Interaktionstheorie und vor kurzem ist Penfield (1975) für den Dualismus eingetreten. Er stützte sich dabei auf seine lebenslange intensive Beschäftigung als Neurologe und Neurochirurg mit dem Studium des Menschen und des menschlichen Gehirns, vor allem gestörter Menschen und Hirne.

Bis vor etwa vier Jahren konnte man meine philosophische Position als gleichwertig mit neokartesianischem Dualismus beschreiben. Ich war davon überzeugt, der selbst-bewußte Geist in seiner Welt 2-Existenz (*vgl.* Abb. 10-2) sei eine vom Gehirn getrennte immaterielle Wesenheit. Doch wenn, wie ich damals glaubte, der selbst-bewußte Geist lediglich von der räumlich-zeitlich strukturierten Operation des Hirns ablas, so müßten – wie ich schließlich erkannte – letzten Endes selbst die esoterischsten Gedanken und subtilsten Entscheidungen auf die Hirn-Ereignisse reduziert werden, von denen sie sich ableiteten. Es würde Parallelismus herrschen. Hirn-Ereignisse spielen sich gänzlich in der physikalischen Welt (Welt 1 der Abb. 10-2) ab, und nach dem Parallelismus sind, wie wir gesehen haben, die Ereignisse in der neuralen Maschinerei des Gehirns eine notwendige und ausreichende Erklärung für die Gesamtheit sowohl der Leistung als auch der bewußten Erfahrung eines Menschen. Das Subjekt ist somit *völlig* durch die Gehirn-Geschehnisse *determiniert.* Doch Popper (1972) stellt fest:

> ... nach dem Determinismus glaubt jemand an Theorien – etwa an den Determinismus – wegen einer bestimmten physikalischen Struktur etwa seines Gehirns. Wir täuschen uns also (und sind dazu physikalisch vorherbestimmt), wenn wir glauben, es gäbe so etwas wie Argumente oder Gründe, die uns an den Determinismus glauben machen. Oder mit anderen Worten, der physikalische Determinismus ist eine Theorie, über die man, wenn sie wahr ist, nicht argumentieren kann, denn sie führt alle unsere Reaktionen, auch das, was uns als auf Argumente gegründete Überzeugung erscheint, auf rein physikalische Bedingungen zurück. Rein physikalische Bedingungen, zu denen unsere physikalische Umgebung gehört, veranlassen uns, zu sagen oder zu akzeptieren, was wir sagen oder akzeptieren.

Das ist eine eindrucksvolle *reductio ad absurdum.* Diese scharfe Kritik gilt für alle parallelistischen Theorien einschließlich sogar meiner früheren Formulierungen des dualistischen Interaktionismus (Eccles, 1970). Dies ist der oben erwähnte zu hohe Preis. Im Lichte dieser Überlegungen sah ich mich veranlaßt, meine dualistisch-interaktionistischen Hypothesen zugunsten der sehr viel radikaleren Form zu revidieren, die später ausführlich entwickelt werden wird, insbesondere in bezug auf das Liaison-Gehirn und seine Arbeitsweise (*vgl.* Kap. E7, Popper und Eccles, 1977).

10.1 Dualistisch-interaktionistische Hypothese

Das Hauptcharakteristikum dieser Hypothese ist die aktive Rolle des selbstbewußten Geistes in seiner Beziehung zur Neuronenmaschine des Gehirns. Neuere experimentelle Forschungen liefern den Beweis für wichtige Aspekte dieser Beziehung.

10.1.1 Beziehung zwischen Geist und Gehirn bei willkürlichen Bewegungsentwürfen

Ein grundlegendes Problem der Neurologie lautet: Wie kann das Wollen einer Muskelbewegung neuronale Ereignisse in Gang setzen, die zur Entladung von Pyramidenzellen des motorischen Cortex und somit zur Aktivierung der Nervenbahn führen, die die Muskelkontraktion veranlaßt? Wir sind jetzt soweit, daß wir uns den Versuchen zuwenden können, die Kornhuber (1974) über das vor Ausführung einer Willkürbewegung in der Großhirnrinde erzeugte elektrische Potential durchgeführt hat. Es besteht eine verlockende Parallele zwischen diesen wundervoll einfachen Experimenten und denen Galileis, der die Bewegungsgesetze des Universums dadurch erforschte, daß er die Bewegungen rollender Metallkugeln auf einer geneigten Fläche studierte!

Das Problem liegt darin, die Versuchsperson eine elementar einfache Bewegung gänzlich durch eigenes Wollen ausführen zu lassen und dennoch über eine genaue zeitliche Berechnung zu verfügen, um einen Mittelwert der sehr geringen von der Schädeloberfläche abgeleiteten Potentiale ermitteln zu können. Kornhuber und seine Mitarbeiter haben dieses Problem gelöst. Sie verwenden das mit der Bewegung zusammenhängende Einsetzen von Muskelaktionspotentialen, um eine rückläufige Berechnung der Potentiale bis zu 2 msec vor dem Einsetzen der Bewegung auszulösen. Die gezeigte Bewegung war ein rasches Beugen des rechten Zeigefingers. Die Versuchsperson vollführt diese Bewegung »willkürlich« in unregelmäßigen Abständen von mehreren Sekunden und ist mit peinlicher Sorgfalt von allen möglichen auslösenden Reizen abgeschirmt. Auf diese Weise ließ sich ein Durchschnitt von 250 bis 800 Potentialableitungen erhalten, die an jedem der verschiedenen über die Schädelfläche verteilten Orte, insbesondere in den präcentralen und parietalen Bereichen, erzeugt wurden. Dies ist in Abb. 10-3 für die drei oberen Reihen gezeigt. Das langsam ansteigende negative Potential, das als *Bereitschaftspotential* bezeichnet wird, wurde bei allen Versuchspersonen als eine negative Welle mit unipolarer Ableitung über einen weiten Bereich der Hirnoberfläche bobachtet (Ableitung durch auf dem Schädel angebrachte Elektroden), außerdem wurden jedoch kleine positive Potentiale mit ähnlicher Zeitdauer über die meisten vorderen und basalen Regionen des Cerebrum festgestellt. Gewöhnlich setzte das Bereitschaftspotential nicht weniger als 800 msec vor Einsetzen der Muskelaktionspotentiale ein und wurde bei 80-90 msec von einem stärkeren Potential abgelöst, der *prämotorischen Positivierung.*In der untersten Reihe lag eine bipolare Ableitung von symmetrischen, sich über den gesamten motorischen Cortex erstreckenden Zonen vor, die linke bezog sich auf das für die Fingerbewegung zuständige Areal (*vgl.* Abb. 8-1). Es bestand keine erkennbare

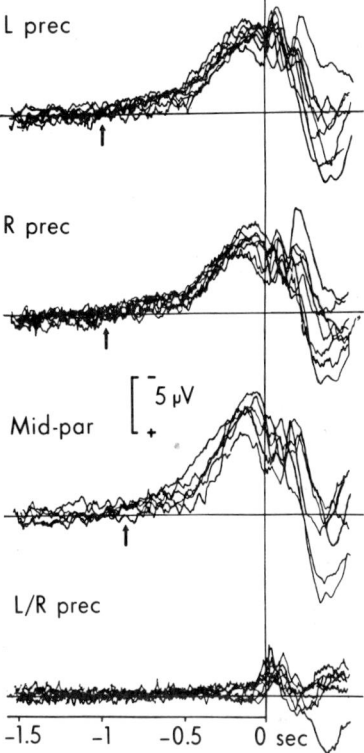

Abb. 10-3. Bereitschaftspotentiale, abgeleitet von den angegebenen Positionen des Schädels, als Reaktion auf willkürliche Bewegungen des Fingers. Die Zeit 0 ist das Einsetzen der Bewegung, die vorangehenden Potentiale wurden durch Rückwärtsberechnung bei durchschnittlich 250 Reaktionen ermittelt. *L prec,* links präcentral, *R prec,* rechts präcentral, *Mid-par,* Parietal, *L/R prec,* bipolare Ableitung links-rechts präcentral. Weitere Beschreibung im Text. Kornhuber, H. H.: Cerebral cortex, cerebellum and basal ganglia: An introduction to their motor functions. In: The neurosciences: third study program. Schmitt, F. O., Worden, F. G. (eds.), S. 267–280. Cambridge (Mass.): MIT Press 1974

Asymmetrie, bis sich bei 50 msec vor Einsetzen der Muskelaktionspotentiale eine starke Negativierung herausbildete.

Wir können vermuten, daß das Bereitschaftspotential durch komplexe neuronale Entladungsmuster erzeugt wird, die ursprünglich symmetrisch sind, aber schließlich zu den entsprechenden Pyramidenzellen des motorischen Cortex projizieren und diese synaptisch zur Entladung anregen. Sie erzeugen auf diese Weise diese örtlich begrenzte negative Welle (das sogenannte *Motorpotential*), die der die Bewegung einleitenden

Entladung der motorischen Pyramidenzellen knapp vorausgeht. Bei komplexeren Bewegungen hielt das Bereitschaftspotential sogar noch länger an, für das Aussprechen des Wortes »Lotte« z. B. betrug es ca. 1,5 sec (Abb. 10-4).

Bemerkenswert ist, daß das Bereitschaftspotential anfänglich symmetrisch ist und erst 150 m/sec vor der Bewegung das contralaterale Potential überwiegt, das natürlich mit demjenigen Teil des motorischen Cortex relationiert ist, der schließlich die motorische Entladung hervorruft (Deecke et al, 1976). Eine große Diskrepanz besteht zwischen der Dauer des Bereitschaftspotentials und der Länge der Reaktionszeit. Man muß sich jedoch darüber klar sein, daß die Reaktionszeiten von einem starken auslösenden Reiz an gemessen werden, der innerhalb weniger Millisekunden zu einer massiven cerebralen Erregung führt. Im Gegensatz dazu ist bei Fehlen eines auslösenden Reizes der Willensbefehl sehr schwach und erfordert Hunderte von Millisekunden, um eine Hirnerregung aufzubauen, die intensiv genug ist, um eine motorische Entladung auszulösen, wie der Zeitverlauf des Bereitschaftspotentials veranschaulicht.

Diese Experimente liefern zumindest eine Teilantwort auf die Frage: Was geschieht in meinem Gehirn zu einem Zeitpunkt, an dem gerade ein willkürlicher Bewegungsentwurf ausgeführt wird? Man kann vermuten, daß sich während des Bereitschaftspotentials eine Spezifität der strukturierten Impulsentladungen in den Neuronen entwickelt,

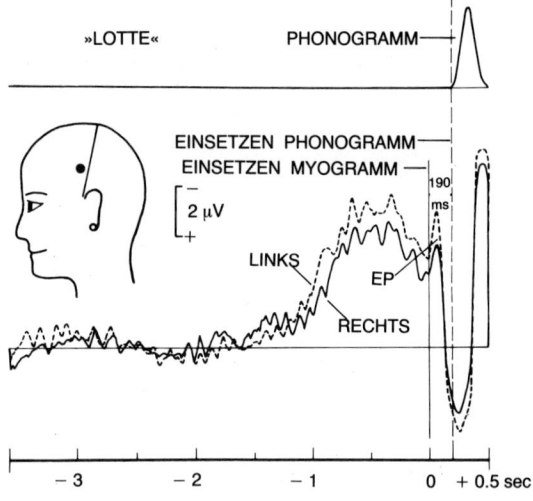

Abb. 10-4. Mittlere Hirnpotentiale vor dem Testwort »Lotte« (N = 250). Die Latenz zwischen dem Einsetzen des Mund-Myogramms und des Phonogramms beträgt 190 msec. Die erzeugten Potentiale treten während dieses Intervalls auf. Linke und rechte Ableitungen wurden von Elektroden vorgenommen, die symmetrisch an den auf dem Schädel markierten Stellen angebracht waren. Grözinger, B., Kornhuber, H. H., Kriebel, J.: Methodological problems in the investigation of cerebral potentials preceding speech: Determining the onset and suppressing artefacts caused by speech. Neuropsychologia *13*, 263–270 (1975)

so daß schließlich die Pyramidenzellen in den richtigen motorischen Rindenzentren für die Hervorbringung der gewünschten Bewegung aktiviert werden. Das Bereitschaftspotential kann als das neuronale Korrelat eines willkürlichen Bewegungsentwurfs aufgefaßt werden. Das Erstaunliche am Bereitschaftspotential ist seine weite Ausbreitung und langsame Entwicklung. Offensichtlich übt in diesem Stadium des Wollens einer Bewegung der selbst-bewußte Geist einen ausgedehnten Einfluß auf die Muster der Modulaktivität aus. Schließlich wird diese gewaltige neuronale Aktivität so geformt und gelenkt, daß sie sich auf die Pyramidenzellen in den für die Ausführung der gewünschten Bewegung geeigneten Zonen des motorischen Cortex (vgl. Abb. 8-1) konzentriert. Die Dauer des Bereitschaftspotentials läßt darauf schließen, daß an der langen Inkubationszeit, die der selbst-bewußte Geist benötigt, um Entladungen der motorischen Pyramidenzellen hervorzurufen, die aufeinanderfolgende Aktivierung großer Zahlen von Modulen beteiligt ist. Vermutlich dient diese Zeit dem Aufbau der erforderlichen Raum-Zeit-Muster in Tausenden von Modulen in der Großhirnrinde. Es ist ein Zeichen dafür, daß die Entwicklung des selbst-bewußten Geistes auf das Gehirn nicht mit entschlossen fordernder Stärke vor sich geht. Wir können sie als eher zögernd und subtil betrachten, als etwas, das Zeit braucht, um Aktivitätsmuster aufzubauen, die, während sie sich entwickeln, noch verändert werden können. Es ist wichtig zu erkennen, daß während des Bereitschaftspotentials wahrscheinlich subcorticale Strukturen wie Kleinhirn, Basalganglien und Thalamus aktiviert werden (Deecke et al., 1976), die alle von Bedeutung sind, um die einwandfreie Koordinierung der Bewegung sicherzustellen (Allen und Tsukahara, 1974).

Fassen wir zusammen: die dualistisch-interaktionistische Hypothese hilft uns bei der Lösung und Neudefinition des Problems, die lange Dauer des einer Willkürbewegung vorausgehenden Bereitschaftspotentials zu erklären.

10.1.2 Die Gehirn-Geist-Beziehung, untersucht an Split-Brain-Patienten

Das Corpus callosum (Abb. 10-5) ist ein aus ungefähr 200 Mio. Fasern bestehender Trakt, der eine etwa spiegelartige, gewaltige Kommissurenverbindung zwischen fast allen Regionen der Hirnhälften darstellt. Der dichte Impulsverkehr im Corpus callosum garantiert die Zusammenarbeit der beiden Hirnhemisphären. Bei etwa 20 Patienten, die an fast ununterbrochenen epileptischen Anfällen litten und deren Zustand auch durch massive Medikation nicht unter Kontrolle gebracht werden konnte, wurde das Corpus callosum völlig durchtrennt. Man ging davon aus, daß die Anfälle in einer Hirnhälfte entstehen und dann über das Corpus callosum die andere erregen, so daß der Anfall sich rasch generalisiert. Man vertrat daher die Ansicht, die Durchtrennung des Corpus callosum würde wenigstens eine Hemisphäre von den Anfällen bewahren. Es zeigt sich, daß die Operation erfolgreicher ist, als man vorausgesagt hatte. Sie führt zu einer beträchtlichen Verminderung der Anfälle in beiden Hemisphären.

Sperry und Mitarbeiter (1974) haben Testverfahren entwickelt, bei denen eine Information jeweils in die eine oder die andere Hemisphäre dieser Split-Brain-Patien-

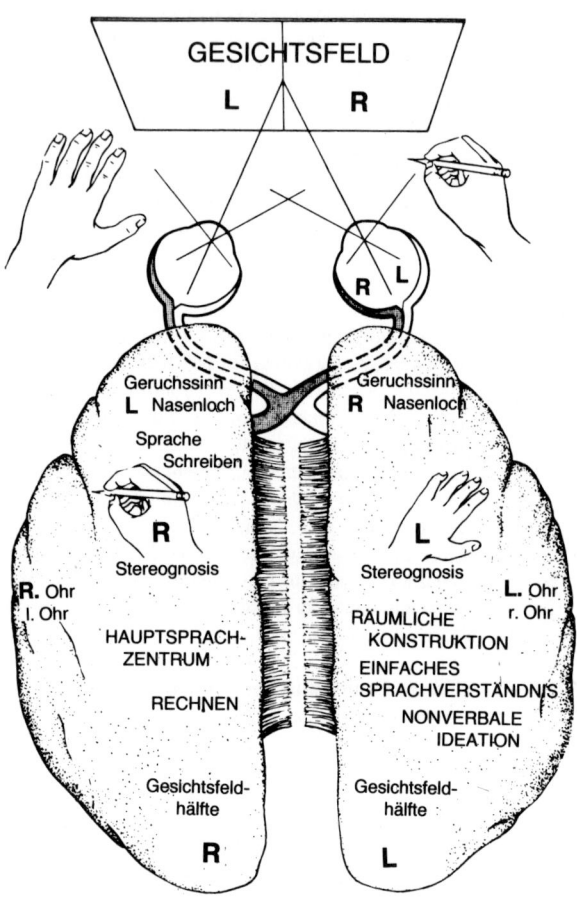

Abb. 10-5. Das Schema zeigt die Art und Weise, in der sich aufgrund der partiellen Kreuzung im Chiasma opticum das linke und rechte Gesichtsfeld auf die rechte bzw. linke Sehrinde projizieren (*vgl.* Abb. 8-11). Das Schema zeigt auch andere sensorische Inputs von den rechten Extremitäten zur linken Hemisphäre und von den linken Extremitäten zur rechten Hemisphäre. In ähnlicher Weise kreuzt der Input des Hörsinns weitgehend, doch der Geruchssinn ist ipsilateral. Es ist bildlich gezeigt, daß das Programmieren der rechten Hand beim Schreiben von der linken Hemisphäre kommt. Sperry, R. W.: Lateral specialization in the surgically separated hemispheres. In The neurosciences: third study program. Schmitt, F. O., Worden, F. G. (eds.), S. 5-19. Cambridge (Mass.): MIT Press 1974

ten eingegeben wird und die Antworten jeder der beiden Hemisphären unabhängig voneinander beobachtet werden können. Bei allen sieben Versuchspersonen befanden sich die Sprachzentren in der linken Hemisphäre (*vgl.*Abb. 8-1), die somit in allen Fällen die dominante Hemisphäre war. Die bemerkenswerteste Entdeckung bei diesen Versuchen war, daß der sprechenden Versuchsperson, die nur mit den neuralen Aktivitäten der linken, der dominanten Hemisphäre in Verbindung steht, alle Aktivitäten in der rechten (der sogenannten untergeordneten) Hirnhälfte unbekannt sind. Nur durch die dominante Hemisphäre kann sich der Patient sprachlich mitteilen. Außerdem steht das bewußte Wesen oder Selbst, das erkennbar die gleiche Person ist wie vor der Operation, mit dieser Hemisphäre in Verbindung.

Abb. 10-5 ist ein Schema, das Sperry vor einigen Jahren gezeichnet hat. Als Diskussionsgrundlage für die gesamte Split-Brain-Thematik ist es jedoch immer noch wertvoll. Das Schema veranschaulicht das rechte und das linke Gesichtsfeld mit seiner jeweils höchst selektiven Projektion zu den gekreuzten Sehrinden. Dies ist durch die Buchstaben R und L angedeutet. Ebenfalls gezeigt ist in dem Schema die strikt einseitige Projektion des Geruchssinnes und die vorwiegend gekreuzte Projektion des Gehörsinns. Dargestellt sind auch die gekreuzten Repräsentationen sowohl der motorischen als auch der sensorischen Innervation der Hände und ebenso der weitere Befund, daß das arithmetische Rechnen vorwiegend in der linken Hemisphäre angesiedelt ist. Nur sehr einfache Additionen können von der rechten Hirnhälfte ausgeführt werden.

Wir können sagen, die rechte Hemisphäre sei ein sehr hochentwickeltes Gehirn, das sich aber nicht sprachlich ausdrücken kann und das also nicht imstande ist, irgendeine Bewußtseinserfahrung kundzutun, die wir erkennen können. Sperry postuliert die Existenz eines anderen Bewußtseins in der rechten Hemisphäre, das jedoch durch das Fehlen an sprachlichem Ausdruck verborgen bleibt. Die linke Hemisphäre besitzt dagegen eine normale sprachliche Ausdrucksfähigkeit. Ihre Assoziation mit der früheren Existenz des Ego oder Selbst, mit all den Erinnerungen an die Vergangenheit bis zur Kommissurendurchtrennung, kann also anerkannt werden. So gesehen, ist von dem sprechenden Selbst ein nichtsprechendes Selbst abgespalten worden, das sich nicht durch Sprache mitteilen kann, das also zwar vorhanden, aber stumm oder aphasisch ist. Für den Augenblick können wir sagen, daß wir nicht wissen, ob in der isolierten rechten Hemisphäre irgendein nicht ausdrucksfähiges Bewußtsein vorhanden ist, ebenso wie wir nicht um ein eventuelles Bewußtsein der Tiere wissen. Wir haben keinerlei Möglichkeit, es zu entdecken, aber wir müssen uns über die Grenzen unserer Testverfahren im klaren sein, sowohl was die höheren Tiere als auch die rechte Hemisphäre nach Durchtrennen des Corpus callosum betrifft. Es ist wichtig, zwischen dem mit der linken Hemisphäre assoziierten Selbst-Bewußtsein und dem postulierten, mit der rechten Hirnhälfte assoziierten Bewußtsein zu unterscheiden.

Im allgemeinen ist die dominate Hemisphäre auf feine imaginative Einzelheiten bei allen Beschreibungen und Reaktionen spezialisiert, d. h. sie arbeitet analytisch und folgerichtig. Ebenso kann sie addieren und subtrahieren, multiplizieren und andere computerartige Operationen ausführen. Doch selbstverständlich rührt ihre Dominanz von ihren verbalen und vorstellungsmäßigen Fähigkeiten und ihrer Verbindung zum Selbst-Bewußtsein (Welt 2) her. Wegen ihrer Mängel in dieser Hinsicht trägt die untergeordnete Hemisphäre ihren Namen zu recht, dennoch ist sie bei vielen wichtigen Eigenschaften, insbesondere was ihre räumlichen Fähigkeiten mit einem hochentwikkelten Sinn für Bilder und Muster betrifft, hervorragend. Beispielsweise ist die untergeordnete Hemisphäre weitaus überlegen, wenn es um die Programmierung der linken Hand für alle Arten geometrischen und perspektivischen Zeichnens geht. Diese Überlegenheit tritt auch in der Fähigkeit zutage, gefärbte Blöcke so anzuordnen, daß sie einem Mosaikbild entsprechen. Die dominante Hemisphäre ist nicht imstande, auch nur einfache Aufgaben dieser Art zu lösen, und sie ist fast völlig unfähig, wenn es um ein Empfinden für Bilder oder Muster geht, wenigstens soweit sich dies an ihrer Unfähigkeit zum Kopieren ablesen läßt. Es ist eine arithmetische, aber keine geometrische Hemisphäre.

Bemerkenswerte Beispiele für die komplementären Funktionen der dominanten und der untergeordneten Hemisphäre haben Levy et al. (1972) bei ihren Chimären-Versuchen entdeckt. Die Chimärenbilder entstanden durch Zerschneiden von Bildern, beispielsweise eines Gesichts wie in Abb. 10-6. Die Gesichter sind mit den Zahlen 1-8 bezeichnet, und die chimärischen Reize sind in Form von 4 Kombinationen in A, B, C, D gezeigt. Eine dieser Kombinationen wird blitzartig auf den Bildschirm projiziert, während die Versuchsperson die Mitte des Schirms fixiert. Die Chimärenzusammenstellung A beispielsweise wird aus den Gesichtern 7 und 2 gebildet. Das Bild im linken Gesichtsfeld (Hälfte von 7) wird in die rechte Hemisphäre projiziert. Ähnlich projiziert das rechte Gesichtsfeld die Hälfte von Bild 2 in die linke Hemisphäre. Da die Kommissurenverbindung fehlt, macht sich jede Hemisphäre daran, das Bild wahrnehmungsmäßig zu vervollständigen. Dies ist durch die in jede Hemisphäre eingesetzten Bilder illustriert. Der Chimärencharakter des gesamten visuellen Inputs wird nicht erkannt. Vielmehr antwortet jede Hemisphäre entsprechend ihren spezifischen Funktionen. Wenn also eine verbale Antwort verlangt wird, so entspricht die verbale Benennung dem Bild 2, das in der linken Hirnhälfte vervollständigt wurde. Wenn andererseits ein visuelles Erkennen als Antwort verlangt wird, wobei die Versuchsperson mit der linken Hand auf eins der acht neben- und untereinander angeordneten Gesichter zeigen muß, so wird Gesicht 7 angegeben. Dieser Chimärenversuch ist in vielen Spielarten mit verschiedenen anderen Objekten anstelle von Gesichtern durchgeführt worden. Die Resultate veranschaulichen stets die völlige Trennung der beiden Hemisphären in ihren Wahrnehmungsreaktionen. Wird eine verbale Reaktion verlangt, so dominiert die linke Hemisphäre mit ihrer Wahrnehmung des rechten Gesichtsfeldes. Dagegen dominiert die rechte Hemisphäre, wenn die verlangte Wahrnehmung sich auf komplexe und schwer zu beschreibende Muster bezieht und wenn die Antwort manuell erfolgen kann, z. B. durch Zeigen mit dem Finger. Die Tests mit Chimärenbildern bestätigen somit die spezifischen Funktionen der beiden Hemisphären, wie in Abb. 10-5 und 10-7 angegeben.

Abb. 10-7 zeigt, daß die zwei Hemisphären nach der Kommissurendurchtrennung in ihren Eigenschaften komplementär sind. Die untergeordnete Hirnhälfte ist kohärent, die dominante ist detailliert. Darüber hinaus ist die untergeordnete Hemisphäre nicht nur bildhaft, sondern, wie viele neue Befunde andeuten, auch musikalisch. Musik ist im wesentlichen kohärent und synthetisch, hängt sie doch von aufeinanderfolgenden Toninputs ab. Unser musikalischer Sinn erzeugt für uns auf eine holistische Art und

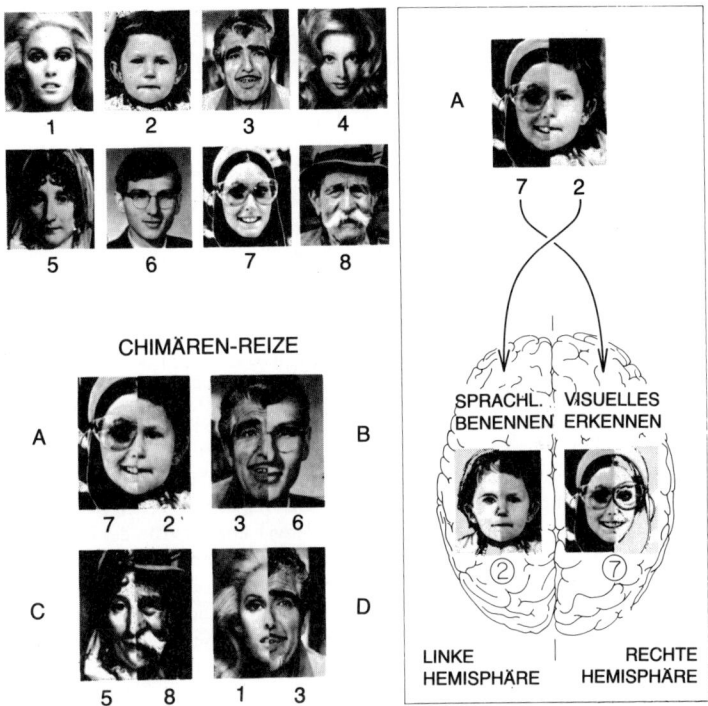

Abb. 10-6. Zusammengesetzte Gesichtsreize (Chimären) zum Testen der Hemisphärenspezialisierung für Gesichtererkennen. Ausführliche Erklärung im Text. Levy, J., Trevarthen, C., Sperry, R. W.: Perception of bilateral chimeric figures following hemispheric deconnexion. Brain *95*, 61–68 (1972)

Weise eine kohärente, synthetische, konsequente Vorstellung. Außerdem trägt Milner (1967, 1974) immer mehr Beweismaterial dafür zusammen, daß eine Entfernung des rechten Schläfenlappens in der Tat die musikalische Fähigkeit ernstlich beeinträchtigt, wie bei den Seashore Tests deutlich wurde.

Die unterschiedlichen Funktionen der beiden Hemisphären, wie in Abb. 10-7 aufgezählt, werden auch durch die Resultate der dichotischen Methode bestätigt. Dabei handelt es sich im wesentlichen um eine Untersuchung der Reaktion einer Versuchsperson auf Signale einer gegebenen Modalität, die so appliziert werden, daß sie in den beiden Hemisphären konkurrierende Inputs ergeben. Diese neue psychologische Methode der interhemisphärischen Konkurrenz hat den großen Vorteil, daß sie auf normale Versuchspersonen angewandt werden kann. Andererseits jedoch sind die Resultate nicht so charakteristisch wie bei Studien über die Auswirkungen von (sowohl globalen als auch genau umschriebenen) Hemisphärenverletzungen.

Dominante Hemisphäre	Untergeordnete Hemisphäre
Verbindung zum Bewußtsein	keine derartige Verbindung
verbal	fast nonverbal
sprachliche Beschreibung	musikalisch
ideational	Sinn für Bildliches und Muster
Begriffliche Ähnlichkeiten	Visuelle Ähnlichkeiten
Analyse über Zeiträume hinweg	Synthese über Zeiträume hinweg
Analyse des Details	holistisch – Bilder
arithmetisch und computerähnlich	geometrisch und räumlich

Abb. 10-7. Verschiedene spezifische Leistungen der dominaten und der untergeordneten Hemisphäre nach der Entwicklung neuer Konzepte von Levy-Agresti und Sperry (1968) und Levy (1973). Es wurden einige Additionen zu ihrer ursprünglichen Liste vorgenommen.

Sperry hat die reizvolle Hypothese formuliert, daß die beiden Hemisphären komplementäre Funktionen besitzen. Diese Anordnung ist sehr leistungsfähig, da jede unabhängig von der anderen ihre eigenen besonderen Fähigkeiten bei der Entwicklung und Formung des neuralen Inputs einsetzen kann. Dabei können, wie Abb. 10-8 zeigt, die beiden komplementären Leistungen durch kommissurale Übertragung in den Vorstellungs-, Sprach- und Verbindungszonen kombiniert und integriert werden.

Meine Behauptung ist, daß das philosophische Problem von Gehirn und Geist durch diese Untersuchungen der Funktionen der getrennten dominanten und untergeordneten Hemisphäre bei den Split-Brain-Patienten eine Änderung erfahren hat. Vor mehreren Jahren (Eccles, 1970) vermutete ich, daß das bewußte Selbst auch vor der Spaltung nur mit der dominanten Hirnhälfte in Verbindung steht und daß die untergeordnete Hemisphäre immer *per se* eine unbewußte Hemisphäre ist, daß ihre Reaktionen aber normalerweise durch die Kommunikation mit der dominanten Hemisphäre mittels des starken Impulsverkehrs durch das Corpus callosum Bewußtsein erlangen. Diese Hypothese kann in der schematischen Illustration des Gehirns und seiner Verbindungen in Abb. 10-8 ganz spezifisch aufgestellt werden. Es wird gezeigt, daß das bewußte Selbst (Poppers Welt 2) nur mit spezifischen sprachlichen und gedanklichen Zonen der dominanten Hemisphäre direkt in Verbindung steht.

In Abb. 10-8 ist das Corpus callosum als ein höchst leistungsstarkes Kommunikationssystem dargestellt, so daß alle Geschehnisse in der untergeordneten Hemisphäre sehr rasch und wirksam dem Liaison-Hirn der dominanten Hemisphäre und damit dem bewußten Selbst übermittelt werden können. Für den Beitrag der untergeordneten Hemisphäre geschieht dies bei allen Wahrnehmungen, allen Erfahrungen und allen Erinnerungen und in der Tat für den gesamten Gehalt von Welt 2 (*vgl.* Abb. 10-2). Wird das Corpus callosum durchtrennt, so offenbarte sich – wie ich vermutete – was die ganze Zeit vorhanden gewesen war, nämlich, daß die untergeordnete Hemisphäre an sich immer ein unbewußter Teil des Gehirns ist und daß die Verbindung durch das Corpus callosum notwendig ist, damit sie Information von dem bewußten Selbst

Verbindungen zwischen den Hemisphären

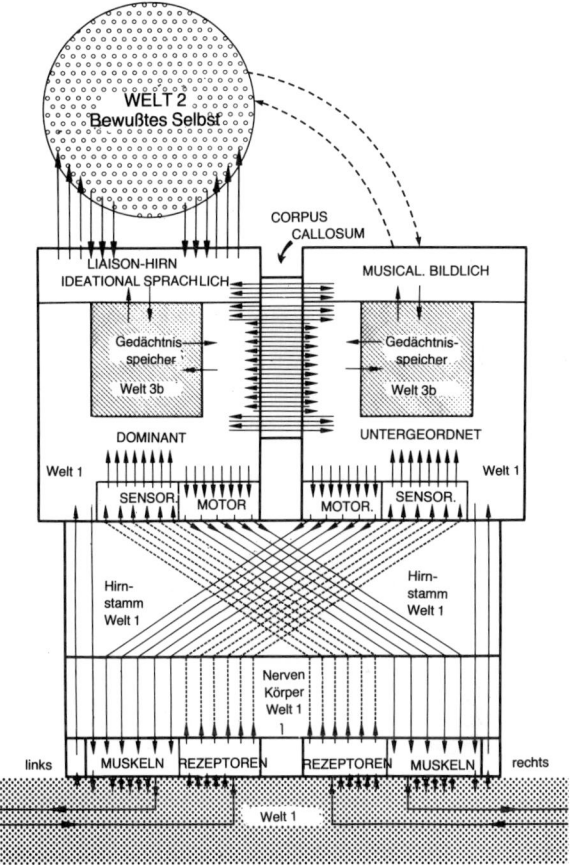

Abb. 10-8. Kommunikation zum und vom Gehirn und innerhalb des Gehirns. Das Schema soll die hauptsächlichen Kommunikationslinien von den peripheren Rezeptoren zu den sensorischen Rinden und damit zu den Großhirnhemisphären zeigen. In ähnlicher Weise veranschaulicht das Schema den Output von den Großhirnhemisphären über die motorische Rinde zu den Muskeln. Diese beiden Bahnsysteme kreuzen großteils, wie gezeichnet; es kommen jedoch, wie durch die senkrechten Linien im Hirnstamm angedeutet, ebenfalls schwächere ungekreuzte Bahnen vor. Die dominante linke Hemisphäre und die untergeordnete rechte Hemisphäre sind bezeichnet, zusammen mit einigen Eigenschaften dieser Hemisphären, die sich in Abb. 10-7 aufgelistet finden. Das Corpus callosum ist als mächtige Koppelung der beiden Hirnhälften dargestellt. Zusätzlich illustriert das Schema die Arten der Wechselwirkung zwischen den Welten 1 und 2 (wie im Text beschrieben und auch in Abb. 6-1 gezeigt).

empfangen und zu diesem übermitteln kann. Heute erkenne ich jedoch, daß dieser Schluß mit der Begründung angefochten werden muß, die Unterbrechung der gewaltigen interhemisphärischen Kommunikation durch die Kommissurendurchtrennung könne die Leistung der untergeordneten Hemisphäre erschöpfen, und diese Hemisphäre könne normalerweise irgendeine direkte Verbindung mit dem selbst-bewußten Geist unterhalten, wie die gestrichelten Pfeile in Abb. 10-8 andeuten. Wir werden später noch auf die mögliche Rolle der kommissuralen Unterstützung der untergeordneten Hemisphäre zurückkommen.

Als ich vor vielen Jahren (Eccles, 1953) in Anlehnung an Sherrington (1940) die Existenz eines speziellen Hirnareals postulierte, das in Beziehung zum Bewußtsein steht, kam ich gewiß nicht auf den Gedanken, daß in wenigen Jahren ein definitives experimentelles Nachprüfen möglich sein könnte. Aber heute haben wir diese Unterscheidung zwischen der dominanten Hemisphäre, die in Verbindung mit dem bewußten Selbst steht, und der untergeordneten Hemisphäre, deren Verbindung bestenfalls marginal ist. Diese empirische Entdeckung versuche ich in Abb. 10-8 zu veranschaulichen. Dort sind die in beide Richtungen verlaufenden Kommunikationslinien eingezeichnet – die Ausgänge über die motorischen Bahnen zu den Muskeln und die Eingänge aus der Welt, die von den Rezeptoren kommend zu den sensorischen Rindenfeldern projiziert werden. Man wird auch erkennen, daß die untergeordnete Hemisphäre bei ihrer Kommunikation zu Welt 2 durch die Notwendigkeit, über das Corpus Callosum der Liaisonzone der dominanten Hemisphäre zu übermitteln, normalerweise keine materielle Schädigung im Vergleich zur dominanten Hemisphäre erleidet. Erstens ist das Corpus callosum eine derart gewaltige Bahn, daß die untergeordnete Hemisphäre bei der Übertragung über sie keine Verkehrsprobleme hat. Zweitens muß, wie in Abb. 10-8 zu sehen ist, vermutlich auch der größere Teil der dominanten Hemisphäre zur Liaisonzone vermitteln.

10.1.3 Zeitbeziehungen zwischen Hirn und Geist bei bewußter Wahrnehmung

Libets Experimente am menschlichen Gehirn zeigen, daß wiederholte direkte Reizung des somästhetischen Cortex mit einer Verzögerung von nicht weniger als 0,5 sec bei schwacher Reizung zu einer bewußten Erfahrung führt; eine ähnliche Verzögerung wird bei einem scharfen, aber schwachen, peripheren Hautreiz beobachtet (Libet, 1973). Ungeachtet dieser Verzögerung bei den neuronalen Ereignissen, die die Erfahrung eines schwachen peripheren Reizes auslösen, meint die Versuchsperson, die Erfahrung selbst trete viel früher auf, ungefähr zum Zeitpunkt der Ankunft des afferenten Inputs an der Hirnrinde. Dieses *Vorausdatierungsverfahren* ist durch keinen neurophysiologischen Vorgang an sich erklärbar. Es ist vermutlich eine Strategie, die der selbst-bewußte Geist erlernt hat (*vgl.* Kap. E2, Popper und Eccles, 1977). Zwei Bemerkungen lassen sich dazu machen. Erstens sind diese langen Zeitspannen von bis zu 0,5 sec für das Erkennen durch die Notwendigkeit bedingt, eine gewaltige und komplexe strukturierte Modulaktivität aufzubauen, bevor diese von dem abtastenden selbst-bewußten Geist entdeckt werden kann. Zweitens ist die Vorausdatierung der

Sinneserfahrung auf die Fähigkeit des selbst-bewußten Geistes zurückzuführen, leichte zeitliche Anpassungen vorzunehmen, d. h. der Zeit einen Streich zu spielen. Die strukturierte Neuronenaktivität ist für den Abtastvorgang des selbst-bewußten Geistes erst in dem Moment erkennbar, in dem der erforderliche Aufbau der Neuronenaktivität existiert. Der Gedanke liegt nahe, der selbst-bewußte Geist nehme dieses Vorausdatieren vor, um für die langsame Entwicklung schwacher neuronaler Raum-Zeit-Muster einen Ausgleich zu schaffen, bis der Schwellenwert für bewußtes Erkennen erreicht ist. Auf diese Weise werden alle erfahrenen Ereignisse derart in der Zeit korrigiert, daß ihre Zeitfolge den auslösenden Reizen, gleichgültig ob stark oder schwach, entspricht. Unseres Erachtens hat Libet eine zeitliche Angleichung entdeckt, die dem selbst-bewußten Geist zuzuschreiben ist. Ohne diese Angleichung würde eine Abfolge schwacher und starker Schläge, wie beim Spielen eines Schlaginstruments, in einer verzerrten Zeitrelation erfahren werden.

Wir alle sind uns dessen bewußt, daß die Zeit je nach der Situation, in der wir uns befinden, manchmal langsam und manchmal schnell zu vergehen scheint. Ein spezieller Aspekt der erfahrenen Zeit zum Beispiel ist hoch interessant und jedem bekannt. In akuten Notsituationen scheint die Zeit im Zeitlupentempo abzulaufen. Dies geschieht dann, wenn der selbst-bewußte Geist von denjenigen Modulen abliest, die diesen mit der Notsituation zusammenhängenden akuten Input empfangen. Der selbst-bewußte Geist ist nun imstande, die Zeiterfahrung zu verlangsamen, so daß er scheinbar mehr Zeit hat, in der Notsituation Entscheidungen zu treffen.

10.2 Radikale dualistische Interaktionstheorie von Gehirn und selbstbewußtem Geist

Eine kurze Feststellung zu Beginn: der *selbst-bewußte Geist* ist eine *unabhängige Entität,* die aktiv damit beschäftigt ist, je nach Aufmerksamkeit und Interesse aus den mannigfaltigen Aktivitäten der Neuronenmaschinerie des cerebralen Cortex abzulesen; der selbst-bewußte Geist integriert diese Auswahl, so daß sie in jedem Moment die Einheit der bewußten Erfahrung ergibt. Er wirkt ebenfalls auf selektive Weise auf die neurale Maschinerie zurück. Es wird daher postuliert, daß der selbstbewußte Geist eine obere interpretierende und regelnde Rolle in bezug auf die neuronalen Ereignisse ausübt, und zwar mittels einer in beide Richtungen verlaufenden Interaktion zwischen Welt 1 und Welt 2, wie die zum Liaison-Hirn hin und von ihm weg verlaufenden Pfeile in Abb. 10-2 andeuten.

Bei meiner Formulierung einer starken dualistischen Hypothese stützte ich mich auf die folgenden sechs Fundamente:

1) Ich gehe davon aus, daß die Erfahrungen des selbst-bewußten Geistes mit neuralen Ereignissen in besonderen Regionen des Neocortex, die zusammen als das *Liaison-Hirn* bekannt sind, in Verbindung stehen. Dies ist eine interaktionistische Beziehung, die einen Grad an Entsprechung ergibt, aber keine Identität. Die postulierten Liaison-Bereiche sind sicherlich sehr ausgedehnt, schließen sie doch die Sprachzentren und die Frontallappen ein (Abb. 8-1). Wir werden später noch mehr über die anatomische Lokalisierung im Neocortex zu sagen haben.

2) Die Erfahrung des selbst-bewußten Geistes ist *einheitlicher Natur*. Wir sind imstande, uns in jedem beliebigen Augenblick einmal auf diesen, einmal auf jenen Aspekt der cerebralen Leistung zu konzentrieren. Dieses »Fokussieren« ist das Phänomen, das man *Aufmerksamkeit* nennt.

3) Die aus den Sinnesorganen kommende Information wird in Form komplexer Raum-Zeit-Muster modularer Antworten sowohl zum Gehirn als auch innerhalb der neuronalen Maschinerie des Gehirns weitergeleitet, aber beim Überschreiten der Grenze (nach oben weisende Pfeile in Abb. 10-2) findet eine wunderbare Umformung in die vielfältigen Erfahrungen statt, die für unsere Wahrnehmungswelt charakteristisch sind und einer anderen Klasse angehören als die Ereignisse in der Neuronenmaschine.

4) Wir machen fortwährend die Erfahrung, daß der selbst-bewußte Geist wirksam auf Hirnvorgänge einwirken kann (über die Grenze nach unten weisende Pfeile in Abb. 10-2). Dies ist am deutlichsten bei willkürlichen Bewegungsentwürfen, wie oben beschrieben, zu sehen. Wir können aber, wie das Elektroencephalogramm (EEG) zeigt, während unseres ganzen wachen Daseins Geschehnisse in der Neuronenmaschinerie hervorrufen, wenn wir versuchen, uns an etwas zu erinnern, eine Rechenaufgabe im Kopf zu lösen oder eine geeignete Wendung zu finden, um einen Gedanken auszudrücken.

5) Interaktion über die Grenze in Abb. 10-2 hinweg findet nur dann statt, wenn ein hohes Niveau mannigfaltig gestalteter Aktivität in der Neuronenmaschinerie des Liaison-Hirns vorhanden ist. Bei einem zu niedrigen Niveau herrscht die Bewußtlosigkeit von Anästhesie oder Koma. Wird das Niveau, z. B. bei Anfällen, zu hoch getrieben, herrscht ebenfalls Bewußtlosigkeit.

6) Es ist notwendig, eine Hypothese zu konstruieren, die das Offensein von Welt 1 gegenüber Einflüssen aus der Welt der bewußten Erfahrung, Welt 2, anerkennt. Popper (1973) verleiht der Notwendigkeit der Existenz eines Schlupfloches in der scheinbaren Geschlossenheit der Materie- und Energiewelt – d. h. von Welt 1 (*vgl.* Abb. 6-1) – sehr gut Ausdruck. Eine Indeterminiertheit aufgrund der probablistischen Operation auf der Quantenebene ist nicht genug. Er stellt fest, daß eine geschlossene indeterministische Welt 1

eine Welt wäre, die vom Zufall regiert wird. Dieser Indeterminismus ist *notwendig,* aber er *reicht nicht aus,* um die Freiheit des Menschen und insbesondere seine schöpferische Kraft möglich zu machen. Was wir wirklich brauchen, ist die These, daß *Welt 1 unvollständig ist;* daß sie von Welt 2 beeinflußt werden kann; daß sie mit Welt 2 in Wechselbeziehung stehen kann; oder daß sie kausal *offen* ist für Welt 2 und daher, weiter, für Welt 3. Wir kommen somit wieder zu unserem zentralen Punkt zurück; wir müssen fordern, daß Welt 1 nicht eigenständig oder »geschlossen«, sondern offen für Welt 2 ist.

Auf diesem Hintergrund kann ich nun eine ausführliche Darstellung der starken dualistischen Hypothese geben. Der selbst-bewußte Geist ist aktiv damit beschäftigt, von der Vielzahl der aktiven Module auf den höchsten Hirnebenen abzulesen, nämlich in den Liaison-Bereichen, die sich weitgehend in der dominanten Hirnhälfte befinden (Abb. 10-2, 10-8). Der selbst-bewußte Geist wählt je nach Aufmerksamkeit aus diesen Modulen aus und integriert das, was er ausgewählt hat, in jedem Augenblick, um selbst der flüchtigsten Erfahrung Einheitlichkeit zu verleihen. Darüber hinaus wirkt der selbst-bewußte Geist auf diese Module ein und ändert damit die dynamischen räumlich-zeitlichen Muster der neuronalen Geschehnisse. Auf diese Weise übt der selbst-bewußte Geist eine höhere interpretierende und regelnde Funktion in bezug auf die neuronalen Geschehnisse aus, und zwar sowohl innerhalb der Module als auch zwischen ihnen.

Eine Schlüsselkomponente der Hypothese ist, daß die Einheit der bewußten Erfahrung von dem selbst-bewußten Geist hervorgebracht wird, und nicht von der Neuronenmaschinerie der Liaison-Bereiche der cerebralen Hemisphäre.

Bisher war es unmöglich, irgendeine neurophysiologische Theorie zu entwickeln, die erklärt, wie eine Vielfalt von Geschehnissen im Gehirn schließlich derart zusammengeschmolzen wird, daß eine einheitliche Erfahrung globalen oder Gestaltcharakters entsteht. Die Geschehnisse im Gehirn bleiben disparat, sie sind im wesentlichen die individuellen Aktionen unzähliger Neuronen, die in komplexe Schaltkreise eingebaut sind (*vgl.* Abb. 10-9) und auf diese Weise an den räumlich-zeitlichen Aktivitätsmustern beteiligt sind. Im Rahmen meiner hier vorgebrachten Hypothese wird die Neuronenmaschine als eine Mehrfachverschaltung ausstrahlender und empfangender Strukturen (Module) angesehen. *Die erfahrene Einheit entsteht nicht aus einer neurophysiologischen Synthese, sondern aus der postulierten integrierenden Natur des selbst-bewußten Geistes.* Ich mutmaße, die Daseinsberechtigung des selbst-bewußten Geistes liegt in erster Linie darin, diese Einheit des Selbst in allen seinen bewußten Erfahrungen und Aktionen hervorzubringen.

Entwickeln wir nunmehr die Aussage der Hypothese: Ich postuliere, daß ein sensorischer Input in den Liaison-Bereichen der Hirnhälfte hier und da ein immenses fortlaufendes dynamisches Neuronenaktivitätsmuster verursacht. Die verschiedenen

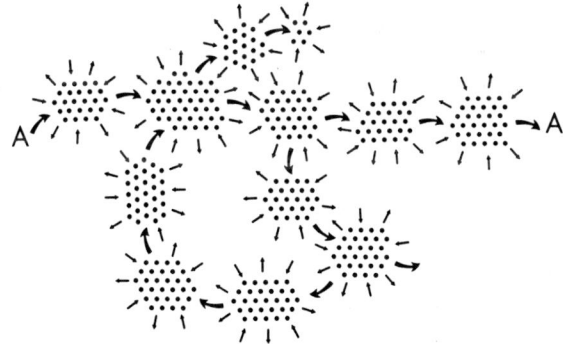

Abb. 10-9. In diesem Schema der Großhirnrinde (von oben gesehen) sind die großen Pyramidenzellen als in Haufen angeordnete Punkte dargestellt. Jeder Haufen entspricht einer Säule oder einem Modul wie in Abb. 8-4 und 8-8, wo von den Hunderten großer projizierender Pyramidenzelle, die in jeder Säule enthalten wären, nur vier eingezeichnet sind. Die *Pfeile* symbolisieren parallele Impulsentladungen entlang Hunderter von Linien. Dies ist die Art und Weise, wie die excitatorische Kommunikation von Säule zu Säule erfolgt. Lediglich ein minimales System serienmäßig erregter Säulen ist gezeigt.

Sinnesmodalitäten projizieren von den in Abb. 8-1 eingezeichneten primären sensorischen Zentren zu gemeinsamen Feldern, den polymodalen Arealen (Abb. 8-10). In diesen Arealen wird in den einheitlichen Bausteinen, den Modulen der Hirnrinde (Abb. 8-6 bis 8-8), die unterschiedlichste und vielseitigste Information verarbeitet. Wir mögen fragen, wie soll aus dieser Information ausgewählt und zusammengesetzt werden, um die Einheit und relative Einfachheit unserer Wahrnehmungserfahrung in jedem Augenblick zu ergeben? Eine Antwort auf die Frage könnte lauten: der selbst-bewußte Geist spielt auf eine selektive und vereinheitlichende Art und Weise durch das gesamte Liaisonhirn hindurch. Als Analogie bietet sich ein Scheinwerferstrahl an. Ein besserer Vergleich wäre vielleicht eine vielfache Abtast- und Sondierungseinrichtung, die aus den immensen und unterschiedlichen Aktivitätsmustern in der Hirnrinde abliest und selektiert, diese ausgewählten Komponenten zusammenfaßt und sie auf diese Weise so anordnet, daß sie die Einheit der bewußten Erfahrung ergeben. Abb. 10-2 zeigt einen Bruchteil einer »Momentaufnahme« durch den selbst-bewußten Geist. So vermute ich, daß der selbst-bewußte Geist die Modulaktivitäten in den Liaisonzonen des cerebralen Cortex abtastet; dies ist in dem sehr unzulänglichen Schema in Abb. 10-2 zu sehen. In jedem einzelnen Augenblick wählt er entsprechend seinem Interesse Module aus (das Phänomen der Aufmerksamkeit) und integriert selbst aus all dieser Vielfalt die einheitliche bewußte Erfahrung.

Man mag meinen, diese Hypothese sei nichts anderes als eine weiterentwickelte Version des Parallelismus – eine Art selektiver Parallelismus. Doch das ist falsch. Sie unterscheidet sich insofern grundlegend, als *die selektierenden und integrierenden Funktionen als Attribute des selbst-bewußten Geistes angenommen werden*, dem somit eine aktive und dominante Rolle zugeschrieben wird. Dies steht in diametralem Gegensatz zu der vom Parallelismus postulierten Passivität (Abb. 10-1; *vgl.* Feig, 1967). Darüber hinaus wird bei dieser Hypothese die aktive Rolle des selbst-bewußten Geistes so weit ausgedehnt, daß er Veränderungen in den neuronalen Ereignissen bewirkt. Er liest also nicht nur selektiv von den fortlaufenden Aktivitäten der Neuronenmaschine ab, sondern verändert zudem auch diese Aktivitäten. Beim Verfolgen eines Gedankenganges beispielsweise oder bei dem Versuch, sich an etwas zu erinnern, wird postuliert, daß der selbst-bewußte Geist aktiv damit beschäftigt ist, besonders ausgewählte Zonen der Neuronenmaschinerie zu durchsuchen und zu sondieren, und daß er auf diese Weise imstande ist, die dynamischen strukturierten Aktivitäten in Übereinstimmung mit seinen Wünschen oder Interessen umzuleiten und zu formen. Ein besonderer Aspekt dieses Eingreifens des selbst-bewußten Geistes in die Operationen der Neuronenmaschinerie zeigt sich in seiner Fähigkeit, Bewegungen entsprechend eines willkürlichen Bewegungsentwurfes hervorzubringen, etwas, was wir einen »Bewegungsbefehl« nennen können. Das Bereitschaftspotential (Abb. 10-3, 10-4) ist ein Zeichen dafür, daß dieser Befehl zu Veränderungen in der Aktivität der Neuronenmaschinerie führt.

10.3 Die Hypothese von Rindenmodulen und selbst-bewußtem Geist

Wir können jetzt die Frage stellen: Welche neuronalen Ereignisse stehen mit dem selbst-bewußten Geist in Verbindung, und zwar sowohl für Senden als auch für Empfangen? Die Frage betrifft die Welt 1-Seite an der Grenzfläche zwischen Welt 1 und Welt 2 (*vgl.* Abb. 10-2). Ich weise die Hypothese zurück, das Agens sei das durch die neuronalen Geschehnisse erzeugte Feldpotential. Das ursprüngliche Postulat der Gestalt-Schule gründete sich auf den Befund, daß ein massiver visueller Input (z. B. ein großer erleuchteter Kreis) ein topologisch äquivalentes Feld in der Sehrinde, ja sogar eine geschlossene Schleife, erzeugte. Diese grobe Hypothese braucht nicht weiter erörtert zu werden. Vor kurzem hat Pribram (1971) mit seinem Postulat der Mikropotentialfelder jedoch eine verfeinerte Version vorgeschlagen. Er nimmt an, diese Felder lieferten eine subtilere Rindenreaktion als die von den Neuronen erzeugten Impulse. Doch diese Feldpotentialtheorie bedeutet einen ungeheuren Informationsverlust, da Hunderttausende von Neuronen zu einem Mikropotentialfeld über einer kleinen Hirnrindenzone beitragen würden. Das gesamte feinere Raster der Neuronenaktivität würde bei dieser höchst ineffizienten Aufgabe verlorengehen, durch Stromfluß in dem durch das extrazelluläre Medium aufgebauten Ohmschen Widerstand ein winziges elektrisches Potential zu erzeugen. Zusätzlich tritt noch das Problem auf, daß irgendein Homunkulus existieren müßte, der die Potentiale in all ihrer strukturierten Anordnung abliest! Der angenommene Feedback von Mikropotentialfeldern zu den Neuronenfeuerfrequenzen wäre wegen der außerordentlich geringen Größe der Ströme von geringfügigem Einfluß.

Wir müssen glauben, daß die getrennten neuronalen Interaktionen in Raum-Zeit-Mustern funktionale Bedeutungen haben, sonst würden katastrophale Informationsverluste eintreten. In diesem Zusammenhang müssen wir die Organisation der Rindenneurone in der anatomischen und physiologischen Entität, die wir Modul nennen (Abb. 8-4, 8-7, 8-8) erörtern. Erstens ist es unvorstellbar, daß der selbst-bewußte Geist mit einzelnen Nervenzellen oder einzelnen Nervenfasern in Verbindung steht. Diese neuronalen Einheiten sind einzeln bei weitem zu wenig zuverlässig und zu wenig leistungsfähig. Entsprechend unserem gegenwärtigen Verständnis der Wirkungsweise der Neuronenmaschinerie lege ich Nachdruck darauf, daß Aggregate von Neuronen (viele Hunderte) in einer »vorher abgesprochenen« strukturierten Anordnung agieren. Lediglich in derartigen Ansammlungen ist Zuverlässigkeit und Wirksamkeit möglich. Die Module der Großhirnrinde sind solche Neronenaggregate (*vgl.* achte Vorlesung). Das Modul besitzt bis zu einem gewissen Grad eigenes kollektives Leben mit nicht weniger als 2500 Neuronen verschiedener Typen und einer funktionalen Anordnung von feed-forward- und feedback-Erregung und Hemmung (*vgl.* Abb. 8-5 bis 8-8). Bis jetzt wissen wir wenig über das innere dynamische Leben eines Moduls, aber wir können vermuten, daß es mit seinen komplex organisierten und hochaktiven Eigenschaften ein Bestandteil der physikalischen Welt (Welt 1) sein könnte, das für den selbst-bewußten Geist (Welt 2) offen ist, und zwar sowohl, was das Empfangen als auch das Aussenden betrifft. In Abb. 10-2 sind die Module als vertikale Streifen über die ganze Dicke des cerebralen Cortex eingezeichnet. Ich kann weiter vorschlagen, daß nicht alle Module in der Großhirnrinde diese transzendente Eigenschaft besitzen, offen für Welt 2 zu sein und somit die Welt 1-Komponenten der Grenzfläche zu bilden. Definitionsgemäß würde diese Eigenschaft auf die Module des Liaisonhirns beschränkt sein, und auch dann müßten diese sich noch auf der richtigen Aktivitätsebene befinden.

Abb. 10-10 veranschaulicht in Diagrammform die mutmaßliche Beziehung zwischen offenen und geschlossenen Modulen, bei Aufsicht auf die Rindenoberfläche. Dabei haben wir uns die zweckdienliche zeichnerische Freiheit genommen, die Säulen als getrennte Scheiben und nicht so dicht aneinanderliegend zu zeigen, wie dies tatsächlich der Fall ist (Abb. 8-8). Außerdem muß man sich darüber klar sein, daß die gewöhnlich höchst dynamische Situation zeitlich eingefroren ist. Es ist üblich, offene Module als offene Kreise darzustellen, geschlossene als ausgefüllte Kreise; darüber hinaus gibt es auch teilweise offene Module. Man kann vermuten, daß der selbst-bewußte Geist diese Modulanordnung abtastet; dabei kann er nur von jenen Modulen empfangen und nur an jene Module senden, die irgendeinen Grad an Offenheit besitzen. Durch sein Einwirken auf offene Module kann er jedoch auch geschlossene Module beeinflussen, indem er die offenen Module dazu bringt, Impulse wie bereits beschrieben (Abb. 8-4) entlang den Assoziationsfasern abzufeuern; er kann auf diese Weise das Öffnen geschlossener Module herbeiführen.

Wie komplex die wirkliche Situation ist, kann man beurteilen, wenn man sich vorstellt, daß man, um die Modulmenge des Liaison-Hirns zu zeigen, die Ausmaße von Abb. 10-10 hundertfach in jede Richtung vergrößern müßte. Vermutlich wird zwischen den Modulen eine intensive dynamische gegenseitige Beeinflussung bestehen. Die Wechselwirkung würde durch Inhibition der unmittelbar angrenzenden Module (Abb. 8-7 und 8-8) und die exzitatorischen Aktionen von Assoziations- und Kommissurenfasern für die mehr entfernten Module (Abb. 8-4) zustandekommen. Abb. 10-9 zeigt in extrem vereinfachter Form, wie aufeinanderfolgende exzitatorische Aktion durch Assoziationsfasern zu räumlich-zeitlichen Mustern modularer Interaktion, sogar mit einer geschlossenen Schleife, führen kann. Da jedes Modul einige Hunderte von Pyramiden- und Sternpyramidenzellen besitzt, deren Axone aus dem Modul heraus und zu anderen Modulen hinreichen, würden die von einem Modul abgefeuerten Impulse sich zu vielen anderen Modulen fortpflanzen, nicht nur gerade zu dem einen

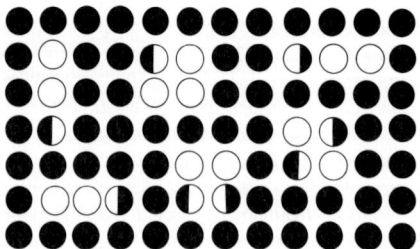

Abb. 10-10. Diagrammartiger Plan der Rindenmodule in Aufsicht. Wie im Text beschrieben, sind die Module als dreierlei verschiedene Arten von Kreisen gezeigt: *offen, geschlossen (schwarz ausgefüllt)* und *halboffen*. Weitere Beschreibung im Text.

oder den zweien, die in Abb. 10-9 eingezeichnet sind. Die Zahl der Projektionen in Abb. 9-10 liegt bei zwei oder drei. Ein Modul kann aber sogar zu Hunderten anderer Module projizieren, wobei es deren Aktivität verändert, und diese wiederum zu Hunderten von anderen. Die Komplexität des Verteilungsmusters der Aktivierung übersteigt alle Vorstellungskraft und würde zu krampfartigen Anfällen führen, wenn es nicht die regelnden inhibitorischen Aktionen zwischen den Modulen gäbe, wie in Abb. 8-7 und 8-8 gezeigt ist.

Die einfachste Hypothese der Geist-Hirn-Interaktion ist die, daß der selbstbewußte Geist die Aktivität jedes Moduls des Liaisonhirns abtasten kann – oder zumindest die jener Module, die auf seine gegenwärtigen Interessen eingestimmt sind. Ich habe bereits die Mutmaßung geäußert, der selbst-bewußte Geist habe die Funktion, das, was er aus dem immensen, vom Liaisonhirn einlaufenden Input – den Modulaktivitäten in der hier vorgelegten Hypothese – auswählt, zu integrieren, um so von Moment zu Moment seine Erfahrungen aufzubauen. Die derart ausgewählten Module stellen für den Moment die Welt 1-Seite der Grenzfläche zwischen Welt 1 und Welt 2 dar, wie schematisch in Abb. 10-2 dargestellt ist. Diese Grenzfläche ist somit ein ständig wechselndes Territorium innerhalb des ausgedehnten Gebietes des Liaisonhirns. Ich habe oben sogar Beweise dafür angeführt, daß der selbst-bewußte Geist leichte zeitliche Anpassungen vorzunehmen imstande ist, um wahrnehmungsmäßige Verzögerungen zu korrigieren, damit Ereignisse in der Außenwelt schließlich unabhängig von ihrer Stärke in der richtigen zeitlichen Beziehung zueinander erlebt werden.

Schon in der achten Vorlesung haben wir im Zusammenhang mit den Abb. 8-5 und 8-6 die Vermutung geäußert, lediglich diejenigen Afferenzen, die von den Thalamuskernen eingelaufen sind (*Spez. Aff.* in Abb. 8-5 und 8-6) übten ihren Einfluß überwiegend auf der Energieebene (Schichten 3, 4 und 5) aus. Es wird daher vorgeschlagen, daß es bei der dynamischen Steuerung und dem dynamischen Gleichgewicht der arbeitenden Großhirnrinde alle Arten von Feinheits- und Empfindlichkeitsniveaus gibt, auf denen die Aktivität leicht verändert wird, nicht mit einem heftigen Schlag. Vermutlich wirkt der selbst-bewußte Geist nicht mit schlagartiger Aktion auf die Rindenmodule ein, sondern mit einem leichten Ablenken. Ein sehr sanftes Abweichen nach oben oder unten, mehr ist nicht erforderlich. Man mag mutmaßen, daß sich dieser Effekt in den Oberflächenschichten (1 und 2) aufbaut und die Entladungen von Pyramidenzellen moduliert und regelt, die natürlich wiederum andere Module beeinflussen. Sie alle spielen dieses Spiel der gegenseitigen Beeinflussung miteinander. Darüber hinaus würde ich vermuten, daß der selbst-bewußte Geist schwach ist verglichen mit der Stärke der synaptischen Mechanismen in Schichten 3 und 5, die durch die thalamischen Inputs aktiviert werden. Er ist einfach ein »Umlenker« und modifiziert die Modulaktivität durch sehr leichte Einwirkungen, die wir poetisch gesprochen »kognitive Liebkosungen« nennen können!

Wir müssen die Anordnung für die modulare Interaktion durch Assoziations- und Kommissurenfasern (Abb. 8-4), die die Axone der Pyramidenzellen anderer Module sind, in Betracht ziehen. Auf diese Weise projiziert jedes Modul zu vielen anderen, und diese senden ihrerseits wieder zu vielen anderen. So bestehen lange und komplexe Muster dieser gegenseitigen Interaktion. Meiner Vermutung nach wirkt der selbst-bewußte Geist dadurch, daß er einige dieser Module (vermutlich Hunderte) leicht verändert, und daß die Module kollektiv auf diese, durch die Netzwerke der Assoziations- und Callosumfasern übertragenen Veränderungen reagieren. Zusätzlich ist der selbst-bewußte Geist die ganze Zeit beim Ablesen oder Wahrnehmen der Antworten, die er auf diese subtile Weise gibt. Es ist ein wesentliches Merkmal dieser Hypothese, daß die Beziehungen zwischen den Modulen und dem selbst-bewußten Geist reziprok sind, d. h. daß der selbstbewußte Geist sowohl aktiviert als auch empfängt.

Infolge der Forschungsarbeiten an menschlichen Gehirnen mit globalen (z. B. Kommissurendurchtrennung) oder umschriebenen Läsionen (Kap. E5 und E6, Popper und Eccles, 1977), kann man vermuten, daß das Liaisonhirn einen großen Teil der dominanten Hemisphäre umfaßt, insbesondere die Sprachzentren und einen großen Bereich des Stirnhirns. Diese ausgedehnten Zonen setzen sich wahrscheinlich aus mehreren großen kontinuierlichen Hirnrindenplatten zusammen. Die tatsächliche Grenzfläche offener Rindenmodule, die für den selbst-bewußten Geist in jedem Augenblick interessant sind, wäre jedoch wahrscheinlich fleckenartig und unregelmäßig (Abb. 10-10). Vermutlich hätte das Ablesen durch den selbst-bewußten Geist nichts mit anatomischer Kontinuität zu tun, sondern mit den durch Assoziations- oder sogar Kommissurenfasern in funktionaler Kommunikation befindlichen Modulen (Abb. 8-4). Die die Einheit der bewußten Erfahrung erzeugende integrierende Tätigkeit des selbst-bewußten Geistes würde durch die räumliche Nähe von Modulen keine Hilfe erfahren. Worauf es ankommt, ist ihre funktionale Verbindung untereinander.

Entwickelt man die Hypothese einiger für Welt 2 (in Gestalt des selbst-bewußten Geistes) offenen Module weiter, so kann man annehmen, daß der selbst-bewußte Geist nicht oberflächlich über das Modul hinwegstreicht, wie man sich das vorstellen kann, wenn er lediglich die Mikropotentialfelder in dem Gebiet abfühlte. Er wird eher, so kann man sich vorstellen, in das Modul »eindringen« und dabei die dynamischen Muster neuronaler Leistung ablesen und beeinflussen. Vermutlich geschieht dies in jedem Moment über die gesamte verstreute Ansammlung jener Module, welche die für den selbst-bewußten Geist unmittelbar interessante (seine Aufmerksamkeit erregende) Information für dessen Integrationsleistung verarbeitet.

Ein weiteres wichtiges Merkmal der Interaktion des selbst-bewußten Geistes mit Modulen ist, daß der selbst-bewußte Geist durch seine Interaktion mit offenen Modulen indirekt auch mit geschlossenen Modulen in Wechselwirkung sein kann. Da der selbst-bewußte Geist mit offenen Modulen der linken Hemisphäre in Verbindung steht, die über das Corpus callosum projizieren, gibt es für ihn, so mutmaße ich, auch einen Weg in die rechte Hemisphäre, und zwar über offene Module der linken Hemisphäre via Corpus callosum in all die spezialisierten, aber oft geschlossenen Module der rechten Hemisphäre hinein (Abb. 10-8). Diese Module wiederum werden in reziproker Wirkungsweise zu den offenen Modulen der linken Hemisphäre rückkoppeln. So kann der selbst-bewußte Geist an der aktiven Informationsverarbeitung in der rechten Hemisphäre beteiligt sein, obgleich ihm dies nach der Kommissurendurchtrennung nicht mehr gelingt. Es gibt eine Fülle von Assoziations- und Kommissurenverbindungen, über welche die Module sehr wirksam kommunizieren, und zwar sowohl innerhalb einer Hirnhälfte als auch über das Corpus callosum mit der anderen Hemisphäre (*vgl.*Abb. 8-4). Es dürfte eine sehr reiche Vernetzung bestehen; dies offenbart sich in dem Verlust an Gehirnleistung nach Inzision des Corpus callosum oder Entfernung großer Hirnbereiche. Beispielsweise leiden sowohl Sprache als auch verbales Gedächtnis nach der Kommissurendurchtrennung oder nach geringeren Hemisphärenverletzungen (Sperry, 1974; Milner, 1974).

10.4. Schlußfolgerungen

Die Philosophie eines starken dualistischen Interaktionismus, wie ich sie in dieser Vorlesung entwickelt habe, hat mich dazu gebracht, Mutmaßungen über die fortschrittlichsten heute vorliegenden Vorstellungen über Bau und Funktionsweise des Neocortex zu äußern. Ich habe mich bemüht, meine Geschichte so einfach wie möglich zu halten, aber ich erkenne sehr wohl, daß diese Vorlesung lang und anstrengend war. Doch wie sollten wir auch erwarten, eine einfache Lösung für dieses größte Problem, mit dem wir uns auseinanderzusetzen haben, zu finden, nämlich für das Hirn-Geist-Problem? Ich behaupte nicht, eine Lösung angeboten zu haben, ich habe vielmehr in groben Umrissen den Weg angedeutet, auf dem die Lösung kommen kann. Auf irgendeine mysteriöse Weise hat die Evolution das menschliche Gehirn mit Eigenschaften ausgestattet, die gänzlich anderer Ordnung sind als alles andere in der Natur. An die Spitze dieser Eigenschaften würde ich zu Beginn die schöpferische Vorstellungskraft stellen, die die Welt 3 einschließlich aller Werte aufgebaut hat, und dann haben wir an hervorragender Stelle das Entstehen des Selbst-Bewußtseins. Dies ist der Höhepunkt meiner Geschichte über das »Geheimnis Mensch«, und hier ist das Rätsel am undurchdringlichsten, sind wir von einem Verständnis noch am weitesten entfernt.

Erstaunlicherweise jedoch scheint sich das menschliche Gehirn mit diesen seinen transzendenten Eigenschaften lediglich durch die Größe des Neocortex und die Ausbildung spezieller Zonen, die in der Brodmannschen Klassifikation (Abb. 5-10 bis 5-12) voneinander abgegrenzt worden sind, von anderen Säugetierhirnen zu unterscheiden. Es ist ein Gradmesser unserer Unkenntnis, daß im Neocortex keine spezifischen strukturellen oder physiologischen Eigenschaften entdeckt worden sind, durch die sich ein menschliches Hirn deutlich von dem Hirn eines Menschenaffen abhebt. Der ungeheure Unterschied in der Leistung ist kaum der bloßen Tatsache zuzuschreiben, daß das menschliche Hirn das Dreifache an Modulen besitzt. Wir kennen keinerlei qualitative Entwicklung, die die supreme Leistung des menschlichen Hirns erklären würde. Allerdings habe ich in der achten und zehnten Vorlesung Hypothesen aufzustellen gewagt, die mit dem Hirn-Geist-Problem zusammenhängen. Ich habe die Hoffnung, daß wir uns herausgefordert fühlen mögen, in eine neue wissenschaftliche Ära einzutreten, in der Struktur und Funktion des menschlichen Neocortex mit den fortschrittlichsten Techniken erforscht werden.

Epilog

Wir können diese Vorlesungen über das Rätsel Mensch als intellektuelle Abenteuer oder Essays über das »letzte Anliegen«, über das, was den Menschen unbedingt angeht, ansehen. Im Kontext der Natürlichen Theologie habe ich mich von Sherringtons in der ersten Vorlesung zitierten Aufruf inspirieren lassen, die »Geschichte des Planeten mit dem, was dieser geschaffen und getan hat«, zu erzählen.

Wir gingen in der zweiten Vorlesung von dem Urknall aus und folgten der Kette der Zufallsbedingtheiten bis hin zu unserer Galaxis mit, in der dritten Vorlesung, unserem Sonnensystem und jenem höchst einzigartigen und wundervollen Planeten – unserem Planeten. Über alle anderen Eigenschaften hinaus hielt der Planet Erde eine Umwelt bereit, die für die Entstehung und Evolution von Leben geeignet war (vierte Vorlesung). Nach einer ungeheuren, Jahrmilliarden dauernden Verzögerung im Stadium der einzelligen Organismen folgten wir, in der vierten Vorlesung, unserer Kette der Zufallsbedingtheit über die seltsamen launischen Verzweigungen des Baumes der Evolution, der schließlich zu uns führte – einem gänzlich unvorhersagbaren und auch schrecklich ungewissen Weg. Wie ich mir rückblickend jenen immens langen Evolutionsprozeß vorstelle, der – wie wir dogmatisch mitgeteilt bekommen – einzig und allein von Zufall und Notwendigkeit bestimmt wurde, so wollen mir Zweifel kommen an einem Dogma, das so zuversichtlich aufgestellt wird. Als Wissenschaftler erkenne ich die Notwendigkeit der Kritik an wissenschaftlichen Theorien, insbesondere wenn der Anspruch der wissenschaftlichen Gewißheit zur Diskussion steht. Ich bin in diesen Vorlesungen, so weit es möglich war, der materialistischen Darstellung unseres Ursprungs – ja sogar meines eigenen Ursprungs – gefolgt. Aber ich habe schwere Zweifel. Als Glaubensakt, als wissenschaftlicher Glaubensakt, fordert sie so viel. Der große französische Romancier François Mauriac stellte launig fest, sie verlange noch mehr Glauben, als »das, was wir anderen armen Christen glauben«.

Wie ich zu Beginn im Zusammenhang mit der Natürlichen Theologie sagte, glaube ich, daß außer den materialistischen Geschehnissen der biologischen Evolution und über sie hinaus eine Göttliche Vorsehung wirksam ist. Dieser Glaube brandmarkt mich als *Finalisten*. Wir dürfen nicht dogmatisch behaupten, die biologische Evolution in ihrer gegenwärtigen Form sei die letzte Wahrheit. Vielmehr sollten wir glauben, daß es der wesentliche Teil der Geschichte ist und daß die Kette der Zufallsbedingtheiten, die (wie ich in der vierten und fünften Vorlesung kurz dargestellt habe) zu uns geführt hat, auf irgendeine geheimnisvolle Weise gelenkt wird. Mit der sechsten und siebten Vorlesung traten wir ein in das neue Zeitalter der menschlichen Kreativität, die die

Welt der Kultur (Welt 3) schuf. Dieser Schritt war absolut unvorhersagbar. Er geschah völlig getrennt von der biologischen Evolution, wenn auch durch wechselseitige Interaktion mit ihr verbunden. Außerdem folgte die kulturelle Evolution einer gänzlich anderen evolutionären Logik des Vorgehens.

In der siebten Vorlesung sahen wir, daß Welt 3 auf irgendeine rätselhafte Weise wechselseitig mit einer neuen Schöpfung, der Welt des Geistes, Welt 2, verknüpft ist. Und so wird das menschliche Selbst geboren, jedes Selbst erleuchtet von seinem einzigartigen Bewußtsein. Das individuelle Selbst (selfhood) wird zu einer Entität, wie sie Sherrington in seinen Gifford Lectures so phantasievoll und poetisch erörtert hat.

In der achten bis zehnten Vorlesung untersuchten wir ausführlich die Struktur des Neocortex, um die ihm zugrundeliegende Organisation in Modulen darzulegen, durch die jeder Teil des Neocortex mit einer großen Reihe anderer Teile kommuniziert. Diese neue Erkenntnis, insbesondere von Szentágothai, liefert die Grundlage für eine sehr viel bedeutungsvollere Theorie über das Raum-Zeit-Muster corticaler Aktivität und über die Art ihrer Interaktion mit dem limbischen System. Auf dieser Grundlage sprachen wir über die Probleme der Wahrnehmung, des Gedächtnisses, der Motivation und des willkürlichen Bewegungsentwurfs sowie schließlich des bewußten Selbst im Verhältnis zum Gehirn. Lediglich bei einer streng dualistisch-interaktionistischen Hypothese bestand die Hoffnung einer zufriedenstellenden Erklärung aller dieser Phänomene; doch in Übereinstimmung mit dem Thema dieser Vorlesungen ließ sie das Geheimnis Mensch nur noch größer werden.

Wir können nun die Bedeutung jener höchst alarmierenden Gedanken in der zweiten Vorlesung erkennen, nämlich das anthropische Prinzip, demzufolge das Universum für uns gemacht wurde. Es ist sogar im Titel von Wheelers (1973) denkwürdiger Kopernikus-Vorlesung enthalten: ›The universe as a home for man‹.

Über alles, was in dieser Vorlesungsreihe zum Ausdruck gebracht und diskutiert wurde, spannt sich wie ein Bogen die Erkenntnis, daß jeder von uns – wie Sherrington und Schrödinger glaubten – an einem großen geheimnisvollen Schauspiel teilhat.

Die tiefe Tragik unseres Zeitalters ist, daß diese religiöse Vision undeutlich geworden ist oder abgelehnt wird. Wie aus den oben zitierten Abschnitten aus Popper (1972, 1973) hervorgeht, führt das strenge Dogma der Naturwissenschaft, z. B. in den Erhaltungsgesetzen, zu einer Philosophie des Materialismus und Determinismus mit der Geschlossenheit von Welt 1; und die Unbestimmtheit der Quanten bietet dem Menschen auch nicht die geringste Möglichkeit für die Ausübung von Freiheit und Kreativität. Schopenhauer hat die geistreiche Feststellung getroffen: »... der Materialismus ist die Philosophie des bei seiner Rechnung sich selbst vergessenden Subjekts«.*

Im Gegensatz dazu versuche ich eine Philosophie aufzubauen, in der die persönliche Existenz des Menschen zentral ist, der Solipsismus aber abgelehnt wird. Erkannt werden die großen Rätsel, von denen wir ringsum umgeben sind. Im Mittelpunkt dieser Rätsel steht die Tatsache unserer persönlichen Existenz als erlebende und schaffende Wesen, unser »Beginnen zu sein« im Leben und unser scheinbares »Aufhören zu sein«

---

* Zitiert nach Schopenhauer, A.: Sämtliche Werke. III. Band. Die Welt als Wille und Vorstellung, 2. Bd., S. 15. Wiesbaden: Brockhaus 1949. Anm. d. Übers.

im Tod. Ich verwerfe Philosophien und politische Systeme, für die die Menschen bloße Dinge sind, deren materielle Existenz nur als Rädchen in der großen bürokratischen Maschine des Staates von Wert ist, der auf diese Weise zu einem Sklavenstaat wird. Die schreckerregenden und zynischen Zustände der Sklaverei, wie Orwell sie in seinem *1984* geschildert hat, sind dabei, unseren Planeten mehr und mehr zu verschlingen. Verstehen wir die Botschaft der kürzlichen Absage an die Menschenrechte auf der Belgrader Konferenz von 1977, wo Zynismus an die Stelle der Heuchelei trat? Die Lage ist so verzweifelt, daß ich Heuchelei vorziehe!

Ist noch Zeit für den neuen Aufbau einer Philosophie und einer Religion, die uns einen neuen Glauben an dieses große Abenteuer geben können, das ein in Freiheit und Würde gelebtes Leben für jeden von uns bedeutet? In meinen nächsten Gifford Lectures werde ich mich in aller Bescheidenheit bemühen, den Menschen in diesem Zeitalter der Krise und Desillusion soweit in meinen Kräften steht zu helfen.

Literatur

Abt, H. A.: The companions of sunlike stars. Sci. Amer. *236*, No. 4, 96–104 (1977)

Akert, K.: Comparative Anatomy of the frontal cortex and thalamocortical connections. In: The frontal granular cortex and behaviour. Warren, J. M., Akert, K. (eds.), pp. 372–396. New York: McGraw-Hill 1964

Allen, G. I., Tsukahara, N.: Cerebrocerebellar communication systems. Physiol. Rev. *54*, 957–1006 (1974)

Andersen, P., Bliss, T. V. P., Skrede, K. K.: Lamellar organization of hippocampal excitatory pathways. Exp. Brain Res. *13*, 222–238 (1971)

Andersen, P., Bland, B. H., Dudar, J. D.: Organization of the hippocampal output. Exp. Brain Res. *17*, 152–168 (1973)

Atkins, F. B.: Meteorites. In: Planet Earth. Hutchinson, P., Barnett, P. (eds.), pp. 24–27. Oxford: Elsevier Phaidon 1977

Bailey, P., Von Bonin, G., McCulloch, W. S.: The isocortex of the Chimpanzee. Urbana: University of Illinois Press 1950

Barondes, S. H.: Multiple steps in the biology of memory. In: Neurosciences, Vol. 2, pp. 272–278. Schmitt, F. O. (eds.), New York: Rockefeller University Press 1970

Basser, L. S.: Hemiplegia of early onset and the faculty of speech with special reference to the effects of hemispherectomy. Brain *85*, 427–460 (1962)

Beloff, J.: The existence of mind. London: Macgibbon and Kee 1962

Bertram, B. C. R.: The social system of lions. Sci. Amer. *232*, No. 5, 54–65 (1975)

Bliss, T. V. P., Lømo, T.: Long-lasting potentiation of synaptic transmission in the dentate area of the anaesthetized rabbit following stimulation of the perforant path. J. Physiol. *232*, 331–356 (1973)

Blum, H. F.: Time's arrow and evolution. Princeton: Princeton University Press 1968

Bok, B. J.: The births of stars. Sci. Amer. *227*, No. 2, 48–61 (1972)

Brasier, M. D.: The fossil record. In: Planet earth. Hutchinson, P., Barnett, P. (eds.), pp. 240–244. Oxford: Elsevier Phaidon 1977

Bremer, F.: Neurophysiological correlates of mental unity. In: Brain and consicious experience. Eccles, J. C. (ed.). Berlin, Heidelberg, New York: Springer 1966

Brodal, A.: Neurological anatomy. In relation to clinical medicine. London: Oxford University Press 1969

Brodmann, K.: Vergleichende Lokalisationslehre der Großhirnrinde. Leipzig: J. A. Barth 1909

Brodmann, K.: Neue Ergebnisse über die vergleichende histologische Lokalisation der Großhirnrinde. Anat. Anz. *41*, 157–216 (1912)

Brown, G. M.: The moon. In: Planet earth. Hutchinson, P., Barnett, P. (eds.), pp. 14–18. Oxford: Elsevier Phaidon 1977

Brown, R. D.: Organic matter in interstellar space. In: In the beginning. Wild, J. P. (ed.), pp. 1–14. Canberra: Australian Academy of Science 1974

Calder, N.: Violent universe. p. 160. London: British Broadcasting Corporation 1969

Calvin, M.: Chemical evolution. Eugene (Oregon): University of Oregon Press 1961

Calvin, M.: Chemical evolution. London: Oxford University Press 1969

Cameron, A. G. W.: The origin and evolution of the solar system. Sci. Amer. *233*, No. 3, 32–41 (1975)

Carter, B.: Large number coincidences and the anthropic principle in cosmology. In: Proceeding of extraordinary general assembly of International Astronomical Union (Krakov). Longair, M. S. (ed.). Boston: Reidel 1974

Curtiss, S.: Genie: A psycholinguistic study of a Modern-day "Wild Child". p. 288. New York: Academic Press 1977

Curtiss, S., Fromkin, V., Krashen, S., Rigler, D., Rigler, M.: The linguistic development of Genie. Language *50*, 528–554 (1974)

Deecke, L., Grözinger, B., Kornhuber, H. H.: Voluntary movements in man, Cerebral potentials and theory. Biol. Cybernet. *23*, 99–119 (1976)

De Valois, R. L.: Central mechanisms of color vision. In: Handbook of Sensory Physiology. Vol. VII/3 A. Jung, R. (ed.). Berlin, Heidelberg, New York: Springer 1973

Dicke, R. H.: Dirac's cosmology and Mach's Principle. Nature *192*, 440–441 (1961)

Dobzhansky, T.: Mankind evolving: The evolution of the human species. New Haven: Yale University Press 1962

Dobzhansky, T.: The biology of ultimate concern. p. 152. New York: New American Library 1967

Eccles, J. C.: The neurophysiological basis of mind. Oxford: Clarendon Press 1953

Eccles, J. C.: The physiology of synapses. Berlin, Heidelberg, New York: Springer 1964

Eccles, J. C.: Facing Reality: Philosophical adventures by a brain scientist. p. 210. Berlin, Heidelberg, New York: Springer 1970

Eccles, J. C.: The understanding of the brain. 2nd ed., p. 244. New York: McGraw-Hill 1977

Eccles, J. C.: An instruction-selection theory of learning in the cerebellar cortex. Brain Res. *127*, 327–352 (1977)

Eccles, J. C.: An instruction-selection hypothesis of cerebral learning. In: Cerebral correlates of conscious experience. Buser, P., Buser, A. (eds.). Amsterdam: Elsevier 1978

Eigen, M.: Selforganization of matter and the evolution of biological macromolecules. Naturwissenschaften *58*, 465–522 (1971)

Eigen, M., Winkler, R.: Das Spiel. p. 404. München: Piper 1975

Feigl, H.: The "mental" and the "physical". p. 179. Minneapolis: University of Minnesota Press 1967

Fifková, E., Van Harreveld, A.: Long-lasting morphological changes in dendritic spines of dentate granular cells following stimulation of the entorhinal area. J. Neurocytology *6*, 211–230 (1977)

Forey, P.: Jawless fishes. In: Planet earth. Hutchinson, P., Barnett, P. (eds.) pp. 264–265. Oxford: Elsevier Phaidon 1977

Fox, S. W.: Simulated natural experiments in spontaneous organization of morphological units from proteinoid. In: The origins of prebiological systems and of their molecular matrices. Fox, S. W. (ed.). New York: Academic Press 1964

Fromkin, V., Kraskin, S., Curtiss, S., Rigler, D., Rigler, M.: The development of language in Genie: A case of language acquisition beyond the critical period. Brain and Language *1*, 81–107 (1974)

Geschwind, N.: Language and the brain. Sci. Amer. *226*, No. 4, 76–83 (1972)

Geschwind, N.: The anatomical basis of hemispheric differentiation. In: Hemisphere function in the human brain. Dimond, S. J., Beaumont, J. G. (eds.), pp. 7–24. New York: John Wiley and Sons 1974

Goldman, P. S., Nauta, W. J. H.: Columnar distribution of corticocortical fibers in the frontal association, limbic and motor cortex of the developing rhesus monkey. Brain Res. *122*, 393–412 (1977)

Goodall, J. Van L.: In the shadow of man. New York: Dell 1971

Gott, J. R., Gunn, J. E., Schramm, D. N., Tinsley, B. M.: Will the Universe expand forever? Sci. Amer. *234*, No. 3, 62–79 (1976)

Gross, C. G.: Visual functions of inferotemporal cortex. In: Handbook of Sensory Physiology, Vol. VII/3 B. Jung, R. (ed.), pp. 451–482. Berlin, Heidelberg, New York: Springer 1973

Grözinger, B., Kornhuber, H. H., Kriebel, J.: Methodological problems in the investigation of cerebral potentials preceding speech: Determining the onset and suppressing artefacts caused by speech. Neuropsychologia *13*, 263–270 (1975)

Hartmann, W. K.: The smaller bodies of the solar system. Sci. Amer. *233*, No. 3, 142–159 (1975)

Hawkes, J.: Prehistory in history of mankind. Cultural and scientific development, Vol. 1 Part 1. Unesco (London): New English Library 1965

Hawkes, J.: The first great civilizations. London: Hutchinson 1975

Hawking, S. W.: The quantum mechanics of black holes. Sci. Amer. *236*, No. 1, 34–40 (1977)

Hein, A., Held, R.: Dissociation of the visual placing response into elicited and guided components. Science *158*, 390–392 (1967)

Held, R., Bauer, J. A.: Visually guided reaching in infant monkey after restricted rearing. Science *155*, 718–720 (1967)

Held, R., Hein, A.: Movement-produced stimulation in the development of visually guided behaviour. J. comp. physiol. Psychol. *56*, 872–876 (1963)

Henderson, L. J.: The fitness of the environment. New York: Macmillan 1913

Henderson, L. J.: The order of nature. Cambridge (Mass.): Harvard University Press 1917

Holloway, R. L.: The casts of fossil hominid brains. Sci. Amer. 231 No. 1, 106–115 1974

Hubel, D. H.: The Visual Cortex of the Brain. In: From cell to organism. pp. 54–62. San Francisco: W. H. Freeman 1963

Hubel, D. H.: Specificity of responses of cells in the visual cortex. J. psychiat. Res. *8*, 301–307 (1971)

Hubel, D. H., Wiesel, T. N.: Receptive fields, binocular interaction and functional architecture in the cat's visual cortex. J. Physiol. (Lond.) *160*, 106–154 (1962)

Hubel, D. H., Wiesel, T. N.: Shape and arrangement of columns in the cat's striate cortex. J. Physiol. *165*, 559–568 (1963)

Hubel, D. H., Wiesel, T. N.: Receptive fields and functional architecture in two non-striate visual areas (18 and 19) of the cat. J. Neurophysiol. *28*, 229–289 (1965)

Hubel, D. H. and Wiesel, T. N.: Laminar and columnar distribution of geniculo-cortical fibers in the Macaque monkey. J. Comp. Neurol. *146*, 421–450 (1972)

Hubel, D. H., Wiesel, T. N.: Sequence regularity and geometry of orientation columns in the monkey striate cortex. J. Comp. Neurol. *158*, 267–294 (1974)

Hunten, D. M.: The outer planets. Sci. Amer. *233*, No. 3, 130–141 (1975)

Iben, I.: Globular-cluster stars. Sci. Amer. *223*, No. 1, 26–39 (1970)

Jacobsen, C. F.: Studies on the cerebral function of primates: I. The functions of the cerebral association areas in monkeys. Comp. Psychol. Monogr. *13*, 3–60 (1936)

Jansen, J.: The central nervous system in Cetacea. Nautilus (Basel) Documenta Geigy *14*, 7–8 (1973)

Jasper, H. H., Ward, A. A., Pope, A. (eds.), pp. 13–28. New York: Little and Brown 1969

Jerison, H. J.: Evolution of the brain and intelligence. p. 482. New York, London: Academic Press 1973

Jerison, H. J.: Paleoneurology and the evolution of mind. Sci. Amer. *234*, No. 1, 90–101 (1976)

Jerne, N. K.: Antibodies and learning: selection versus instruction. In: The Neurosciences. Quarton, G. C., Melnechuk, T., Schmitt, F. O. (eds.), pp. 200–205. New York: Rockefeller University Press 1967

Jones, E. G., Powell, T. P. S.: An anatomical study of converging sensory pathways within the cerebral cortex of the monkey. Brain *93*, 793–820 (1970)

Jones, E. G., Powell, T. P. S.: Anatomical organization of the somatosensory cortex. In: Handbook of Sensory Physiology, Vol. 2. Iggo, A. (ed.), Pp. 579–620. Berlin, Heidelberg, New York: Springer 1973

Keller, H.: The story of my life. New York: Magnum 1968
Kimura, D.: Functional asymmetry of the brain in dichotic listening. Cortex *3*, 163–178 (1967)
Kimura, M.: Genetic codes and the laws of evolution as the bases for our understanding of the biological nature of man. In: The search for absolute values: harmony among the Sciences. 5th International conference on the Unity of the Sciences. pp. 621–630. New York: International Cultural Foundation 1977
Kohler, I.: Über Aufbau und Wandlungen der Wahrnehmungswelt. SB Öst. Akad. Wiss. *227*, 1–118 (1951)
Kornhuber, H. H.: Neural control of input into long term memory: limbic system and amnestic syndrome in man. In: Memory and transfer of information. Zippel, H. P. (ed.), pp. 1–22. New York: Plenum Press 1973
Kornhuber, H. H.: Cerebral cortex, cerebellum and basal ganglia: An introduction to their motor functions. In: The neurosciences: third study program. Schmitt, F. O., Worden, F. G. (eds.), pp. 267–280. Cambridge (Mass): MIT Press 1974
Kramer, N. K.: History begins at Sumer. New York: Doubleday 1959
Kumar, S. S.: Planetary systems. In: The emerging Universe. Saslaw, W., Jacobs, K. (eds.). Charlottesville: University Press of Virginia 1972

Lenneberg, E. H.: Biological foundations of language. New York: John Wiley 1967
Lenneberg, E. H.: On explaining language. Science *164*, 635–643 (1969)
Leovy, C. B.: The atmosphere of Mars. Sci. Amer. *237*, No. 1, 34–43 (1977)
Levy, J.: Psychobiological implications of bilateral asymmetry. In: Hemisphere function in the human brain. Dimond, S. J., Beaumont, J. G. (eds.). New York: John Wiley 1973
Levy, J., Trevarthen, C., Sperry, R. W.: Perception of bilateral chimeric figures following hemispheric deconnexion. Brain *95*, 61–78
Levy-Agresti, J., Sperry, R. W.: Differential perceptual capacities in major and minor hemispheres. Proc. Natl. Acad. Sci. *61*, 1151 (1968)
Lewis, J. S.: The chemistry of the solar system. Sci. Amer. *230*, No. 3, 50–65 (1974)
Libassi, P. T.: Early man, nearly man. The Sciences May 1975, 13–18
Libet, B.: Electrical stimulation of cortex in human subjects, and conscious memory aspects. In: Handbook of Sensory Physiology, Vol. 2. Iggo, A. (ed.), pp. 743–790. Berlin, Heidelberg, New York: Springer 1973
Libet, B., Kobayashi, H., Tanaka, T.: Synaptic coupling into the production and storage of a neuronal memory trace. Nature *258*, 155–157 (1975)

Margulis, L., Lovelock, J. E.: The view from Mars and Venus. The Sciences *17*, No. 2, 10–13 (1977)
Marin-Padilla, M.: Prenatal and early postnatal ontogenesis of the human motor cortex: A Golgi study. II. The basket pyramidal system Brain Res. *23*, 185–191 (1970)
Marlen-Wilson, W. D., Teuber, H. L.: Memory for remote events in anterograde amnesia: recognition of public figures from newsphotographs. Neuropsychologia *13*, 353–364 (1975)
Marr, D.: A theory for cerebral neocortex. Proc. R. Soc. (Lond.) B, *176*, 161–234 (1970)
Mauss, T.: Die faserarchitektonische Gliederung der Grosshirnrinde bei den niederen Affen. J. Psychol. Neurol. *13*, 263–325 (1908)
Mauss, T.: Die faserarchitektonische Gliederung des Cortex cerebri der anthropomorphen Affen. J. Psychol. Neurol. *18*, [Suppl. 3] 410–467 (1911)
Mayr, E.: Descent of man and sexual selection. In: L'Origine dell' Uomo. pp. 33–61. Roma: Academia Nazionale dei Lincei 1973
Mc Gaugh, J. L.: Facilitation of memory storage processes. In: The future of the brain sciences. Bogoch, S. (ed.), pp. 355–370. New York: Plenum 1969

Miller, S. L.: Production of some organic compounds under possible primitive Earth conditions. J. Am. Chem. Soc. *77*, 2351 (1955)

Miller, S. L.: The mechanism of synthesis of amino acids by electric discharge. Biochim. biophys. Acta *23*, 488 (1957)

Milner, B.: The memory defect in bilateral hippocampal lesions. Psychiat. Res. Rep. Amer. Psychiat. Ass. *II*, 43–52 (1969)

Milner, B.: Amnesia following operation on the temporal lobes. In: Amnesia. Whitty, C. W. M., Zangwill, O. L. (eds.), pp. 109–133. London: Butterworths 1966

Milner, B.: Brain mechanisms suggested by studies of temporal lobes. In: Brain mechanisms underlying speech and language. Millikan, C. H., Darley, F. L. (eds.), pp. 122–145. New York, London: Grune and Stratton 1967

Milner, B.: Disorders of learning and memory after temporal lobe lesions in man. Clin. Neurosurg. *19*, 421–446 (1972)

Milner, B.: Hemispheric specialization: scope and limits. In: The Neurosciences Third Study Program. Schmitt, F. O., Worden, F. G. (eds.), pp. 75–89. Cambridge, London: MIT Press 1974

Monod, J.: Chance and Necessity. New York: Knopf 1971

Mountcastle, V. B.: The view from within: Pathways to the study of perception. Johns Hopkins Med. J. *136*, 109–131 (1975)

Mountcastle, V. B.: An organizing principle for cerebral funcion: the unit module and the distributed system. In: The Neurosciences Fourth Study Program. MIT Press 1978

Mountcastle, V. B., Lynch, J. C., Georgopoulos, A., Sakata, H., Acuna, C.: Posterior parietal assoiation cortex of the monkey: Command functions for operations within extrapersonal space. J. Neurophysiol. *38*, 871–908 (1975)

Murray, B. C.: Mercury. Sci. Amer. *233*, No. 3, 58–69 (1975)

Nauta, W. J. H.: The problem of the frontal lobe: a reinterpretation. J. Psychiat. Res. *8*, 167–187 (1971)

Nauta, W. J. H., Karten, H. J.: A general profile of the vertebrate brain with sidelights on the ancestry of the cerebral cortex. In: The Neurosciences. Second Study Program. Schmitt, F. O. (ed.), pp. 7–26. New York: Rockefeller University Press 1970

Orgel, L. E.: The synthesis of life molecules. In: In the beginning. Wild, J. P. (ed.), pp. 85–101. Canberra (A.C.T.): Australian Academy of Science 1974

Paecht-Horowitz, M., Berger, J., Katchalsky, A.: Nature *228*, 636 (1970)

Pandya, D. N., Kuypers, H. G. J. M.: Cortico-cortical connexions in the rhesus monkey. Brain Res. *13*, 13–36 (1969)

Parmentier, E. M.: Planet Earth. In: Planet Earth. Hutchins, P., Barnett, P. (eds.), pp. 9–13. Oxford: Elsevier Phaidon 1977

Parrot, A.: Sumer. Preface by A. Malraux. London: Thames and Hudson 1960

Penfield, W.: The Mystery of the Mind. pp. 123. Princeton (N. J.): Princeton University Press 1975

Penfield, W., Milner, B.: Memory deficit produced by bilateral lesions in the hippocampal zone. Arch. Neurol. Psychiat. *78*, 475–497 (1958)

Penfield, W., Perot, P.: The brain's record of auditory and visual experience. Brain *86*, 596–696 (1963)

Penfield, W., Roberts, L.: Speech and brain mechanisms. Princeton (N. J.): Princeton University Press 1959

Penrose, R.: Black holes. Sci. Amer. *226*, No. 5, 38–46 (1972)

Piaget, J.: The origin of intelligence in the child. London: Routledge and Kegan Paul 1953

Piaget, J.: Operational Structures of the Intelligence and Organic Controls. In: Brain and Human Behaviour. Karczmar, A. G., Eccles, J. C. (eds.). Berlin, Heidelberg. New York: Springer 1973

Polanyi, M.: The tacit dimension. Garden City (N. J.): Doubleday 1966

Pollack, J. B.: Mars. Sci. Amer. *233*, No. 3, 106–117 (1975)

Polten, E. P.: A critique of the psycho-physical identity theory. pp. 290. The Hague: Mouton 1973

Popper, K. R.: Objective knowledge: An evolutionary approach. Oxford: Clarendon Press 1972

Popper, K. R.: Indeterminism is not enough. Encounter *40*, 20–26 (1973)

Popper, K. R., Eccles, J. C.: The self and its brain. pp. 597. Berlin, Heidelberg, New York: Springer International 1977

Prentice, A. J. R.: Formation of planetary systems. In: In the beginning. Wild, J. P. (ed.), pp. 15–47. Canberra (A. C. T.): Australian Academy of Science 1974

Pribram, K. H.: Languages of the Brain. pp. 432. Englewood Cliffs: Prentice-Hall 1971

Rakic, P.: Mode of cell migration to the superficial layers of fetal monkey neocortex. J. comp. Neurol. *145*, 61–84 (1972)

Rees, M. J., Silk, J.: The origin of galaxies. Sci. Amer. *226*, No. 6, 26–35 (1970)

Ringwood, A. E.: The early chemical evolution of planets. In: In the beginning. Wild, J. P. (ed.), pp. 48-84. Canberra (A. C. T.): Australian Academy of Science 1974

Ryle, G.: The concept of mind. pp. 334. London: Hutchinson's University Library 1949

Sagan, C.: The solar system. Sci. Amer. *233*, No. 3, 22–31 (1975)

Sagan, C., Drake, F.: The search for extraterrestrial intelligence. Sci. Amer. *232*, No. 5, 80–89 (1975)

Sandars, N. K.: The epic of Gilgamesh. London: Penguin 1973

Sarvey, J. M., Misgeld, U., Klee, M. R.: Long-lasting heterosynaptic post-activation potentiation (PAP) of CA3 neurons in guinea pig hippocampal slice. Fed. Proc. *37*, 251 (1978)

Schramm, D. N.: The age of the elements. Sci. Amer. *230*, No. 1, 69–77 (1974) [22, 23]

Schrödinger, E.: Mind and matter. pp. 1–104. London: Cambridge University Press 1958

Schuster, P.: Models of selforganizing systems of biological macromolecules. In: The search for absolute values: harmony among the Sciences. 5th International conference on the Unity of the Sciences. pp. 565–602. New York: International Cultural Foundation 1977

Senden, M. v.: Space and sight. Translated by P. Heath. London: Methuen 1960

Sherrington, C. S.: Man on his nature. pp. 413. Cambridge: Cambridge University Press 1940

Sidman, R. L., Rakic, P.: Neuronal migration with special reference to developing human brain: a review. Brain Res. *62*, 1–36 (1973)

Siever, R.: The earth. Sci. Amer. *233*, No. 3, 82–91 (1975)

Simons, E. L.: Ramapithecus. Sci. Amer. *236*, No. 5, 28–35 (1977)

Simpson, G. G.: This view of life: the world of an evolutionist. New York: Harcourt, Brace and World 1964

Simpson, G. G., Beck, W. S.: Life. An introduction to Biology. New York: Harcourt, Brace and World 1969

Solecki, R. S.: Shanidar. New York: Knopf 1971

Solecki, R. S.: The implications of the Shanidar Cave. Neanderthal Flower Burial. Anm. N. Y. Acad. Sci. *293*, 114–124 (1977)

Sperry, R. W.: Lateral specialization in the surgically separated hemispheres. In: The Neurosciences Third Study Program. Schmitt, F. O., Worden, F. G. (eds.), pp. 5–19. Cambridge, London: MIT Press 1974

Stephan, H., Andy, O. J.: Quantitative comparative neuroanatomy of primates: An attempt at a phylogenetic interpretation. Ann. N. Y. Acad. Sci. *167*, 370–387 (1969)

Stratton, G. M.: Vision without inversion of retinal image. Psychol. Rev. *4*, 463–481 (1897)

Sylvester Bradley, P. C.: The origin of Life. In: Planet Earth. Hutchinson, P., Barnett, P. (eds.), pp. 235–237. Oxford: Elsevier Phaidon 1977

Szentágothai, J.: Architecture of the Cerebral Cortex. In: Basic mechanisms of the Epilepsies.

Szentágothai, J.: Les circuits neuronaux de l'écorce cérébrale. Bull. Acad. R. Med. Belg. *7, 10*, 475–492 (1970)

Szentágothai, J.: The basic neuronal circuit of the neocortex. In: Synchronization of EEG Activity in Epilepsies. (Symposium of the Austrian Academy of Sciences). Petsche, H., Brazier, M. A. B. (eds.), pp. 9–24. Vienna: Springer 1972

Szentágothai, J.: A structural overview. In: Conceptual models of neural organization. Szentágothai, J., Arbib, M. (eds.). Neurosciences Res. Progr. Bull. *12*, 354–410 (1974)

Szentágothai, J.: The module-concept in cerebral cortex architecture. Brain Res. *95*, 475–496 (1975)

Szentágothai, J.: The neuron network of the cerebral cortex: A functional interpretation. Proc. R. Soc. (Lond.) B, *201,* 219–248 (1978a)

Szentágothai, J.: Local neuron circuits of the neorcortex. In: The Neurosciences Fourth Study Program. 1978b

Szentágothai, J.: The local neuronal apparatus of the cerebral cortex. In: Cerebral correlates of conscious experience. Buser, P., Buser, A. (eds.), pp. 131–138. Amsterdam: Elsevier Press 1978c

Tanabe, T., Yarita, H., Iino, M., Ooshima, Y., Takagi, S. F.: An olfactory projection area in orbiofrontal cortex of the monkey. J. Neurophysiol. *38*, 1269–1283 (1975)

Thorne, K. S.: The search for black holes. Sci. Amer. *231*, No. 6, 32–43 (1974)

Thorpe, W. H.: Biology, psychology and belief. London: Cambridge University Press 1961

Tillich, P.: Theology of culture. London: Oxford University Press 1959

Tobias, P. V.: The brain in hominid evolution. New York: Columbia University Press 1971

Tobias, P. V.: Darwin's prediction and the African Emergence of the Genus Homo. In: *D'Origine dell Uomo.* pp. 63–85. Roma: Academia Nazionale dei Lincei 1973

Valverde, F.: Apical dendritic spines of the visual cortex and light deprivation in the mouse. Exp. Brain Res. *3*, 337–352 (1967)

Valverde, F.: Structural changes in the area striata of the mouse after enucleation. Exp. Brain Res. *5*, 274–292 (1968)

Victor, M., Adams, R. D., Collins, G. H.: The Wernicke-Korsakoff-Syndrome. pp. 1–206. Oxford: Blackwell Scientific 1971

Villee, C. A.: Biology. p. 915. Philadelphia. W. B. Saunders 1972

Wada, J. A., Clarke, R., Hamm, A.: Cerebral hemispheric asymmetry in Humans. Arch. Neurol. *32*, 239–246 (1975)

Walker, A. E.: A cytoarchitectural study of the prefrontal area of the macaque monkey. J. comp. Neurol. *73*, 59–86 (1940)

Washburn, S. L.: The evolution of human behaviour. In: The uniqueness of man. Roslansky, J. D. (ed.). Amsterdam: North Holland 1969

Weinberg, S.: The first three minutes. p. 188. London: André Deutsch 1977

Weiskrantz, L.: The interaction between occipital and temporal cortex in vision: an overview. In: The Neurosciences Third Study Program. Schmitt, F. O., Worden, F. G. (eds.), pp. 189–204. Cambridge (Mass.), London: MIT Press 1974

Wheeler, J. A.: The Universe as a home for man. Am. Scientist. *62*, 683–691 (1974)

Wheeler, J. A.: Genesis and observership. In: University of Western Ontario Series in the Philosophy of Science. Butts, R., Hintikka, J. (eds.). Boston (Mass.): Reidel 1977

White, B. L., Castle, P., Held, H.: Observations on the development of visually-directed reaching. Child Developm. *35*, 349–364 (1964)

Whittaker, V. P., Gray, E. G.: The synapse: Biology and Morphology. Br. Med. Bull. *18*, 223–228 (1962)

Wigner, E. P.: Two kinds of reality. The Monist *48*, 248–264 (1964)

Wilson, E. O.: Sociobiology: The new synthesis. Cambridge (Mass.): Belknap Press, Harvard University Press 1975

Wood, J. A.: The Moon. Sci. Amer. *233*, No. 3, 92–105 (1975)

Woolley, L.: The art of the middle east including Persia, Mesopotamia and Palestine. New York: Crown 1961

Bücher von
Karl Jaspers
im Springer- Verlag

Philosophie

Band 1:
Philosophische Weltorientierung
4., unveränderte Auflage. 1973. LV, 340 Seiten.
Broschiert DM 39,50. ISBN 3-540-06323-4

Band 2
Existenzerhellung
4., unveränderte Auflage. 1973. XI, 440 Seiten.
Broschiert DM 46,-. ISBN 3-540-06324-2

Band 3:
Metaphysik
4., unveränderte Auflage. 1973. VIII, 276 Seiten.
Broschiert DM 36,-. ISBN 3-540-06325-0

Allgemeine Psychopathologie

9., unveränderte Auflage. 1973. 3 Abbildungen.
XV, 748 Seiten. Gebunden DM 138,-.
ISBN 3-540-03340-8

Psychologie der Weltanschauungen

6. Auflage. 1971. XIX, 515 Seiten. Gebunden
DM 96,-. ISBN 3-540-05539-8

Die Idee der Universität

Reprint der Ausgabe Berlin 1946 – ergänzt um ein
Geleitwort von A. Laufs, Universität Heidelberg. 1980.
VIII, 132 Seiten. Broschiert DM 28,-.
ISBN 3-540-10071-7

Preisänderungen
vorbehalten.

Springer-Verlag
Berlin Heidelberg
New York London
Paris Tokyo

Briefwechsel 1945–1968

Herausgegeben und erläutert von R. de Rosa, Karlsruhe

1983. IX, 119 Seiten. Broschiert DM 28,-.
ISBN 3-540-12102-1

Springer

John C. Eccles
Das Gehirn des Menschen

Sechs Vorlesungen für Hörer aller Fakultäten.
Aus dem Amerikanischen von Angela Hartung. Völlig überarbeitete und erweiterte
Neuausgabe. 304 Seiten mit 105 Abbildungen. Kt.

»Dieses Buch befriedigt, weil man lernt, daß naturwissenschaftliche Hirnforschung
auch dazu beiträgt, den Menschen besser zu verstehen.«   Ärztliche Praxis

John C. Eccles
Gehirn und Seele

Erkenntnisse der Neurophysiologie.
Aus dem Englischen von Rosemaria Liske.
285 Seiten. Serie Piper 628

John C. Eccles / Daniel N. Robinson
Das Wunder des Menschseins – Gehirn und Geist

Aus dem Englischen von Agnes und Peter Löns.
243 Seiten. Geb.

Der Gehirnforscher und Nobelpreisträger Eccles und der namhafte Psychologe Robinson
attackieren in diesem Buch den herrschenden intellektuellen Trend, demzufolge der Mensch
wenig mehr ist als ein biologischer Roboter.
Die Autoren nehmen den Leser mit auf eine spannende Reise durch die Geschichte der
Menschheit und beweisen die Begrenztheit aller Wissenschaft gegenüber dem »Wunder
des Menschseins«.

Karl R. Popper / John C. Eccles
Das Ich und sein Gehirn

Aus dem Englischen von Angela Hartung und Willy Hochkeppel,
unter wissenschaftlicher Mitarbeit von Otto Creutzfeldt.
699 Seiten mit 66 Abbildungen. Serie Piper 1096

»Was Eccles, der Neurophysiologe und Nobelpreisträger, und Popper, der wohl größte lebende
Philosoph, in ihrem Buch erarbeitet haben, kann als wohl einmaliges Zeugnis kreativer
Spannung gelten.«   Gero von Boehm, Die Zeit

»Das Werk imponiert nicht zuletzt durch den Tiefgang der behandelten Fragen, die man sich
kaum gründlicher diskutiert denken kann. Seinen Wert als geistige Fundgrube zu betonen,
hieße Eulen nach Athen tragen.«   Rias, Berlin

PIPER